지혜로 지은 집, 한국건축

우리 건축의 구조와 과학을 읽다.

지혜로 지은 집, 한국 건축
- 우리 건축의 구조와 과학을 읽다

초판 1쇄 발행 | 2011년 4월 25일
초판 8쇄 발행 | 2022년 5월 15일

지은이 | 김도경
펴낸이 | 조미현

편집주간 | 김현림
교정교열 | 조세진
디자인 | 디자인아이엠

펴낸곳 | (주)현암사
등록 | 1951년 12월 24일·제10-126호
주소 | 04029 서울시 마포구 동교로12안길 35
전화 | 02-365-5051·팩스 | 02-313-2729
전자우편 | editor@hyeonamsa.com
홈페이지 | www.hyeonamsa.com

김도경 ⓒ 2011
ISBN 978-89-323-1584-3 03540

* 이 도서의 국립중앙도서관 출판예정도서목록(CIP)은 서지정보유통지원시스템 홈페이지
  (http://seoji.nl.go.kr)와 국가자료공동목록시스템(http://www.nl.go.kr/kolisnet)에서
  이용하실 수 있습니다.(CIP제어번호:CIP2011001573)

* 이 책은 저작권법에 따라 보호받는 저작물이므로 저작권자와 출판사의 허락 없이 이 책의 내용을 복제
  하거나 다른 용도로 쓸 수 없습니다.
* 지은이와 협의하여 인지를 생략합니다.
* 책값은 뒤표지에 있습니다. 잘못된 책은 바꾸어 드립니다.

지혜로 지은 집, 한국 건축

우리 건축의 구조와 과학을 읽다.

김도경 지음

현암사

● 여는 글

'대우주大宇宙, 중우주中宇宙, 소우주小宇宙'라는 말이 있다. 대우주는 '대자연'을 의미하며, 중우주는 '집'을, 소우주는 '소아小我', 즉 나를 의미한다. 그리고 대우주와 중우주, 소우주는 서로 다른 것이 아닌 하나이다. 따라서 집은 사람과 자연을 연결하는 매개체이자 사람, 자연과 더불어 하나이며, 서로 조화를 이루어야 할 존재이다. 이는 한국 건축이 나에게 준 집에 대한 가르침이다.

5천 년 이상의 유구한 역사를 지닌 한국 건축은 이 땅에 오랫동안 정착하여 살아온 조상들의 지식과 기술, 그리고 지혜를 담고 있다. 이 한 권의 책으로 한국 건축에 대한 모든 내용을 담아낼 수는 없다. 짧은 지식과 미천한 글재주로는 더더욱 그렇다. 그러나 언제까지나 미뤄둘 수는 없는 일이어서 그동안 공부하였던 한국 건축의 구조와 의장을 중심으로 책을 펴내게 되었다. 구조와 의장은 한국 건축의 물리적인 틀을 이해하는 기본적인 내용으로, 대학 시절 강의를 듣고 밑줄을 그어가며 열심히 공부하였던 주남철 교수님의 저서 『한국 건축의장』의 영향을 크게 받았다. 신영훈 선생님이 쓰신 『한국의 살림집』도 많은 영향을 주었다.

세월이 많이 흘러 한국 건축에 관심을 갖기 시작한 지 25년이 되었다. 주남철 교수님을 만나 한국 건축을 깊이 있게 공부하기 시작한 지도 20년이 넘었다. 교수님은 나에게 한국 건축을 공부하는 기본 틀을 가르쳐주셨다. 신영훈 선생님께는 건축을 바라보는 시각을 배웠다. 여러 선생님과 선배님들을 만나면서 함께 공부하고 건물을 답사하는 동안 한국 건축에 대한 이해의 깊이도 나름대로 더해왔다.

1996년부터 1997년까지 잡지 《건축세계》에 연재하였던 「한국전통건축 상세」는 이 책의 밑그림이 되었으며, 1993년부터 대학에서 한국 건축에 대한 강의를 하면서 지속적으로 개선해온 강의노트는 이 책의 내용이 되었다. 대학원 박사 과정을 수료한 후 1995년부터 2000년까지 전통 목조건축 시공 현장에서의 경험은 책을 쓰는 데 자신감을 더해주었다.

5년 전부터 이 책을 쓰기 시작했으나 썼다 지우기를 반복한 끝에 겨우 원고를 마무리

할 수 있었다. 나름대로 최선을 다했지만 아직 공부가 짧아 오류가 있지 않을까 염려스럽다. 한국 건축의 구조와 의장에 대해 알고 있는 지식을 최대한 쉽게 써서 이 분야를 공부하는 학생은 물론 일반인들도 한국 건축을 쉽게 이해할 수 있도록 하고자 하였으나 부족한 글재주로 혹시 이해하기 어려운 부분이 있을까 걱정되기도 한다. 잘못된 부분에 대해서는 많이 가르쳐주시고, 이해하기 어려운 부분이 있다면 너그럽게 이해해주셨으면 한다.

선생님들의 가르침과 선배와 동료, 후배들과 함께했던 공부가 이 책의 밑거름이 되었다. 먼저 대학과 대학원 과정의 지도교수이셨던 주남철 교수님, 깊은 인연으로 만난 신영훈 선생님과 김동현 선생님, 공부의 폭을 넓혀주셨던 김동욱 교수님께 이 책을 빌려 깊은 감사 인사를 전하고 싶다. 강원대학교 건축학과의 '건축역사 및 목조건축' 연구실에 있는 제자 정정미를 비롯한 민성중, 김이슬, 박부균 군은 이 책의 도판을 작성하는 데 도움을 주었다. 책이 출간될 수 있도록 해주신 현암사의 조미현 대표와 김수한 편집주간, 편집팀의 박민영 씨께도 고마움을 표하고 싶다. 남편으로서 아버지로서의 역할을 다하지 못하였음에도 묵묵히 옆에서 지켜봐 준 아내, 그리고 사랑하는 덕중, 선중이에게도 감사의 말을 전한다.

부족함이 많지만 이 책을 통해 우리 건축의 우수함이 좀 더 널리 알려지고, 많은 사람들이 이 땅의 건축을 이해하는 데 조금이나마 도움을 얻었으면 하는 바람이다.

2011년 4월

김 도 경

● 차례

여는 글 04

한국 건축물 구조도 11

一 평면

01 인간과 자연을 하나로 | **채 분화** 14
　채 분화와 공간 특성

02 공간이 이루어내는 모양 | **평면의 유형** 19
　단위 건축의 평면형
　실 분화 특성을 지닌 건축의 평면형

03 기둥의 배열이 만들어내는 공간, 간 | **간에 의한 평면 구성** 31
　간의 개념
　간의 방향과 명칭
　칸수와 주간
　내부공간 구성에 따른 평면 유형

04 천·지·인 삼재 사상의 구현 | **척도와 도형학** 42
　척도 단위와 의미
　인체척도의 적용 사례
　도형학과 평면

二 기단과 초석

01 위생적 기능을 담당하는 필수 요소 | **기단** 52
　기단의 형성과 일반화
　기단의 기능
　기단의 유형
　돌기단의 유형
　기단의 세부 기법

02 안정을 추구하는 건축술, 석축 | **석축의 기법**   68
    건식 쌓기와 습식 쌓기
    토압에 대응하기 위한 석축 기법

03 생활 방식의 변화를 반영한 초석 | **초석**   74
    초석과 기둥의 발생
    초석의 유형
    시대에 따른 초석의 변화
    고막이돌과 신방석

三 기둥

01 공간을 구성하는 뼈대, 기둥 | **기둥의 정의와 기능**   90

02 여러 가지 기준에 따른 기둥의 종류 | **기둥의 유형**   92
    위치와 기능에 따른 기둥의 명칭
    형태에 따른 기둥의 유형

03 구조적 안정과 시각적 미가 반영된 기둥 | **기둥에 사용된 의장수법**   103
    기둥의 귀솟음과 안쏠림

四 가구

01 다양한 건축구조, 한국 건축을 발달시키다 | **다양한 구조 유형**   112
    흙을 사용한 건축구조
    돌을 사용한 건축구조
    나무를 사용한 건축구조

02 공간과 형태를 결정하는 가구 | **가구의 정의와 기본 구성**   122
    가구의 정의와 기능
    가구의 기본 구성과 특성
    가구의 보 방향 확장
    가구의 유형

03 지붕의 안정된 구조를 만드는 변작법 | **변작법**   142

04 여러 층으로 쌓아올린 건물의 형태 | **중층 건물의 가구**   145

05 구조와 미적 기능을 달리하는 세분화된 가구부재 | **가구 구성 부재들**   149
여러 유형의 보
출목도리와 외기도리
단면형에 따른 도리의 유형
대공
동자기둥
창방과 평방
장혀와 뜬장혀
단혀
화반
소슬합장
초공과 초방
보아지와 안초공

06 시대 변화에 따른 다양한 목조가구식 구조 | **목조가구식 구조 변천**   174
뜰식 구조와 보식 구조
고려시대 목조건축
조선시대 후기 목조건축

五
공포

01 건축의 유형을 결정하는 공포 | **공포의 정의와 기능**   182
공포의 기능

02 공포를 구성하는 요소 | **출목과 포수**   191
출목과 출목수
포수

03 건축 비례의 아름다움을 결정하다 | **공포 배열 간격의 조절**   194

04 시대에 따라 다양한 변화를 보이는 공포 | **공포 구성 부재**   196
주두와 소로
살미와 첨차

05 목조건축의 유형과 시대 변화를 결정하다 | **시대별 공포 유형**   215
조선 후기 목조건축의 유형
시대에 따른 공포의 변화

六 지붕

01 건물의 외관을 결정하는 지붕 | **지붕의 정의와 기능**   232
　지붕의 기능
　처마와 처마의 기능

02 재료와 형태에 따라 나뉘는 지붕 | **지붕의 유형**   236
　마감 재료에 따른 지붕의 유형
　형태에 따른 지붕의 유형
　방향성에 따른 지붕의 분류와 특성

03 완만한 곡선의 아름다움, 지붕 | **지붕의 형태적 특성**   247
　곡선의 아름다움
　처마의 선
　지붕의 물매

04 곡선의 지붕을 만들어내는 구성 부재들 | **지붕의 구성**   251
　서까래
　처마
　부연과 추녀 및 사래
　지붕의 종단면 구조
　합각과 박공
　기와 잇기
　지붕 구성 부재의 의장적 처리
　기와의 유형

七 수장과 마감

01 건물을 아름답게 만드는 재료, 수장재 | **수장재**   282
　인방
　주선과 벽선, 문선

02 선의 아름다움으로 건축을 마감하다 | **벽체**   287
　심벽구조의 벽
　흙벽의 구조
　방화장(화방벽)
　화초장(화문장)

03 가변적이고 융통성이 돋보이는 공간을 만들다 | **창호**   295
창과 호의 구분과 머름
창호의 개폐방식
널문과 살창
살림집의 다양한 창호
창살의 유형
창호의 세부 기법
창호의 특성

04 생활 방식과 기후 조건에 맞춰 다채롭게 변화하다 | **바닥**   328
흙바닥
전바닥과 판석바닥
마루
온돌

05 여러 나라 문화의 교류를 엿볼 수 있는 천장 | **천장**   338
연등천장
우물천장
종이반자와 고미반자
귀접이천장
보개천장, 충단천장 및 빗천장
눈썹천장과 순각천장

06 기능 위주에서 장식적 요소로 | **난간**   345
돌난간
목조난간

이 책에 실린 한국 건축물 찾아가기   350

참고문헌   358

찾아보기   360
건축물
건축용어

한국 건축물 구조도

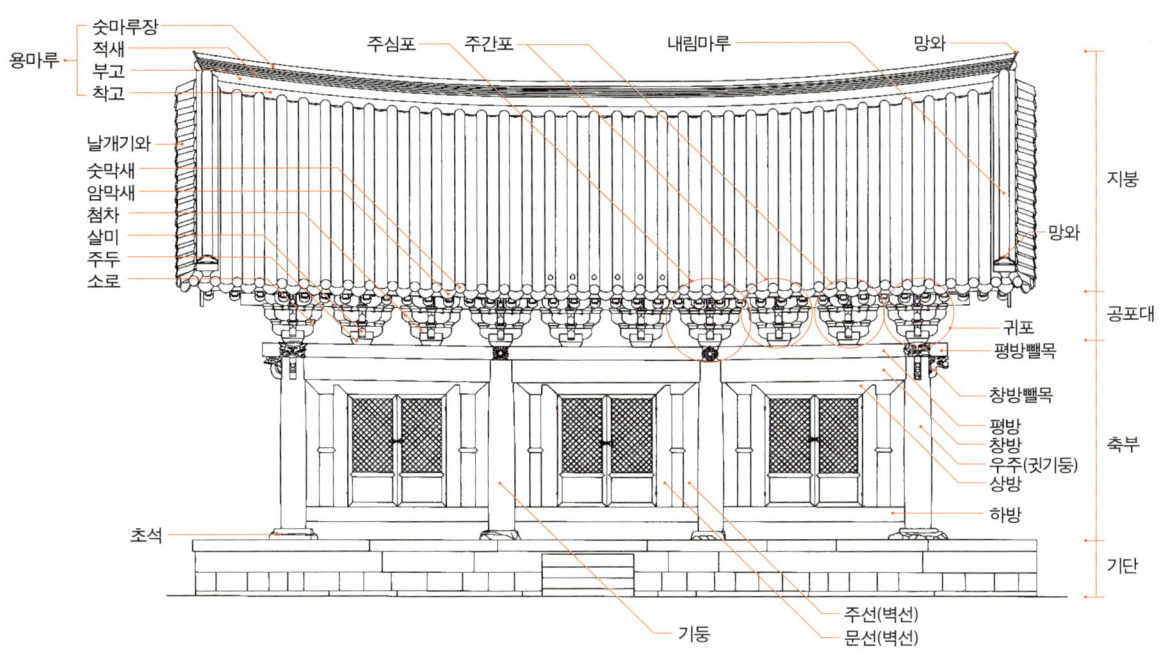

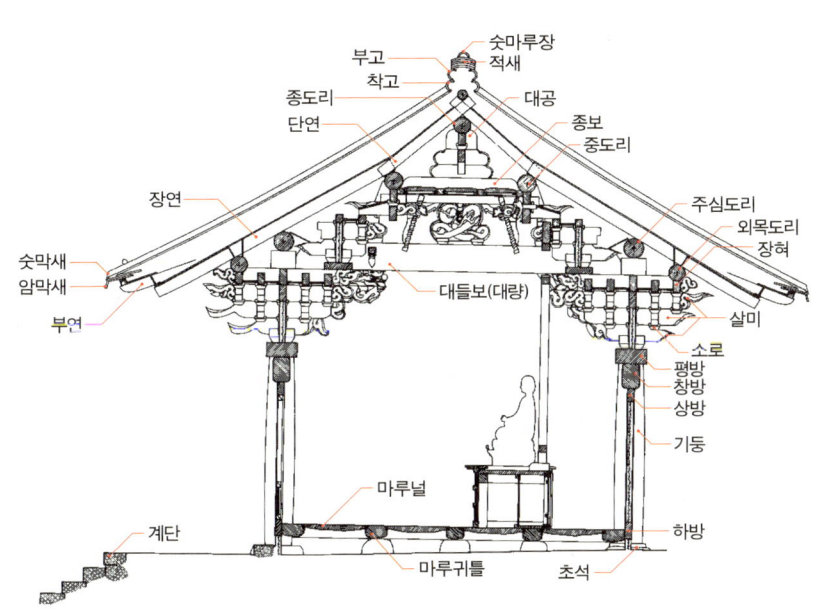

01 채 분화

인간과 자연을 하나로

02 평면의 유형

공간이 이루어내는 모양

03 간에 의한 평면 구성

기둥의 배열이 만들어내는 공간, 간

04 척도와 도형학

천·지·인 삼재 사상의 구현

一 평면

건축은 필요한 기능을 충족시키는 공간구성 방법에 따라 '채 분화'와 '실 분화', 건축으로 나눌 수 있다. 채 분화는 하나의 기능을 충족하는 독립된 채들이 모여 군집을 이룸으로써 다양하고 복합적인 전체 기능을 충족하는 공간구성 방법이다. 반면에 실 분화는 한 채 혹은 적은 수의 건물이 동시에 다양한 공간적 요구를 수용하는 것으로 비교적 큰 규모의 단위 건물 내부를 여러 개의 실로 분할해 사용하는 공간구성 방법이다.

01 » 인간과 자연을 하나로

채 분화

채 분화와 공간 특성

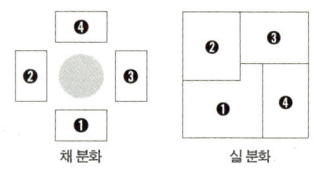

채 분화와 실 분화

건축은 필요한 기능을 충족시키는 공간구성 방법에 따라 '채棟 분화'와 '실室 분화' 건축으로 나눌 수 있다. 채 분화는 하나의 기능을 충족하는 독립된 채들이 모여 군집群集을 이룸으로써 다양하고 복합적인 전체 기능을 충족하는 공간구성 방법이다. 반면에 실 분화는 한 채 혹은 적은 수의 건물이 동시에 다양한 공간적 요구를 수용하는 것으로 비교적 큰 규모의 단위 건물 내부를 여러 개의 실로 분할해 사용하는 공간구성 방법이다. 이러한 공간 분화 방식에 따라 개별 건물의 평면 구성에 차이가 생긴다.

한국 건축은 전반적으로 채 분화의 특성이 강하다. 예를 들어 사찰은 일주문一柱門, 천왕문天王門, 금강문金剛門, 누강당樓講堂, 불전佛殿, 法堂 등과 같이 하나의 기능을 지니는 독립된 채들이 모여 건축 군群을 형성함으로써 사찰이라는 완성된 건축을 이룬다. 궁실, 관아, 향교, 서원을 비롯한 모든 유형의 건축에서 공통적으로 나타나는 현상이다.

다만 주택은 채 분화의 특성이 강하기는 하지만 실 분화의 특성

독립된 채가 모여 이루어진 사찰 | 순천 송광사

도 아울러 지니고 있다. 안채, 사랑채, 행랑채, 문간채 등으로 나뉘어져 있는 공간구성은 채 분화의 특성에 속한다. 반면에 안채는 대청과 안방, 건넌방, 부엌 등의 실로 나누어져 있다. 다른 채도 마찬가지여서 주택은 채 분화와 함께 실 분화의 특성도 지닌다. 이는 주택 외에도 사찰의 요사寮舍를 비롯한 주거용 건물에서 나타나는 특성이다. 이처럼 한국 건축은 일부 실 분화의 특성을 수반하기도 하지만 전반적으로 채 분화의 특성을 강하게 지닌다.

한국 건축의 채 분화 특성은 양통樑通*이 길지 않고 홑집**의 성향이 강한 평면 특성과 밀접한 관계가 있다. 또한 목조가구架構식 구조와 경사지붕의 채용, 지붕면을 정면으로 삼는 특성과도 관계가 있다.

> 한국 건축과 반대로 실 분화의 특성을 지닌 건축의 예로 일본과 동남아시아 태족泰族, 중국 윈난 성雲南省의 태족傣族 주택 등을 들 수 있다. 이 주택들은 한 채의 건물 속에 살림살이를 위한 모든 공간이 전후좌우로 배치되어 있어서 강한 실 분화의 특성을 보인다.

실 분화의 특성을 지닌 일본 건축의 사례
| 가와사키 시립민가촌의 히로세 주택

- **양통** 한국 건축은 지붕면을 정면으로 하는 것이 일반적이다. 이때 구조적으로 중요한 보는 주로 건물의 앞뒤 방향으로 놓인다. 반면에 도리는 대부분 건물의 좌우 방향으로 놓이게 된다. 조선시대에는 이러한 구조 특성을 반영하여 앞뒤 방향의 길이, 즉 측면 길이를 '양통' 또는 '보간'이라 불렀다. 또 이와 직각을 이루는 건물의 좌우 방향, 즉 정면 길이를 '도리통道里通' 또는 '도리간'이라 불렀다. 이와 연관하여 건물의 방향을 가리킬 때에도 정면과 측면, 또는 횡방향과 종방향이라는 말 대신에 각각 도리 방향, 보 방향이라는 말을 사용하는 것이 편리한 경우가 많다.
- **홑집** 평면상 실의 전면과 후면이 모두 외기外氣에 접하도록 되어 있는 집을 '홑집'이라 한다. 반면에 보 방향으로 실을 중복해 배치하여 실의 전면 또는 후면 중 한쪽만 외기에 접하도록 되어 있는 집을 '겹집'이라 부른다. 산간지역이나 해안가, 북쪽 지방 등에서 추위와 바람을 막기 위해 겹집을 짓기도 하였으나 한국 건축에서는 홑집의 성향이 좀 더 강하게 나타난다.

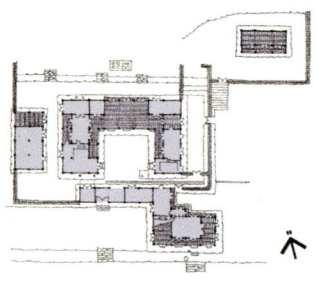

건물 내부와 유기적인 관계를 맺으면서 적극적인 공간으로 사용되는 마당과 대청, 툇마루 | 윤증고택 안채

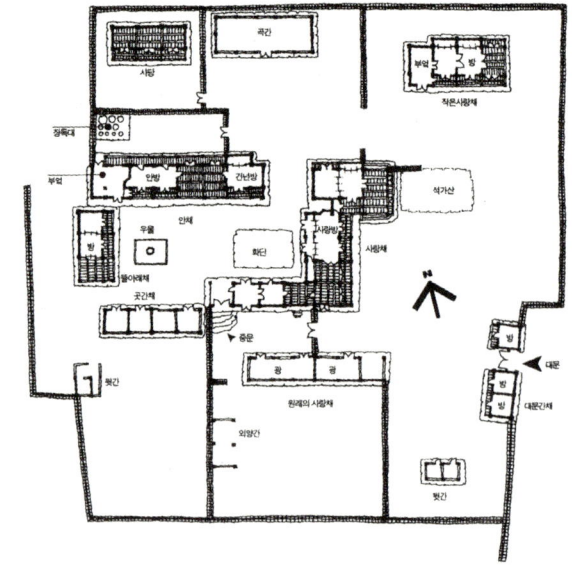

채 분화와 실 분화의 특성이 동시에 나타나는 주택 | 정여창고택 · 출처: 『한옥의 향기』

뚜렷한 사계절의 존재, 양명陽明함과 개방성開放性을 선호하는 심성心性과 조영의식造營意識, '인간-건축-자연'을 하나로 여기는 사상과 자연관自然觀, 건축관建築觀 같은 여러 요인들이 상호 복합적으로 작용해 만들어진 특성이기도 하다.

이렇듯 여러 가지 요인들이 상호 복합적으로 작용하여 형성된 채 분화 특성은 보 방향으로 실을 중복시켜 배치하기 어려운 평면상의 한계를 극복하는 해결 방법이 되기도 하였다. 즉 여러 채의 건물을 다양한 방법으로 배치함으로써 건물과 건물, 그리고 그 사이에 만들어지는 공간에 변화를 만들게 된다. 특히 건물이나 담장 등의 시설로 둘러싸이거나 나누어져 만들어지는 외부공간, 즉 마당은 건물 또는 다른 마당과 유기적인 관계를 맺으면서 다양한 용도로 적극 활용된다. 또한 건물과 마당 사이에 유기적 관계를 형성함으로써 내외공간이 상호관입相互貫入 되는 공간적 특성을 형성한다.

예를 들어 주택의 대청은 마당과 접하고 있는 전면에 창호를 설치하지 않고 개방시키는 경우가 많다. 이로 인해 대청과 마당 사이의 경

내부공간과 외부공간의 반복과 상호관입을 통해 만들어지는 깊이 있는 공간 | 병산서원

계가 불분명해지며 상호 유기적인 공간 관계가 형성된다. 또한 건물과 마당 사이에 설치한 툇마루나 쪽마루는 경계가 불분명한 완충공간으로 마당과 건물 내부 사이의 유기적 관계를 강화한다. 이로써 건물과 담 등으로 한정되는 외부공간은 내부공간과 유기적인 관계를 형성하면서 적극적으로 활용된다.

채 분화 특성에서 비롯된 외부공간의 적극적 이용은 개개 건물이 지니는 평면상의 한계, 즉 보 방향 깊이가 제한되는 한계를 보완한다. 건물과 건물 사이에 형성되는 외부공간인 마당과 건물들이 반복됨으로써 개별 건물로 만들 수 없는 깊이 있는 공간이 만들어진다.[1]

내부와 외부 공간 사이의 불분명한 경계와 상호관입으로 인해 한국 건축의 내부와 외부 공간은 절대적이 아닌 상대적인 개념으로 구분되는 특성을 지닌다. 담 밖과 담 안, 바깥마당과 안마당, 대청과 마당, 방과 대청은 각각 상대적인 내외 공간으로 구분된다. 툇마루와 누

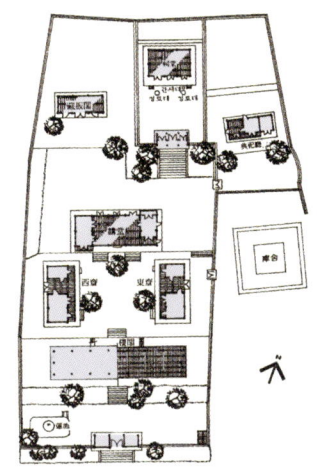

병산서원 · 출처: 김은중

● **공간의 깊이** 주남철은 건물이 만드는 내부공간을 '적극적 공간', 건물들 사이의 외부공간을 '소극적 공간'이라 하면서 한국 건축은 적극적 공간과 소극적 공간의 교차와 반복을 통하여 큰 공간으로 확장되고 공간의 연속성과 공간의 깊이를 느낄 수 있다고 설명하고 있다.

방과 대청 사이에 설치한 창은 방을 상대적인 내부로, 대청을 상대적인 외부로 인식하는 예 | 안동 내앞마을 의성김씨종택 사랑채

마루, 대청마루 전면에 창호와 벽을 설치하지 않고 개방시키는 경우가 많은 것 역시 건물과 마당 사이의 유기적 관계와 그에 따른 상대적 공간 의식에서 비롯된 것이다.

이상 살펴본 바와 같이 한국 건축의 공간은 개별 건물을 떼어내 생각할 수 없다. 채 분화의 특성을 지닌 한국 건축의 공간은 여러 채의 건물이 모여서 만들어지는 배치, 건물과 담장 등을 통해 만들어지는 다양한 외부공간, 그리고 개별 건물의 평면을 유기적 관계 속에서 이해할 필요가 있다.

공간이 이루어내는 모양

《 02
평면의 유형

형태에 따른 평면 유형의 구분은 독립된 채로 존재하는 단위 건축과 실 분화의 특성이 반영된 건축으로 나누어 생각하는 것이 편리하다. 단위 건축의 평면은 장방형이나 방형, 다각형 등 단순한 도형의 형태를 지니는 반면에 실 분화의 특성이 반영된 건축은 一자형 외에 ㄱ자, ㄷ자, ㅁ자 등으로 다양하게 꺾인 형태를 지니고 있어 평면 유형을 구분하는 기준은 물론 공간 특성이 다를 수밖에 없기 때문이다.

단위 건축의 평면형

단위 건축의 평면형은 평면의 형태에 따라 장방형長方形과 방형方形, 다각형, 원형 및 기타 평면형 등으로 나눌 수 있다.

● **장 방 형 평 면**

장방형 평면은 궁실과 관아, 사찰, 향교, 서원, 누정은 물론 주택에 이르기까지 모든 용도의 건물에 가장 일반적으로 사용되었다. 장방형

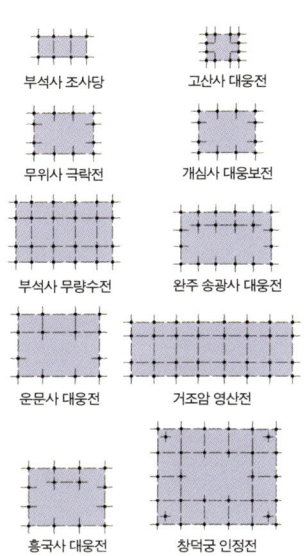

부석사 조사당 　 고산사 대웅전
무위사 극락전 　 개심사 대웅보전
부석사 무량수전 　 완주 송광사 대웅전
운문사 대웅전 　 거조암 영산전
흥국사 대웅전 　 창덕궁 인정전

장방형 평면의 사례들

장방형 평면의 예 | 마곡사 대광보전

장방형 평면의 예 | 나주향교 대성전

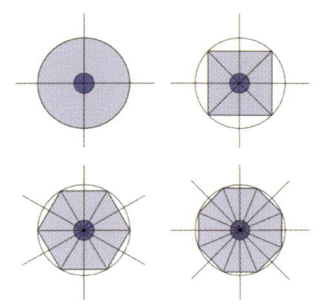
중심 지향적 도형 개념도

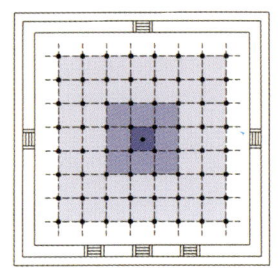
황룡사지 목탑 평면도

평면이 가장 일반적으로 사용된 것은 장변과 단변의 비比를 적절히 조절함으로써 필요에 따라 효율적인 공간을 만들 수 있기 때문이다. 또한 구조와 형태를 가장 손쉽게 만들 수 있기 때문이기도 하다.

● 방형 평면

방형은 정다각형과 함께 원에 내접 또는 외접하는 도형으로 중심 지향적 성향을 지닌다. 따라서 방형과 정다각형, 원형은 종교 또는 사상, 정치 등의 목적으로 신성함과 중심성을 표현하고자 하는 건축의 평면형으로 많이 사용되었다. 반면에 중심 지향적인 도형 특성으로 인해 공간이용의 효율성이 떨어져 일반적인 건축의 평면으로 채용된 예는 많지 않다.

방형 평면은 중심에서 사방으로 확장되면서 균질한 공간을 마련

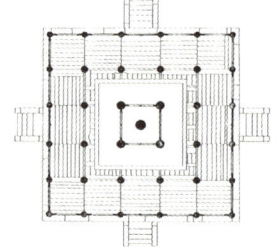
현존하는 목탑 형식 건물의 대표적인 예 | 법주사 팔상전과 그 도면

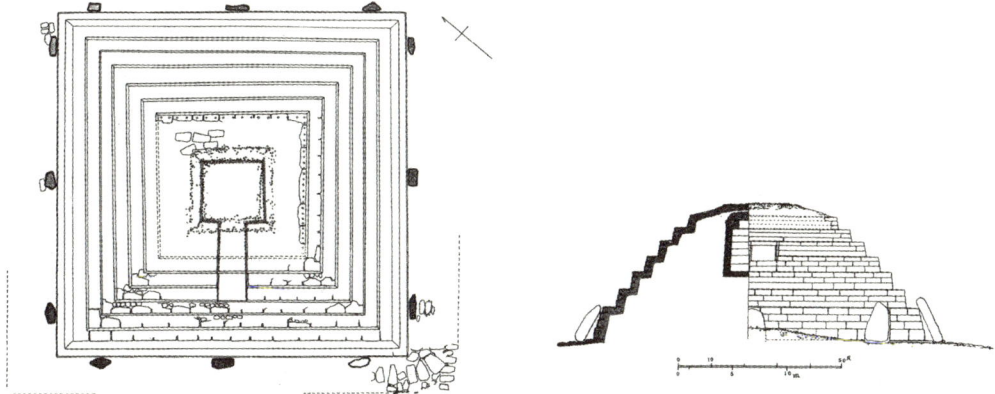

방형 평면을 사용한 고구려 적석총 | 장군총 평면 및 입면도와 단면도 • 출처: 『통구通溝』 권상卷上

할 수 있는 중심 지향적인 평면이다. 목탑은 이러한 특성을 지니는 대표적인 예이다. 신라의 황룡사지 9층 목탑을 비롯하여 사천왕사지 목탑, 익산 미륵사지 중원 목탑 등 대부분의 목탑은 방형 평면을 이루고 있다. 현존하는 목탑 형식의 건물로는 법주사 팔상전이 있다.

목탑의 평면 구성은 여러 목탑 터와 법주사 팔상전 등을 통해 유추해볼 수 있다. 방형 평면의 중앙에 심주心柱•가 있으며, 심초석心礎石에 사리를 봉안한다. 심주 주변에 네 개의 기둥, 즉 사천주四天柱••를 세우고 여기에 의지해 사방에 불벽과 불단을 만들고 불상을 모신다. 다시 그 바깥으로 기둥을 세워가면서 필요한 크기로 사방에 균질의 공간을 만든다. 따라서 목탑의 평면은 중심 지향적인 특성을 지니게 된다. 탑이 부처를 상징하므로 그것이 세계의 중심임을 나타내기 위해 중심 지향적 평면을 사용한 것이다. 또한 목탑이 조영되었던 시기에 탑은 일반적으로 사찰의 중심에 위치했다. 배치와 평면 모두에서 중심 지향적인 특성이 강하게 부각된다.

방단方壇형을 이루고 있는 장군총(위)과 장군총 네 모서리에 배치된 배총 중 하나(아래)

• **심주** 목탑의 중앙에는 1층에서 최상층까지 연속되는 기둥을 세우는데, 이 기둥을 심주 또는 찰주刹柱라 부른다. 심주 아래에 놓인 초석은 심초석 또는 심주초석이라 부른다. 심초석은 상하 두 개의 돌로 만들어 아래에 놓인 돌의 윗면에 홈을 파고 사리舍利를 봉안하는 장소로 사용하기도 한다.

•• **사천주** 방형 평면의 목탑에서 심주가 놓인 중앙의 1간間을 형성하는 네 개의 기둥을 사천주라 부른다. 사천주라는 이름은 그 안쪽에 부처님을 상징하는 사리가 봉안되므로 그것을 둘러싼 네 개의 기둥이 불법을 수호하는 사천왕의 역할을 한다는 의미에서 비롯된 명칭으로 보인다.

황룡사지 목탑 심초석

방형 평면의 무덤 | 경주 구정리 방형분

중심 지향적이지 않은 방형 평면의 예 | 불국사 관음전(왼쪽)·법주사 원통전(오른쪽)

2층의 방단 건축 | 경주 능지탑

사모정의 예 | 창덕궁 애련정(왼쪽)·창덕궁 태극정(오른쪽)

> 목탑 형식의 건물인 전남 화순 쌍봉사 대웅전은 뒷면 벽에 의지해 불단을 형성하고 있어 목탑의 전형적인 중심 지향적 평면 특성을 지니지 않고 있다.

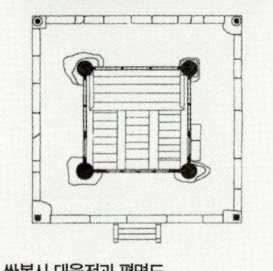
쌍봉사 대웅전과 평면도

목탑의 형식을 번안한 석탑과 전탑도 방형 평면이 대부분이며, 삼국시대 고구려의 적석총 역시 방형 평면을 사용하고 있다. 장군총*²과 태왕릉을 비롯한 고구려의 적석총은 단段을 이룬 피라미드 형태이며, 평면은 방형으로 강한 중심 지향적 특성을 지니고 있다. 특히 장군총은 무덤의 네 모서리를 동·서·남·북의 방위와 일치시켰으며, 그 연장선상 네 곳에 배총陪塚을 둠으로써³ 중심 지향적인 특성이 더욱 강하게 나타난다.

이 밖에 백제 초기에 많이 조영했던 고구려 계열의 적석총과 신라의 경주 구정리 방형분方形墳 등도 방형 평면의 무덤이다. 정확한 용도는 알 수 없으나 신라 때 축조된 경주 낭산의 능지탑陵旨塔도 2층의 방단 건축**을 이루고 있다.

방형은 중심 지향적 평면이 아닌 일반 건물의 평면 형식으로 사용되기도 하였다. 불국사 관음전과 법주사 원통전은 방형 평면이지만 일반적인 불당처럼 정면을 향해 후불벽과 불단을 마련하였다. 따라서

정다각형 평면 중 팔각형 평면의 예 | 환구단

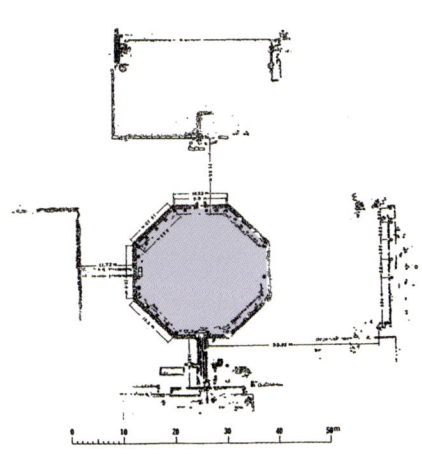
팔각형 목탑의 예 | 고구려 금강사지

목탑에서 볼 수 있는 것처럼 중심 지향적 성향을 지니지는 않는다.

정자亭子 중에는 방형 평면의 사례가 많다. 창덕궁 후원의 애련정愛蓮亭, 농수정濃繡亭, 태극정太極亭 등은 방형 평면의 정자, 즉 사모정***에 속한다.

● **정다각형 평면**

정다각형 평면으로 가장 많이 사용된 것은 8각형과 6각형이다. 이 밖에 5각, 9각, 12각형 평면도 있다.

정다각형은 원형에 비해서는 약하지만 방형에 비해서는 강한 중심 지향적 특성을 지닌다. 따라서 중심 지향적 평면을 구성하기 위해 사용하는 경우가 많다. 그 대표적인 예로 고구려 절터에서 확인되는 팔각형 평면의 목탑을 들 수 있다. 신라 흥륜사지에도 팔각형 평면의 목

- **장군총** 장군총에는 원래 네 개의 배총이 있었으나 현재는 동쪽의 배총 하나만 남아 있다. 한편 장군총과 태왕릉 위에는 목조건축이 세워져 있었던 것으로 추정된다.
- ** 방단 건축** 장군총처럼 상부에 건축물이나 시설을 올려놓거나 의식을 거행할 것을 전제로 방형 평면으로 단壇을 이룬 건축을 방단 건축이라 부른다. 방단 건축은 1단으로 된 것도 있으나 2단 이상의 단을 이룬 경우가 많다. 방단 건축의 전통은 후대까지도 지속되었던 것으로 보인다. 경북 의성에 있는 이른바 '토탑土塔'은 오늘날과 가장 가까운 시기에 축조된 방단 건축의 사례에 속한다.
- *** 사모정** 방형 평면의 정자를 사모정이라 부른다. 한편 육각형 평면의 정자는 육모정, 팔각형 평면의 정자는 팔모정(팔각정)이라 부른다.

경북 의성 탑리의 토탑

대표적인 육모정의 예 | 창덕궁 후원 존덕정

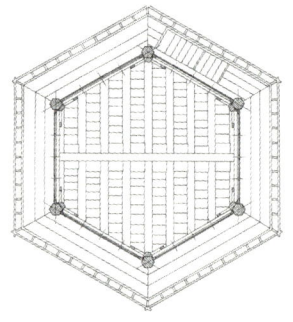

대표적인 육모정의 예 | 경복궁 후원 향원정

탑이 쌍탑雙塔으로 조영되었던 것으로 알려져 있다.[4] 이 밖에 대한제국 시기의 환구단圜丘壇과 신라 말 고려 초에 유행하였던 이른바 '팔각원당형八角圓堂形'[5] 부도 역시 중심 지향적 성향을 지닌 팔각형 평면의 건축이다.

경기도 광주 이성산성에서는 8각을 비롯하여 9각과 12각의 건물터가 발굴되었다. 이 건물터들은 삼국시대 신라에 의해 건축된 것으로 추정되며, 정확한 용도는 알 수 없으나 제천의식 같은 제사용 건축으로 추정되고 있다.[6] 그렇다면 이들 건물터 역시 중심 지향적 평면으로 조영되었던 것으로 해석할 수 있다. 또한 9각과 12각 건물터의 존재는 고대古代에 좀 더 다양한 다각형 평면이 사용되었음을 의미하기도 한다.

이 밖에 다각형 평면은 누정건축에서 많이 채용되었다. 육모정으로는 창덕궁 후원의 존덕정尊德亭과 경복궁 후원의 향원정香遠亭 등이 있으며, 팔모정으로는 경기도 광주의 영춘정迎春亭[7] 등이 있다.

석종형 부도 | 신륵사 보제존자 석종

구형 부도 | 연곡사 부도

● 원형 평면

원형은 완벽함의 의미를 지니며, 강한 중심 지향적 성향을 지니는 도형이다. 그러나 현존하는 목조건축에서 원형 평면을 이루고 있는 예는 전혀 찾아볼 수 없다.

목조가구식 건축은 그 구조적 특성으로 인하여 원형 평면을 만드는 것이 쉽지 않다. 물론 불가능한 것은 아니다. 중국 베이징 천단天壇의 기년전祈年殿이나 황궁우皇穹宇는 목조가구식 건축이지만 기둥을 배열하고 기둥 사이를 연결하는 창방과 평방뿐 아니라 모든 수장재를 곡선으로 만듦으로써 완전한 원형 평면을 구현하였다. 내부의 가구를 이룬 부재도 모두 곡선으로 만들었으며 지붕도 원형이다. 여러 개의 작은 나무를 덧대어 만든 곡선의 조합 부재를 사용하였기에 가능한 일이었다. 이처럼 조합 부재를 사용한 것은 이미 한대漢代부터 시작된 사막화로 목재가 풍부하지 못했던 황허黃河 유역의 자연 환경

원형 평면과 평면도 | 중국 베이징 천단의 기년전

• 팔각원당형 부도 염거화상탑을 시작으로 신라 말 고려 초에 걸쳐 유행하였던 팔각형 평면을 지닌 부도를 '팔각원당형'이라 부른다. 팔각형은 불교적 의미나 건축적 의미로 원형圓形에 가까워 원당圓堂을 추구했다고 볼 수 있기 때문에 팔각원당형이라는 명칭을 붙이게 된 것이다.

팔각원당형 부도
| 곡성 태안사 적인선사조륜청정탑

다양한 형태의 평면을 보이는 정자들

창덕궁 후원 부용정

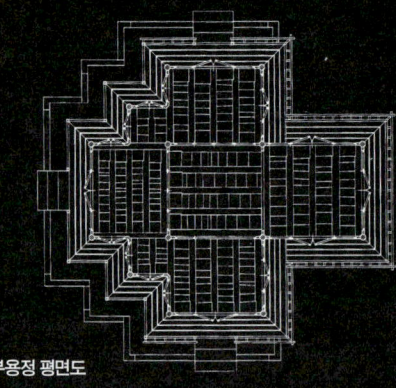
부용정 평면도

세검정

세검정 평면도

창덕궁 후원 관람정

안동 고성이씨종택의 북정

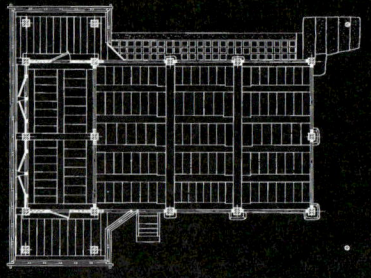
청암정 평면도

방화수류정 평면도

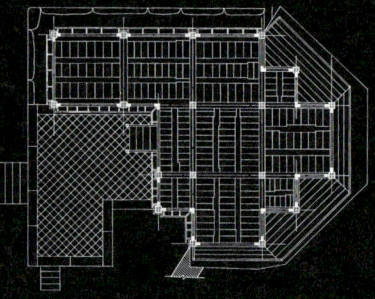

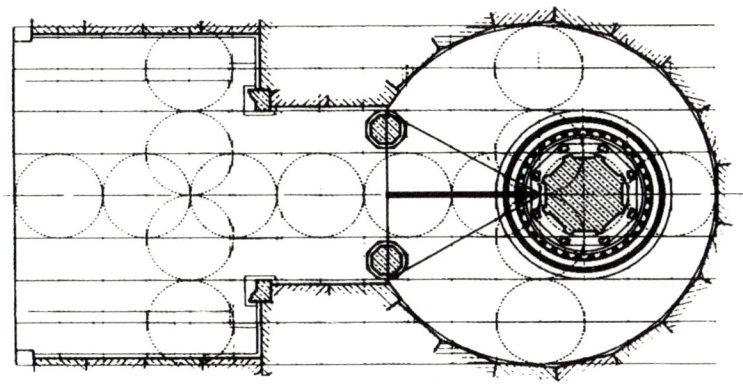

원형과 장방형의 조합으로 이루어진 평면 사례
석굴암 평면도

과 관계가 있다. 또한 이성적인 논리의 건축을 선호하는 한족漢族의 성향이 원형이라는 기하학적인 평면 구성을 만들게 하였던 것으로 보인다.

반면에 한국 목조건축에서는 모든 부재를 통나무를 깎아 만들었기 때문에 중국과 같은 조합 부재를 사용한 예를 찾아볼 수 없다. 이렇듯 원형 평면이 나타나지 않는 것은 목재 자체의 순수한 성질을 이용하여 자연스러운 건축을 만들고자 했던 조형의지에서 비롯되었다고 해석할 수 있다.

목조건축과 달리 석조건축 중에는 원형 평면을 찾아볼 수 있다. 그 대표적인 예가 석굴암石窟庵*이다. 석굴암은 원형 평면의 주실主室과 장방형 평면의 전실前室, 그리고 그 사이의 통로로 구성되어 있다. 이 밖에 원형 평면의 석조건축으로 석종형石鍾形 부도**와 구형球形 부도*** 등이 있다.

● 기타 평면형

정형定型의 도형을 응용하거나 조합해 만든 것으로 十자형, 亞자형,

- **석굴암** 현재 통용되고 있는 석굴암이라는 명칭은 조선시대에 붙여진 것이다. 『삼국유사三國遺事』에 석굴암은 석불사石佛寺라 기록되어 있으며, 현재 이곳은 석굴암뿐 아니라 석탑을 비롯한 여러 시설을 갖춘 하나의 절을 이루고 있다. 따라서 석굴암은 석불사에 속한 금당金堂으로 보는 것이 타당하다. 한편 석불사 금당은 석조건축물이라는 점에서 석조石造 금당, 석조로 실을 구성했다는 점에서 석실石室 금당이라는 명칭으로 불러도 좋을 것이다.
- ** **석종형 부도** 부도의 모습이 종 모양을 이루고 있다고 해서 붙여진 명칭으로 고려시대에 유행하였던 부도의 한 형식이다.
- *** **구형 부도** 탑신塔身을 구형球形으로 만든 것을 말한다. 신라 말에서 고려 초 사이에 유행했던 팔각원당형 부도의 형식이 약화되면서 만들어진 형식으로 고려 말에서 조선시대에 걸쳐 가장 일반적인 부도의 형식이 되었다.

ㄱ자형 평면의 예 | 추사고택 사랑채

ㅁ자형 평면 | 추사고택 안채

十자형 평면의 예 | 완주 송광사 종각

개별적으로도 복잡한 평면을 지닌 여러 채의 건물이 모여 복잡한 배치·평면을 보여주는 좋은 예 | 강릉 선교장

丁자형 등의 다양한 평면이 있다.

　단위 건축으로서 평면에 가장 많은 변화가 나타나는 건축 유형으로 정자를 들 수 있다. 정자의 평면은 방형, 장방형, 정다각형 외에도 十자형과 亞자형, 丁자형, 부채꼴을 비롯해 매우 다양하다. 이처럼 정자가 다양한 형태의 평면을 보이는 이유는 규모는 작지만 개성에 따라 자유롭게 조영할 수 있다는 건축 속성에서 기인하기 때문이다.

　이 밖에 완주 송광사松廣寺의 종각은 十자형 평면을 지니고 있다. 목조건축은 아니지만 고려의 경천사지 십층석탑과 조선의 원각사지 십층석탑은 亞자형 평면을 이루고 있다.

실 분화 특성을 지닌 건축의 평면형

실 분화 특성을 지니는 건축은 단위 건축과 달리 복잡하고 다양한 형태의 평면 구성을 지니고 있다. 한 채의 건물에 방, 대청, 부엌, 광 등과 같이 제각기 다른 기능을 지닌 실들이 복잡한 구성을 이루고 있기 때문이다. 따라서 평면은 장방형이나 방형, 다각형과 같은 단순한

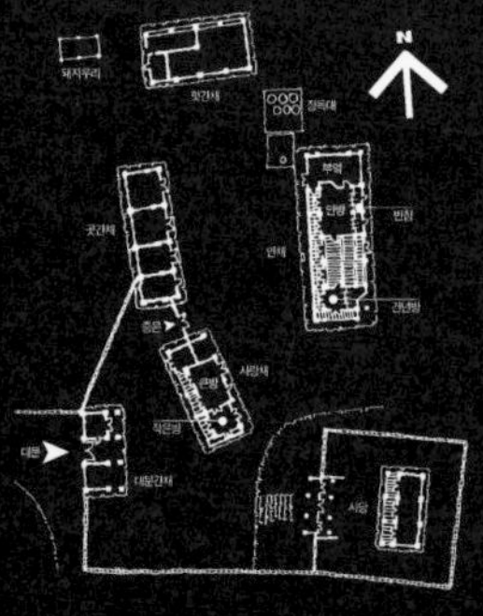

─자형 평면의 조합에 의한 배치 | 광주 고원희 가옥 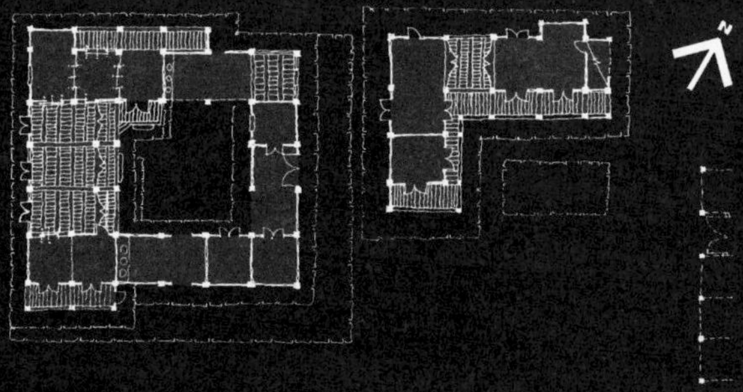
ㅁ자형 안채와 ㄱ자형 사랑채로 이루어진 주택 | 예산 추사고택 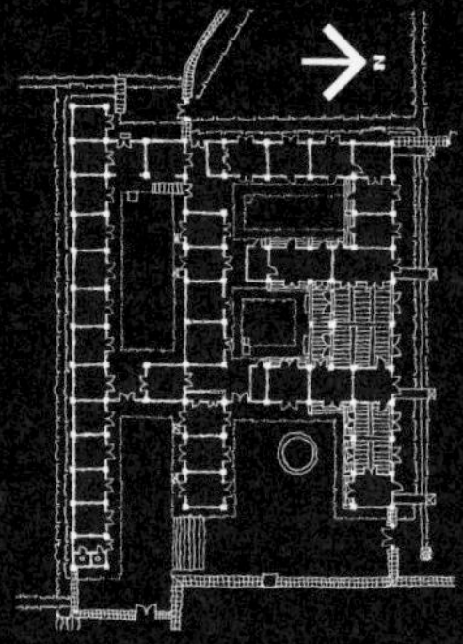
길상吉祥문자인 用자형 평면의 주택 | 안동 임청각 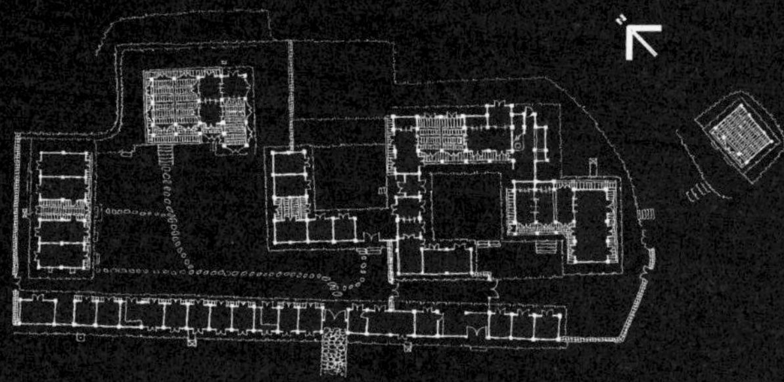
다양한 평면의 조합에 의한 배치를 이루고 있는 주택 | 강릉 선교장

도형의 형태에서 벗어나 복잡하고 다양한 형태를 지닌 경우가 많다. 이러한 평면 특성을 지닌 예로 주택을 비롯하여 사찰의 요사나 주거 기능이 포함된 정자 등을 들 수 있다.

주택의 평면은 ─자형, ㄱ자형, ㄷ자형, ㅁ자형, 工자형 등으로 매우 다양하다. 심지어는 日자형, 月자형 및 用자형처럼 더욱 복잡한 평면을 지닌 경우도 있다. 이처럼 주택이 다른 어떤 유형의 건축에 비해 복잡한 평면을 지니는 것은 기후와 지형의 차이, 사회 신분 제도, 유교의 사상적 요소, 풍수지리설과 음양설, 구조 등 여러 가지 요소가 복합적으로 작용했기 때문이다.

이처럼 다양한 주택의 평면은 여러 가지 기준으로 구분된다. 우선 지역에 따라 함경도 지방형, 평안도 지방형, 중부 지방형, 서울 지방형, 남부 지방형, 제주도 지방형 등으로 구분하는 경우가 있다.[8] 또 문자

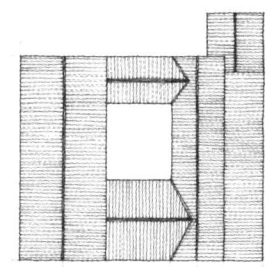

ㅁ자형 평면 | 내소사 설선당 지붕 평면도

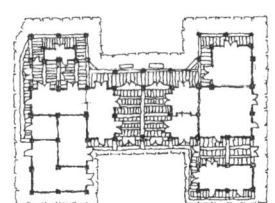

工자형 평면 | 보은 선병국 가옥 안채

의 형태에 따라 口자형, 日자형, 月자형, 用자형, 品자형, 己자형, 工자형, ᄆ자형 등으로 구분하는 경우도 있다. 문자형文字形 평면●은 주로 상류주택에서 나타나는데, 음양오행설과 풍수지리설의 형국론形局論에 기반을 두고 만들어진 것으로 해석하기도 한다.[9]

주거의 기능을 지니는 사찰의 요사도 주택과 마찬가지로 一자형을 비롯하여 ㄱ자형, ㄷ자형, ㅁ자형 등의 다양한 평면 형태를 보인다. 이 밖에 주거 기능이 부가된 정자 건축 중에서도 一자형 외에 ㄱ자형이나 ㄷ자형 평면을 지닌 사례가 있다.

● **문자형 평면** 문자형 평면에 대해 언급하고 있는 조선시대의 문헌기록으로는 『증보산림경제增補山林經濟』(유중림柳重臨)와 『임원경제지林園經濟志』(서유구徐有榘)가 있다. 이에 의하면 口자형, 日자형, 月자형, 用자형, 品자형, 己자형은 길상 문자형이며, 工자와 ᄆ자형은 흉㐫한 문자형에 속한다. 그러나 실제 현존하는 주택 중에는 길상문자형만 있는 것이 아니라 보은 선병국 가옥(工자형)이나 안동 충효당(ᄆ자형)처럼 흉한 문자형도 존재한다.

기둥의 배열이 만들어내는 공간, 간

03
간에 의한 평면 구성

간의 개념

목조가구식 구조를 근간으로 하는 한국 건축의 평면은 기둥 배열에 의해 결정된다. 즉 평면은 필요에 따라 종횡縱橫으로 열을 맞춰 기둥을 배열함으로써 설정된다.

기둥을 한 방향으로 연속하여 배열하면 인접한 기둥 사이에 일정한 길이가 만들어진다. 또 기둥을 종횡 두 방향으로 배열하면 종횡으로 배열된 네 개의 기둥으로 둘러싸인 일정한 면적이 만들어진다. 이렇게 기둥 배열에 의해 만들어지는 기둥 사이의 단위 길이와 단위 면적을 '간間'•이라 부른다. 즉 간은 평면상 인접한 기둥 사이를 의미하기도 하며, 네 개의 기둥으로 둘러싸여 만들어지는 공간을 의미하기도 한다.

물리적인 실체實體인 기둥을 배열하면 기둥 사이에 실제 이용할 수 있는 허상虛想의 빈 공간, 즉 간이 생긴다. 그리고 그 간이 모여서 평면이 이루어진다. 따라서 간의 설정은 곧 평면의 설정을 의미한다.

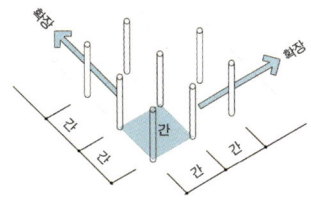

간의 개념

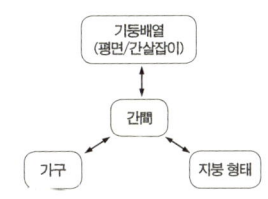

간을 매개로 한 평면-가구-지붕 사이의 유기적 관계

• **간과 칸** '간'은 '칸'으로 표기하기도 한다. 이 책에서는 혼란을 피하기 위해 간의 수를 셀 때만 '칸'으로 표기하고 나머지 경우는 주간柱間, 정간正間, 협간夾間, 툇간退間 등과 같이 '간'으로 표기하도록 한다.

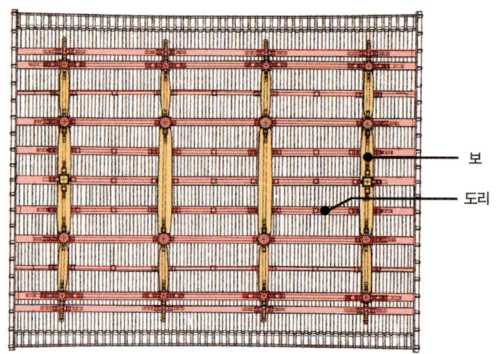
맞배지붕에서 보와 도리의 방향 | 수덕사 대웅전

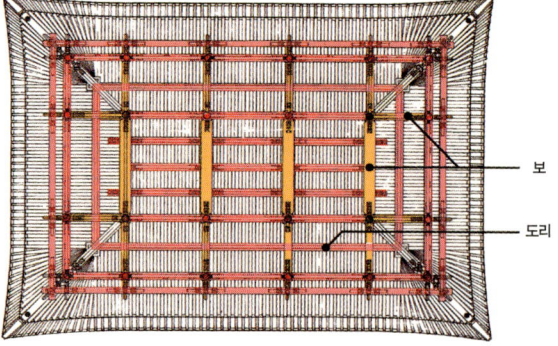
팔작지붕에서 보와 도리의 방향 | 부석사 무량수전

이렇게 간을 설정해 나가는 것을 '간살잡이'라 부른다. 즉 간살잡이는 '간사이*를 잡는다'는 뜻으로 평면의 설정을 의미한다.

기둥의 배열은 가구架構와 지붕 형태에 영향을 끼친다. 반대로 가구와 지붕 형태는 기둥 배열에 영향을 끼친다. 그만큼 기둥 배열을 중심으로 평면과 가구, 지붕이 유기적인 관계를 지닌다. 또한 기둥의 배열은 간의 설정을 의미하므로 평면의 구성단위인 간은 가구와 지붕을 구성하는 기본단위가 된다. 결국 평면과 가구, 지붕은 간을 매개로 유기적 관계를 맺고 있으며, 간은 평면뿐 아니라 건축 전체를 구성하는 기본단위가 된다.

간의 방향과 명칭

● **간의 방향**

간을 중심으로 평면과 가구, 지붕 형식이 유기적 관계를 지니고 있는 한국 건축에서 평면의 방향을 설명하기 위해 도리통과 양통이라는 용어를 사용한다.** 도리통은 도리가 놓인 방향으로의 전개를 의미하는 말로 도리간이라고도 하며, 양통은 보가 놓인 방향으로의 전개를 의미하는 말로 보간이라고도 한다.[10]

도리통과 양통은 건물이 놓인 방향과 관계없이 건물을 구성하는 중요한 가구 부재인 보와 도리가 놓인 방향을 기준으로 한 용어이다. 맞배지붕에서 모든 보는 한 방향으로 놓인다. 도리 역시 보와 직각이 되는 하나의 방향으로 놓인다. 따라서 도리가 놓인 방향이라는 의미에서 도리통, 보가 놓인 방향이라는 의미에서 양통이라는 용어를 사용한다. 물론 우진각이나 팔작, 모임지붕에서는 보와 도리의 방향이 섞여 있기 때문에 도리통과 양통이라는 용어를 사용하는 데 한계가 있다. 그러나 이 경우에도 건물의 양쪽 끝을 제외한 나머지 모든 부분의 보와 도리는 서로 직각의 관계를 지니면서 한 방향으로 놓인다. 이처럼 도리통과 양통은 약간의 한계가 있지만 유기적인 관계를 지닌 평면과 구조를 동시에 설명할 수 있다는 점에서 한국 건축의 특성을 잘 반영한 용어이다.

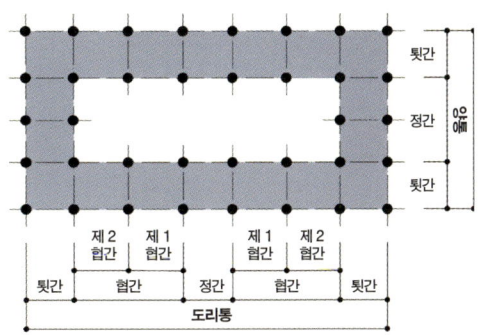

● **위치에 따른 간의 명칭**

위치에 따라 간을 가리키는 용어로 정간正間, 협간夾間, 툇간退間이라는 용어를 사용한다.●●●11

일반적으로 단위 건물은 정면이 되는 도리통의 칸수間數를 홀수로 만드는데, 그 중앙에 위치한 간을 정간이라 부른다. 반면에 양통의 칸수는 홀수나 짝수에 관계없이 설정하는데, 홀수인 경우 중앙의 1칸,

---

● **간사이와 주간** 간사이와 주간은 기둥 사이, 또는 그 길이를 의미한다.
●● **도리통과 양통** 오늘날에는 도리통과 양통이라는 말 대신 정면과 측면이라는 말을 사용하고 있다. 하지만 정면과 측면은 건물을 바라보는 시점을 기준으로 한 것으로 도리통, 양통과는 의미가 다르다. 일반적으로 한국 건축은 지붕면을 정면으로 삼기 때문에 도리통은 정면, 양통은 측면이 된다. 그러나 부석사 종각에서 볼 수 있는 것처럼 합각이 건물의 정면이 되는 경우에는 양통이 정면, 도리통이 측면이 된다. 이처럼 건물의 정면을 어디로 삼느냐에 따라 가구와의 관계가 달라지므로 유기적인 관계를 지니고 있는 한국 건축의 평면과 구조를 동시에 설명하기 위해서는 정면과 측면이라는 용어보다 도리통과 양통이라는 용어를 사용하는 것이 좋을 것이다.
●●● **간을 가리키는 용어** 조선시대 후기의 영건營建 관련 의궤儀軌에는 위치에 따라 간을 가리키는 용어로 어간御間, 정간, 협간, 툇간, 측간側間을 비롯한 다양한 용어가 등장한다. 그런데 의궤마다 그 용어 사용에 차이가 있을 뿐 아니라 오늘날에는 학자마다 위치에 따른 간의 명칭을 다르게 사용하고 있다. 따라서 혼란을 피하기 위해 위치에 따른 간의 명칭을 정리해서 사용할 필요가 있다. 이 책에서는 의궤에서 사용하고 있는 용어를 바탕으로 정리한 용어를 사용하도록 한다. 한편 원래는 정간 대신 어간이라는 용어를 사용해야 하지만, 어간은 궁궐의 정전正殿과 같이 임금과 직접 관련이 있는 건물에서만 사용한다. 따라서 일반 건물에서는 정간을 사용한다.

일반적인 건물과 달리 합각을 정면으로 삼은 예
| 부석사 종각

짝수인 경우 중앙의 2칸을 정간이라 부른다.

도리통과 양통의 가장 바깥에 위치한 간은 툇간이라 부른다. 또 정간과 툇간 사이에 또 다른 간이 위치하는 경우에는 협간이라는 용어를 사용한다. 한편 칸수가 많아 협간이 2칸 이상으로 이루어진 경우 정간 바로 옆의 간에서 바깥으로 가면서 순서에 따라 제1협간, 제2협간 등으로 부른다.

칸수와 주간

● 칸수와 평면의 규모

평면의 기본단위인 간은 평면의 규모를 계산하는 단위가 된다. 즉 평면의 규모는 도리통의 칸수와 양통의 칸수, 그리고 이에 의해 구성되는 면적으로서의 전체 칸수(도리통 칸수×양통 칸수)로 나타낸다.

도리통의 칸수는 종묘 정전과 같이 특수한 경우를 제외하면 1~15칸의 범위에 분포한다. 이렇듯 도리통의 칸수가 넓은 범위에 분포하는 것은 도리 방향으로의 평면 확장에는 별다른 제약이 없음을 의미한다. 그런데도 도리통은 3칸과 5칸이 가장 일반적이다. 이는 특별한 경우가 아니라면 도리통이 적당한 칸수를 유지해야 평면의 효율성이 높아지기 때문이다.

양통의 칸수는 1~5칸의 범위에 분포하는데, 3칸이 가장 많고, 다음으로 2칸과 4칸이 많은 수를 차지한다. 도리통에 비해 양통의 칸수가 일정한 범위에 존재하고 최대 규모가 5칸으로 작은 것은 보 방향으로의 평면 확장이 자유롭지 못하기 때문이다.*

'도리통×양통'의 칸수는 3×3칸, 5×3칸, 5×4칸과 3×2칸이 일반적인데, 그중에서 3×3칸이 가장 많은 수를 차지한다. 장단비長短比**, 즉 도리통과 양통의 비례를 적절한 수준으로 해야 공간의 효용성이

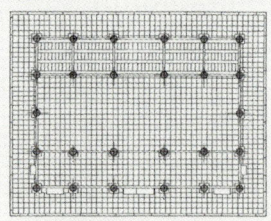

> **칸수에 의한 평면 규모의 표현 방법**
'도리통□칸×양통□칸=□칸'으로 표현한다. 예를 들어 화성 동장대의 평면은 도리통 5칸, 양통 4칸으로 총 20칸이다.

5×4칸의 평면 | 화성 동장대

	양통 →				
↓ 도리통	1칸	2칸	3칸	4칸	5칸
1칸		신륵사 조사당			
3칸	부석사 조사당, 성혈사 나한전	강릉 객사문, 불영사 응진전, 숭림사 보광전, 정혜사 대웅전, 미황사 응진당, 덕수궁 대한문, 장곡사 상대웅전, 도갑사 해탈문 장곡사 하대웅전	봉정사 대웅전, 화암사 극락전, 율곡사 대웅전, 불갑사 대웅전, 선암사 대웅전, 고산사 대웅전, 참당암 대웅전, 불회사 대웅전, 개심사 대웅보전, 관룡사 대웅전, 백흥암 극락전, 운문사 대웅전, 범어사 대웅전, 흥국사 대웅전, 불영사 대웅보전, 신흥사 대광전, 미황사 대웅보전, 용주사 대웅보전,	봉정사 극락전, 수덕사 대웅전, 전주객사 전청	
4칸					
5칸		숭례문	부석사 무량수전, 완주 송광사 대웅전, 귀신사 대적광전, 능가사 대웅전, 기림사 대적광전, 선운사 대웅전, 강릉문묘 대성전, 화엄사 대웅전, 통도사 대웅전, 쌍계사 대웅전, 마곡사 대광보전	금산사 미륵전, 덕수궁 중화전, 창덕궁 인정전, 정읍 피향정, 밀양 영남루, 나주향교 대성전, 관덕정, 화성 동장대	법주사 팔상전, 경복궁 근정전
7칸			거조암 영산전	법주사 대웅보전	경복궁 경회루
9칸					통영 세병관
15칸					여수 진남관

칸수별 목조건축 사례

높아지기 때문이다. 도리통과 양통의 칸수를 비교하면 도리통의 칸수를 양통보다 많게 하는 것이 일반적이다.

도리통의 칸수는 홀수로 만드는 것이 일반적이다. 특히 궁궐의 정전이나 편전, 사찰의 불전, 향교의 대성전 등 권위를 내세울 필요가 있는 건물은 반드시 도리통 칸수를 홀수로 한다. 도리통이 홀수를 이루어야 내부에 중심이 되는 공간을 마련할 수 있고, 외관에도 중심성을 부여할 수 있기 때문이다.

양통은 평면의 규모와 함께 가능한 구조방식에 따라 칸수가 정해진다. 양통은 측면이 되는 것이 일반적이므로 외관에 중심성을 부여할 필요도 적다. 따라서 짝수나 홀수에 관계없이 칸수를 설정한다.

> 순천 송광사 국사전이나 일부 주택의 사당祠堂처럼 도리통 칸수를 짝수로 설정한 경우가 있다. 그러나 이것은 모셔야 하는 영정이나 신위神位의 수에 따른 변용에 해당한다. 한편 주택이나 요사채 등 살림살이를 위한 건물에서는 도리통의 칸수에 구애를 받지 않는다. 외관이나 공간의 구성에 중심성을 부각시킬 필요가 없고 기능에 따라 실을 나누어야 하기 때문이다.

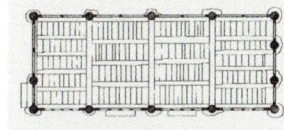

도리통 칸수가 짝수로 이루어진 예
| 송광사 국사전

● **주간의 설정**

평면의 규모는 칸수로 표현하지만 칸은 척도尺度 단위가 아니다. 따라서 실질적인 평면의 규모는 칸수와 함께 주간의 길이를 정함으로써 결정

- **양통의 칸수 특징** 양통의 칸수를 도리통보다 많게 한 경우도 있다. 그러나 이 경우에도 양통의 주간을 짧게 설정함으로써 실제 길이는 도리통을 양통보다 길게 하는 것이 일반적이다.
- **평면 장단비** 이 책에서는 평면의 장단비를 도리통 길이÷양통 길이로 설정하였다.

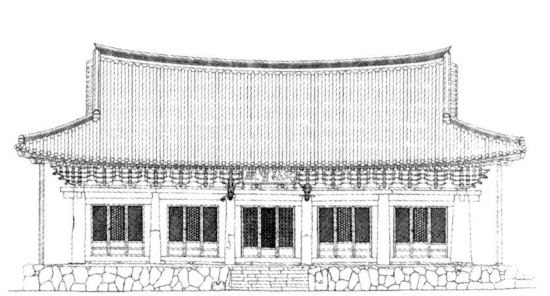
도리통의 모든 주간을 동일하게 설정한 예 | 마곡사 대광보전

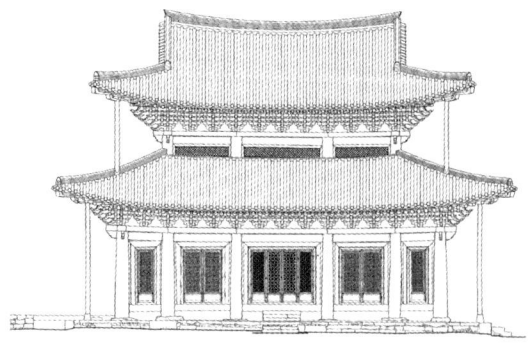
도리통 주간에 변화를 줌으로써 입면에 변화가 생긴 예 | 무량사 극락전

> 경복궁 근정전의 도리통 어간은 주간이 6,854mm로 24자가 넘는다. 사찰의 불전 중에서 운문사 대웅전은 도리통 정간의 주간이 6,314mm, 즉 21자 정도로 가장 큰 편에 속하며, 정혜사 대웅전 정간은 2,760mm, 즉 9자 정도로 매우 작은 편에 속한다. 조선시대 상류주택의 주간은 7~8자 내외가 일반적이다.

> A, B, C를 간의 크기라 하고 A>B>C일 때

- 도리통 5칸의 주간 구성 유형
 AAAAA, BAAAB, BBABB, CBABC

- 양통 4칸의 주간 구성 유형
 AAAA, BAAB, ABBA

- 양통 3칸의 주간 구성 유형
 AAA, BAB, ABA(거의 없음)

된다.

주간은 건물에 따라 차이가 있다. 일반적으로는 건물의 격식이 높고 규모가 클수록 주간이 길다. 주간이 길어지면 건물의 높이 또한 높아지는 것이 일반적이며, 그에 따라 사용되는 부재들의 단면도 커진다. 결국 주간은 건물의 높이와 비례, 그리고 사용되는 부재들의 크기 등과 밀접한 관계를 지닌다.

하나의 건물에서도 간마다 주간을 다르게 설정하는 경우가 많다. 도리통과 양통을 비교하면 도리통을 구성하는 간의 주간을 길게 설정하는 것이 일반적이다. 그러나 경우에 따라서는 양통의 주간을 넓게 설정하기도 한다.

도리통의 주간 구성은 기능에 따른 평면 구성 및 외관과 밀접한 관련이 있다. 주간 구성의 유형은 크게 모든 간을 동일한 주간으로 만든 것과 주간에 변화를 준 것으로 구분할 수 있다. 주간에 변화를 준 경우는 다시 정간만 넓게 한 것과 정간에서 툇간으로 가면서 점차 주간을 좁게 한 것 등으로 나눌 수 있다. 그러나 단위 건축에서 모든 주간을 동일하게 설정한 예는 많지 않으며, 정간에서 바깥쪽 간으로 가면서 점차 주간을 좁혀 나가는 것이 일반적이다. 이렇듯 정간을 넓게 잡으면 평면상 중앙에 넓은 공간을 만들 수 있을 뿐 아니라 입면에서 중심을 부각시키고 외관을 변화 있게 만들 수 있다.

양통의 주간 구성은 도리통과 달리 내부 기둥의 배열, 가구 및 지붕 형태와 좀 더 깊은 관계가 있다. 양통의 주간 구성 유형은 모든 주

도리 방향의 확장성을 보여주는 사례 | 종묘 정전

간을 동일하게 설정한 것과 주간에 변화를 준 것으로 나눌 수 있다. 주간에 변화를 준 경우는 툇간에 비해 정간을 넓게 설정하는 것이 일반적이지만 간혹 툇간을 정간에 비해 넓게 설정한 경우도 있다.

● 평면 확장의 방향성

평면의 기본단위인 간은 기둥의 배열에 의해 만들어지는 것으로 가구 및 지붕과 유기적 관계를 지닌다는 점을 앞에서 살펴본 바 있다. 따라서 평면의 구성은 공간에 대한 요구뿐 아니라 가구 및 지붕 형식의 영향을 받는다.

목조가구식 구조 특성과 경사지붕의 채용은 평면의 확장 방향에 영향을 끼친다. 목조가구식 구조에서는 보가 상부의 하중을 부담하므로 평면의 양통 길이는 사용할 수 있는 보 길이의 한계에 의해 제한을 받게 된다. 한편 보 길이의 제한은 내부에 기둥을 사용하여 어느 정도 해결할 수 있다. 그러나 일정 규모 이상으로 양통이 길어지는 경우에는 경사지붕의 특성으로 인해 만들 수 있는 공간 규모에 비해 지붕이 지나치게 커져서 비효율적인 건물이 된다.

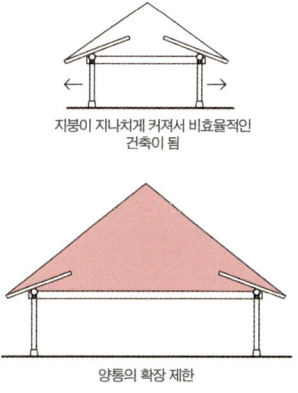

지붕이 지나치게 커져서 비효율적인 건축이 됨

양통의 확장 제한

경사지붕의 채용에 따른 양통 길이의 제한

이렇듯 구조와 경사지붕으로 인하여 평면은 보 방향으로의 확장에 제한을 받는다. 반면에 도리 방향으로의 확장은 무한정 가능하다. 종묘宗廟 정전正殿이나 궁궐의 회랑과 행각 등은 도리통의 확장이 무한정 가능하다는 것을 보여주는 좋은 사례이다.

하지만 일반적인 건물의 도리통 칸수는 3, 5, 7칸이 가장 일반적이다. 평면의 장단비가 너무 커지면 공간의 효율성이 떨어지기 때문에 양통의 한계에 따라 도리통의 확장도 어느 정도 제한을 받기 때문이다.

내부공간 구성에 따른 평면 유형

전퇴형 평면의 예 | 강릉향교 대성전

내부공간의 구성은 양통의 칸수 및 내주內柱의 배열과 밀접한 관계가 있다. 양통의 칸수는 내부에 보 방향으로 형성할 수 있는 평면의 규모를 결정하며, 내주의 배열은 그 평면 구성에 변화를 일으킨다.

내부공간의 구성에 따른 평면형은 내주의 유무와 배열 방식에 따라 통간형通間形, 전퇴형前退形과 후퇴형後退形, 전후퇴형前後退形, 내외진형內外陣形, 그리고 문형門形으로 나눌 수 있다. 이 밖에 사찰의 일주문이나 일각문一脚門처럼 양통을 구성하지 않아 내부공간이 없는 경우, 그리고 양통 1칸 또는 2칸으로 된 문과 문루門樓가 있다.

● 통간형

내주를 전혀 사용하지 않아 내부공간 전체가 하나로 트여 있는 것을 통간형이라 부른다. 양통은 1~3칸이 일반적이며, 도리통 역시 특별한 경우가 아니면 1~3칸이 일반적이다.

● 전퇴형과 후퇴형

양통의 전면에 툇간이 있는 것을 전퇴형, 후면에 툇간이 있는 것을 후

• **내주** 건물 내부에 사용된 기둥을 총칭하여 내주라 부른다. 내주 중에서 기둥 높이를 평주보다 높게 만든 것을 고주高柱 또는 내고주內高柱라 부른다.

통간형 평면의 예 | 무위사 극락전

후퇴형 평면의 예(위) | 논산 쌍계사 대웅전
전후퇴형 평면의 예(아래) | 공주 마곡사 대웅보전

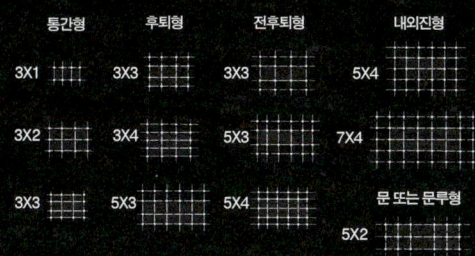

내부공간 구성에 따른 평면의 유형

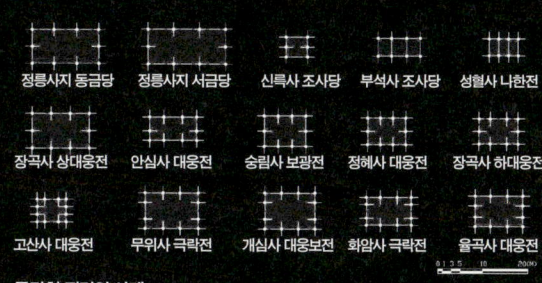

통간형 평면의 사례

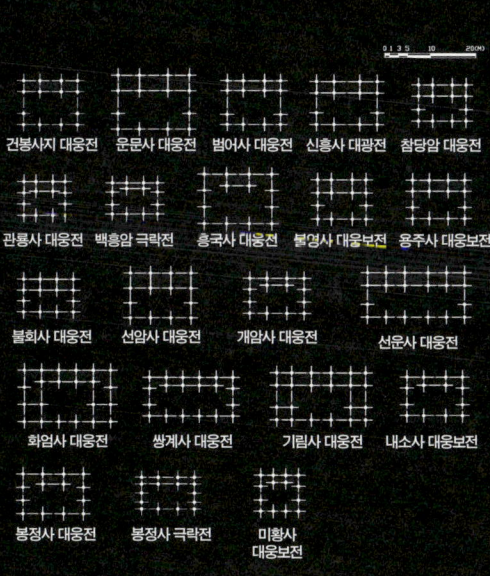

후퇴형 평면의 사례

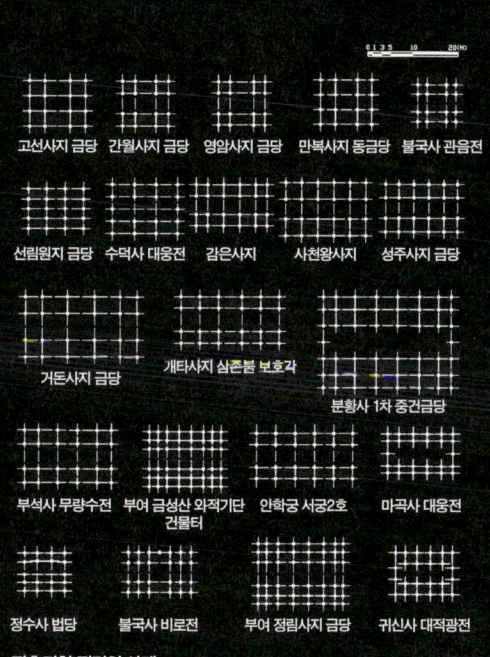

전후퇴형 평면의 사례

03 간에 의한 평면 구성   39

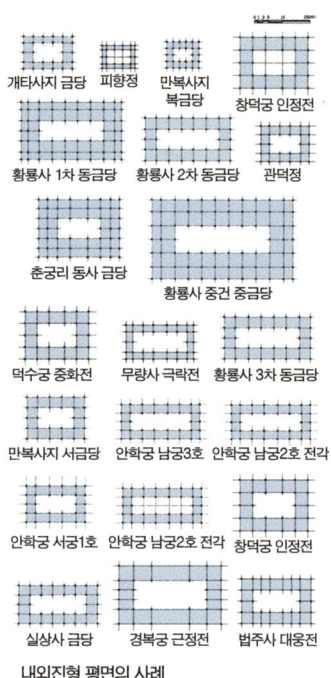

내외진형 평면의 사례

내외진형 평면의 예 | 창덕궁 인정전

퇴형이라 부른다. 툇간의 위치는 평면의 사용 목적과 밀접한 관계가 있다. 사찰의 불전은 불단을 구성한 앞에 예불 공간을 마련해야 하기 때문에 후퇴형이 일반적이다. 반면에 향교의 대성전이나 사당, 주택에서는 전퇴형이 많다.

전퇴형과 후퇴형 모두 양통은 3칸이 일반적이지만 간혹 4칸으로 구성한 경우도 있다. 도리통은 3칸 또는 5칸이 일반적이며, 7칸인 경우도 있다.

● 전후퇴형

양통 1~2칸의 중심 공간 전면과 후면에 모두 툇간을 둔 평면형이다. 양통은 3칸이 가장 일반적이지만 4칸 또는 5칸인 경우도 있다. 양통을 3칸으로 한 경우 양통 정간은 툇간에 비해 주간을 넓게 설정함으로써 중심이 되는 공간의 면적을 확보한다. 도리통은 3칸 또는 5칸이 일반적이며, 7칸인 경우도 있다.

● 내외진형

중심 공간 주변 사방으로 툇간을 돌려 내진과 외진으로 구성한 평면형이다. 양통은 4칸이 가장 일반적이며, 양통 5칸도 많이 사용하였다.

문루의 예 | 숭례문 문루 하층

일주문의 예 | 천은사 일주문

양통을 6칸으로 만들어 변형을 한 경우도 있다. 변형된 형식으로 양통 3칸을 내외진형 평면으로 사용한 경우도 있었을 것이다. 내외진형 평면은 가장 규모가 크고 격식이 높은 평면형에 속한다.

● **문형**

문형은 문이나 문루가 지닌 평면형으로 양통은 1칸 또는 2칸이 일반적이다. 이 밖에 일각문이나 사찰의 일주문처럼 기둥을 도리 방향으로만 배열하여 양통의 간을 형성하지 않은 경우도 있다.

양통 1칸인 문은 내부에 문짝을 달기 위해 별도의 기둥을 세우기도 한다. 양통 2칸으로 구성된 경우에는 양통 중앙의 기둥 열에 맞추어 도리 방향으로 기둥을 세우며, 이 기둥에 의지해 문짝을 설치하는 것이 일반적이다.

문루는 양통을 1칸으로 만든 경우도 있지만 2칸인 경우가 많다. 양통 2칸인 문루는 양통 중앙의 기둥 열에 맞추어 내주를 세우는 것이 일반적이다. 이는 문루의 특성상 내주를 중심으로 전후에 각각 양통 1칸 폭의 균질한 공간을 만들기 위해서이다. 양통 1칸인 경우 도리통은 1칸 또는 3칸, 양통 2칸인 경우 도리통은 3칸, 또는 5칸이 일반적이다.

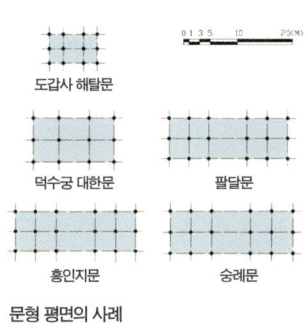

문형 평면의 사례

04 척도와 도형학

천·지·인 삼재 사상의 구현

척도 단위와 의미

> **1자의 길이**
> 현재의 자(1尺늑30.3cm)는 대한제국 시기에 일본인들에 의해 도량형제를 일본식으로 개정하면서 시작되었다.
> - 고려척高麗尺 1자늑35.6328cm
> - 당척唐尺 1자늑29.088cm
> - 조선 세종 때의 영조척
>   1자늑31.22cm

> 1ft=12in=1족장足長늑30.48cm

전통적인 척도 단위는 그 용도에 따라 황종척黃鐘尺, 포백척布帛尺, 양전척量田尺, 영조척營造尺의 네 가지로 나뉜다.[12] 황종척은 음악의 음률을 고정하는 기준으로서의 척도 단위이며, 포백척은 옷감의 재단에 사용하는 척도 단위이다. 양전척은 땅의 넓이와 지역 사이의 거리 등을 헤아리는 단위이고, 영조척은 건축에 사용하는 척도 단위이다.

척도는 리厘-푼分-치寸-자尺-장丈으로 이루어지는 십진법의 체계를 지니고 있다. 즉 1장은 10자, 1자는 10치, 1치는 10푼, 1푼은 10리이다. 현재 사용하는 곡자의 눈금은 푼을 최소 단위로 하고 있다.* 이와 함께 목수들의 현장에서 작업하고 있는 내용을 볼 때 대목大木일에 사용된 최소 치수 단위는 푼이며, 어림짐작에 의한 최소 치수 단위는 0.5푼인 것으로 볼 수 있다.

1자**의 길이는 시대에 따라 변화해왔지만 대략 30센티미터 내외의 범위를 크게 벗어나지 않았다.[13] 또한 1자의 길이는 현대건축에서 사용되는 기본 척도 단위module인 30센티미터나 영어 문화권의 척도 단위인 피트와 유사하다. 이처럼 비슷한 치수를 보이는 척도 단위는 인체와 밀접한 관련이 있을 것으로 추정된다.

인체척도의 적용 사례

인체척도는 주로 사람이 기거하는 공간, 특히 주택에 많이 반영되었다. 인체척도와 관계 있는 상류주택의 평면 치수를 개념적으로 살펴보면 다음과 같다.

주간柱間은 8자 내외가 일반적이며, 기둥의 단면은 방형으로 한 변이 8치 정도의 치수를 지닌다. 주간을 8자, 기둥 단면을 한 변 8치로 설정했을 때 기둥 사이의 안목거리는 7.2자가 된다. 여기에 두 짝의 창호를 설치하는 경우 창호의 너비는 기둥 사이의 안목거리인 7.2자의 1/4, 즉 1.8자가 된다. 1.8자는 사람의 어깨 너비와 비슷한 치수로 주택 창호 한 짝의 기본 너비가 된다. 이 치수는 출입을 위한 문의 너비로는 작으며, 출입을 위한 창호는 두 짝으로 만드는 것이 일반적이

> '六尺長身, 四尺短軀'라는 말이 있다. 6자는 큰 키, 4자는 작은 키라는 것을 의미한다. 이로 미루어볼 때 옛날에는 그 중간인 5자를 평균키로 보았던 것으로 가정할 수 있다. 5자는 오늘날을 기준으로 하면 매우 작은 키에 속한다. 그러나 옛날에는 오늘날과 달리 눈높이를 기준으로 사람의 키를 말하였던 것으로 보인다. 이렇듯 눈높이를 키로 보는 것은 스스로가 사물을 지각하는 자신의 입장을 기준으로 한 것이다. 따라서 눈높이 평균이 5자인 사람이 눕기 위해서는 그 실체가 되는 5자가 약간 넘는 면적이 요구된다.

인체척도가 반영된 머름의 높이 | 내앞종택 사랑채

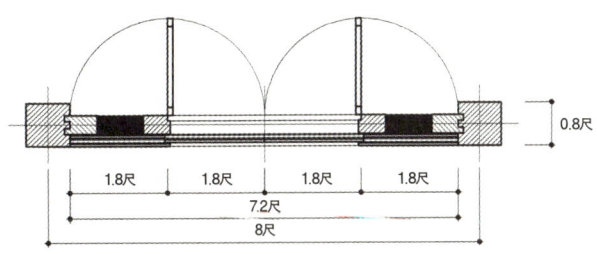

주간과 창호 폭에 적용된 인체척도 (기준 단위: 척尺)

- **눈금 최소 단위** 일부 눈금은 0.5푼 단위까지 새겨져 있다.
- **1자** 1자尺가 인체의 어느 부분과 관계가 있는지에 대해서는 한 뼘의 길이, 팔목에서 팔꿈치까지 상박의 길이 등 의견이 분분하다. 이에 대해 정약용丁若鏞이 『목민심서牧民心書』에 쓴 '三指三 二指二 爲一尺'이라는 구절이 있어 척도에 대한 해석의 단서를 제공한다. 이 문장의 정확한 뜻은 알 수 없지만 손가락 마디와 관계가 있는 것은 분명한 것 같다. 이것은 또한 자전적 의미로 마디를 의미하는 치寸와도 상통한다. 따라서 인체척도로서의 전통적인 척도는 손가락 마디와 관계가 있다고 추정해볼 수 있다.

머름과 난간 | 낙선재

다. 출입을 위한 창호를 한 짝으로 설치할 때에는 한 짝의 기본 너비인 1.8자와 두 짝의 너비인 3.6자의 중간인 2.7자가 된다. 주간과 기둥 단면 크기, 창호의 너비 사이에 형성된 이러한 체계적인 치수 관계는 조선시대 후기인 18~19세기 주택에서 주로 나타난다.

머름遠音*의 높이에도 인체척도가 적용되어 있다. 머름의 높이는 방이나 마루의 바닥에서 1.5자 내외가 일반적이다. 이 높이는 양반 자세로 앉아 있는 사람이 팔꿈치를 들어 팔걸이 하기에 적합한 높이이다. 평난간의 돌란대와 계자난간의 난간 중방 높이도 이와 같은 높이로 설정하는 것이 일반적이다.

방과 대청의 천장고天障高**에도 인체척도와 행태行態가 적용되어 있다. 방은 주로 앉거나 눕는 공간인 반면 대청은 서거나 앉는 공간이다. 생활 방식의 차이에 따라 방과 대청의 천장고를 다르게 만들었다. 방의 천장고는 대략 7.5자 내외인데, 이는 앉은 사람을 기준으로 그 위에 선 사람이 있는 높이로 해석할 수 있다. 즉 눈높이를 기준으로 한 앉은 사람의 키인 2.5자에 선 사람의 키 5자를 더한 높이이다. 반면에 대청의 천장고는 선 사람을 기준으로 그 위에 선 사람이 있는 높이인 10자가 된다. 물론 연등천장으로 되어 있는 대청은 경사져 있기 때문에 천장고가 10자라고 단정 지을 수 없으며, 이를 평균한 개념적 높이로 해석한 것이다.

도형학과 평면

● 고대 도형학의 발달

도형학圖形學과 수리학數理學은 배치와 평면, 가구, 입면 구성, 건축술 등 건축 전반에 커다란 영향을 끼쳤다. 따라서 한국 건축을 이해하기 위해서는 동양의 도형학과 수리학에 대한 이해가 필요하다.

도형학과 수리학은 동서고금을 막론하고 세상을 다스리기 위한 수단으로 발달하였다. 농업을 경제의 기반으로 삼았던 고대 사회에서 농사가 잘되고 못되는 것은 신神과 동일시 여겨졌던 군주君主에게서 기인하는 것이었다. 그래서 농업의 진흥을 위해 역법曆法과 수리水利 시설을 정비하는 것이 군주의 중요한 덕목이었다. 역법은 천문관측을 통해 이루어지며, 수리시설의 정비는 측량기술과 그에 따른 도형학과 수리학의 발달을 촉진했다. 이렇게 천문학과 역학, 도형학, 수리학 등은 고대 사상체계의 형성과 불가분의 관계를 지닌 통합된 학문으로 형성되었다.

동양에서 고대 도형학의 발달은 중국을 중심으로 이루어졌다. 전한前漢의 『주비산경周髀算經』과 후한後漢의 『구장산술九章算術』 등은 그러한 성과에 의해 이루어진 책들이다.[14] 특히 『구장산술』은 고대 동

- **머름** 한국 건축의 창호에서 창窓과 호戶 구분은 그 아래 설치된 턱의 높이로 구분된다. 호는 출입을 위한 것으로 아래에 설치되는 턱이 매우 낮다. 반면에 출입의 기능이 없는 창은 아래에 일정한 높이의 창턱을 설치하는데, 이 창턱을 머름 또는 머름대라 부른다.
- **천장고와 층고** 천장고는 건물 바닥에서 천장까지의 높이를 말한다. 반면에 아래층 바닥에서 위층 바닥까지의 높이는 층고라고 한다.

양 도형학의 기본을 이루는 책으로 한국에서도 삼국시대부터 산학算學의 기본서로 취급되었다. 13세기 말 송나라 때에는 『구장산술』을 바탕으로 한 단계 진보한 『송양휘산법宋陽輝算法』이 저술되었다. 이후 『송양휘산법』은 우리나라를 비롯한 동양에서 『구장산술』을 대신하는 산학의 기본서가 되었다.

● 규구술과 고대 사상

도형의 작도에 사용하는 가장 기본적인 도구는 규規와 구矩이다. 규는 원을 그리는 데 사용하는 것으로 오늘날의 컴퍼스compass와 비슷한 도구이다. 구는 직각을 잡는 데 사용하는 직각자이다. 정다각형은 원과의 관계 속에서 규구만을 사용하여 작도한다.

원과 그에 내접한 방형, 정팔각형은 밀접한 도형 관계를 지닌다. 원과 그에 내접한 방형 사이에는 8각, 16각, 32각 등 무수히 많은 다각형이 존재한다. 그 많은 다각형을 대표하는 것이 팔각형이다.

원과 정팔각형, 방형 사이의 도형 관계는 고대의 사상체계와 연관되어 있다. 천원지방天圓地方이라는 말에서처럼 원圓은 하늘을, 방方은 땅을 상징하는 것으로 여겼다. 원과 방 사이에 위치한 팔각형은 하늘과 땅 사이에 위치한 사람을 의미한다. 따라서 원형-방형-정팔각형은 천-지-인天-地-人의 삼재三才 사상과 우주관宇宙觀을 반영한 현상적現象的 도형이라 할 수 있다.

창덕궁 후원의 청의정清漪亭°은 천·지·인의 사상체계가 원형과 방형, 팔각형으로 형상화된 건물이다. 기단과 기둥으로 이루어지는 평면은 방형이다. 그 위에 서까래를 받는 가구의 틀을 팔각형으로 만들고 원형의 초가지붕을 덮었다. 서까래는 64개를 배열하여 64괘卦를 의미하도록 하였다. 이 밖에 불국사 다보탑과 석불사 삼층석탑의 평면에도 원형-정팔각형-방형의 도형 관계가 적용되어 있다.

고대에는 정6각형과 정8각형 외에도 다양한 정다각형이 건축에

> 규구를 이용해 작도作圖하는 것을 규구술規矩術이라 부른다. 오늘날에는 각도기角度器를 사용하여 작도하지만 전통적인 작도에는 각도기를 사용하지 않았다. 고대 설화에 창조의 신으로 등장하는 복희伏羲씨와 여와女媧씨가 각각 구와 규를 들고 있는 모습으로 묘사되고 있는 것은 규구가 그만큼 중요한 의미를 지니고 있었음을 상징한다.

7세기의 복희여와도 ㅣ 트루판吐魯番 아스타나阿斯塔那 · 출처: 국립중앙박물관, 『서역미술西域美術』

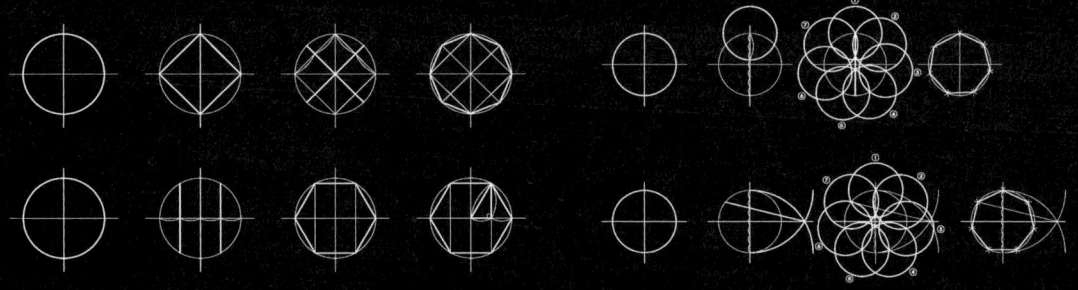

규구를 이용한 정팔각형과 정육각형 작도법 　　　　규구를 이용한 정칠각형 작도법

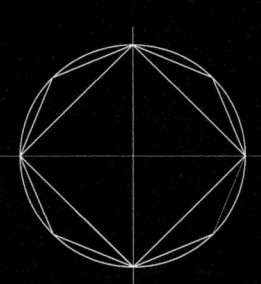

원형-정팔각형 | 방형의 도형적 관계

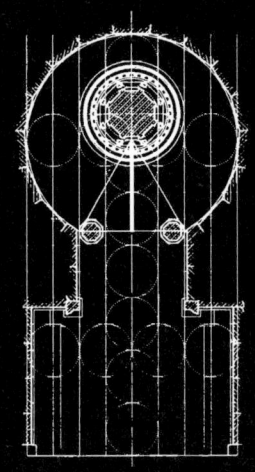

석불사 석실 금당(석굴암)의 평면 비례 분석

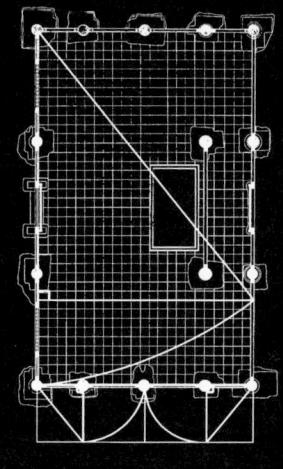

봉정사 극락전 평면의 비례체계 분석

적용되었다. 『삼국사기三國史記』 「고구려본기高句麗本紀」 유리왕조琉璃王條에 동명성왕이 고구려를 건국하기 전에 살았던 집이 묘사되어 있다. 그 구절 중에 '칠릉석七稜石'이란 말이 보인다. 집의 초석礎石에 대한 이야기인데, 7각형으로 생겼음을 의미한다. 이 초석이 잘 다듬은 7각형 초석이라고 할 수 없을지라도 고대의 규구술에서 이미 7각형의 작도가 가능하였을 가능성이 있다. 실제로 규구를 이용하여 근사치의 정7각형을 작도하는 것이 가능하다.

이성산성에서는 삼국시대에 신라 사람들이 지은 것으로 추정되는 9각형과 12각 평면의 건물터가 발견되었다. 또 석불사 석실 금당의

● **청의정의 의미** 청의정 주변은 바닥을 낮추어 임금이 직접 농사짓는 논으로 만들었다. 지붕을 초가로 한 것은 이곳에서 농사지은 볏단으로 이은 것이다. 농사를 짓는 백성의 고초를 임금이 알아야 한다는 의미이다. 따라서 청의정에는 천지인의 우주관과 유교국가의 이상이라는 의미가 내포되어 있다.

원형-팔각형-방형의 도형 관계를 적용한 사례 | 청의정 불국사 다보탑 석불사 삼층석탑

9각형 평면 | 이성산성에서 발견된 건물터

주실主室은 원형 평면이지만 원주를 19등분하여 주실을 둘러싼 판석의 너비로 삼았다. 원주를 19등분하는 방법, 즉 정19각의 작도법을 알고 있었던 것이다.

● 비례체계와 건축

도형학의 발달은 정확한 비례체계에 근거하여 건물을 설계하는 것을 가능하게 만들었다. 한국 건축에 가장 많이 사용된 비례 중 하나가 3:4:5의 비례이다.[15]

『구장산술』에서는 직각삼각형의 원리를 설명하면서 '구고현법句股弦法'이라는 말을 사용하고 있다. 구고현법은 직각삼각형의 한 예인 3:4:5의 비례로 이루어진 직각삼각형을 인체에 비유하여 설명한 말이다. 즉 무릎을 직각으로 만들고 바닥에 앉아 있는 사람의 정강이와 허벅지가 각각 밑변과 높이가 되고 발끝과 엉덩이를 잇는 바닥이 빗면이 되는 것을 비유하여 구고현법이라 설명한 것이다.

구고현법의 비례를 적용하고 있는 대표적인 예로 석불사 석실 금당을 들 수 있다. 석불사 석실 금당은 당척唐尺을 사용해 지어졌는데, 원형 평면으로 되어 있는 주실主室의 직경이 24당척이다. 그 직경을 4등분하여 앞쪽에서 3/4 되는 곳에 불상대좌의 중심을 두었다. 팔각형 평면의 불상대좌는 외접하는 원의 직경이 12당척이다. 치수나 비례로 볼 때 모두 3과 4를 기본수로 사용하고 있다. 단면 높이에도 역시 3과 4를 기본수로 한 비례를 사용하였다.

불국사와 천군리사지의 배치, 봉정사 극락전의 평면에도 구고현법의 비례가 적용되었다. 봉정사 극락전의 평면은 4를 밑변, 3을 높이로 하는 직각삼각형의 빗변을 밑변 쪽으로 회전시켜 도리간과 보간을 5:3의 비례로 설정하였다. 그리고 보간 4간은 3:4:4:3의 비례로 설정하였다.[16]

방형의 대각선을 전개한 비례도 많이 사용되었다. 한 변의 길이가 1인 방형의 대각선 길이를 『구장산술』에서는 근사치인 1:1.4로 규정하고 있다. 이후에는 좀 더 정밀한 치수인 1.41이 사용되었다. 고구려의 청암리사지 금당터와 백제의 군수리사지 금당터 등은 이 비례를 적용한 것으로 알려져 있다.[17]

내용출처

1. 주남철, 『한국 건축의장』, 235~237쪽, 일지사, 1997
2. 이전복李殿福, 『중국내中國內의 고구려유적高句麗遺蹟』, 차용걸·김인경 옮김, 237쪽, 학연문화사, 1994
3. 이케노우치 히로시池內宏, 『통구通溝』 권상卷上, 도쿄東京: 일만문화협회日滿文化協會, 1938
4. 장경호, 『한국의 전통건축』, 128쪽, 문예출판사, 1992
5. 정영호, 『신라 석조부도 연구』, 신흥사, 1974
6. 한양대학교박물관·경기도, 『이성산성 3차 발굴조사보고서』, 1991
7. 박언곤, 『한국의 정자』, 117쪽, 대원사, 1989
8. 주남철, 「조선시대 주택건축의 공간구성에 관한 연구」, 서울대학교 대학원 박사학위논문, 1976
9. 정주현, 「조선시대 문자형 평면 주택에 관한 연구」, 고려대학교 대학원 석사학위논문, 1996
10. 김도경, 「조선후기 관찬 문서의 목조건축 표현 방법 연구」, 『건축역사연구』 제14권 2호, 한국 건축역사학회, 2007
11. 위의 논문
12. 윤장섭, 「한국韓國의 영조척도營造尺度」, 『건축학연구』, 66쪽, 태림문화사, 1985
13. 신영훈, 『한국고건축단장韓國古建築斷章』, 73~91쪽, 동산문화사, 1975
    윤장섭, 위의 책, 66~72쪽
14. 『구중산술 주비단경九章算術 周髀算經』 차종천 옮김, 범양사출판부, 2000
15. 한국 건축의 비례체계를 분석하고 있는 글로는 다음과 같은 예가 있다.
    요네다 미요지米田美代治, 『한국상대건축韓國上代建築의 연구研究』 신영훈 옮김, 동산문화사, 1975
    송민구, 『한국의 옛 조형 의미』, 기문당, 1987
    신영훈, 『석불사·불국사』, 조선일보사, 1998
16. 김도경, 「봉정사 극락전의 평면과 가구 계획에 관한 연구」, 『대한건축학회논문집: 계획계』 제19권 5호(통권175호), 165~174쪽, 대한건축학회, 2003
17. 요네다 미요지, 앞의 책

01 기단
위생적 기능을 담당하는 필수 요소

02 석축의 기법
안정을 추구하는 건축술, 석축

03 초석
생활 방식의 변화를 반영한 초석

二. 기단과 초석

'기'와 '단'의 합성어인 기단은 건물이나 탑 등의 토대가 되도록 쌓아올린 받침인 동시에 외부로 노출되는 시설로서 건물 하부를 구성하는 중요한 구성 요소이다. 초석은 기둥 아래에 놓이는 석재로 기둥을 통해 전달받은 상부의 하중을 지반이나 기단에 전달하는 구조적 기능을 담당한다. 또한 초석은 외부에 노출되는 부재로 형태를 다양하게 만들어 건물의 외관을 꾸미는 기능을 하기도 한다.

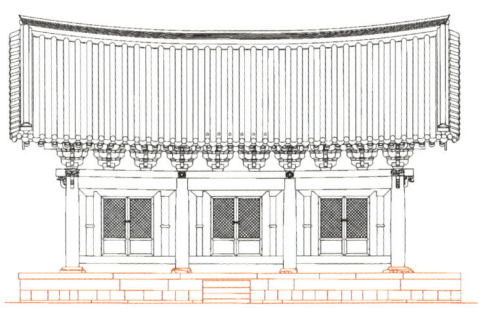

01 기단

위생적 기능을 담당하는 필수 요소

'기基'와 '단壇'의 합성어인 기단基壇은 건물이나 탑 등의 토대가 되도록 쌓아올린 받침인 동시에 외부로 노출되는 시설로서 건물 하부를 구성하는 중요한 구성 요소이다. 기는 그 위에 건물이나 어떠한 시설을 올려놓기 위한 받침이다. 일반적으로 기단이라 하면 이 기를 의미한다. 단은 의식을 거행하기 위해 지면보다 높게 쌓아올려 위를 평평하게 만든 시설이다. 그 자체의 모습은 기와 같지만 건물이나 시설을 올려놓을 것을 전제로 하지 않는다. 사직단社稷壇이나 선농단先農壇, 선잠단先蠶壇, 환구단, 계단戒壇 등이 이에 속하는 시설이다.

단과 비슷한 시설로 '대臺'라고 부르는 것이 있다. 높이 쌓아올려 만든 넓은 시설이라는 점에서는 단과 비슷하지만 높은 곳에서 멀리 조망한다는 뜻이 담겨 있다는 점에서 차이가 있다. 이견대利見臺, 첨성대瞻星臺, 화엄사의 효대孝臺와 같은 것이 이에 해당한다.

월대月臺는 넓은 의미로 기단에 포함되는 시설이다. 경복궁 근정전의 기단은 모두 3단段으로 이루어져 있다. 제1단과 제2단은 높고 넓을 뿐 아니라 돌난간까지 설치되어 있다. 제3단은 처마의 안쪽에 나지막하게 자리 잡고 있다. 제3단의 기단이 좁은 의미의 기단에 속하

의식을 거행하는 단 | 사직단

며, 앞쪽으로 넓게 돌출한 제1단과 제2단의 시설은 월대라 부른다.

근정전과 같은 조선시대 궁의 정전은 조참의朝參儀•나 사신 영접과 같은 국가적인 의례와 의식을 거행하는 장소였다. 정전 앞에는 넓은 마당이 있고 품계석品階石이 마련되어 있다. 마당에 문무백관이 도열하고 월대•• 위에 임금의 자리가 마련된다. 이처럼 의례와 의식 등의 필요에 따라 건물 앞쪽에 마련한 높고 넓은 기단을 월대라 부른다. 또한 월대는 건물을 권위 있게 보이도록 하는 역할도 한다.

기단과 유사한 또 다른 시설로 축대築臺가 있다. 축대는 경사진 지형이나 물가 같은 곳에 건물을 앉힐 평평하고 안정된 대지를 만들기 위해 절토하거나 성토한 면의 흙이 유실되지 않도록 돌을 사용해 마

축대의 예 | 부석사

• **조참의** 국가와 왕의 위엄을 상징하는 행사로 중앙의 문무백관이 왕에게 문안을 드리는 조회朝會 의식이다. 조선 전기에는 한 달에 6번 행하였지만 조선 후기에는 정월正月을 비롯하여 1년에 몇 차례 행하는 것으로 그치는 경우가 많았다.

•• **월대** 경복궁의 근정전이나 창덕궁 인정전과 같은 궁의 정전뿐 아니라 경복궁 강령전康寧殿이나 창덕궁 대조전大造殿 등 침전 앞에서도 궁중행사를 위해 월대를 마련하였다. 나주향교와 전주향교의 대성전 앞에도 월대가 마련되어 있다. 제사를 지내는 의식에 따라 격을 맞춘 것이다. 이 밖에 사찰의 법당 앞에도 월대를 마련한 경우가 있다.

조참의 재현 장면 | 창경궁 명정전

월대 | 나주향교 대성전

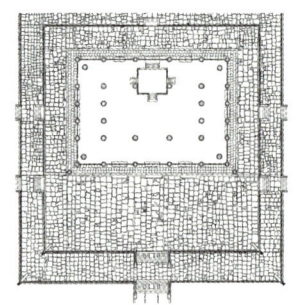

월대 | 경복궁 근정전

무리한 시설이다. 대지를 정리하기 위한 시설이라는 점에서 건물의 받침이 되는 기단과 구분된다. 그러나 한국에서는 비탈면에 건물이 세워진 경우가 많아 기단과 축대를 구분하기 어려운 경우가 많다.

기단의 형성과 일반화

기단은 한국 건축을 구성하는 기본 요소이다. 그러나 처음부터 기단이 설치되었던 것은 아니다. 선사시대의 움집에는 기단이 없었다. 바닥이 지면 아래에 위치한 움집(수혈주거竪穴住居)은 고온다습한 기후 조건에서는 위생적으로 불합리한 구조였다. 특히 여름철에 집중호우가 있는 우리의 환경에서는 매우 불합리한 것이었다. 그래서 구조와 난방 기술의 발달에 따라 건물의 바닥을 지면 위에 둔 지상건축으로의 변화는 필연적인 것이었다. 구조기술의 발달로 수직기둥과 벽이 출

기단이 설치되어 있는 초가 | 낙안읍성

기단이 설치되어 있음을 보여주는 자료 | 안악3호분의 벽화 중 부엌 그림

현하고 처마를 지면에서 떨어뜨릴 수 있게 되었다. 또 온돌의 발달**로 난방의 효율성이 향상되었다. 이로써 움집은 급격히 지상건축으로 변화했다. 청동기시대 전반全般에 걸쳐 일어난 변화였고 이후에는 점차 지상건축이 일반화되었다.

지상건축으로의 변화와 함께 기단의 설치가 일반화되었다. 지금까지 발굴 조사된 궁과 사찰을 비롯한 삼국시대의 모든 건물터와 고구려 고분벽화에 그려진 건물에도 반드시 기단이 설치되어 있다. 이후 기단의 설치는 필수적인 것이 되었으며, 시골의 초가에도 반드시 설치되는 한국 건축의 기본적인 구성 요소가 되었다.

> 기단이 반드시 설치되는 한국 건축과 달리 중국의 일반 민가民家에는 기단이 설치되지 않은 경우가 많다. 또한 일본은 마루의 발달로 기단이 약화되거나 생략된 건물이 많다.

기단이 설치되지 않은 중국 건축의 예
| 중국 산시 섬서성陝西省 건현乾縣 유지촌의 대표적 민가인 야오똥窯洞

기단의 기능

움집에서 지상건축으로 발달하면서 처음에 위생적인 문제의 해결과 건물의 보호를 위해 설치되었던 기단은 점차 여러 가지 기능이 부가되면서 변화하였다. 기단은 건물의 토대가 된다는 구조적 기능 외에 건물의 외관을 구성하는 중요한 의장 요소로서의 기능을 지닌다.

● 움집 지면보다 낮게 땅을 파고 지은 집을 '움집' 또는 '수혈주거'라 부른다. 움집에서 발달하여 처마를 지면에서 떨어뜨려 수직의 벽체를 설치한 움집을 '반움집' 또는 '반수혈주거'라 부른다.
●● 온돌의 발달 한국 건축에서 기단이 반드시 설치된 이유 중 하나로 온돌의 발달을 들 수 있다. 방 전체에 온돌을 까는 경우에 아궁이와 온돌 바닥 사이에 높이 차이가 생기는데, 기단을 설치해야 아궁이 바닥을 최소한 지면보다 높은 상태로 만들 수 있다.

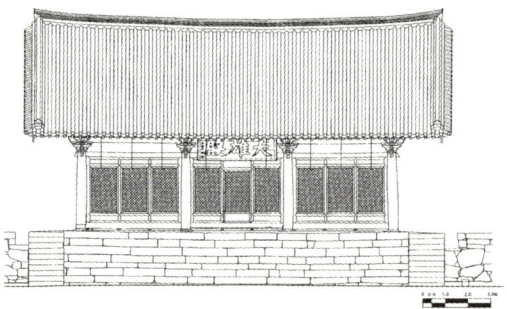 

건물 하부에 강한 수평선을 형성하여 건물을 안정되게 보이도록 하는 기단 | 수덕사 대웅전

기단의 위생적 기능 개념도

의장적인 측면에서 기단은 건물 하부에 강한 수평선을 형성함으로써 건물이 안정적으로 보이도록 한다. 또한 기단은 그 높이와 규모, 마감 방법 등에 차이를 두어 건물의 위계를 나타내는 수단으로도 사용되었다. 예를 들어 근정전 같은 궁궐의 정전은 잘 다듬은 돌을 사용하여 기단을 높고 웅장하게 만듦으로써 건물의 권위와 상징성을 높였다.

넓은 의미에서 기단은 월대와 같은 시설을 포함하는 건물 하부구조의 총칭이다. 그러나 좁은 의미에서 기단은 처마선 안쪽에 위치한 것으로 한정된다. 이 좁은 의미의 기단은 한국 건축의 필수적인 구성요소로 다른 나라의 건축에서는 찾아볼 수 없다.

한국의 기후는 여름에 고온다습하며 집중호우를 동반한다. 여름철의 습기는 위생적인 측면에서 피하는 것이 유리하다. 기단의 끝 선을 처마선 안쪽에 위치하도록 함으로써 지붕의 낙수落水는 기단 밖으로 떨어진다. 또 마당에 부딪친 낙수가 건물로 튀는 것을 기단이 막아준다. 집중호우가 있을 때도 기단은 물이 집 안으로 들어오는 것을 막아준다. 기단 윗면은 항상 마른 상태를 유지하게 되며 목조건물도 물이나 습기와의 접촉을 피할 수 있게 됨에 따라 썩는 피해를 줄일 수 있다. 건물이 지면에서 일정한 거리를 유지하도록 하는 기단은 땅에서 올라오는 습기를 비롯한 해로운 기氣를 막아줄 뿐 아니라 해충의 침입도 어느 정도 막아준다.

자연 암반을 기단으로 삼아 지은 건물 | 삼척 죽서루

이처럼 기단은 건물의 환경을 위생적으로 만드는 데 중요한 역할을 한다. 그리고 기단이 지니는 이러한 위생적 기능은 바닥 전체에 온돌을 들이는 난방시설의 발달과 함께 한국 건축에서 기단이 필수적인 요소가 되도록 하는 원인이 되었다.

기단의 유형

기단은 다짐(지정地定)한 흙이나 모래, 돌 등이 밖으로 흘러나가지 않도록 여러 가지 방법으로 마감한다. 그 마감 재료와 형태에 따라 기단은 여러 가지 유형으로 구분된다. 기단의 마감에 사용되는 재료로는

이중기단(위) | 황룡사지 중금당
삼중기단(아래) | 황룡사지 목탑

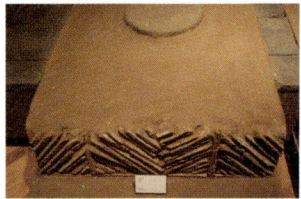

와적기단 사례 | 왕궁리유적전시관의 백제 건물터

흙과 기와, 전돌, 석재 등이 있으며, 이에 따라 흙기단, 와적瓦積기단, 전축塼築기단, 돌기단 등으로 구분한다. 이 밖에 삼척 죽서루竹西樓처럼 별도의 기단을 설치하지 않고 자연 암반을 기단과 초석으로 사용한 경우도 있다. 주로 누정건축에서 사용되었던 방식이다.

한편 기단은 재료에 관계없이 단층單層으로 만드는 것이 일반적이지만 2층 또는 3층으로 중첩시켜 만들기도 한다. 단층으로 만들어진 기단을 단층기단, 2층으로 만들어진 것을 이층二層 또는 이중二重기단, 3층으로 만들어진 것을 삼층三層 또는 삼중三重기단으로 부른다. 이층이나 삼층기단은 건물의 높이를 높게 만들어 건물의 위계를 높이고자 할 때 사용되었다.

● 흙기단

흙기단은 흙을 이용해 마감한 기단으로 가장 오래된 원초적인 기법에 속한다. 『삼국유사三國遺事』 「가락국기駕洛國記」에 "(박혁거세가) 가궁假宮을 짓게 하고 들어가 다스렸는데, 질검質儉하여 이엉으로 엮은 처마 끝을 자르지 않게 하였고 토계土階는 3척이었다"라고 하는 기록이 있다. 여기에서 '토계'가 흙기단에 해당하는 것으로 해석된다. 삼국시대 신라 법흥왕 21년(534년)에 착공된 흥륜사지興輪寺址에서도 석재 등의 재료를 사용하지 않고 흙으로 마감한 기단이 발견되었다. 이렇듯 고급 건축에 사용된 예도 있지만 기단이 유실되는 문제가 발생하기 때문에 사용된 예가 많지 않았다.

● 와적기단

기와를 이용하여 마감한 기단을 와적기단이라 부른다. 와적기단의 사례는 부여 군수리사지와 능산리 건물터, 금성산 건물터 등 삼국시대 백제의 건물터에서 주로 확인되었다. 담이나 굴뚝, 벽 등을 만드는 데 기와를 사용한 경우는 흔하지만 백제 건물터 외에 와적기단을 사

돌로 골격을 만든 사이에 전돌을 쌓아 마감한 기단 | 방화수류정

용한 예는 거의 찾아볼 수 없다.

● **전축기단**

흙으로 빚어 만든 전벽돌을 사용한 기단을 전축기단이라 부른다. 전축기단을 사용한 예는 그리 많지 않으며, 고려시대의 불화에 묘사된 불전의 기단과 화성華城 방화수류정訪花隨柳亭 기단 정도에 불과하다. 그러나 이들 기단도 돌로 골격을 만들고 그 사이를 전돌로 마감했으므로 순수한 전축기단이라고 할 수는 없다.

● **돌기단**

돌(석조石造, 석축石築)기단은 한국 건축에서 가장 일반적인 기단 형태이다. 돌기단은 사용된 돌의 가공 유무에 따라 자연석을 그대로 사용한 막돌기단(자연석기단)과 다듬돌을 사용한 다듬돌기단으로 구분할 수 있다.

막돌기단은 주택을 비롯해 조선시대의 관아와 사찰 등에 광범위하게 사용되었다. 성벽과 축대도 막돌을 이용해 쌓는 것이 가장 일반적이었다. 반면에 다듬돌기단은 궁실건축을 비롯해 고대에서 조선시대 전기에 이르는 사찰과 관아 등에 많이 사용되었다. 막돌기단에 비해 위계가 높거나 고식古式의 건물에서 많이 사용하였던 방법이다. 『삼국

> 전돌은 기와와 더불어 황토가 풍부하고 건조한 기후 조건에 적합한 재료이다. 그러나 우리나라는 비가 많은 여름과 추운 겨울이 공존하고 있어 전돌을 사용하기 쉽지 않다. 전돌에 흡수된 습기가 추울 때 얼어붙어 동파되기 쉽기 때문이다. 동파를 방지하기 위해서는 가마를 만들어 높은 온도에서 구워낸 전돌을 사용해야 하는데, 이는 제작비용이 많이 드는 쉽지 않은 일이었다. 이러한 한계에도 불구하고 한국 건축에서는 일찍부터 제작해 사용하였다. 전탑塼塔과 전축분塼築墳을 비롯하여 담장과 벽, 바닥 등에서 전돌을 사용한 예를 찾아볼 수 있다. 그러나 전돌 제작에 많은 비용이 들어가기 때문에 보급에는 한계가 있었던 것으로 보인다. 한편 조선시대 후기에는 실학자들이 전돌의 사용을 주장하여 화성 축조에 많은 전돌이 사용되기도 하였다.

전돌을 예외적으로 많이 사용한 사례
| 조선 후기에 세워진 화성 팔달문

막돌기단 | 경주 양동마을 향단香壇

다듬돌기단 | 창덕궁 영화당

> 기단은 아니지만 불국사의 석축石築은 독특하고 다양한 구조방식과 형태를 지니고 있다. 커다란 자연석을 쌓은 맨 위를 장대석으로 마감한 부분, 다듬은 긴 석재를 이용해 수직과 수평의 골격을 만들고 그 사이를 막돌로 막은 부분과 판석을 사용해 막은 부분 등 다양한 구조와 형태가 공존하고 있다. 돌계단과 돌난간도 여러 형식의 것이 사용되었다. 이처럼 다양한 구조와 형태는 자칫 번잡스러워 보일 수도 있으나 불국사의 석축은 그 다양한 요소들이 균형 잡힌 조화를 이루고 있다. 석조의 다양한 가능성을 보여주는 아름다운 예이다.

다양한 돌쌓기 방법을 혼용해 쌓은 석축
| 불국사

사기三國史記』 「잡지雜誌」 옥사조屋舍條와 조선시대『경국대전經國大典』등의 가사규제령家舍規制令에는 신분에 따라 다듬은 돌의 사용을 규제하고 있다. 그만큼 다듬돌기단은 격이 높은 건물에서나 사용할 수 있었던 방법이었다.

돌기단의 유형

가장 일반적으로 사용되었던 돌기단은 쌓기 방식에 따라 건물에 끼치는 의장적 효과도 다양하게 나타난다. 돌기단은 돌을 쌓는 방법에 따라 크게 적석식積石式과 가구식架構式으로 구분할 수 있다.

● **적석식 기단**

적석식 기단은 막돌 또는 다듬은 돌을 차곡차곡 쌓아올려 만든 기단으로 가장 일반적으로 사용되었던 형식이다. 적석식 기단의 돌 쌓는 방법은 크게 수평을 맞추어 쌓는 바른층쌓기와 수평을 맞추지 않고 쌓는 허튼층쌓기의 방법이 있다.[2] 다듬돌기단은 바른층쌓기를, 막돌기단은 허튼층쌓기를 하는 것이 일반적이다. 그러나 다듬돌로 허튼층쌓기를 한 경우나 막돌을 이용해 바른층쌓기를 한 경우도 있다.

다듬돌 바른층쌓기 기단 | 덕수궁 중화전
외벌대 | 종묘 외삼문
세벌대 | 운현궁 노안당
크지 않은 석재를 이용해 다듬돌 허튼층쌓기로 쌓은 독특한 형식의 기단 | 도동서원 강당
막돌 허튼층쌓기 기단 | 관가정 사랑채
돌의 가공과 쌓기 방식에 따른 적석식 기단의 유형 | 왼쪽부터 다듬돌 바른층쌓기, 다듬돌 허튼층쌓기, 막돌 바른층쌓기, 막돌 허튼층쌓기

한편 적석식 기단은 쌓은 돌의 단수段數에 따라 구분하기도 한다. 초가와 주택의 행랑채 등 비교적 격이 낮은 건물에서는 돌을 한 단 정도 쌓는 것으로 만족하는 경우가 많다. 이렇게 돌을 한 층 쌓아 만든 기단을 '외벌대'라 부른다. 두 층 쌓은 것은 '두벌대', 세 층 쌓은 것은 '세벌대' 등으로 부른다. 일반적으로 쌓은 돌의 층수가 많을수록 기단의 높이가 높아지게 되며, 그것은 건물의 격식과 연관되기도 한다.

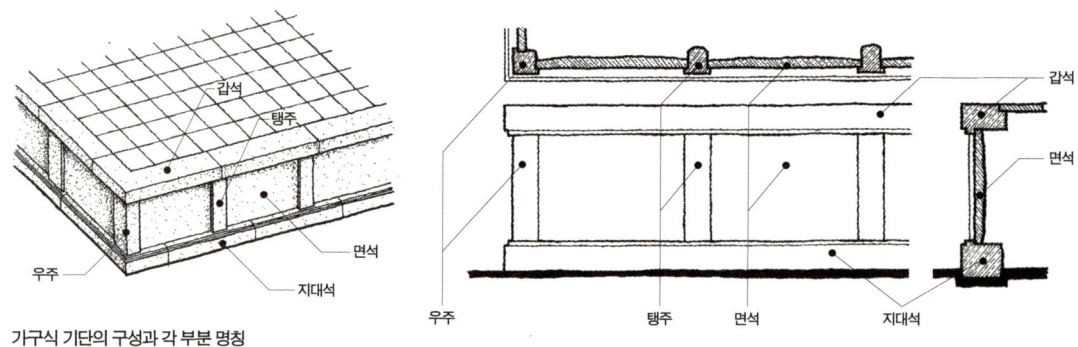

가구식 기단의 구성과 각 부분 명칭

> 삼국시대의 가구식 기단 중에는 익산 미륵사지 금당터와 감은사지 금당터 등에서 볼 수 있는 것처럼 탱주를 사용하지 않은 경우도 있어서 탱주를 사용하는 형식과 사용하지 않는 형식이 동시대에 공존하고 있었음을 알 수 있다.

탱주를 사용하지 않은 가구식 기단
| 감은사지 금당

● **가구식 기단**

가구식 기단은 기둥을 세워 마치 목조가구식 구조처럼 만든 기단으로 지대석地臺石, 우주隅柱, 탱주撑柱, 면석面石, 그리고 갑석甲石으로 이루어진다.

지대석은 긴 석재를 지면에 수평으로 길게 깔아놓은 돌로 기단의 받침을 이룬다. 이 위에 돌기둥을 세우는데, 모서리에 위치한 것을 우주, 면에 위치한 것을 탱주라 부른다. 우주와 탱주 사이의 빈 곳은 넓은 판석으로 막아대는데, 이를 면석이라 부른다. 면석은 우주와 탱주, 그리고 지대석에 만들어진 턱에 물리도록 함으로써 바깥으로 밀려나지 않도록 한다. 우주와 탱주 및 면석 위에 뚜껑돌로서 지대석과 대칭이 되도록 수평으로 길게 덮어놓은 돌을 갑석이라 부른다.

가구식 기단은 삼국시대에서 남북국시대에 이르는 고대 건축에서 많이 사용되었는데, 시대에 따라 구성방식에 변화가 있었다. 삼국시대의 가구식 기단은 지대석과 탱주, 우주, 면석, 갑석을 모두 별석別石으로 만드는 것이 일반적이었다.

그러나 남북국시대 신라 건축에서는 면석과 탱주, 우주를 하나의 돌로 만드는 경우가 많아졌다. 신라 하대下代에는 탱주를 생략하는 경향이 많아졌다. 고려시대에는 면석을 대신해 장대석長大石을 사용하는 경향이 많아지면서 점차 가구식 기단은 사라지고 적석식 기단이 일반화되었다.

면석과 탱주를 하나의 돌로 만든 가구식 기단 | 불국사 대웅전(남북국시대 신라, 왼쪽), 합천 영암사지 금당(남북국시대 신라 말, 오른쪽)

탱주를 생략한 가구식 기단 | 합천 영암사지 금당(남북국시대 신라 말, 왼쪽), 원주 거돈사지 금당(고려 초, 오른쪽)

기단의 세부 기법

● 기단의 크기

기단의 크기는 건물의 크기, 특히 지붕의 크기와 밀접한 관계가 있다. 기단의 끝 선은 지붕에서 떨어지는 낙수가 기단 위로 떨어지지 않도록 해야 한다. 낙수가 기단 위로 떨어지면 건물이 습기에 손상될 가능성이 크기 때문이다. 따라서 기단 끝 선은 처마 깊이를 정한 후 처마선 안쪽에 위치하도록 하는 것이 일반적이다.

산기슭과 같은 비탈면에 위치한 건물에서는 건물 뒤쪽에 축대를 쌓는 경우가 많다. 이때 축대는 처마선 바깥쪽에 위치해야 한다. 낙수가 축대 위로 떨어지는 경우 축대 위의 흙이 파이고 물이 스며들어 축대가 쉽게 붕괴될 우려가 있기 때문이다. 또 축대와 건물 사이의 거리가 너무 가까워서 습기에 의해 건물이 상할 우려도 있다. 따라서 처

> 지대석과 탱주, 우주, 면석, 갑석을 별석으로 만들다가 면석과 탱주를 하나의 돌로 만드는 변화는 석탑의 구성에서도 동일하게 나타나는 현상이었다.

면석·탱주·우주가 별석인 예(위)
| 감은사 서석탑

면석·탱주·우주가 하나의 돌인 예(아래)
| 불국사 석가탑

기단과 축대 사이에 위치한 처마선 | 미황사 대웅보전

낙수가 기단 바깥에 떨어지도록 처마 안쪽에 기단을 위치시킨 모습 | 강릉 해운정

마선은 기단과 축대 사이에 놓이게 되며, 건물의 기단과 축대 사이는 자연스럽게 배수구가 된다.

● 갑석

적석식 기단은 맨 위에 놓이는 돌의 처리방식에 따라 그 조형에 분명한 차이가 난다. 맨 위에 놓이는 돌의 처리방식은 크게 갑석을 사용하지 않는 경우와 갑석을 사용하는 경우의 두 가지 방법이 있다.

일반적으로 맨 위에 놓이는 돌은 아래에 놓이는 돌에 비해 안쪽으로 들여쌓으며, 높이도 낮게 한다. 그런데 이 경우에 기단은 마무리된 느낌이 약하므로 맨 위에 놓인 돌을 아랫단 돌보다 바깥으로 내쌓기도 한다. 이렇게 내쌓기 한 맨 위의 돌을 갑석이라 부르며, 갑석의 사용으로 인해 기단은 의장적으로 완결된 느낌이 강해진다. 이때 갑

갑석 없이 윗면을 마무리한 적석식 기단 | 과천 온온사

갑석으로 윗면을 마무리한 적석식 기단 | 경복궁 근정전

석 아래 부분에는 쇠시리*를 주어 아랫단의 돌과 자연스럽게 연결되도록 하는 것이 일반적이다.

이처럼 적석식 기단은 맨 윗단의 돌을 처리하는 방법에 따라 조형성이 달라질 뿐 아니라 건물의 격식도 달라진다. 따라서 갑석을 사용한 적석식 기단은 주로 궁실건축에서 사용되었으며, 주택을 비롯한 일반 건축에서는 갑석을 사용하지 않았다.

● ㄱ자돌

석축에서 모서리 부분은 다른 부분에 비해 취약한 구조를 지닌다. 그 취약한 구조를 보강하기 위해 모서리 부분에는 긴 돌을 종횡으로 엇갈려 쌓았다. 특히 기단의 경우 모서리 맨 윗단에는 다른 돌보다 큰 돌을 올려놓거나 ㄱ자형으로 깎은 큰 돌을 올려놓아 모서리를 눌러 준다. 이때 ㄱ자형으로 깎아 만든 돌을 그 형상에 따라 'ㄱ자돌'이라 부른다.

● 기단 윗면의 마감 방법

기단 윗면은 사람이 통행하는 건물의 바닥이 되는 부분이므로 깨끗이 마감해야 한다. 마감 방법으로는 흙다짐, 강회다짐, 전돌깔기, 그리

> 갑석과 같이 기단의 맨 위에 놓이는 돌은 그 윗면을 수평이 아니라 바깥을 향해 약간의 경사가 생기도록 가공한다. 이러한 경향은 고대 건축에서 강하게 나타난다. 갑석의 경사로 인해 모서리에 사용한 ㄱ자돌에는 45도 방향으로 선이 생긴다. 여기에 덧붙여 의도적으로 이 ㄱ자돌 모서리를 지붕 추녀 부분의 처마선처럼 약간 들어 올린 경우도 있다. 배수에 대한 고려와 함께 모서리의 날카로움을 없애 여유 있고 부드러운 형태를 만든 것이다. 고려시대 이후의 건축에서는 잘 찾아볼 수 없는 기법이지만 고대, 특히 남북국시대 신라의 건축에서는 철저하게 지켜졌던 원칙 중 하나였다. 이는 석탑의 기단에도 동일하게 나타난다.

석에 구배를 두었을 뿐 아니라 조형적으로 추녀마루를 새긴 기단 모서리의 ㄱ자돌(왼쪽) | 감은사지 회랑
윗면에 구배를 준 하층기단 갑석(오른쪽) | 성주사지 서삼층석탑

● **쇠시리** 단면에 만든 턱은 길이 방향으로 이어지면서 평면이나 입면상 선線을 이룬다. 이렇게 선을 이루도록 단면에 턱을 만든 것을 쇠시리moulding라 부른다.

장대석의 장변과 단변을 엇갈려 쌓은 기단 모서리 | 창덕궁 대조전

큰 돌을 ㄱ자형으로 깎아 덮어 누른 기단 모서리의 ㄱ자돌 | 황룡사지 출토 석재

고 판석깔기 등의 방법이 사용되었다.

흙다짐은 일반 민가에서 사용했던 방식이지만 쉽게 손상되므로 많이 사용하지 않았다. 강회다짐은 생석회를 물에 편 것과 석비레, 그리고 흙을 섞어 다진 것으로 일반 건축에서 가장 많이 사용되었던 방식이다. 고급 건축에서는 기단 윗면에 방전方塼을 깐 경우가 많으며, 정방형 또는 장방형으로 만든 판석을 깔기도 하였다.

● **낙수받이돌**

처마에서 떨어진 낙수는 기단 바깥으로 떨어지므로 이곳이 낙수로 움푹 파이게 된다. 이렇게 낙수에 의해 마당이 파이는 것을 막기 위해 기단 바깥 주변으로 판석을 까는 경우가 있는데, 이 돌을 '낙수받이돌'이라 부른다.

낙수받이돌은 고대의 고급 건축에 일반적으로 설치되었던 시설이

강회다짐으로 마감한 기단 윗면 | 참당암 대웅전

방전과 판석으로 마감한 기단 윗면 | 창덕궁 인정전

낙수받이돌 | 보은 법주사 팔상전

낙수받이돌 | 익산 미륵사지 중금당

었다. 익산 미륵사지를 비롯하여 현재까지 확인된 고대의 사찰터에는 대부분 낙수받이돌이 존재하며, 신라 때의 〈백지묵서대방광불화엄경 白紙墨書大方廣佛華嚴經〉을 비롯한 불화佛畵 속 건물도에서도 낙수받이돌이 그려져 있다. 이처럼 고대 건축에서는 판석을 이용해 깔끔하게 마무리한 낙수받이를 설치하는 것이 일반적이었다. 반면에 조선시대 건축에서는 궁실의 일부 건축을 제외하면 별도의 낙수받이 시설을 한 예는 거의 찾아볼 수 없다. 다만 낙수에 의해 마당이 심하게 파이는 것을 막기 위해 기단 바깥, 낙수가 떨어지는 곳 땅속에 돌을 묻어 놓는 등의 방법을 사용하였다.

• **방전** 방형 평면을 이루는 전돌을 방전이라 부르는데, 주로 바닥에 까는 용도로 사용한다.

02 석축의 기법

안정을 추구하는 건축술, 석축

한국 건축은 일찍부터 돌을 많이 사용하였으며, 다양한 돌쌓기 방법이 발달하였다. 여기에서는 한국 건축의 석축에 사용된 다양한 기법에 대해 살펴보도록 한다.

건식 쌓기와 습식 쌓기

석축의 방법은 돌 사이의 이음매를 처리하는 방법에 따라 건식乾式과 습식濕式의 두 가지 방법으로 나눌 수 있다. 습식은 돌 사이에 강회나 모르타르mortar와 같은 사춤을 넣어서 쌓는 방식이며, 건식은 사춤 없이 이웃한 돌끼리 직접 맞닿도록 쌓는 방법이다.

습식 쌓기는 돌 사이에 사춤을 넣기 때문에 돌의 형태나 크기에 관계없이 쌓아올리면 되므로 돌쌓기가 비교적 수월하다. 그러나 사춤 재료는 돌에 비해 약하므로 전체적인 내구성이 떨어진다는 단점이 있

습식 쌓기로 보이지만 실제로는 건식 쌓기 후 돌 사이를 흙으로 채워 마감한 담장 | 윤증고택 안채 측면 담장

건식 쌓기로 돌을 쌓은 성벽 | 낙안읍성

다. 또한 돌 사이에 빈틈이 없기 때문에 배수가 쉽게 이루어지지 않아 물이 침투했을 때의 토압土壓에 대응하는 능력이 떨어진다. 이러한 점에서 쌓기는 힘들지만 건식이 습식에 비해 더욱 안정된 구조가 된다. 한국 건축에는 습식 쌓기를 사용한 예는 거의 찾아볼 수 없으며, 석축에는 원칙적으로 건식 쌓기를 적용하였다.

건식 쌓기를 할 때에는 횡력橫力*에 의해 돌이 밀려나는 것을 막기 위해 쌓아올린 돌 사이에 적당한 마찰력이 필요하다. 그래서 막돌을 사용할 경우에는 돌의 표면이 거친 것을 사용한다. 막돌은 돌의 표면 상태에 따라 크게 냇돌(개울돌)과 산돌로 나눌 수 있다. 냇돌은 표

산돌 표면을 어느 정도 다듬고 약간의 그렝이질을 해서 쌓은 석축(위) | 부석사
장대석 하부를 막돌의 면에 맞추어 그렝이질 한 예(아래) | 불국사

● 횡력과 토압 무엇인가를 옆으로 밀어내는 힘을 횡력이라 부른다. 석축과 같은 조적식 구조는 횡력에 취약함을 지니고 있다. 특히 절토나 성토한 면을 막아 대는 석축에서는 흙이 석축을 밀어내려는 힘이 작용하는데, 이 힘을 토압이라 부른다. 토압은 흙에 물이 들어갔을 때 흙 사이의 점성이 약해지면서 더 강하게 작용하게 된다.

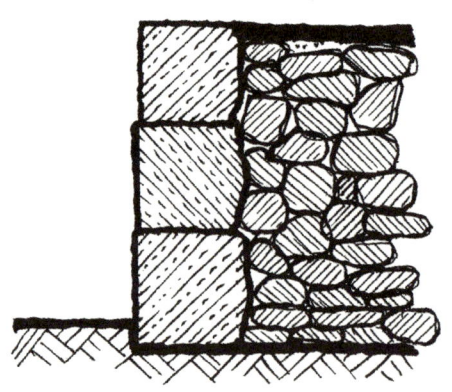
석축의 뒤채움과 퇴물림 기법

퇴물림 기법으로 쌓은 적석식 기단 | 창덕궁 대조전

> 한국과는 달리 중국이나 일본 건축에서는 퇴물림이 일반적인 기법이 아니었다. 중국이나 일본 건축에서 석축의 단면은 규형矩形을 이루는 것이 일반적이다. 특히 일본 건축의 석축은 단면이 아래에서 위로 올라가면서 오목한 곡선을 이루고 있어 한국 건축의 석축과는 매우 다른 모습을 지닌다.

규형을 이루는 일본 건축의 석축
| 오사카 성大坂城

면이 물에 마모되어 매끈한 반면 산돌은 거칠다. 따라서 건식 쌓기를 한 경우 냇돌을 사용한 예는 거의 찾아볼 수 없으며, 표면이 거친 산돌을 채취한 그대로 사용하거나 약간 가공하여 사용하는 것이 일반적이었다.

사춤을 사용하지 않는 건식 쌓기에서 돌을 쌓기 위해서는 인접한 돌이 맞닿는 부분을 어느 정도 맞출 필요가 있다. 필요에 따라서는 맞닿은 면이 정확히 일치하도록 만드는데, 이렇게 서로 맞닿는 면의 형태를 맞추어 깎아내는 것을 '그렝이질*'이라 한다.

토압에 대응하기 위한 석축 기법

● 뒤채움과 퇴물림

기단과 석축 등의 돌쌓기는 횡력인 토압에 취약하다. 토압에 잘 대응하기 위해서 돌로 마감한 기단이나 석축 뒤쪽에 일정한 여유 공간을 두고 크고 작은 잡석을 채워 다진다. 이것을 뒤채움**이라 하는데, 석축에서 토압에 대한 1차적인 대응은 이 뒤채움에서 이루어진다.

뒤채움을 하더라도 석축에는 토압이 작용하여 바깥으로 밀려날

퇴물림 기법으로 쌓은 석축 | 장군총

수 있다. 따라서 석축 자체도 토압에 대응할 수 있어야 한다. 그 방법으로 퇴물림 기법을 사용했다.

퇴물림은 돌을 쌓으면서 아래에 비해 윗단의 돌을 약간씩 뒤로 물려서 쌓는 방법으로 들여쌓기라고도 한다. 삼국시대부터 시작하여 조선시대까지 지속적으로 사용된 돌쌓기의 기본 방법이었다. 퇴물림 기법은 석축을 구조적으로 안정되게 만드는데다 시각적으로도 안정된 형태로 보이도록 하는 역할을 한다.

고구려의 장군총은 퇴물림 기법을 사용한 대표적인 예이다. 전체가

장군총 석축 단면

- **그렝이질** 나무나 돌 등을 서로 맞붙여 쌓거나 이을 때 나중에 놓는 돌이나 나무의 면을 먼저 놓은 것의 면에 맞추어 깎아내는 것을 말한다.
- **석축의 뒤채움** 석축을 쌓으면서 석축 뒤쪽의 일정한 폭을 잡석 등으로 쌓아 토압에 대응할 수 있도록 한 시설이다. 뒤채움은 석축이 토압에 대응하는 데 있어서 가장 중요한 역할을 하며, 흙이 물을 먹었을 때 토압을 줄이기 위해 배수가 잘 될 수 있도록 만드는 것이 중요하다.

석축과 뒤채움 | 운주산성

멍에돌을 사용한 석축 | 경주 월정교 양안 석축

멍에돌의 구조 | 경주 월정교 양안 석축

바른층쌓기에서 일부 돌을 수평줄눈이 어긋나게 쌓은 예
| 광희문 옆 한양 성곽

장대석을 이용해 수평줄눈이 어긋나게 쌓은 석축 | 홍주성 조양문

일곱 단으로 된 단형段形 피라미드 형태의 장군총 각 단은 여러 단의 장대석을 쌓아 만들었는데, 장대석을 쌓으면서 퇴물림 기법을 적용하였다. 한편 장대석 윗면 바깥쪽에는 턱을 만들고 윗단의 돌을 그 턱에 물려 쌓아올렸다. 이 턱으로 인해 석축은 토압에 더 잘 견딜 수 있는 구조가 되었다. 또한 장군총은 일반적인 석축에 비해 퇴물림을 많이 주었다. 장대석 표면도 수직이 아니라 약간 비스듬히 다듬었다. 삼각형의 조형造形을 이룬 전체적인 외관과 어울리도록 하려는 의도가 담겨 있는 것이다. 구조적인 배려뿐 아니라 안정적이면서 전체와 부분이 조화를 이루도록 하려는 미적美的인 고려를 함께한 것이다.

● **멍에돌**

횡력에 대응하는 또 다른 방법으로 '멍에돌'[3]이라는 돌을 사용하기도 했다. 석축에 사용하는 장대석은 일반적으로 가로로 길게 놓는데 반해서 이와 직각 방향으로 중간 중간에 뒷뿌리를 길게 석축 안으로 박아 넣은 돌을 사용하기도 했는데, 이 돌을 멍에돌이라 부른다. 멍에돌은 석축 안쪽으로 깊게 박혀 있기 때문에 다른 돌에 비해 마찰력이 강하게 작용한다. 또한 멍에돌의 머리 부분은 못대가리처럼 뒷뿌리보다 크게 만들어서 석축 바깥쪽으로 돌출시킨다. 이 머리 부분이 인접한 장대석을 물고 있도록 함으로써 석축은 횡력에 더 잘 견딜 수 있는 구조가 된다.

이처럼 석축에 멍에돌을 사용한 예는 감은사지 석축, 월정교 양안兩岸의 석축, 영암사지의 석축 등 주로 신라 때의 건축에서 나타나므로 이는 신라 건축의 특성이라 할 수 있다.

한편 멍에돌은 가로로 길게 배열된 장대석 중간 중간에 방형으로 돌출되어 있어서 단조로운 형태의 석축에 변화를 주는 의장적 기능도 한다.

> 석불사 석실 금당의 궁륭천정穹窿天井, dome에도 멍에돌이 사용되었다. 이 돌로 인해 궁륭은 더욱 안정된 구조가 될 뿐 아니라 돌출된 머리는 궁륭천장을 아름답게 꾸며주는 요소가 되기도 한다. 머리를 크게 만들지는 않았지만 불국사 석축에도 멍에돌이 사용되었다. 이 돌은 외부로 돌출한 머리를 공포를 구성하는 부재인 살미처럼 깎아 석축을 장식하는 효과를 내고 있다.

살미 형태의 멍에돌을 사용한 석축
| 불국사

● **수평줄눈의 처리**

다듬돌을 이용한 석축은 바른층쌓기가 일반적이다. 그러나 바른층쌓기를 하더라도 일부 돌을 의도적으로 수평에서 어긋나게 쌓는 경우가 있다.* 이렇듯 수평줄눈이 어긋나는 부분의 돌에는 턱을 만들고, 그 턱에 다른 돌이 끼이게 함으로써 돌 사이의 마찰력을 높였다. 그만큼 횡력에 대응할 수 있는 능력이 향상된다.

● **돌을 의도적으로 어긋나게 쌓는 이유** 장대석과 같이 다듬돌을 사용할 때 석축 일부분의 수평줄눈을 어긋나게 만들면 시공의 측면에서 경제성이 높아진다. 발달된 기계장비의 사용으로 원하는 똑같은 크기의 석재를 만드는 것이 수월한 오늘날과 달리 인력에 의해 돌을 다듬었던 과거에는 똑같은 크기의 석재를 만드는 것은 비효율적이었다. 채석장에서 채취된 돌의 크기가 다르므로 몇 개의 규격으로 나누어 돌을 가공하는 것이 더 효율적이었다. 석축에 사용되는 돌의 크기는 아래에서 위로 올라가면서 점차 작게 하는 것이 효율적이므로 그에 맞추어 몇 개의 규격을 정할 수 있다. 또한 수평줄눈을 어긋나게 함으로써 석재의 규격별 수량에는 그만큼 융통성이 생기게 된다.

03 생활 방식의 변화를 반영한 초석

초석

> **신석기시대 움집의 기둥 세우는 방법**
> - 기둥 구멍형: 땅을 파낸 구멍에 기둥을 끼워 세우는 방법
> - 맨바닥형: 맨바닥 위에 바로 기둥을 세우는 방법
> - 기둥 구멍 보강형: 기둥의 침하를 막기 위해 기둥 구멍 안에 돌을 채워 넣어 보강하는 방법으로 원초적인 방식의 초석으로 볼 수 있음
> - 원초적 초석형: 바닥 위에 돌을 놓고 기둥을 세우는 방법

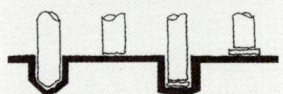

신석기시대 움집의 기둥 세우는 방법
| 왼쪽부터 기둥 구멍형, 맨바닥형, 기둥 구멍 보강형(원초적인 기초), 원초적 초석형

초석*은 기둥 아래에 놓이는 석재로 기둥을 통해 전달받은 상부의 하중을 지반이나 기단에 전달하는 구조적 기능을 담당한다. 또한 초석은 외부에 노출되는 부재로 형태를 다양하게 만들어 건물의 외관을 꾸미는 기능을 하기도 한다.

초석과 기둥의 발생

초석은 위에 기둥을 세울 것을 전제로 한다. 따라서 초석의 기원은 기둥의 발생 및 발달과 밀접한 관련이 있으며, 그 기원은 신석기시대의 움집까지 거슬러 올라간다.[4]

초기의 움집은 기둥 없이 지면에 직접 서까래를 세워 뿔형의 지붕을 받도록 한 구조였다. 이후 건축술의 발달과 함께 기둥을 세우기 시작하였으나 처음에 사용된 기둥은 계획적으로 세운 것이 아니라 쳐진 지붕의 서까래를 받쳐대는 보강의 기능을 지니고 있을 뿐이었다. 따라서 기둥의 배열도 불규칙하였으며, 보강을 위해 나중에 추가한

것이므로 기둥 세우기는 맨바닥에 직접 세우는 수준의 것이었다.

이렇게 시작된 기둥 세우기는 점차 규칙적인 배열로 변해갔다. 오랜 경험을 통해 움집을 지으면서 계획적으로 기둥을 세우게 되었고 움집의 평면도 더욱 커지게 되었다. 기둥은 땅에 구멍을 파서 세우는 방법을 사용하였다. 여전히 기둥 상부에 기둥을 이어주는 구조가 발달하지 못했고 세워야 할 기둥의 수도 많았기 때문에 기둥은 그 자체로 설 수 있는 구조여야 했기 때문이다.

기둥 구멍을 이용해 기둥을 세우는 방법은 신석기시대와 청동기시대 움집에 가장 일반적으로 사용된 방법이었다. 이후 건축술이 더욱 발달하면서 기둥은 점차 종·횡으로 열을 이루며 배열되었고 기둥 상부는 인접한 기둥끼리 수평부재로 결속되었다. 이러한 건축구조의 발달로 인해 기둥을 세우기 위한 구멍의 깊이는 점차 얕아졌다. 심지어 지면에 납작한 돌을 깐 위에 기둥을 세우는 방법도 발생하였다. 또한 기둥의 침하를 막기 위해 기둥 구멍 안에 잡석을 깐 경우도 있었다. 이는 각각 원초적인 초석과 기초의 개념이 형성된 것이라 볼 수 있다.

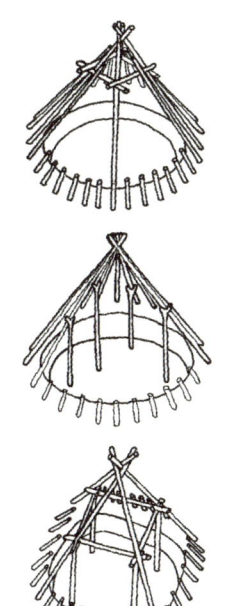

움집의 변화와 기둥의 발생 과정 | 무주식無柱式 뿔형 → 보강기둥식 뿔형 → 사주식四柱式 뿔형

구멍에 기둥을 박아 세우는 방법은 청동기시대에도 가장 일반적인 방법이었으나 점차 원초적인 초석을 사용하는 경우가 많아졌다. 청동기시대 이후 초기 철기시대에는 기둥 밑 주변을 진흙으로 감싸는 방법도 발생하였다. 그런데 이 진흙은 기둥을 받쳐주는 구조적인 역할은 하지 못한다. 기껏해야 물의 침입을 어느 정도 막아줄 수 있을 뿐이다. 따라서 이 구조는 기둥 아랫부분을 깔끔하게 정리하겠다는 의식意識, 즉 기둥을 세우는 데 있어서 의장성을 고려하고자 하는 의식이 생겼음을 보여준다.

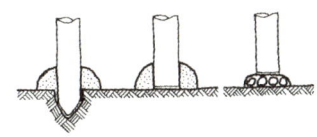

초기 철기시대 움집의 기둥 세우는 방법

기원을 전후한 시기에는 고대국가의 형성과 함께 지배계층을 위한 차별화된 건축에 대한 필요성이 증가하였다. 또한 움집에서 벗어난 지상건축으로의 전환과 건축술의 발달로 초석의 사용이 좀 더 일반화되었다. 이후 삼국시대에는 다양한 형태로 발달한 다듬은 형태의

• **초석의 명칭** 초석, 주춧돌, 주초柱礎, 주초석柱礎石은 모두 초석을 의미한다.

초석과 기단 등의 석재를 통해 추정한 황룡사지 중금당 평면도

황룡사지 중금당터에 잔존하고 있는 초석과 좌대 등의 석물

초석이 일반화되었다.

한편 초석은 상부구조가 소실된 건물터를 연구하는 데 귀중한 자료가 된다. 초석은 목조로 이루어진 상부구조가 소실된 건물터에서도 소실되지 않고 남아 있는 경우가 많기 때문이다. 그래서 초석은 건물이 남아 있지 않은 시기, 즉 삼국시대에서 고려시대에 이르는 건축의 변화상을 살펴볼 수 있는 중요한 단서가 된다. 초석이나 그 아래의 기초가 남아 있는 건물터에서는 이를 통해 건물의 평면을 확인하거나 건물의 구조를 추정해볼 수 있다. 또 초석은 모든 시대의 것이 비교적 고르게 남아 있어 시대에 따른 건축 조형성의 변화를 고찰할 수 있는 단서를 제공하기도 한다.

초석의 유형

일찍부터 초석의 사용이 보편화된 만큼 사용된 초석의 형태와 구조도 다양했다. 초석은 우선 돌의 가공 여부에 따라 막돌초석과 다듬돌초석으로 구분할 수 있다. 이 밖에 자연 암반을 그대로 초석으로 활용한 경우도 있는데, 주로 누정건축에서 그 예를 찾아볼 수 있다.

자연 암반을 초석으로 사용한 예 | 삼척 죽서루

막돌초석(위) | 양동마을 향단
막돌초석(아래) | 마곡사 대광보전

● 막돌(자연석)초석

막돌초석은 자연에서 채취한 적당한 크기의 돌을 그대로 사용하거나 약간 다듬어 사용한 것을 말한다. 석축에서와 마찬가지로 표면이 매끈한 냇돌(개울돌)을 사용한 예는 거의 없고 주로 표면이 거친 산돌을 사용한다. 기둥을 올려놓았을 때 마찰력이 있어야 기둥이 미끄러지는 것을 막을 수 있기 때문이다. 막돌초석은 주택을 비롯해 사찰과 관아 등의 건축에 널리 쓰였다.

> 『삼국사기』「고구려본기」유리왕조에 초석이 칠릉七稜이라고 하는 기록이 있다((……)藏在七稜石上松下(……)礎石有七稜(……)). 이 초석이 사용된 건물은 고주몽이 왕이 되기 전의 집이므로 기원전에 이미 일반 주택에 이르기까지 초석의 사용이 상당히 보편화되어 있었음을 추정해볼 수 있다.

● 다듬돌초석

다듬돌초석은 지면 위로 노출되는 부분을 일정한 형태로 다듬어 사용한 것을 말한다. 다듬돌초석은 초반礎盤과 주각柱脚, 주좌柱座, 쇠시리로 구성된다. 이 밖에 초석과는 별도로 초석 아래 초석을 받치기 위한 초반석礎盤石●을 사용한 경우도 있다.

초반은 땅속에 묻히는 부분으로 모든 초석에는 초반이 있다. 초반은 채취된 자연의 형태를 그대로 사용하거나 방형에 가깝게 거칠게 가공하며, 지상으로 노출되는 윗면만 평평하게 가공한다.

● **초반석** 초석 아래 별도의 돌을 놓아 초석을 받치도록 하기도 하는데, 이 돌을 초반과 구분하여 초반석이라 부르도록 한다. 초반석을 사용한 예는 백제시대의 건물터와 조선시대에 지은 남원 광한루, 정읍 피향정 등에서 볼 수 있다.

막돌초석 | 구례 천은사 극락보전

다듬돌초석 | 종묘 외삼문

초반석 위에 올려놓은 초석 | 미륵사지 서금당

초반석 위에 초석을 세운 예 | 남원 광한루

초각礎脚은 기둥처럼 초반 위에 일정한 높이로 돌출시킨 부분이다. 지상에 노출되므로 초각은 원형이나 방형, 팔각형 등 다양한 형태로 가공한다. 그러나 그 형태를 반드시 위에 놓이는 기둥의 단면 형태와 동일하게 하지는 않는다. 초각 윗면에는 별도의 주좌를 만들지 않고 바로 기둥을 세우는 것이 일반적이다.

주좌는 기둥이 놓이는 자리를 말한다. 초반이나 초각 윗면을 그대로 주좌로 사용하는 경우와 초반 위에 도드라지게 별도의 주좌를 만든 경우가 있다. 도드라진 주좌를 만들기 위해서는 1단 또는 2, 3단의 쇠시리를 둔다. 이렇게 쇠시리를 두어 만든 주좌의 평면은 그 위에 놓일 기둥의 단면 형태에 맞추어 원형, 방형, 오각형, 육각형, 팔각형 등으로 만든다.

● **다듬돌초석의 유형**

다듬돌초석은 시대에 따라, 그리고 건물에 따라 다양한 형태의 것을 만들어 사용하였다. 다듬돌초석은 우선 초석의 구성에 따라 초반만 있는 것, 초반 위에 초각이 있는 것, 초반 위에 쇠시리를 하여 별도의 주좌를 만든 것으로 등으로 구분할 수 있다.

초각이 있는 초석은 다시 초각의 높이에 따라 단주형短柱形과 장주형長柱形으로 구분한다. 또한 초각

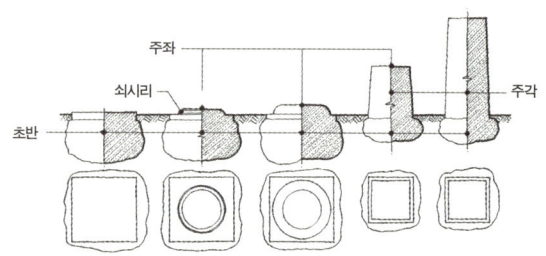
다양한 다듬돌초석과 그 구성

초각을 사용한 초석 | 운현궁 이로당 복도각

초반 위에 별도의 주좌를 만든 것 | 사천왕사지 금당터

초반만 있는 초석 | 장항리사지

초반만 있는 초석 | 황룡사지 출토

의 평면에 따라 방주형方柱形 초석, 원주형圓柱形 초석, 팔각주형 초석 등으로 구분하기도 한다. 단주형은 초각의 높이가 높지 않은 초석으로 조선시대 궁실건축의 부속건물이나 사대부가의 초석으로 많이 사용되었다. 장주형 초석은 초각이 기둥처럼 높은 것을 말하며, 누정건축의 초석으로 사용된 예가 많다.

　쇠시리를 히어 별도의 주좌를 만든 초석은 주좌의 평면에 따라 원형 초석, 방형 초석, 팔각형 초석 등으로 세분하며, 그 위에는 각각 원주, 방주, 팔각주를 세웠다. 이 중에서 원형 초석이 가장 일반적으로 사용되었으며, 방형 초석은 사례가 많지 않다. 팔각형 초석 역시 많이 사용되지 않았으나 고구려 건물터에서 많이 발견되는 특성을 보인다. 한편 주좌를 만들기 위한 쇠시리는 1단 또는 2단, 3단 등으로 만들며, 쇠시리의 단수에 따라 유형을 구분하기도 한다.

단주형(방주형) 초석 | 운현궁 노안당

장주형(방주형) 초석 | 경회루

장주형(팔각주형) 초석 | 창덕궁 부용정

쇠시리 1단형 원형 초석(위) | 황룡사지 출토(신라)
쇠시리 3단형 원형 초석(아래) | 거돈사지 금당터(고려)

쇠시리 2단형 원형 초석(위) | 분황사지(신라)
팔각형 초석(아래) | 지안박물관(고구려)

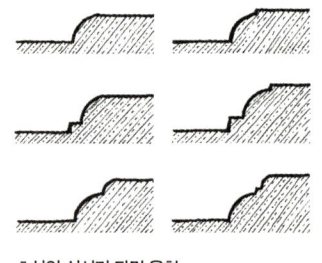
초석의 쇠시리 단면 유형

    주좌를 만들기 위한 쇠시리의 단면은 여러 형태가 있다. 쇠시리가 한 단인 경우 그 단면은 1/4원을 이루는 것이 일반적이다. 두 단인 경우에는 두 단 모두 1/4원으로 한 것도 있고 한 단은 1/4원, 또 다른 한 단은 직각을 이루도록 한 것도 있다. 세 단인 경우에도 1/4원과 직각을 섞어서 사용하는 것이 일반적이다. 쇠시리의 단면을 직각으로 만든 경우에서 쇠시리 면을 약간 경사지게 만들어 둔각을 이루도록 하는 것이 일반적이다. 또한 쇠시리가 여러 단인 경우 각 단의 높이에

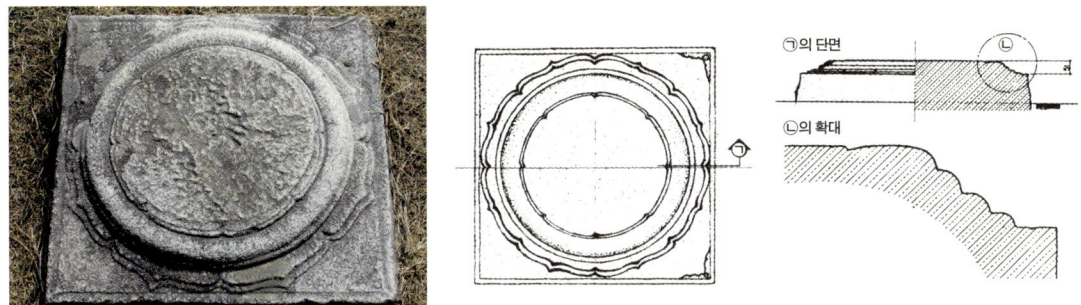

쇠시리를 여러 단으로 만들면서 연꽃을 새긴 고려시대 초석 | 원주 법천사지 탑비전 초석 • 출처: 『법천사지 석물실측 및 지표조사 보고서』

변화를 주기도 한다.

쇠시리를 대신해 초석에 연꽃 등을 조각하여 아름답게 꾸민 경우도 있다. 고구려 쌍영총의 현실玄室 입구에 있는 두 개의 석주石柱를 받친 초석은 복련覆蓮을 조각해 아름답게 꾸몄다. 신라의 석불사 석실 금당에 사용된 석주의 초석 역시 복련을 조각하였다. 고려시대 법천사지의 탑비전 건물 초석은 연꽃을 조각하여 아름답게 만든 초석의 대표적인 예이다. 건물을 꾸미기 위해 초석까지도 화려하게 꾸미고자 했던 예들이다.

시대에 따른 초석의 변화

● 바닥구조에 따른 초석의 높이

초석의 형식은 시대에 따른 조형의식과 바닥구조의 변화 등 여러 요인에 따라 지속적으로 변화해왔다. 이러한 변화에서 가장 두드러진 것은 초석이 기단 위로 노출되는 부분의 높이 차이이다. 이러한 높이 차이는 주로 바닥구조의 차이에서 기인한다.

입식立式 생활을 하는 건물에서는 기단 윗면을 그대로 실내 바닥으로 사용한다. 이때 초석은 기단 윗면으로 노출되는 부분의 높이를 낮게 만들어준다. 기둥 사이에 문을 설치하기 위해 문턱이 되는 하인방

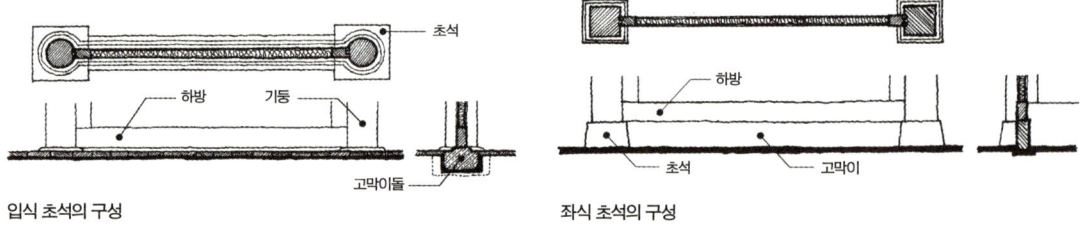

입식 초석의 구성   좌식 초석의 구성

> 초석 중에는 기단 위로 노출되는 부분의 높이가 낮은데도 옆면을 일정 부분 따내 홈을 만든 경우가 있다. 이 홈은 하방을 낮게 설치하기 위한 것으로 추정된다. 이때 설치되는 하방의 일부는 기단 아래 묻혔던 것으로 보인다.

하방을 낮게 설치하기 위해 초석 옆면을 따낸 것으로 추정되는 초석 | 황룡사지

下枋(하방)*을 설치하는데, 통행을 편리하게 하기 위해서는 하방을 낮게 설치하는 것이 유리하기 때문이다. 하방의 아랫면은 초석 윗면에 맞추거나 그보다 약간 높게 설치되므로 초석의 높이가 하방이 설치되는 높이를 좌우한다. 따라서 초석을 최대한 낮게 설치하는 것이 유리하므로 기단 위로 노출되는 부분을 낮게 하고 그 대부분을 기단 아래에 묻히도록 만든다.

방 전체에 온돌을 설치하고 마루를 깐 좌식坐式 바닥구조의 내부는 기단 윗면보다 바닥이 높다. 하방은 마루나 온돌이나 마룻바닥의 옆면을 마감하기 위한 틀이 되므로 하방을 설치하는 높이는 실내 바닥의 높이만큼 기단에서 떨어지게 된다. 따라서 초석을 낮게 설치할 필요가 없다. 오히려 초석을 높게 설치하면 기둥밑동이 기단 윗면에서 높이 떨어져 위치하므로 빗물이 들이치는 것을 막을 수 있어서 기둥이 썩는 것을 막을 수 있다. 결국 좌식 구조의 바닥에서 초석은 하방 아랫면까지 높게 설치하여 기단 위로서 노출되는 부분의 높이가 높아지게 된다.

한편 누각이나 정자 같은 종류의 건축은 바닥을 지면이나 기단에서 높게 떨어뜨려 설치하는 경우가 많다. 이처럼 높게 설치한 바닥구조를 지니는 건물에서는 초석을 높여 기둥을 받치도록 하는 경우가 많다.

이처럼 초석은 기단 또는 지면 위로 노출되는 높이가 바닥구조에 따라 차이가 난다. 따라서 초석은 바닥구조에 따라 입식용, 좌식용, 그리고 누정樓亭용으로 구분할 수 있다. 삼국시대에서 고려시대까지의 건축은 입식 생활을 반영하여 초석은 기단이나 지면 위로 노출되는 높이가 낮은 입식용 초석이 주로 사용되었다. 반면 조선시대에 들어와서는 점차 방 전체에 온돌이나 마루를 설치한 좌식 생활로 바뀌게 되었고 이에 따라 초석의 높이가 높은 좌식용 초석이 주로 사용되었다.

● **초석의 세부 형태와 변화상**

시대에 따라 실내에서의 생활 방식이 변화함에 따라 입식용 초석에서 좌식용 초석으로의 변화가 일어났다. 그러나 같은 입식용 초석이라 해도 그 세부 형태는 시대와 지역에 따라 차이가 있다. 이러한 변화는 특히 주좌를 만들기 위한 쇠시리에서 나타난다.

삼국시대의 초석은 주좌의 쇠시리가 없거나 있다고 하더라도 한 단 정도가 일반적이었다. 또한 지역에 따라 약간씩 다른 특성을 보인다. 특히 고구려의 초석은 동시대 다른 지역과 달리 쇠시리가 비교적 높은 팔각형 초석이 많이 사용되었다. 또한 백제의 초석 중에는 익산 미륵사지 초석처럼 초반석을 사용한 것이 특성이다. 이처럼 초반석을 사용한 예는 공주 공산성의 임류각터뿐 아니라 조선시대의 옛 백제 영역인 정읍 피향정과 남원 광한루 등에서도 확인된다.

남북국시대가 되면 신라의 초석은 주좌를 만들기 위한 쇠시리의 단수가 증가하는 경향을 보인다. 여전히 쇠시리를 두지 않은 초석도 있으나 한 단 혹은 두 단의 쇠시리를 둔 초석이 좀 더 일반적으로 사용되었다. 또한 초반의 윗면이나 쇠시리의 윗면은 매우 완만하기는 하지만 바깥을 향해 구배를 두는 것이 일반적이었다. 이것은 기단 갑석에 배수를 위한 구배를 준 것과 마찬가지로 초석 위에 물이 고이는 것을 막기 위한 배려였다. 또한 이 구배로 인해 초석은 한결 부드럽고 여유 있는 조형을 띠게 되었다. 이러한 초석의 조형을 통해 남북국시대 신라의 건축이 건축적 원칙에 충실한 정제되고 세련된 고전미를 지녔음을 어느 정도 짐작할 수 있다.

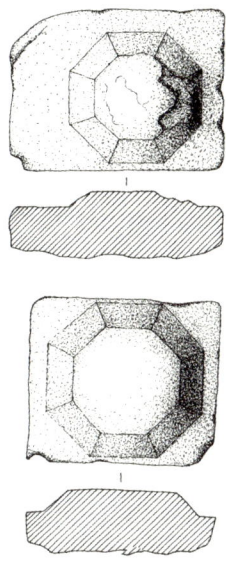

쇠시리 1단의 팔각형초석 | 환도산성 궁전7호 · 출처: 『환도산성』

> 백제나 신라와 달리 고구려에서 독특한 조형을 지닌 팔각형 초석을 많이 사용한 이유는 정확히 알 수 없다. 다만 현재까지 확인된 고구려 사찰의 목탑이 대부분 팔각형 평면인 것으로 보아 다각형 평면 건축의 발달과 관계가 있을 가능성이 있다. 한편 백제 건축은 고상高床식 구조의 특성상 초반석 위에 초석을 설치한 경우가 많다. 이는 여름철에 덥고 습기가 많은 환경에서 발달한 백제 초석의 특성이다.

● **하인방** 벽을 치거나 창호를 설치하기 위해 인접한 기둥 사이를 수평으로 건너지른 부재를 인방引枋이라 한다. 인방 중에서 가장 아래 기둥밑동 사이를 연결하는 부재를 하인방 또는 하방下枋이라 부른다.

두툼하고 바깥쪽으로 구배가 있어 여유로운 조형을 지니는 신라의 초석
| 사천왕사지 금당터

쇠시리의 단수가 많고 선각화 현상을 보이는 고려시대의 초석 | 여주 고달사지

흘림을 준 좌식 초석(위) | 화성 정용채 가옥 사랑채
쇠시리의 높이가 높은 입식 초석(아래)
| 경복궁 근정전

신라 말기에 이르면 쇠시리의 단수가 늘어나고 조각을 베푸는 등 초석을 화려하게 장식하는 경향이 나타난다. 이러한 변화는 고려시대가 되면서 더욱 분명해졌다. 또한 쇠시리의 단수가 늘어나면서 쇠시리는 선각線刻의 경향을 보이게 된다.

조선시대가 되면 좌식 생활이 일반화되면서 좌식용 초석이 점차 일반화되었다. 이에 따라 조각을 둔 초석 역시 일반화되었다. 조선시대 초석에서는 특별한 경우를 제외하면 쇠시리를 두어 주좌를 만든 예가 거의 없다. 또한 기단이나 지면 위로 노출된 초석의 높이가 높아진 만큼 초석은 아래에서 위로 올라가면서 점차 크기를 줄이는 흘림을 주어 안정된 형태를 이루도록 하였다. 조선시대의 초석은 전반적으로 장식성을 띠지 않는 질박한 형태의 것이 대부분이며, 막돌초석이 광범위하게 사용되었다. 유교를 국가 이념으로 삼아 검약을 중요하게 여겼던 조선시대 사람들의 심미안이 반영된 시대적 특성이라 할 수 있다.

한편 경복궁 근정전은 내부 바닥이 입식으로 입식용 초석이 사용되었지만 삼국시대에서 고려시대의 초석들과 비교하여 기단 위로 노출된 부분의 높이가 높다. 즉 주좌를 만들기 위한 쇠시리의 높이가 매우 높은 특성을 지니고 있다. 이처럼 입식용이면서도 쇠시리의 높이를 높게 만든 것은 당시 일반적으로 사용되는 초석이 기단 위로 노

좌식 바닥구조의 초석과 고막이 구성 | 창덕궁 낙선재

입식 바닥구조의 초석과 고막이 구성 | 부석사 무량수전

출된 부분의 높이가 높은 좌식용 초석이었음과 관계가 있어 보인다.

고막이돌과 신방석

● 고막이돌

하방과 기단 사이에는 초석이 기단 위로 올라온 부분만큼 틈이 생긴다. 이 틈을 막은 시설을 '고막이'라 부른다. 고막이는 기단과 하방 사이의 간격에 따라 그 설치방법이 다르다.

좌식의 바닥구조로 되어 있는 건물에서는 하방과 기단 사이의 높이 차이가 크다. 따라서 고막이는 벽을 쌓듯이 만든다. 반면에 입식의 바닥구조로 되어 있는 건물에서는 초석이 기단 위로 올라온 높이가 매우 낮다. 하방과 기단 사이의 높이 차이가 작기 때문에 '지대석地臺石' 또는 '지복석地伏石'이라고도 불리는 고막이돌을 사용한다.

기둥 좌우로 하방이 설치되지 않는 곳에 사용하는 초석 | 종묘 외삼문

고막이돌은 하방과 기단 사이의 틈을 막아줌과 동시에 하방의 아래를 받쳐주는 역할도 한다. 또 초석과 초석 사이를 연결함으로써 수평 이동을 어느 정도 막아준다. 고막이돌은 사용된 초석의 형태에 맞춘 것을 사용하는 것이 일반적이다. 즉 쇠시리가 없는 초석을 사용한 건물에서는 고막이돌에도 쇠시리가 없다. 쇠시리가 있는 초석을 사

기둥 좌우로 하방이 설치되는 곳(평주)에 사용하는 초석 | 원주 거돈사지

인방이 서로 직교하면서 설치되는 곳(우주)에 사용하는 초석 | 원주 거돈사지

기둥 한쪽에만 인방이 설치되는 부분에 사용하는 초석 | 성주사지 금당터

용한 건물에서는 고막이돌도 쇠시리가 있는 것을 사용하며, 쇠시리의 단수도 초석과 동일하게 한다. 따라서 초석과 고막이돌은 쇠시리가 연속된 형태가 된다.

초석과 고막이돌 사이에 인방을 받치기 위한 부분을 연속시키기 위해 초석에는 주좌 옆으로 인방이 얹히는 부분에 쇠시리를 만들어 인방을 받칠 수 있도록 만든다. 이러한 특성 때문에 주좌를 만들기 위한 쇠시리가 있는 초석은 쇠시리의 상태만으로 그 초석이 어느 부분에 사용되었고, 초석 양옆의 구조가 어떠하였는지를 알 수 있다. 주좌만 있고 옆에 연속된 쇠시리가 없는 초석은 그 양쪽의 간間이 회랑과 같이 기둥 사이에 벽이나 창, 문이 없는 완전히 개방된 구조였음을 의미한다. 반면에 주좌 옆의 쇠시리가 一자형으로 연속된 것은 기둥 양쪽의 간에 하방이 있었음을 의미한다. 또 쇠시리가 ㄱ자형으로 이루어진 것은 기둥을 중심으로 하방이 직각으로 설치되었음을 의미하므로 그 초석은 건물의 모서리에 사용된 것이다.

● 신방석

문을 설치하기 위해서는 하방에 의지해 문설주를 세운다. 문설주에는 문짝이 달리게 되므로 문설주에 집중하중과 더불어 편심偏心하중이 걸리게 되고 문을 여닫으면서 하방에 충격이 가게 된다. 그것을 보강하기 위해 문

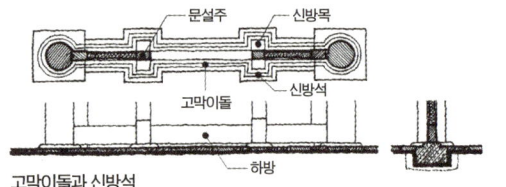
고막이돌과 신방석

신방석과 신방목 | 불국사

설주 아래에는 하방과 직각으로 굵고 짧은 목재를 설치하는데, 이 부재를 신방목信方木이라 부른다. 또한 신방목을 받치기 위해 신방목 아래에 받쳐대는 돌을 신방석信方石이라 부른다.

한편 초석에는 윗면에 네모진 홈을 마련한 경우가 있다. 기둥에 촉을 만들어 끼워 넣기 위한 구멍이다. 문이 설치되는 간의 기둥은 충격을 받게 되므로 기둥이 초석에서 미끄러질 염려가 있다. 이처럼 기둥이 미끄러질 염려가 있는 곳에는 초석에 홈을 파서 기둥 아래에 만든 촉을 끼워 넣기도 한다.

고막이돌과 신방석을 한 돌로 만든 경우
| 경주 장항리사지

> 내 용 출 처 >

1 『삼국유사』, 「기이紀異」, 가락국기 "(……)俾創假宮而入御 但要質儉 茅茨不剪 土階三尺(……)."
2 주남철, 『한국 건축의장』, 45~46쪽, 일지사, 1997
3 신영훈, 『석불사·불국사』, 53쪽, 조선일보사, 1998
4 김도경, 「한국 고대 목조건축의 형성과정에 관한 연구」, 고려대학교 대학원 박사학위논문, 2000

01 기둥의 정의와 기능

공간을 구성하는 뼈대, 기둥

02 기둥의 유형

여러 가지 기준에 따른 기둥의 종류

03 기둥에 사용된 의장수법

구조적 안정과 시각적 미가 반영된 기둥

三. 기둥

기둥은 가구의 하부구조를 형성하는 부분으로, 보나 공포를 통해 전달받은 상부 가구의 하중을 초석을 통해 지반에 전해주고 공간을 구성하는 뼈대가 된다. 또한 기둥은 내부와 외부에 모두 노출되는 부분으로서 의장적으로도 중요한 기능을 담당한다. 즉 수직으로 선 기둥은 기단과 창방, 평방, 처마와 지붕 및 수장재 등 입면 구성의 대부분을 차지하는 수평선과 대조를 이루는 수직선의 요소가 된다.

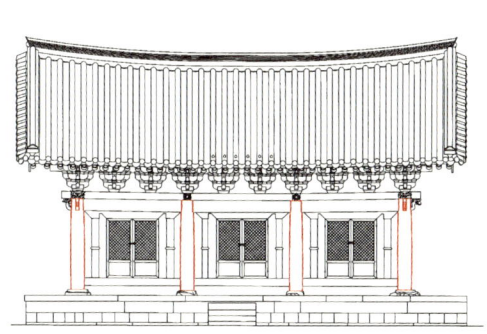

01

기둥의 정의와 기능

공간을 구성하는 뼈대, 기둥

    기둥은 가구의 하부구조를 형성하는 부분으로, 보나 공포를 통해 전달받은 상부 가구의 하중을 초석을 통해 지반에 전해주고 공간을 구성하는 뼈대가 된다. 또한 기둥은 내부와 외부에 모두 노출되는 부분으로서 의장적으로도 중요한 기능을 담당한다. 즉 수직으로 선 기둥은 기단과 창방, 평방, 처마와 지붕 및 수장재 등 입면 구성의 대부분을 차지하는 수평선과 대조를 이루는 수직선의 요소가 된다.

    또한 기둥의 높이는 평면의 간사이와 함께 입면의 비례를 결정하는 가장 기본적인 요소이다. 즉 간사이와 기둥의 높이에 따라 입면 각 칸의 비례가 달라지며, 이는 건물 전체 입면 비례에 영향을 끼치게 된다. 한국 건축은 기둥 높이를 간사이보다 작게 하거나 거의 같게 만듦으로써 각 칸의 입면 비례가 수평으로 긴 장방형이나 방형에 가깝게 만드는 것이 일반적이다. 그래서 한국 건축의 입면 구성은 수직적인 느낌보다 수평적인 느낌이 강하게 든다. 한편 신라나 조선시대의 가사규제家舍規制를 보면 간사이와 함께 기둥의 높이를 규제하였다. 기둥의 높이와 간사이는 건물의 규모와 밀접한 관련이 있는 것으로 그 건물의 권위와 상징성을 표현하는 중요한 수단이 되기 때문이다.

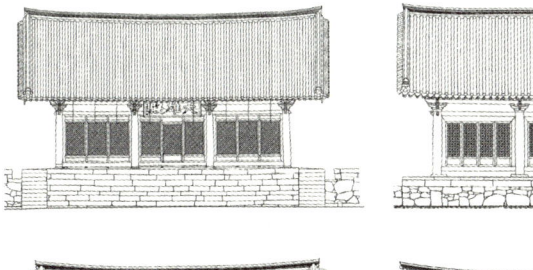
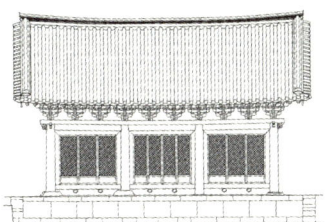
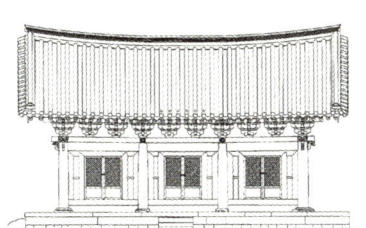

주간柱間과 주고柱高에 의한 입면 비례 | 수덕사 대웅전(왼쪽 위), 무위사 극락전(오른쪽 위), 개심사 대웅보전(왼쪽 아래), 용문사 대장전(오른쪽 아래)

> 경우에 따라서 기둥은 구조나 공간적인 목적이 아니라 의장적인 목적에서만 사용되기도 한다. 예를 들어 수덕사 대웅전의 측면은 네 칸의 구성으로 중앙에 방주를 사용하였다. 이 방주는 생략해도 구조적으로는 아무런 문제가 없다. 그러나 이 기둥이 없다면 측면 중앙 부분이 매우 허전한 구성이 되기에 구조적으로는 필요 없는 기둥을 세웠던 것으로 보인다. 이 기둥을 방주로 만든 것은 다른 기둥처럼 원주로 하였을 때 중앙부가 너무 꽉 찬 구성이 되는 것을 우려해서였던 것으로 보인다.

구조적인 역할보다 측면의 의장적 효과를 위해 기둥을 세운 사례
| 수덕사 대웅전 측면 중앙의 방주

    기둥의 굵기는 간사이와 기둥의 높이에 따라 결정된다. 그러나 이렇게 결정된 기둥의 굵기는 다시 건물 전체에 걸쳐 사용된 각종 부재의 단면 크기와 비례적인 관계를 형성하게 된다.

02

기둥의 유형

여러 가지 기준에 따른 기둥의 종류

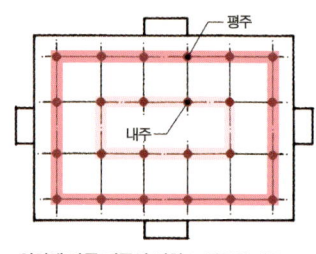

위치에 따른 기둥의 명칭 | 평주와 내주

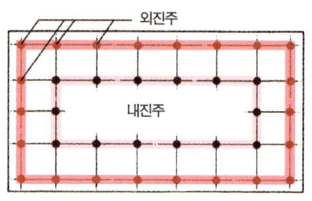

내외진형 평면에서의 기둥 명칭 | 외진주와 내진주

기둥은 평면상 사용된 위치, 기둥 상호 간의 상대적인 높이에 따라 다양한 명칭으로 구분된다. 또한 이에 따라 단면 및 입면의 형태 등을 다양하게 만들어 사용한다.

위치와 기능에 따른 기둥의 명칭

사용된 위치에 따른 기둥의 명칭은 평면 형식에 따라 달라질 수 있다. 일반적으로 건물의 외곽을 감싸고 있는 기둥은 평주平柱라 부르는 반면 건물 내부에 사용된 기둥은 내주內柱라 부른다. 그런데 내외진형 평면에서는 외진부를 감싸고 있는 기둥을 평주 대신 외진주外陣柱라 부르며, 내주 중에 내진부를 감싸고 있는 기둥을 내진주內陣柱로 부르기도 한다. 또한 기둥 중에 평주에 비해 높게 만든 기둥을 고주高柱라 부르는데, 내주 중에 고주 형식으로 된 것을 내부에 사용된 고주라는 의미에서 내고주內高柱라 구분하여 부르기도 한다. 또한 툇간을 부설한 경우 툇간을 만들기 위해 첨가한 기둥을 툇기둥退柱이라

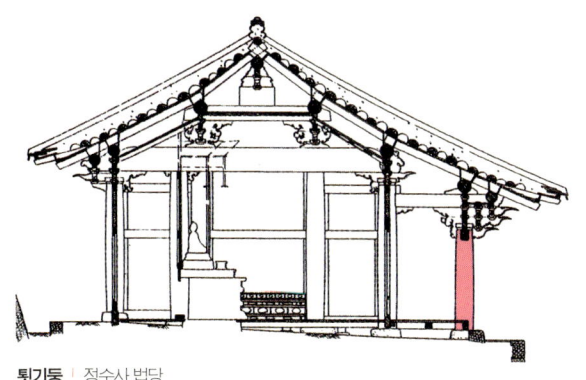
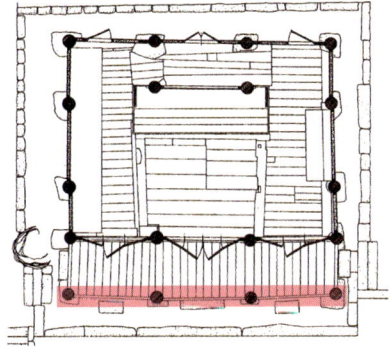

툇기둥 | 정수사 법당

부른다.

　같은 기둥 열에 위치한 기둥이라도 그 위치를 세분하여 명칭을 달리 하기도 한다. 즉 모서리에 위치한 기둥은 귓기둥隅柱이라 부르며, 이를 제외한 기둥은 평주平柱라 부른다. 예를 들어 내외진 평면에서 외진주 중에 모서리에 위치한 기둥은 외진우주外陣隅柱, 나머지 면에 위치한 기둥은 외진평주外陣平柱라 부른다. 내진주도 내진우주와 내진평주로 구분한다. 일반적으로 우주는 평주에 비하여 굵기가 굵은 것을 사용하며, 귀솟음 기법을 적용하여 평주에 비해 기둥 높이를 높게 한 경우가 많다. 우주를 평주에 비하여 굵게 사용하면 건물 윤곽이 강조되어 형태적으로 건물의 독립성과 안정성이 높아 보이게 하는 효과가 있다.

　기둥은 지붕의 형식과도 관련이 있다. 팔작이나 우진각 및 모임지붕에서는 건물 외곽의 기둥은 모두 동일한 형식의 것이 사용된다.

　반면에 맞배지붕에서는 측면의 기둥이 정면과 후면의 기둥과 다른 형식이 된다. 이때 측면의 기둥은 높이가 건물 외곽의 다른 기둥과 다르므로 별도로 구분해서 생각할 필요가 있다. 이처럼 위치에 따른 기둥의 유형과 명칭은 평면뿐 아니라 지붕 형식 및 가구와 밀접한 관계가 있으므로 절대적인 개념의 명칭이 아니라 상황에 따른 상대적인 개념에서 명칭이 달라진다.

　일반적인 기둥 외에 평면이나 구조적인 측면에서 특수한 용도로

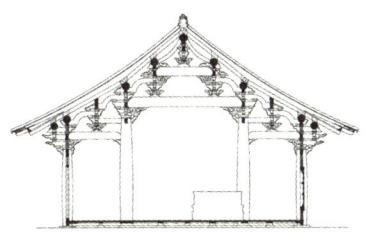

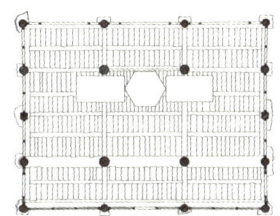

맞배지붕인 경우 위치에 따른 기둥의 배치
| 수덕사 대웅전

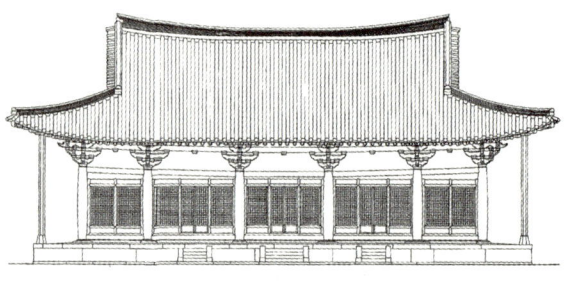

도리통과 양통의 기둥 구성이 동일한 팔작지붕의 기둥 구성 | 부석사 무량수전

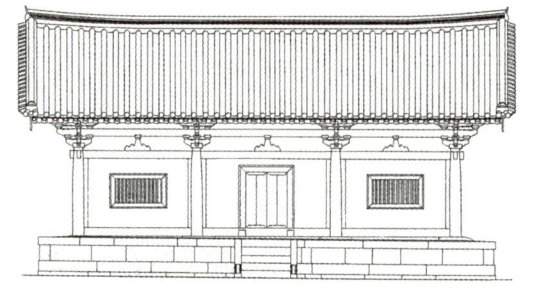 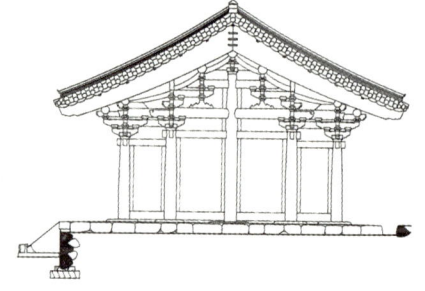

도리통과 양통의 기둥 구성이 다른 맞배지붕의 기둥 구성 | 봉정사 극락전

심초석 | 황룡사지 목탑터

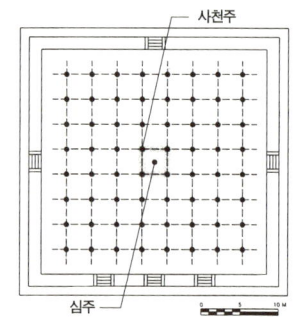

황룡사지 목탑 추정 평면도

사용된 기둥도 있다. 목탑에서는 평면 중앙에 1층에서 최상층까지 관통하는 기둥을 사용한다. 이를 심주心柱 또는 찰주刹柱라 부르는데, 심초석心礎石 위에 올려놓으며, 최상층 지붕 위로 돌출한 상륜부를 받쳐주는 구조적 역할을 하기도 한다. 한편 목탑은 방형 평면으로 중심에서 외곽 4면으로 동질의 공간을 이루며 확장되는 중앙집중식 평면으로 심주 주변에 방형 평면으로 네 개의 기둥을 세운다. 이 네 개의 기둥을 불교적 용어로 사천주四天柱라 부른다. 사천주 사이에는 사천주에 의지하여 불벽을 형성하고 4면에 불단을 만들어 사방불四方佛*을 모시는 것이 일반적이다.

우리나라 목조건축에서 구조적으로 가장 취약한 부분 중 하나가 처마 부분이다. 서까래가 주심도리(또는 외목도리)를 지점支點으로 외팔보cantilever의 구조를 지니고 있기 때문이다. 특히 추녀 부분은 더욱 취약한 구조가 될 수 있다. 그래서 처짐을 방지하기 위해 추녀 끝에 기둥을 세우기도 한다. 이 기둥을 활주活柱**라 한다. 활주는 일반 기둥에 비해 가는 것을 사용하며, 단면도 원형이나 팔각형 등으로 다양

1층 탑신에 사방불을 새긴 석탑 | 양양 진전사지 삼층석탑
사천주에 의지해 불벽과 불단을 만들고 배치한 사방불 | 법주사 팔상전 내부
목탑의 사천주와 사방불 | 진천 보탑사 목탑
법주사 팔상전 평면도 • 출처: 『한국 건축양식론』
강진 백련사 대웅보전의 활주
순천 동화사 대웅전 활주

한 것을 사용한다. 활주를 받치는 초석을 활주 초석이라 부르는데, 높이가 비교적 높은 것을 사용한다. 활주는 건물을 지을 당시 처음부터 의도적으로 사용하는 경우도 있지만 건물이 지어진 지 오래되어 추녀가 처지게 되었을 때 보강용으로 사용한 경우가 많다.

- **사방불** 목탑을 비롯한 탑에서는 동서남북 네 방위에 따라 불상을 배치한 경우가 많다. 이처럼 네 방위에 맞춰 배치한 불상을 사방불이라 한다.
- **•• 활주** 원칙적으로 추녀는 안정된 구조를 이루어야 한다. 따라서 추녀의 처짐을 막기 위한 목적에서 사용하는 활주는 정상적인 것으로 볼 수 없다. 더욱이 형태적으로 활주는 추녀 끝에 매달린 것 같은 느낌을 주기 때문에 추녀 끝이 살포시 올라간 경쾌한 지붕 선을 무겁게 보이도록 만든다.

원주 | 창덕궁 돈화문　　**원주** | 종묘 정전　　**방주** | 이남규선생 고택

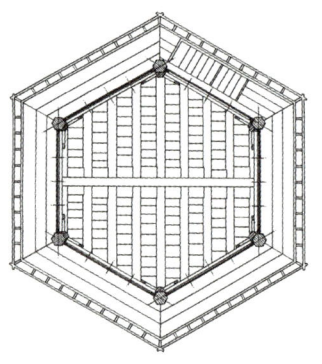

육각주의 예 | 향원정

형태에 따른 기둥의 유형

기둥은 시대에 따라, 그리고 건물의 규모와 형식 등에 따라 다양한 형태의 것이 사용되었다. 형태에 따른 기둥의 유형은 단면형과 입면형으로 나누어 생각할 수 있으며, 단면과 입면의 형태는 서로 밀접한 관련을 지니고 있다.

● 단면형에 따른 기둥의 유형

기둥은 단면형에 따라 원기둥(원주圓柱, 두리기둥), 네모기둥(방주方柱, 방형기둥), 각주角柱 등으로 나눌 수 있다. 원주는 단면형이 둥근 형태의 것으로 궁궐과 사찰, 관아 등의 주요 건물과 같이 상대적으로 권위를 나타낼 필요가 있는 건물에 주로 사용되었다.

반면에 단면형이 방형으로 된 방주는 궁궐이나 사찰, 관아 등의 부속건물이나 주택과 같이 건물의 높이나 격이 낮은 건물에 주로 사용하였다. 이처럼 기둥의 사용에 차별을 둔 것은 천원지방天圓地方이라는 말에 보이는 것처럼 방형에 비하여 원형을 상위 개념으로 인식하

누하주 | 광한루

환구단

였기 때문이다. 그래서 조선시대에는 가사규제를 통하여 일반 건축에 원기둥의 사용을 금지하기도 하였다. 이처럼 원기둥을 네모기둥보다 격이 높은 것으로 여기는 인식은 조선시대에 들어와 강하게 부각되기 시작하였다.

정다각형 단면을 지닌 각주는 주로 다각형 평면의 건물에 사용되었다. 다각형 평면은 기둥 위에 걸리는 창방 등의 부재와 이루는 각도 때문에 원주 또는 그 건물의 평면과 같은 다각형 기둥을 사용하는 것이 일반적이다. 예를 들어 팔각형 평면에는 팔각주, 육각형 평면에는 육각주를 사용하였다. 각주 중에는 팔각주가 가장 많이 사용되었는데, 팔각주는 팔각형 평면의 건물 외에 누하주樓下柱나 활주 등의 용도로도 사용되었다.

팔각형 석주 | 쌍영총

한편 삼국시대 고구려 건축에서는 쌍영총의 팔각형 석주를 비롯하여 각종 팔각형 초석이 많이 확인된다. 또한 지금까지 발견된 고구려 사찰의 목탑은 대부분 팔각형 평면을 이루고 있다. 이처럼 고구려 건축은 다른 지역이나 다른 시대의 건물에 비하여 팔각형 평면과 팔각

• **누하주와 누상주** 지면이나 기단에서 높이 떨어뜨려 마룻바닥을 만든 누각 형식의 건물에서 바닥을 기준으로 누 아래에 위치한 기둥을 누하주, 누 위에 위치한 기둥을 누상주樓上柱라 부른다. 누하주와 누상주는 필요에 따라 하나의 목재로 만들기도 하며, 별도의 목재를 사용하여 만들기도 한다.

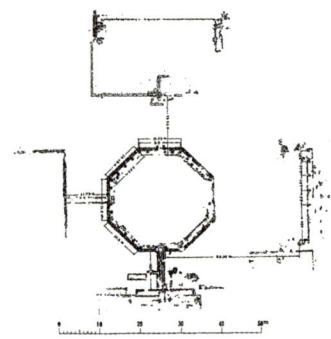

팔각형 평면의 고구려 목탑 예 | 평양 금강사지 배치도

주가 비교적 많이 사용되었음이 특징이다.

팔각이나 육각주 외에 5각이나 7각, 9각, 12각형 등 다양한 다각형 단면을 지니는 기둥도 사용되었을 가능성이 있다. 『삼국사기』 「고구려본기」 유리명왕조의 기록에는 "(……)일곱 모 난 돌 위, 소나무 아래에 숨겨 두었다藏在七稜石上松下. 초석이 일곱 모가 나 있어 기둥 아래를 찾아보니礎石有七稜 乃搜於柱下(……)"라는 기록이 있어 7각형 기둥이 존재하였을 가능성이 있다. 이 밖에 삼국시대에서 남북국시대에 걸친 유적으로 보이는 이성산성에서는 9각형과 12각형 평면의 건물이 확인된 바 있다. 이들 건물에는 원주 외에 9각형이나 12각형 기둥이 사용되었을 가능성이 있다.

● **입면 형태에 따른 기둥의 유형**

입면형에 따른 기둥의 유형은 크게 통형筒形과 흘림기둥으로 나눌 수 있으며, 그 밖에 자연목 형태의 기둥도 사용되었다. 흘림기둥은 다시 민흘림과 배흘림기둥으로 구분할 수 있다.

흘림기둥은 높이에 따라 기둥의 단면 크기에 변화를 준 기둥을 말한다. 반면에 기둥 모든 부분의 단면을 동일한 크기로 만든 기둥, 즉 흘림이 없는 기둥을 통형기둥이라 부른다. 그러나 실제로 통형기둥의 사례는 거의 없으며, 대부분의 기둥은 흘림을 준 흘림기둥에 속한다.

흘림기둥은 착시현상을 교정하여 안정감을 줌과 동시에 기둥을 아름답게 꾸미기 위해 사용하는 기법이다. 즉 통형의 기둥은 양쪽 두 개의 수직선 윤곽으로 인식되는데, 인접한 수직선은 상호 간섭으로 인해 중앙 부분이 좁아 보이는 착시현상이 일어난다. 착시현상으로 인하여 기둥은 시각적으로 불안해 보인다. 따라서 이를 교정하기 위해 흘림기둥을 사용하였다.

흘림기둥은 다시 민흘림기둥과 배흘림기둥으로 구

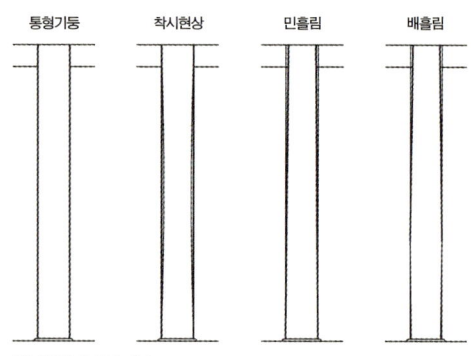

착시현상과 흘림기둥

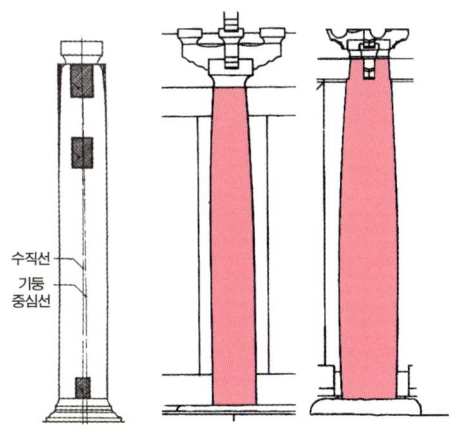

중국 영조법식營造法式 건축
| 산시|山西 대동大同 화엄사
華嚴寺 박가교장전薄伽敎藏殿

배흘림기둥 | 봉정사 극락전(왼쪽)과 강릉 객사문(오른쪽)

중국 영조법식 건축(왼쪽), 봉정사 극락전(가운데), 강릉 객사문(오른쪽)

분된다. 민흘림기둥은 기둥의 단면 크기를 위에서 아래로 내려오면서 점차 크게 만든 것으로 기둥의 입면 윤곽선은 직선으로 만들어진다. 배흘림기둥은 기둥 중앙부의 단면 크기를 가장 크게 하고, 이를 중심으로 하여 위아래로 가면서 점차 단면 크기를 줄여나간 것으로 기둥의 입면 윤곽선은 곡선이 된다.

   배흘림기둥의 기법은 한국은 물론 중국과 일본을 비롯한 전 세계에서 사용되었다. 배흘림기둥을 서양에서는 엔타시스entasis, 중국에서는 사주梭柱라고 부른다. 그러나 배흘림기둥의 비례와 세부적인 형태는 나라마다 차이를 지니고 있다. 중국 건축의 사주와 비교하면 한국 건축의 배흘림기둥이 지닌 특성을 명확히 알 수 있다.

   중국 건축의 사주는 한국의 배흘림기둥과 비교하여 매우 세장한 편에 속하고 체감율遞減率도 작다. 반면 한국 건축의 배흘림기둥은 기둥의 굵기가 높이에 비하여 굵은 편에 속하며, 체감율도 크다. 세부적인 기법에 있어서도 차이가 있다. 기둥의 단면이 가장 큰 부분은 기둥 높이를 삼등분했을 때 아래에서 1/3에 해당하는 부분에서 위아래로 1자 범위에 분포한다.¹ 이 부분을 중심으로 위로 올라가면서는 비교적 기둥의 굵기를 많이 줄여나간 반면, 아래로 내려가면서는

> 일본에서는 고대에 한국의 문화가 전래되면서 건축에서도 한국과 동일하게 강직한 모습의 배흘림기둥이 사용되었다. 그 예로 나라奈郞 호우류우지法隆寺의 중문中門과 회랑, 금당, 오중탑 등에 사용된 기둥을 들 수 있다. 그러나 7세기 백제의 멸망과 함께 우리나라를 통한 문화의 전래가 줄어들기 시작하면서 일본 건축은 자국화自國化 되었고, 배흘림기둥이 점차 사라지게 되었다.

일본 고대의 배흘림기둥 | 호우류우지 중문

• 체감율 흘림기둥에서 체감율은 단면이 가장 큰 부분에서 가장 작은 부분 사이의 편차를 높이로 나눈 비율을 말한다. 즉 단면의 편차/높이이다.

흘림기둥 | 익산 미륵사지 서석탑

쌍봉사 철감선사부도에 묘사된 배흘림기둥

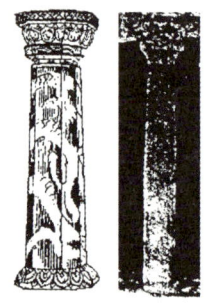

쌍영총 돌기둥　태성리 2호분 돌기둥　환문총 주형도

고구려의 배흘림기둥

약간만 줄이거나 거의 동일한 굵기로 만든다. 즉 기둥의 굵기는 '중≥하>상'의 관계를 지닌다. 이러한 여러 가지 특성으로 인해 한국 건축의 배흘림기둥은 매우 강직한 느낌을 준다.

한국 건축에서 배흘림기둥과 민흘림기둥의 사용은 기둥의 모습을 확인할 수 있는 가장 오래된 사례인 4세기 무렵의 고구려 쌍영총과 태성리 2호분의 돌기둥을 포함해 환문총을 비롯한 여러 고분벽화에 그려진 기둥에서 확인된다. 그만큼 배흘림기둥의 역사가 오래되었음을 의미한다.

이들 기둥은 대부분 체감율이 큰 강직한 형태의 배흘림의 특성을 지니고 있다. 백제 건축에서는 배흘림기둥의 확실한 사례는 확인되지 않고 있으나 익산 미륵사지 석탑과 부여 정림사지 석탑에 체감율이 큰 강직한 형태의 민흘림기둥이 묘사되어 있다. 남북국시대 신라의 건축에서도 쌍봉사 철감선사부도와 갑사 부도를 비롯한 석조물에 묘사되어 있는 기둥을 통하여 배흘림기둥이 사용되었음을 확인할 수 있다.

현존하는 목조건축 중에서는 봉정사 극락전을 비롯하여 부석사

배흘림의 체감이 약해진 경우 | 무위사 극락전 (조선시대 초기)   조선시대 후기의 민흘림기둥 | 개암사 대웅보전   석불사 석실 금당의 기둥

무량수전, 수덕사 대웅전, 강릉 객사문, 은해사 거조암 영산전, 성불사 응진전, 부석사 조사당, 도갑사 해탈문, 무위사 극락전 등 주로 고려시대에서 조선시대 초에 이르는 주심포식 건축과 관룡사 대웅전, 화엄사 대웅전 등 일부 다포식 건축에서 배흘림기둥의 사례를 확인할 수 있다. 그러나 시대가 내려오면서 배흘림기둥의 체감율이 점차 작아지는 경향을 보인다. 또한 주심포식 건물보다는 다포식 건물에서 배흘림기둥의 체감율이 작은 경향을 보인다. 특히 조선시대로 넘어오면서 배흘림기둥은 체감율이 작아지면서 점차 사라졌고, 이를 대신한 민흘림기둥의 사용이 일반화되었다.

방형과 원형을 조합한 기둥 | 상주 양진당

한편 일반적인 형태의 기둥 외에 조형의지에 따라 특수한 형태로 기둥을 만든 경우도 있다. 석불사 석실 금당 내부에 사용된 팔각석주는 그 중간에 앙련 장식을 돌려서 기둥에 변화를 주었다. 또한 상주의 양진당은 누하주와 누상주를 하나의 기둥으로 연속해 사용하면서 누하 부분은 방형, 누상 부분은 원형으로 만들어 변화를 주었다. 이는 조형의지에 따라 기둥의 형태에 다양한 변화를 줄 수 있음을 의미한다.

자연목 상태의 휜 부재를 사용한 기둥 | 안성 청룡사 대웅전(왼쪽)과 구례 화엄사 구층암(오른쪽)

휜 부재를 가구부재로 적극 활용한 예 | 함양 정여창고택 안채(위)와 합천 호연정(아래)

　　이 밖에 자연목 상태의 휜 부재를 기둥으로 사용한 예도 있다. 자연목 기둥은 선사시대 이후 계속하여 사용되었다. 그러나 임진왜란 이전에 격식을 갖추어야 하는 건물에서는 기둥을 완벽하게 치목해서 사용하였다. 반면에 임진왜란 이후에는 사찰은 물론 주거와 누정건축을 중심으로 격식을 갖추어야 하는 건물에서도 자연목 상태의 휜 부재를 사용한 예가 많아졌다. 이러한 변화는 기둥뿐 아니라 보에서도 나타나는 현상으로 조선시대 후기 건축의 특성을 형성하게 되었다.

구조적 안정과 시각적 미가 반영된 기둥

03
기둥에 사용된 의장수법

기둥에는 흘림기둥의 수법 외에 편수깎기, 주하질, 방주의 쇠시리, 귀 솟음과 안쏠림 등과 같은 다양한 의장수법이 적용되어 있다.

● **편 수 깎 기**

기둥 위에 주두柱頭나 평방을 올려놓는 경우 기둥머리는 주두나 평방보다 큰 것이 일반적이다. 이때 주두나 평방 아랫면에 맞추어 그보다 튀어나온 기둥머리 부분을 둥글게 모접는 경우가 있는데, 이 수법을 편수깎기라 한다.[2] 한편 기둥 상부의 편수깎기 기법은 기둥 하부에 적용되는 경우도 있었다.

편수깎기는 쌍봉사 철감선사부도의 기둥과 고려 불화 건축도의 기둥 등에서 그 사례를 찾아볼 수 있다. 또한 중국의 경우에는 북송 때 씌어진 『영조법식』을 비롯하여 현존하는 건축물에서 편수깎기의 사례를 찾아볼 수 있다. 따라서 우리나라도 고대와 고려시대의 건축에서는 편수깎기가 많이 사용되었던 것으로 보인다. 그러나 현존하는 목조건축 중에서는 그 사례를 찾아볼 수 없다. 다만 봉정사 대웅전은 기둥머리를 평방 폭에 맞추어 경사지게 깎아낸 것을 볼 수 있는데, 편

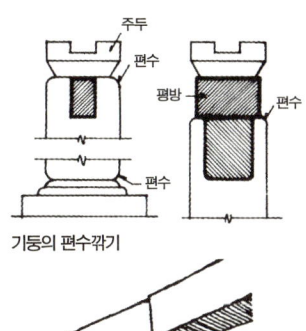

기둥의 편수깎기

기둥 상부의 편수깎기 흔적 | 봉정사 대웅전

화순 쌍봉사 철감선사부도에 묘사된 기둥 상부의 편수깎기

질 | 일본 교토 묘호인妙法院 고리庫裏

개성 만월대에서 발견한 기둥 하부 장식부재

수깎기 수법이 약화된 흔적으로 보인다.

● 질과 기둥 밑 장식

기둥 아래 초석과의 사이에 목재나 동銅, 혹은 또 다른 석재를 받쳐 대는 경우가 있는데, 이를 질櫍이라 부른다. 질은 습기가 기둥을 타고 오르는 것을 방지함으로써 기둥 하부가 썩는 것을 막는 역할을 한다. 또한 기둥 하부가 썩기 전에 질이 먼저 썩기 때문에 보수할 때에는 질 만 교체하면 되는 이점이 있다. 한편 질을 목재로 사용하는 경우 목재 는 나뭇결을 옆으로 눕혀놓아 물이 질을 타고 올라가지 못하도록 한 다. 그러나 현존하는 한국 건축에서 질의 존재는 확인할 수 없으며, 중국의 『영조법식』과 현존하는 일본 건축에서 그 존재를 확인할 수 있을 뿐이다.

한편 초석이나 질과는 별도로 기둥 밑 주변을 감싸 장식하는 부재 가 사용되기도 했다. 현존하는 건물에 사용된 사례는 없지만 개성 만 월대에서 기둥 하부를 장식하기 위한 부재가 발굴된 바 있다.

● 방주의 모접기와 쇠시리

방주의 모접기와 쇠시리 | 덕수궁 함녕전

방주는 모서리가 날카롭기 때문에 손상되기 쉬울 뿐 아니라 시각적 으로도 좋지 못하다. 따라서 방주는 반드시 모서리를 깎아내어 날카 로움을 없애주는데, 이를 모접기라 한다. 모접기는 사선斜線, 원형, 또 는 2단의 원형 등 다양한 형태로 만든다. 이렇게 모접기를 하기 위해 서는 모끼대패라는 특수하게 제작한 대패를 사용한다. 이 대패의 날 은 모접기를 하고자 하는 형태에 따라 다양하게 만들어 사용한다.

방주의 4면이 밋밋하고 단조롭게 보이는 것을 보완하기 위해 방 주 4면에 쇠시리를 베풀기도 한다. 쇠시리는 한 줄, 또는 두 줄로 만드 는데, 한 줄로 만든 쇠시리를 외사, 두 줄로 만든 쇠시리를 쌍사雙絲 라 한다. 이때에도 만들고자 하는 쇠시리의 형태로 날을 특수하게 만든 살밀이대패를 사용한다. 면의 쇠시리는 주로 궁궐과 같이 기둥 단면이 큰 경우에 베푼다. 반면에 기둥의 크기가 작을 때에는 생략하는 경우가 많다. 기둥이 작은 경우 면에 쇠시리를 베풀면 기둥이 조잡해 보일 수 있기 때문이다.

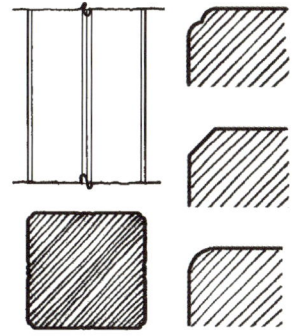

기둥 모접기(왼쪽 위)와 쇠시리(왼쪽 아래), 기둥 모접기의 예(오른쪽)

기둥의 귀솟음과 안쏠림

수평선은 눈높이와의 관계에 따라 착시현상이 일어난다. 눈높이와 같은 높이에 위치한 수평선은 수평으로 보이지만 눈높이보다 낮은 높이에 위치한 수평선은 양쪽 끝이 올라간 것처럼 보이게 된다. 반면에 눈높이보다 높은 높이에 위치한 수평선은 양쪽 끝이 아래로 처져 보인다. 기둥 상부는 창방으로 연결되어 있는데, 창방이 만드는 수평선은 눈높이보다 높은 곳에 위치하고 있어 양쪽 끝이 아래로 처져 보인다. 이러한 착시현상을 교정하기 위해 기둥의 높이를 건물 중앙에서 양쪽으로 가면서 점차 높아지도록 만든다. 이렇게 건물의 양쪽 끝으로 가면서 기둥의 높이를 점차 높아지도록 만드는 기법을 '귀솟음'이라 한다.

살밀이대패

귀솟음 기법은 착시현상을 교정하는 의장적 효과 외에 구조적인 측면에서도 일정한 역할을 한다. 우진각과 팔작지붕의 경우 우주 부분에 평주 부분보다 더 많은 지붕의 하중이 걸리게 된다. 이렇듯 더 많은 하중이 걸리게 되는 우주를 평주보다 높게 만들어줌으로써 혹시 있을 수 있는 부동침하의 변형에도 우주 상부가 평주보다 높거나 동일한 높이를 유지할 수 있도록 한다.

귀솟음 기법은 삼국시대의 석탑에서 유래를 볼 수 있는 오래된 기법으로 시대에 관계없이 현재까지 지속적으로 사용되는 기법이다. 한

> 귀솟음 기법은 한국뿐 아니라 중국이나 일본 건축 등에서도 사용되었다. 귀솟음을 중국에서는 생기生起, 일본에서는 하시노라비柱之疋라 부른다.

● **쌍사와 외사** 쇠시리를 두 겹으로 만들어 입면상 두 개의 줄이 생기도록 하는 것을 쌍사라 하며, 쇠시리를 한 겹만 두어 한 개의 줄이 생기도록 하는 것을 외사라 부른다. 쌍사와 외사는 방주의 면뿐 아니라 창호의 울거미 등과 같은 다양한 부분에 사용된다.

기둥에 귀솟음을 둔 만큼 상인방 양쪽 끝의 높이에 차이가 나는 예 | 수덕사 대웅전

상방 양쪽의 높이 차이만큼 귀솟음을 둔 귓기둥 | 신륵사 극락보전

편 귀솟음은 입면상 중앙의 기둥에서 양쪽 끝 우주로 가면서 점차 기둥의 높이를 높여주는 것이 원칙이다. 그러나 후대로 오면서 기법이 약화되어 우주만을 다른 기둥에 비해 높게 만들기도 한다.

입면상 정간을 중심으로 양측 귓기둥 쪽으로 가면서 기둥의 상부를 정간 쪽으로 기울어지게 하는 기법을 안쏠림, 또는 오금법이라 한다. 그런데 안쏠림은 도리통뿐 아니라 양통에도 적용된다. 따라서 안쏠림을 적용했을 때 기둥 상부는 하부에 비해 건물의 중앙 쪽으로 기울어지게 된다.

일반적으로 안쏠림은 입면상 늘어선 기둥의 연속된 수직선이 건물 좌우 양쪽 끝으로 가면서 상부가 바깥을 향해서 벌어져 보이는 착시현상을 교정하기 위한 수법으로 설명되고 있다. 그러나 실제 안쏠림은 귀솟음과 달리 착시현상을 교정하는 효과는 그리 크지 않을 것으로 보인다. 외곽으로 가면서 기둥 상부가 바깥으로 벌어져 보이는 착시현상은 거의 발생하지 않을 뿐 아니라 안쏠림을 주었다고 하더라도 그 크기는 목조건축의 특성으로 일어나는 기둥의 변형 크기에도 미치지 못하는 경우가 많기 때문이다. 이러한 이유 때문에 실제 건물에서는 안쏠림을 생략하는 경우가 많다. 또한 건물들을 실측해보아도 안쏠림 기법을 확인하기 어려운 경우가 많다. 안쏠림을 두었다고 하더라도 그 정도는 기둥의 변형과 변위보다 작을 정도로 미약하기 때문이다.

반면에 중층 이상의 건물에서는 시각적으로도 기둥 상부가 안쪽으로 기울어져 있음을 확연하게 느낄 수 있을 정도로 강한 안쏠림을 두는 경우가 많다. 이는 안쏠림이 실제로 건물의 구조적 안정성을 실현하는 데 중요한 역할을 하고 있음을 의미한다. 특히 중층 또는 목탑과 같은 다층의 건축에서는 안쏠림을 통해 건물의 무게중심을 아래로 낮추어줄 수 있다. 또한 도리에 경사지게 외부 쪽으로 작용하는 서까래의 하중으로 인해 기둥을 비롯한 가구재가 밖으로 밀려나게 되는 현상을 방지해주기도 한다. 결국 안쏠림은 착시현상을 교정하는 의장적 목적보다 중층 이상의 건물에서 무게중심을 낮춰 건물을 안정되게 만드는 구조적 목적에서 사용된 기법이라 할 수 있다.

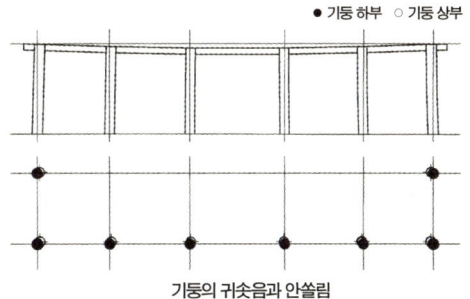

기둥의 귀솟음과 안쏠림

> 중국이나 일본 건축에서도 안쏠림 기법이 사용되었다. 안쏠림을 중국 건축에서는 측각(側脚), 일본 건축에서는 우찌고로비(內轉び)라 부른다.

● 기둥 세우기와 그렝이질

한국 건축의 기둥은 지면地面과 일체가 되지 않고 그렝이질을 하여 초석 위에 올려놓는다는 특성을 지닌다. 초석 위에 기둥을 세우는(입주立柱) 과정은 다음과 같다.

우선 기둥의 심먹*과 초석 윗면에 만들어놓은 심먹을 일치시키면서 기둥을 세운다. 이와 같이 초석과 기둥의 심먹을 일치시키는 것을 '심먹보기(심먹본다)'라 한다. 심먹을 맞춰 기둥을 세운 다음에는 기둥의 수직을 맞추는데, 그 과정을 '다림보기'라고 한다. 다림보기를 할 때에는 추를 맨 실이 기둥의 수직 중심먹줄과 일치하도록 하는 방법을 사용한다. 이때 기둥에 안쏠림을 두고자 한다면 추를 맨 실과 기둥옆면의 수직 중심먹줄을 안쏠림을 둔 만큼 차이가 나도록 기울여놓으면 된다.

다림보아 세운 기둥밑동에는 그레자를 이용하여 그레먹을 긋는다.

막돌초석 위에 그렝이질 해 세운 기둥
안동 소호헌(위)과 구례 천은사 일주문(아래)

● **심먹** 중심을 표시하기 위해 십자 +字로 그어 놓은 중심 먹줄을 말하는 것으로 +자로 되어 있다는 점에서 '십먹'이라고도 한다.

초석의 심먹과 그레발

기둥 다림보기

그레먹 긋기

기둥밑동 깎아내기

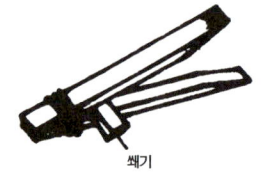
쐐기
공사현장에서 제작해 사용하는 그레자

그레먹을 그을 때에는 우선 기둥의 길이를 계획된 길이로 맞추어 그레먹 그을 기준 위치를 정해야 한다. 기둥은 치목을 할 때 그 길이를 계획된 기둥 높이보다 길게 만들어 여분을 두는데, 이는 초석 윗면의 높낮이 차이 – 막돌초석인 경우 높낮이의 차이가 크며, 다듬돌초석이라고 하더라도 높낮이 차이가 생길 수 있다 – 와 귀솟음을 고려한 여분이다. 이 여분을 '그레발' 또는 '덤길이'라 부르며, 이미 초석을 설치한 다음 각 초석에 그 치수를 표시해둔다. 다림보아 세운 기둥은 기둥 상부를 기준으로 기둥 윗면이 계획된 높이가 되도록 계획 기둥 높이에 그레발을 더한 길이를 기둥 아랫부분에 표시한다. 예를 들어 기둥이 9자로 계획되어 있고, 그레발이 3푼이라고 하면 기둥 상부를 기준으로 9자 3푼의 위치를 기둥 아랫부분에 표시하여 기둥밑동의 그렝이질을 하기 위한 기준점으로 삼는다.

그레먹을 그을 때에는 Y자 모양의 나무를 사용하는데, 이를 '그레자' 또는 '그렝이칼'이라 부른다. 그레자는 컴퍼스에 해당하는 도구로 별도로 제작해 사용한다. 가장 간단한 것으로는 Y자 모양으로 생긴 나뭇가지의 홈을 가르고 여기에 쐐기를 박아 너비를 조정하도록 만든 것을 사용하기도 한다. 이 그레자의 한쪽 끝을 기둥밑동 둘레와 초석 윗면이 맞닿는 곳에 대고 다른 한쪽은 먹을 발라서 기둥 옆면에 댄 다음 기둥밑동을 따라 돌리면 초석 윗면의 상태가 그대로 기둥 하부 옆면에 그려진다.

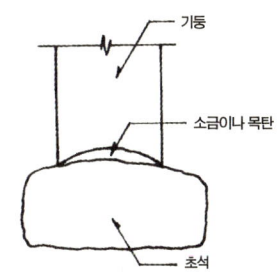

기둥 하부 단면

그레먹을 그은 다음에는 세웠던 기둥을 넘어뜨려서 그레먹을 따라 기둥밑동을 잘라낸다. 이와 같이 초석 윗면에 맞추어 기둥밑동을 잘라내는 작업을 '그렝이질'이라고 한다. 그렝이질 하여 세운 기둥은 이를 지탱해주는 별도의 부재 없이 단독으로 설 수 있을 정도로 안정적이다.

기둥 아래 숯과 소금 넣기

그렝이질이 끝난 기둥밑동은 오목하게 들어간 모양으로 깎아낸다. 기둥밑동의 둘레를 초석 윗면에 완전히 밀착하기 위해서이다. 그래서 기둥은 실제로 이 외피부분에 의해 지탱되며, 그것이 하중에 의해 눌림으로써 초석과 완전하게 밀착된다. 한편 기둥 안쪽의 오목한 부분에 의해 초석과의 사이에 생긴 빈 공간에는 소금이나 목탄을 넣어서 습기나 해충에 의해 기둥이 썩거나 상하는 것을 방지하기도 한다. 마지막으로 그렝이질 한 기둥을 다시 초석 위에 심먹보기 하여 세우면 기둥 세우기가 끝난다.

내용출처

1 김동현, 『한국 목조건축의 기법』, 145쪽, 발언, 1995
2 장기인, 『한국 건축대계V-목조』, 136쪽, 보성문화사, 1991

01 다양한 구조 유형
다양한 건축구조: 한국 건축을 발달시키다

02 가구의 정의와 기본 구성
공간과 형태를 결정하는 가구

03 변작법
지붕의 안정된 구조를 만드는 변작법

04 중층 건물의 가구
여러 층으로 쌓아올린 건물의 형태

05 가구 구성 부재들
구조와 미적 기능을 달리하는 세분화된 가구부재

06 목조가구식 구조 변천
시대 변화에 따른 다양한 목조가구식 구조

四

가구

가구는 초석 위에 세운 기둥에서 지붕을 구성하는 바탕이 되는 서까래 아래까지 이르는 구조를 가리킨다. 즉 기둥에서 종도리에 이르는 집의 골격을 이루는 구조의 총칭이다. 가구는 지붕의 하중을 받아 초석을 통해 지면 또는 기단에 전달해주며, 지붕과 지면 또는 기단 사이에 공간을 형성해주는 뼈대가 된다. 즉, 가구는 구조와 공간을 이루는 가장 기본이 되는 골격이다.

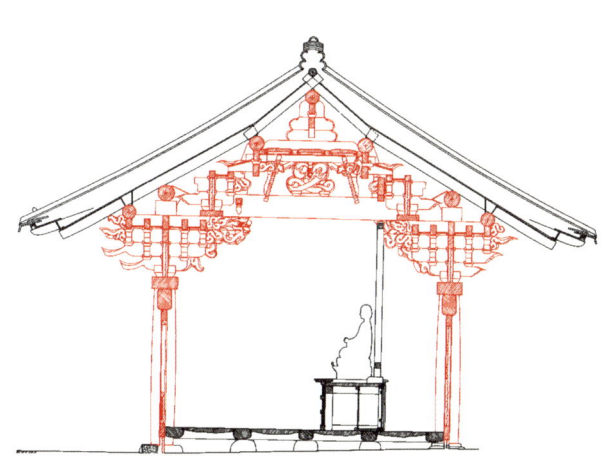

01 다양한 건축구조, 한국 건축을 발달시키다

다양한 구조 유형

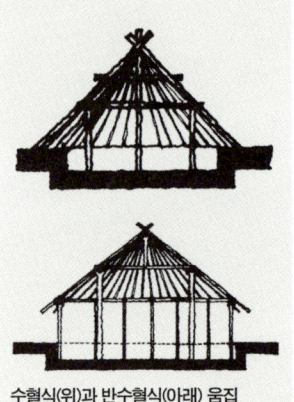

> 신석기시대 사람들은 땅을 파서 바닥을 만들고 여기에 간단한 구조로 지붕만 덮은 움집을 짓고 생활하였다. 그러나 점차 건축술이 발달하면서 수직의 벽체와 함께 처마를 지면에서 떨어뜨린 움집이 출현하였다. 이처럼 처마가 지면에서 떨어진 움집을 처마가 지면에 붙어 있는 집과 구분하여 반움집 또는 반수혈식이라 부른다.

수혈식(위)과 반수혈식(아래) 움집

건축은 자연으로부터 인간을 보호하기 위한 인위적인 시설로서 지붕을 만들기 위한 구축술構築術에서 시작되었다고 할 수 있다. 우리가 중력重力의 법칙이 작용하는 곳에 살고 있는 이상 지붕은 그 어떤 건축에서도 필수적인 요소이다.

건축은 바닥과 벽, 그리고 지붕의 세 요소로 이루어진다. 하지만 인류 최초의 건축 바닥은 지면이었고, 건축술이 발달하지 못했기 때문에 별도의 벽은 없었다. 뿔형이나 삼각형 단면의 구조에 의해 이루어지는 지붕이 벽의 기능을 하였을 뿐이다. 즉 바닥과 지붕에 의해 한정되는 내부공간이 마련된 셈이다.

그러나 지붕만 있는 건축으로는 넓은 평면을 만들 수 없다. 천장도 낮아서 공간의 효율성이 떨어지고 불편하다. 따라서 공간에 대한 욕구와 건축술의 발달에 따라 건축은 점차 수직으로 선 구조체가 지붕을 받치는 구조로 발달하였다. 따라서 지붕의 처마는 지면에서 떨어질 수 있게 되었고, 수직의 벽도 출현하게 되었다.

수직 벽체의 출현은 건축기술뿐 아니라 공간의 효율성과 편리성 등 건축의 발달과정에서 획기적인 전환이었다. 이후 수직 벽체는 건축구

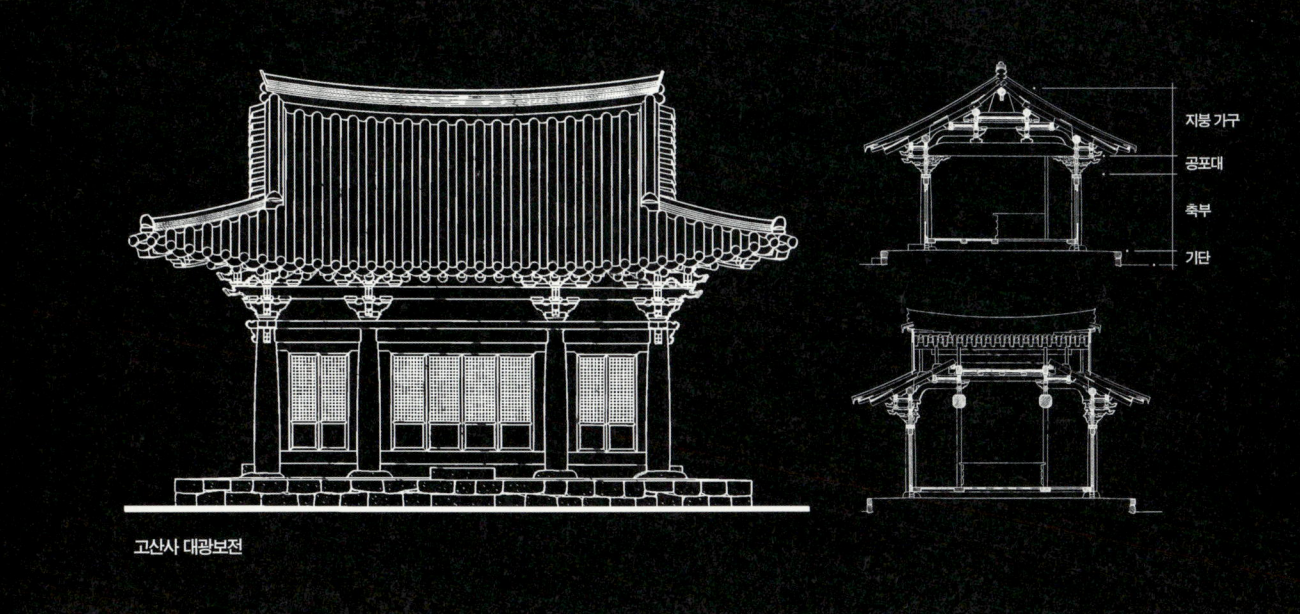

고산사 대광보전

지붕 가구
공포대
축부
기단

조에서 가장 중요한 부분의 하나가 되었다. 그리고 그것을 만드는 재료와 방법에 따라 다양한 구조와 형태의 건축이 출현하게 되었다.

구조 재료의 측면에서 한국 건축은 나무를 이용한 목조가구식 구조를 위주로 발전하였다. 이 밖에도 흙과 돌을 이용한 다양한 구조방식이 사용되었다. 그리고 이들 다양한 건축구조는 한국 건축의 발달 과정에 일정한 공헌을 하였다.

> **재료에 따른 구조 유형**
> 흙: 항토, 토담집, 전축 등
> 돌: 적석식, 가구식 등
> 나무: 가구식, 귀틀집 등

흙을 사용한 건축구조

흙을 사용한 건축으로는 항토夯土건축, 토담집, 전축塼築 등의 건축이 있다. 항토건축은 거푸집을 대고 흙 또는 흙에 강회와 짚여물 등을 섞은 것을 넣고 다져 벽을 만든 것이다. 토담집은 햇볕에 말려 만든 흙벽돌을 쌓아올려 벽을 만든 것이다. 흙벽돌을 불에 구워 만든 전벽돌을 이용해 벽을 만든 것을 전축이라고 한다.

그러나 흙을 이용한 구조방식은 주된 건축구조로 사용되지 않았

거푸집을 대고 흙을 다져 만든 담장
안동 하회마을

01 다양한 구조 유형 113

전돌을 활용한 담장 | 경복궁 자경전

전돌을 이용한 고분 | 공주 송산리고분(위)과 안동 동부동 5층전탑(아래)

다. 항토건축은 기단이나 담장, 혹은 성벽을 만드는 구조로 사용되었을 뿐 주된 구조방식으로 사용된 예는 거의 없다. 토담집은 최근까지도 초가집에 사용되었지만 순수하게 토담으로 건물을 지은 예는 많지 않다. 나무로 집의 골격을 만들고 토담으로 벽을 만든 경우가 대부분이었다.

전돌은 일찍부터 건축에 사용되었다. 전돌의 제작기술뿐 아니라 그것을 활용한 건축구조도 상당히 발달해 있었다. 전탑과 전축분塼築墳 외에 벽과 담장, 굴뚝 등에 전돌이 많이 활용되었다. 특히 조선시대 후기에는 화성의 건설에 전돌이 대량으로 이용되기도 하였다. 하지만 전돌은 부차적인 용도로 국한되어 사용되었을 뿐 주된 구조 재료로 사용되지 않았다. 여름철에 비가 많고 추운 겨울이 존재하는 기후 조건에 적합하지 않기 때문이다. 수분의 침투와 동파를 막기 위해서는 높은 온도에서 구워낸 전돌을 사용해야 하는데, 이를 위해서는 가마를 만들어야 했다. 전돌의 생산에는 경제적인 부담이 따랐고 그로 인해 대량생산도 어려웠던 것이다.

조선 후기 전돌의 사용이 극대화 되었던 사례 | 수원 화성

돌을 사용한 건축구조

양질의 화강석이 풍부한 우리나라에서는 일찍부터 돌을 이용한 축조와 가공기술이 발달했다. 삼국시대 고구려의 적석총을 비롯하여 수많은 석성石城과 석탑石塔, 기단과 초석, 석등, 부도, 석불石佛과 대좌臺座 등은 돌을 가공하는 기술이 매우 발달해 있었음을 보여주는 예이다.

이러한 상황을 고려할 때 석조건축이 보편화할 수 있는 여지는 충분했다. 그런데도 석재는 주된 구조 재료로 사용되지 않았으며, 주로 부차적인 건축 재료로 사용되었다. 사람이 들어갈 수 있는 내부공간이 마련된 건축으로는 석불사 석실 금당과 충주 미륵대원彌勒大院의 금당 정도를 들 수 있다.

다양한 석조 예술품 | 연곡사 동부도(왼쪽), 불국사 다보탑(가운데), 화엄사 각황전 앞 석등(오른쪽)

석조건축의 예 | 석불사 석실 금당(왼쪽)과 미륵대원 금당(오른쪽)

세 면의 벽을 돌로 쌓아 감실형 평면을 만들고 그 전면과 지붕 가구를 목조로 만든 미륵대원 금당 추정 단면도 • 출처: 『중원군 미륵리 석굴실측조사보고서』

기둥 위에 보와 도리 등의 수평재를 걸어 지붕을 받치도록 한 가구식 구조 | 통영 세병관

나무를 옆으로 눕혀 쌓아 올라가는 방식으로 벽을 만들어 지붕을 받치도록 한 귀틀집 구조 | 양평 상곡당

나무를 사용한 건축구조

나무는 신석기시대 이후로 가장 일반적으로 사용되었던 건축 재료였다. 나무를 사용한 건축의 구조방식에는 가구식架構式과 귀틀집이 있다. 물론 압축壓縮강도에 비해 인장引張강도*가 뛰어나고 긴 부재를 구할 수 있다는 목재의 특성으로 인해 목조건축은 가구식 구조가 좀 더 일반적이었다. 그러나 가구식 구조 외에도 귀틀집 구조**를 비롯하여 목재를 사용한 여러 가지 구조방식이 사용되었다.

> 『삼국지三國志』 「위서魏書」 '동이전東夷傳'에 진한振韓과 마한馬韓에 대해 "취락에 이르기를 그 나라는 집을 지을 때 나무를 눕혀 쌓아 만드는데, 그 모습이 마치 감옥과 같다魏略云 其國作屋 橫累木爲之 有似牢獄也"라는 기록이 있다. 여기에서 나무를 눕혀 쌓았다고 한 것은 귀틀집 구조를 의미한다.

● 귀틀집구조

귀틀집 구조는 나무를 횡으로 눕혀서 귀틀을 짜듯 차곡차곡 쌓아올려 벽을 만든 구조이다.

신석기시대부터 청동기시대에 이르는 움집에는 귀틀집 구조로 볼 수 있는 구조가 벽체에 사용되었다.¹ 또한 중국의 문헌에는 진한과 마한에서 귀틀집 구조가 사용되었음이 기록되어 있으며, 고구려의

---

* **압축강도와 인장강도** 부재를 눌렀을 때 생기는 압축력에 견디는 정도를 압축강도라 하며, 반대로 부재를 당겼을 때 생기는 인장력에 견디는 정도를 인장강도라 한다.
** **귀틀집 구조** 귀틀집 구조는 나무를 눕혀 쌓아 벽체를 만든 구조로 쌓은 나무가 굴러 무너지지 않도록 하기 위해 나무를 가로·세로로 엇갈리게 놓아 서로 기댈 수 있는 井자형으로 평면으로 만든다. 이러한 이유 때문에 귀틀집 구조를 정간식井干式이라 부르기도 한다.

01 다양한 구조 유형

부경梓京* 형식으로 된 경장經藏 | 일본 나라 당초제사唐招提寺

정교하게 치목된 귀틀집 구조의 세부 | 일본 나라 당초제사 경장

선사시대 움집의 벽체 구조 추정도 • 출처: 「한국 고대 목조건축의 형성과정에 관한 연구」

귀틀집 구조의 부경 | 마선구 1호분(고구려) 벽화의 부경

마선구 1호분 벽화에는 귀틀집 구조가 그려져 있다.

귀틀집 구조는 굵은 재목材木을 크게 필요로 하지 않는 대신 벽을 모두 목재로 구성하는 만큼 많은 목재를 필요로 한다. 따라서 목재가 풍부한 지역에서 가능한 구조방식이었다. 우리나라 역시 목재가 풍부했기 때문에 일찍부터 귀틀집 구조를 사용하였다.

그러나 남북국시대 신라와 고려시대의 귀틀집 존재 여부는 파악할 수 없다. 조선시대의 귀틀집은 강원도와 경상도의 태백산맥과 울릉도 등 산간오지에 위치한 화전민의 집에서만 확인된다. 그런데 기법이 정교하지 못할 뿐 아니라 건축적 내용도 열악한 것이어서 고급 건축에까지 사용되었던 삼국시대의 귀틀집에 비해 그 기법이 매우 쇠퇴한 모습이다.

귀틀집과 그 내부 | 울릉도의 너와집

이처럼 귀틀집 구조가 쇠퇴하게 된 시기와 원인은 정확히 알 수 없다. 그러나 그 주요한 원인 중 하나로 계절에 따라 온도와 습도의 변화가 큰 기후 조건을 들 수 있다. 온도와 습도의 변화가 크면 목재의 변형도 심해진다. 특히 단면적이 많이 줄어들게 된다. 귀틀집 구조는 나무를 횡으로 쌓아올려 벽을 만들고, 그 벽이 지붕의 하중을 받는 구조이다. 따라서 목재의 단면적이 줄어들면서 벽이 가라앉는 심각한 구조적 문제가 발생한다. 이러한 이유로 귀틀집은 점차 쇠퇴하였던 것으로 보인다.

● 다양한 구조 유형의 가능성

중국 지안集安에 위치한 고구려 동대자東臺子 유적의 중심 건물터에서는 독립기초와 함께 줄기초가 발굴되었다.[2] 하나의 건물에 독립기초와 줄기초가 함께 사용된 것인데, 독립기초 위에는 일반적인 목조 가구식 건축과 같이 기둥을 세웠을 것으로 추정된다. 반면에 줄기초 위에는 이와 다른 구조방식이 사용되었을 가능성이 있다. 특히 동대

● **부경** 『삼국지』 권30 「위서」에 고구려 풍속을 기록한 속에 "(……) 집집마다 작은 창고가 있는데 부경이라 부른다家家自有小倉 名之爲桴京"이라는 기록이 있다. 여기에서 부경은 고상식高床式 구조의 창고로 추정되며, 마선구 1호분에 그려진 건물이 부경에 해당하는 것으로 추정된다. 한편 일본 고대의 창고인 도다이지東大寺 쇼소인正倉院 정창正倉과 법화당法華堂 경고經庫를 비롯하여 호류사法隆寺 강봉장綱封藏, 당초제사 경장과 보장寶藏 등은 모두 고구려의 부경에 해당하며, 강봉장을 제외하면 모두 귀틀집 구조로 되어 있다.

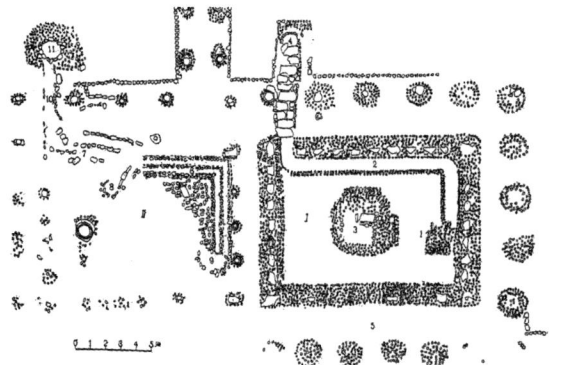
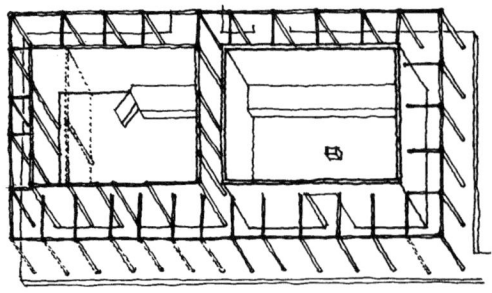

독립기초와 줄기초가 함께 사용된 예 | 동대자 유적의 발굴 평면도 및 구조 추정도

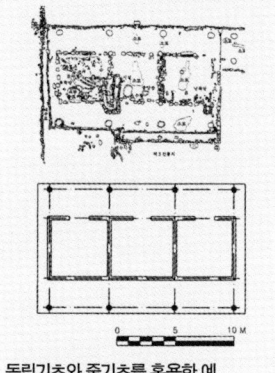

> 동대자 유적 외에 백제의 익산 미륵사지 승방터와 부여 능산리 절터의 공방터, 신라의 경주 황룡사지 승방터를 비롯한 많은 발굴 건물터에서도 하나의 건물터에 독립기초와 줄기초가 함께 사용된 사례가 확인되었다. 따라서 줄기초 부분의 구조가 어떠한 유형이 되었든 간에 이 유형의 구조가 매우 일반적으로 사용되었음을 의미한다.

독립기초와 줄기초를 혼용한 예
| 부여 능시터 제3호 건물터 발굴 및 추정 평면도

자 유적에서는 전돌이나 석재가 거의 출토되지 않았다.[3] 이것은 이 부분의 구조가 목조였을 가능성이 높음을 의미하며, 다음과 같은 몇 가지 구조로 추정해볼 수 있다.

첫째, 바닥에 귀틀을 깐 위에 기둥을 세웠을 가능성이다. 이처럼 귀틀 위에 기둥을 세우는 방식은 누각 형식으로 된 건물의 누상주를 세우는 방식에서도 볼 수 있다. 특히 안동 소호헌蘇湖軒과 장수향교長水鄕校 명륜당明倫堂은 누각 형식이 아니면서 초석 위에 귀틀을 깐 다음 기둥을 세우는 특수한 방식을 사용하고 있다. 둘째 줄기초는 조적조 건축에서 많이 사용하는 방법이므로 나무를 사용한 조적식 구조인 귀틀집 구조의 가능성을 생각해볼 수 있다. 셋째 동대자 유적은 줄기초 위에 윗면을 평평하게 만든 돌을 촘촘히 배열하고 있는데, 그 돌 위에 수직으로 기둥을 세웠을 가능성이 있다. 이처럼 기둥을 촘촘히 세워 벽을 형성한 것은 선사시대 움집의 벽체에서도 확인된다. 특히 동대자 유적과 비슷한 평면을 지닌 발해 상경용천부의 침천터에서는 촘촘히 세운 기둥의 불탄 밑동이 발굴된 바 있다.

한편 동대자 유적의 중앙 건물터에서는 독립기초의 중심선이 도리 방향으로는 일치하지만 보 방향으로는 일치하지 않는다. 따라서 지붕의 하중은 보를 통해 기둥으로 전달되는 방식이 아니라 동실東室과 서실西室을 감싸는 장방형 평면의 벽체가 틀을 이룸으로써 전달되는

초석 위에 귀틀을 돌리고 그 위에 기둥을 세운 예 | 안동 소호헌(왼쪽)과 장수향교 명륜당(오른쪽)

방식이었던 것으로 추정된다.[4] 또한 고구려의 정릉사지를 비롯한 몇몇 건물에서는 독특한 초석 배열이 나타난다. 즉 목조가구식 구조의 정상적인 기둥 간격으로 배열된 초석과 함께 매우 촘촘히 배열된 초석이 확인되고 있다. 이렇듯 독특한 초석 배열은 좀 더 다양한 목조건축구조가 존재하였을 가능성이 있음을 뜻한다.

이처럼 한국 목조건축은 가구식이나 귀틀집 구조 외에도 여러 가지 구조방식이 사용되었다.

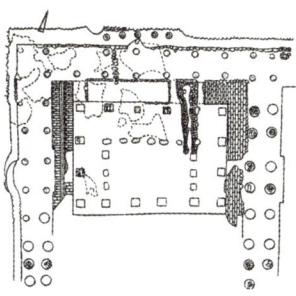

외곽의 초석 배열에 비해 촘촘히 초석이 배열된 예 | 정릉사지 침전터

02

가구의 정의와 기본 구성

공간과 형태를 결정하는 가구

가구의 정의와 기능

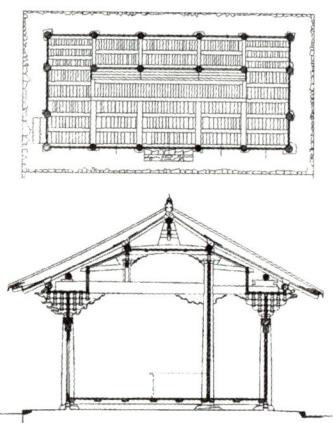

목조가구식 건축의 예 | 선운사 대웅보전

목조가구식 건축은 나무를 이용한 건축으로 기둥을 세우고 기둥에 의지해 수평재를 걸어 지붕을 받치도록 한 구조이다. 가구식 구조는 지역과 시대에 따라 매우 다양한 형식이 존재하였다. 그중에서 한국의 목조가구식 건축은 기둥 위에 서로 직교하는 방향성을 지닌 보와 도리를 통해 지붕을 받치는 구조방식을 지니고 있다. 특히 보가 그 상부에 위치한 모든 부분의 하중을 받아 기둥에 전달하는 핵심적인 역할을 한다는 점이 특징이다.

가구는 초석 위에 세운 기둥에서 지붕을 구성하는 바탕이 되는 서까래 아래까지 이르는 구조를 가리킨다. 즉 기둥에서 종도리에 이르는 집의 골격을 이루는 구조의 총칭이다. 가구는 지붕의 하중을 받아 초석을 통해 지면 또는 기단에 전달해주며, 지붕과 지면 또는 기단 사이에 공간을 형성해주는 뼈대가 된다. 즉, 가구는 구조와 공간을 이루는 가장 기본이 되는 골격이다. 한편 좁은 의미에서 가구는 기둥을 제외하고 보에서 도리에 이르는 삼각형의 지붕틀만을 말하기도 한다.

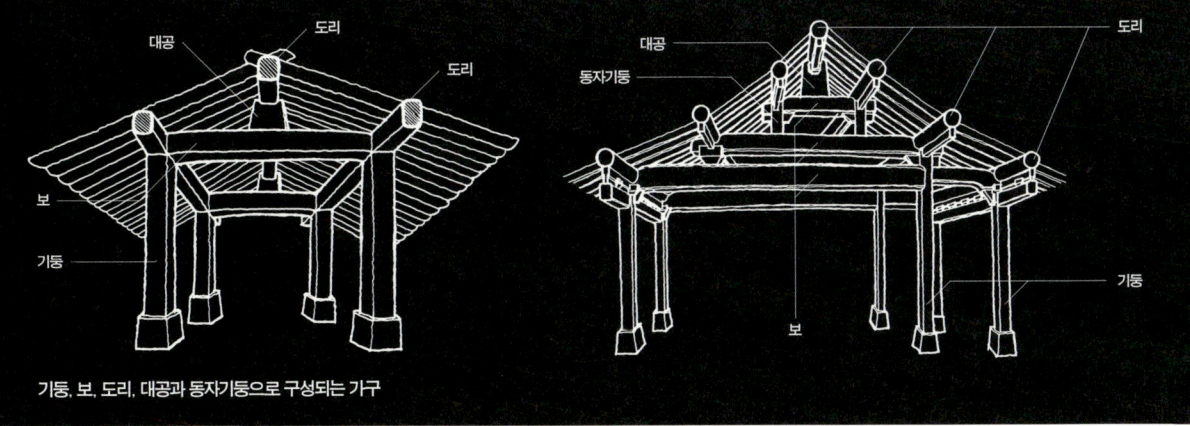

기둥, 보, 도리, 대공과 동자기둥으로 구성되는 가구

가구의 기본 구성과 특성

가구는 기둥과 보樑, 도리道里, 대공臺工 및 동자童子기둥을 기본 부재로 하여 만들어진다.

   가구는 힘이 흐르는 방향에 따라, 즉 지붕에서 아래로 내려오면서 이해하는 것이 편리하다. 지붕을 만드는 토대가 되는 부재가 서까래이다. 서까래는 지붕이 경사진 방향에 맞추어 대략 1자 내외의 간격으로 평행하게 배열된다. 이 서까래를 받치는 부재가 도리이다. 따라서 일렬로 평행하게 걸린 서까래 양쪽에 서까래와 직각 방향으로 도리 두 개를 설치함으로써 여러 개의 서까래를 동시에 받칠 수 있게 된다. 이 도리를 받쳐주는 부재가 보이다. 보는 같은 높이에 위치한 도리의 양쪽 끝에 위치하여 도리를 받아주며, 도리와 직각 방향으로 놓인다. 따라서 보와 서까래는 평면상 서로 평행의 관계를 지닌다.

   결국 많은 수의 부재로 이루어진 서까래는 그보다 적은 수의 도리

● **대량식과 천두식** 중국의 목조가구식 건축은 크게 대량식檯樑式과 천두식穿斗式 구조로 나누어진다. 대량식은 보가 그 위에 놓이는 모든 가구 부재를 받치는 받침틀로서의 역할을 하는 구조를 말한다. 보가 지닌 구조적 특성, 즉 '보가 틀臺를 형성한다'는 의미에서 대량식이라는 명칭이 붙은 것으로 볼 수 있다. 한국의 목조가구식 구조는 기본적으로 이 유형에 속한다. 반면에 천두식 구조는 보 방향으로 기둥을 비교적 촘촘히 세우고 기둥을 관통하여 여러 개의 수평부재를 설치하여 기둥들과 수평부재가 보 방향으로 하나의 구조틀을 형성하도록 한 구조이다. 기둥을 관통하는 수평부재의 사용으로 인해 천두식이라는 명칭이 붙은 것으로 보이며, 보 없이 기둥 상부가 직접 도리를 받치고 있다는 특성을 지닌다.

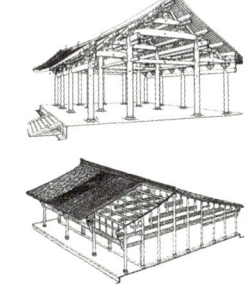

대량식(위) • 출처: 『중국고대건축기술사』
천두식(아래) • 출처: 『중국고대건축기술사』

로 정리된다. 다시 도리를 포함한 여러 부재들로 이루어지는 구조는 더 적은 수의 보로 정리된다. 위에서 아래로 내려오면서 구성 부재의 길이와 단면 크기는 커지는 반면 그 수는 줄어듦으로써 가구는 단순하게 정리된다. 이렇게 지붕을 받기 위해 많은 부재로 구성된 상부의 구조가 보에 의해 정리되고, 보의 양 끝을 기둥으로 받친다. 상부구조는 복잡하지만 아래로 내려오면서 가구가 정리되어 사용된 기둥의 수는 적어져 지붕 아래는 몇 개의 기둥만으로 이루어진 이용 가능한 공간이 형성된다.

기둥과 보, 도리 외에 가구를 구성하는 기본 부재로 대공과 동자기둥이 추가된다. 대공은 지붕 꼭대기에 위치한 도리, 즉 종宗도리를 받치기 위해 보 위에 설치하는 부재이다. 동자기둥은 위아래로 위치한 보와 보 사이에 위치하여 위에 놓인 보의 하중을 아래에 위치한 보로 전달해주는 부재이다.

● **지붕 형식과 가구 구성 부재의 배열 방향**

가구를 구성하는 부재, 특히 보와 도리의 배열 방향은 지붕 형태의 영향을 받는다. 서까래가 지붕의 경사에 맞추어 배열되기 때문이다.

지붕의 형식은 맞배와 우진각, 팔작, 그리고 모임으로 나누어진다. 그런데 맞배지붕은 서까래, 용마루, 처마, 내림마루, 지붕 경사면 등 지붕을 구성하는 모든 요소들이 하나의 방향으로만 배열된다. 반면에

지붕의 기본 유형 | 왼쪽부터 맞배, 우진각, 팔작, 모임지붕

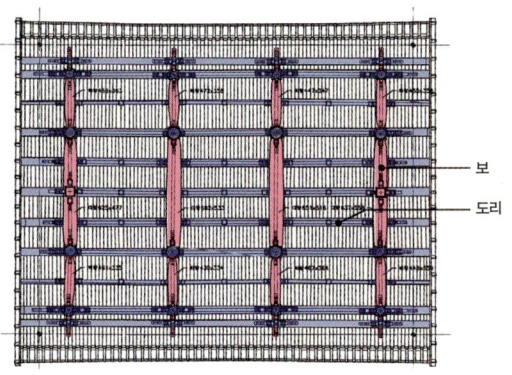
모든 부재가 하나의 방향으로 배열된 맞배지붕

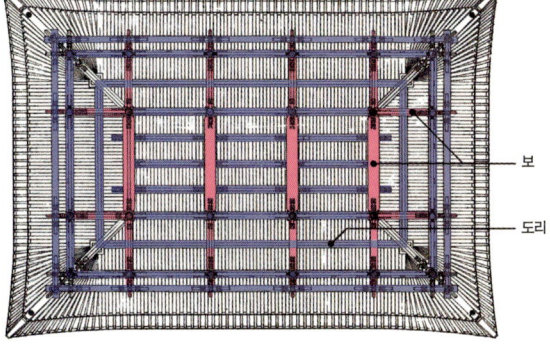
모든 부재가 두 방향으로 배열된 팔작지붕

우진각이나 팔작, 모임지붕에서는 두 방향, 또는 그 이상의 방향으로 배열된다. 이러한 방향성의 특성에 따라 지붕은 일방향성만 지니는 맞배지붕과 양방향성을 지니는 우진각, 팔작, 모임지붕으로 구분할 수 있다.

일방향성을 지닌 맞배지붕에서 서까래는 모두 한 방향, 즉 지붕 경사면과 같은 방향으로만 설치된다. 따라서 도리는 이와 직각이 되는 방향으로만 설치되며, 다시 보는 도리와 직각이 되는 방향으로만 설치된다. 일방향성을 지니는 지붕의 방향성에 따라 보와 도리도 하나의 방향으로만 배열된다. 반면에 양방향성을 지니는 우진각과 팔작, 모임지붕에서 서까래는 둘 또는 그 이상의 방향으로 경사진 지붕면에 따라 설치된다. 이에 따라 도리와 보도 둘 또는 그 이상의 방향으로 설치된다.

● **가구와 평면의 확장 방향**

평면의 확장은 가구의 구조적 확장에 의해 가능해진다. 그런데 보가 그 위에 위치한 모든 하중을 부담하는 구조 특성으로 인해 평면은 도리 방향으로의 확장*은 무한정 가능한 반면 보 방향으로의 확장은 제한을 받게 된다. 즉 기둥과 보를 이용해 만들어지는 보 방향의 삼각형 가구 틀을 도리 방향으로 배열한 위에 도리만 연속해서 올려주

● **도리 방향으로의 확장** 종묘 정전과 영녕전, 궁궐의 회랑, 주택의 행랑채 등은 도리 방향으로의 확장이 제한되지 않고 자유롭다는 것을 잘 보여준다.

도리 방향의 확장 가능성을 보여주는 예 | 경복궁 근정전 행각

는 방식으로 무한한 확장이 가능하다. 반면에 보 방향으로는 보가 지니는 재료와 역학적 기능의 한계, 그리고 경사지붕의 특성으로 인해 보 방향으로의 평면 확장에 제한을 받는다.

이러한 가구 구성의 특성으로 인해 가구의 유형을 구분함에 있어서 확장이 제한되는 보 방향의 구조는 확장이 자유로운 도리 방향의 구조에 비해 중요한 의미를 지닌다. 따라서 가구의 유형은 보 방향으로 단면을 잘랐을 때 나타나는 단면구조, 즉 종단면을 기준으로 살펴보는 것이 유용하다.

가구의 보 방향 확장

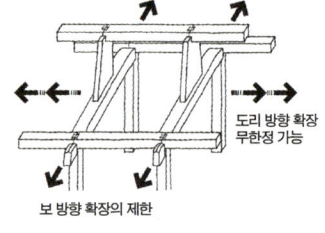

가구의 확장 방향

● **3량가**

가장 간단하게 구성된 가구는 전후의 기둥과 그 위를 건너지른 보, 삼각형 구성을 이루는 세 개의 도리와 대공으로 이루어진다. 즉 전후

3량가 | 병산서원 만대루(왼쪽)와 양동마을 관가정 안채 대청(오른쪽)

에 세운 기둥 위에 보를 건너지른 다음 보의 양쪽 끝, 기둥의 중심선 위에 도리를 올려놓고, 그 중앙에 지붕의 물매에 맞추어 다시 도리를 올려놓아 서까래를 받도록 한 구조이다. 이 가구를 도리를 세 개 사용했다는 의미에서 3량가樑架•라 부른다.

> **3량가의 구성 부재** 기둥, 대들보, 주심도리, 종도리, 대공

3량가를 구성하는 부재 중에서 앞뒤로 위치한 기둥을 '평주'라 부른다. 기둥 사이를 건너지른 보는 '대들보'•••라 부른다. 세 개의 도리 중 전후의 도리는 대칭으로 놓여 있으므로 사용된 도리를 위치에 따라 구분하면 두 가지로 나눌 수 있다. 보의 양쪽 끝에 놓이는 도리는 기둥 중심선 위에 놓이는 것이 일반적이며, 그것이 구조적으로도 유리하다. 평주 중심선상에 위치한 이 도리를 '주심도리柱心道里'라 부른다. 나머지 한 개의 도리는 전후에 경사지게 건 서까래의 높은 쪽을 받치기 위해 종단면 가구의 중앙에 높게 설치한다. 이 도리는 서까래를 받쳐주기 위한 가구를 구성하는 부재 중 가장 높은 곳에 위치하므로 '마루도리'•••라 부른다. 또한 마루도리와 대들보 사이에 마루도리를 받쳐주는 부재를 사용하는데, 이를 '대공臺工'이라 부른다.

• **량가** 량가는 량집, 량구조라고도 하는데, 3량가, 3량집, 3량구조처럼 앞에 도리의 개수를 붙여서 도리의 개수에 따라 가구의 유형을 구분하는 명칭으로 사용한다. 즉 5량가는 종단면상 도리 다섯 개를 사용한 가구, 7량가는 일곱 개를 사용한 가구를 의미한다. 한편 량樑은 보를 뜻하는 한자이지만 이때만은 도리를 의미하는데, 그 이유는 정확히 알 수 없다.

•• **대들보** 모든 보 중에서 가장 아래에 놓이는 가장 굵고 긴 보이다. 대들보는 '대량大樑' 또는 '대보大椺, 大褓'라고도 부른다.

••• **마루도리** 삼각형 단면을 이루는 가구의 가장 높은 꼭지점상에 위치한 도리이다. 마루도리는 도리라는 부재 이름 앞에 '마루'라는 접두어를 붙인 것이다. 마루는 건축용어는 물론 우리말에서 흔하게 사용되는 말로 '높다'는 뜻을 지닌다. 산마루, 고갯마루처럼 건축에서도 지붕의 용마루, 내림마루, 추녀마루와 대청마루 같은 예를 볼 수 있다. 이처럼 마루는 부재 이름 앞에 접두어로 사용된 예가 많으며, 한자로 적을 때는 '마루' 또는 '으뜸'을 뜻하는 '종宗'자를 붙인다. 따라서 마루도리는 '종도리宗道里'라고도 부른다.

● 도리를 통한 양통의 확장

3량가로는 큰 규모의 건물을 만들 수 없다. 보 방향 길이, 즉 양통의 확장에 제한이 있기 때문이다. 양통의 확장을 제한하는 요소로는 서까래 길이와 보 길이의 제한, 그리고 경사지붕의 채용을 들 수 있다.

보의 길이는 보 방향 기둥 사이의 간격, 즉 경간span과 관계된다. 목재가 지니는 재료의 한계와 구조적인 물성으로 인해 보의 길이에 한계가 있을 수밖에 없다. 하지만 실제 3량가를 보 방향으로 확장하다 보면 보에 비해서 서까래가 먼저 구조 역학적 한계에 도달한다.

서까래의 길이는 도리 사이의 간격에 따라 결정된다. 또한 서까래는 보처럼 단면이 큰 목재를 사용할 수 없다. 건물마다 차이가 있으나 상류주택에서 사용하는 서까래는 말구末口• 직경이 4~6치 내외의 것이 일반적이며, 경복궁 근정전과 같이 아무리 격이 높은 건물이라도 8치를 넘지 않는 것이 보통이다. 지나치게 굵은 것을 사용하면 서까래 사이의 간격을 맞추기도 어렵고 지붕도 쓸데없이 무거워지기 때문이다. 또 서까래의 노출된 마구리가 굵어짐으로써 건물이 둔중해 보이는 등 비례도 나빠진다. 이처럼 굵기에 제한이 있으므로 서까래는 넓은 경간을 받칠 수 없다.

3량가에서 양통을 확장시키면 보의 길이가 늘어나는 만큼 도리 사이의 간격도 넓어진다. 따라서 그만큼 길고 굵은 보와 서까래를 사용해야 한다. 이때 목재의 물성상 보는 단면이 큰 것을 사용해 필요한 길이의 부재를 확보할 수 있다. 그러나 서까래는 단면의 크기가 제한

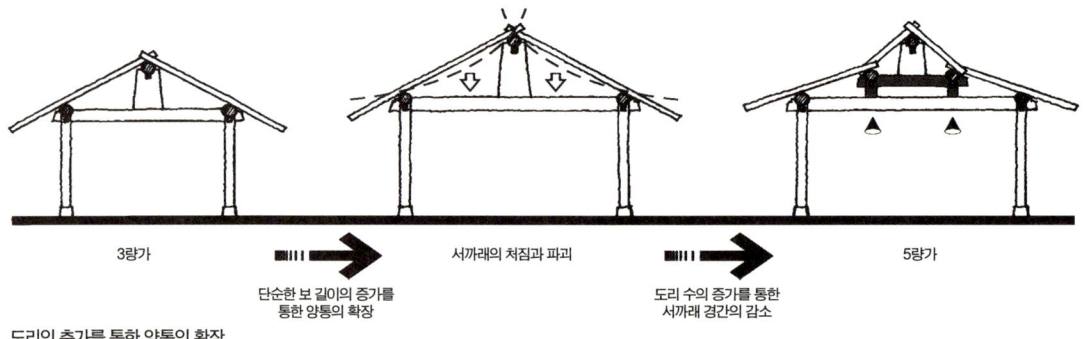

3량가 　단순한 보 길이의 증가를 통한 양통의 확장　　서까래의 처짐과 파괴　　도리 수의 증가를 통한 서까래 경간의 감소　　5량가

도리의 추가를 통한 양통의 확장

5량가 | 양동마을 무첨당

적이므로 보보다 먼저 버틸 수 있는 구조적 한계를 벗어나게 된다. 또한 양통의 길이가 늘어남에 따라 보와 종도리의 높이차는 커지며, 일정량 이상 보의 길이를 늘이게 되면 기둥에 비해 오히려 대공이 높아지게 되어 불안한 구조가 된다.

이러한 문제는 주심도리와 종도리 사이에 서까래를 받치기 위한 지점이 되는 도리를 추가함으로써 해결할 수 있다. 이렇게 중간에 추가된 도리를 '중도리中道里**'라 부른다. 앞뒤 대칭의 구조이므로 중도리 역시 앞뒤 한 개씩 두 개가 추가된다. 따라서 3량가에서 양통이 확장됨에 따라 가구는 도리를 다섯 개 사용한 5량가가 된다.

5량가에서는 중도리를 받치기 위한 보가 추가된다. 따라서 3량가의 대들보 위에 또 하나의 보가 놓이게 된다. 지붕은 삼각형 구조이므로 아래에 놓인 보는 위에 놓인 보에 비해 길다. 아래 놓인 보를 대

5량가 | 윤증고택 안채 대청

> **5량가의 구성 부재** 기둥, 대들보, 마루보, 주심도리, 종도리, 중도리, 대공, 동자기둥

- **서까래의 말구** 처마 부분으로 노출된 서까래 끝의 직경을 말구라 한다. 서까래의 굵기에서 말구가 중요한 것은 이 부분이 외부로 노출되기 때문이다.
- **중도리** 주심도리와 종도리 사이에 위치한 도리.

> **동자기둥** 건축에서는 짧다는 것을 뜻하는 것으로 '동자童子'라는 접두어를 사용한다. 보를 두 개 이상 겹쳐서 사용하는 경우 위에 놓인 보의 양쪽 끝을 받치기 위해 아래에 놓인 보 위에 세우는 짧은 기둥을 가리킨다.

> **상중도리와 하중도리 및 중중도리**
사용된 중도리가 상하 두 개인 경우 위에 위치한 것을 상중도리, 아래 위치한 것을 하중도리라 부른다. 또한 상중하 세 개의 중도리가 사용된 경우 맨 위의 것을 상중도리, 중앙의 것을 중중도리, 맨 아래의 것을 하중도리라 부른다.

들보라 부르고, 위에 놓인 보는 '종보宗栿'라 부른다. 한편 종보는 그 양쪽 끝이 허공에 떠 있게 된다. 보를 받치는 부재가 기둥이므로 마루보 양쪽 끝에 기둥을 세운다. 그 기둥은 아래까지 내려올 필요가 없고 보 위에 세우면 되기 때문에 짧다. 건축에서는 짧다는 것을 뜻하는 것으로 '동자童子'라는 접두어를 사용한다. 그래서 대들보 위에 세워서 종보를 받치는 짧은 기둥을 '동자기둥'이라 부른다.

한편 5량가 이상의 가구에서는 보와 도리가 더 추가된다. 보가 추가되어 세 개의 보가 중첩되어 있을 때 가장 아래와 가장 위에 위치한 보는 각각 대들보와 종보가 되며, 그 사이에 위치한 보는 중보中栿, 中樑가 된다. 또한 도리가 추가되어 주심도리와 종도리 사이에 두 개 이상의 도리를 사용하는 경우 맨 위에 있는 것을 상중도리上中道里, 맨 아래 있는 것을 하중도리下中道里, 중앙에 있는 것을 중중도리中中道里라 부른다.

● **내주의 사용을 통한 양통의 확장**

종단면상 도리의 수를 증가시키면 양통의 길이는 증가한다. 즉 양통 길이를 길게 하기 위해서는 량수를 5량, 7량, 9량으로 늘려나가면 된다. 그런데 양통 길이가 증가하면 전후 기둥 사이의 거리가 구조 역학적으로 하나의 보를 건너지를 수 있는 한계를 넘어서게 된다.

> **높이에 따른 내주의 형식**
① 고주 형식
- 대들보보다 높은 고주 형식
- 대들보 아랫면까지 올라간 고주 형식
- 대들보 아랫면보다 낮지만 평주보다는 높은 고주 형식
② 평주 높이로 만든 형식

7량가 정도가 되면 전후 기둥 사이의 간격이 하나의 보로는 건너지를 수 없을 정도로 넓어진다. 이때 내부에 기둥을 추가함으로써 양통의 길이를 증가시킬 수 있다. 이렇게 내부에 추가하는 기둥을 내부에 세운 기둥이라는 뜻에서 '내주內柱'라 부른다. 내주를 추가함으로써 보는 내주를 중심으로 전후 두 개의 보로 나누어 설치할 수 있으며, 그만큼 경간이 줄어들게 된다.

이처럼 7량가 이상의 가구에서는 보 길이의 한계로 인하여 내주를 첨가함으로써 양통의 길이를 증

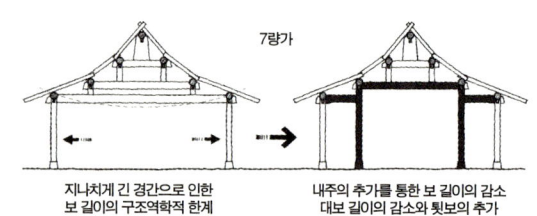

지나치게 긴 경간으로 인한 보 길이의 구조역학적 한계 / 내주의 추가를 통한 보 길이의 감소 대보 길이의 감소와 툇보의 추가

내주의 사용을 통한 가구의 확장

가시킬 수 있다. 이때 사용된 내주는 평주보다 높게 만드는 것이 일반적이다. 이처럼 높게 만든 기둥을 고주高柱라고 부르며, 내부에 위치한 고주라는 의미에서 내고주內高柱라고도 부른다. 그런데 고주는 그 높이에 따라 세 가지 유형으로 나뉜다. 첫째 대들보보다 높게 올라가도록 함으로써 중보 또는 종보를 직접 받칠 수 있도록 한 것이다. 둘째, 고주 상부가 대들보 아랫면 높이까지 이르도록 한 것이다. 마지막으로 평주보다는 높지만 대들보 아랫면보다는 낮게 만들어 고주 위에 보아지樑奉나 공포 등을 두어 대들보를 받칠 수 있도록 한 것이다.

보 길이의 한계에 따른 경간을 조절하기 위해 사용된 내주는 가구뿐 아니라 평면에도 영향을 끼친다. 즉 평면상 내주는 건물의 정면 또는 후면에 치우쳐 설치하는 것이 일반적이다. 또한 내주는 중도리 중심선에 맞추어 설치하는 것이 구조적으로 유리하다. 이러한 내주의 배열에 따라 내부공간은 주主가 되는 넓은 중심 영역과 부副가 되는 좁은 영역인 툇간으로 분할된다. 대들보 역시 내주에 의해 긴 것과 짧은 것으로 분할하여 사용할 수 있다. 이때 중심 공간의 평주와 내주 사이에 길게 걸쳐대는 보는 대들보가 되며, 툇간 위에 걸쳐대는 짧은 보는 툇보退栿, 退樑***가 된다.

내주의 사용에 따라 평면의 구성이 변화하기 때문에 구조적인 목적이 아닌 평면상의 필요에 따라 내주를 사용하기도 한다. 예를 들어 5량가에서는 구조적으로 내주를 사용할 필요가 없는 경우가 많다. 그런데도 내주를 사용한 것은 내주에 의해 내부공간을 중심이 되는 공간과 부차적인 공간으로 나누어 사용하고자 하기 위함이다.

내주는 하나만 사용하는 경우도 있으나 필요에 따라 두 개 또는 세 개를 사용할 수 있다. 이에 따라 내부공간은 물론 상부의 가구 역시

> 현존하는 건물 중 강릉 객사문처럼 내주를 고주 형식이 아닌 평주와 동일한 높이로 만든 경우도 있다. 중국 송宋나라 때 편찬된 『영조법식』에는 내주의 높이에 따라 내주를 평주와 동일한 높이로 만들고 평주와 동일한 공포를 올려놓아 보를 받치도록 한 구조를 전당형殿堂形으로 구분하고 있다. 반면에 내주를 고주 형식으로 만든 것은 청당형廳堂形으로 구분하고 있다. 한편 봉정사 극락전은 내주를 평주보다 높은 고주 형식으로 만들었으나 그 높이 차이가 주두와 살미 한 단의 높이에 불과하고 고주 위에 주두와 함께 공포를 한 단 두어 대들보를 받치도록 되어 있다. 따라서 봉정사 극락전은 『영조법식』에서 말하고 있는 전당형에 가까운 구성이라 할 수 있다. 또한 일본 나라 호우류우지의 금당과 중문, 고구려 고분벽화를 통해 추정할 수 있는 목조건축구조는 모두 전당형에 속한다. 따라서 고대 건축에서는 내주를 평주와 동일한 높이로 만드는 경우도 많았으리라고 추정된다.

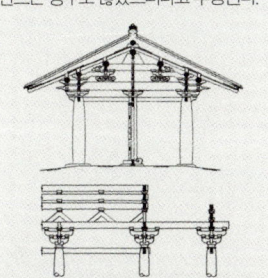

내주가 평주와 동일한 높이로 구성된 예 (위) | 강릉 객사문
내주와 평주가 동일한 높이로 만들어진 예(아래) | 쌍영총 고분벽화의 건축도를 통한 목조건축 추정

• **종보** 두 개 이상의 보가 아래위로 겹쳐 있는 경우 맨 위에 놓인 보를 말한다. 종보는 마루도리에서와 마찬가지로 가장 위에 놓이는 보라는 의미에서 '마루보'라 부르기도 하며, '종宗'자를 붙여서 '종량宗樑' 또는 '종보宗栿, 宗樑'라고도 부르기도 한다.
•• **중보** 보를 세 개 이상 중첩시킨 경우 대들보와 종보 사이에 위치한 보를 중보 또는 중량中樑이라 부른다.
••• **툇보** 내주를 사용하는 경우 대들보는 전후 두 개로 나누어지는데, 중심 공간에 길게 걸친 것은 대들보가 되며, 툇간에 짧게 걸친 것은 툇간에 설치된 보라는 의미에서 툇보 또는 퇴량退樑이라 부른다.

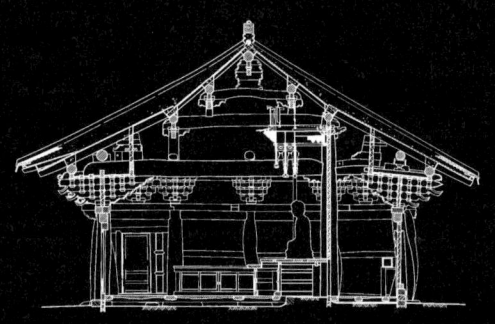
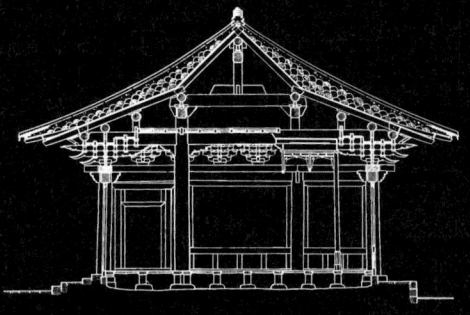

고주를 대들보보다 높게 만들어 종보를 받치도록 한 형식 | 청룡사 대웅전(왼쪽)과 창덕궁 선정전(오른쪽)

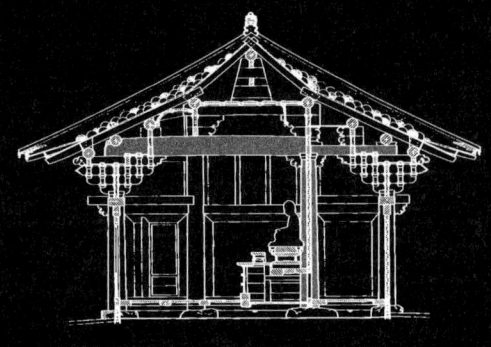
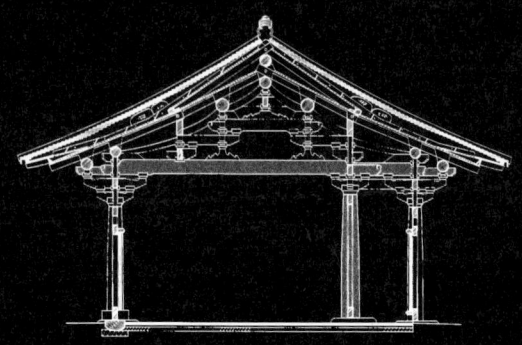

고주를 대들보 아랫면 높이로 만든 예 | 대비사 대웅전

내주를 평주보다 약간 높게 만든 예 | 봉정사 극락전

내주의 사용에 의한 내부공간의 변화

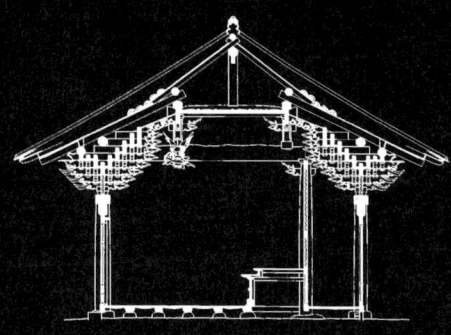
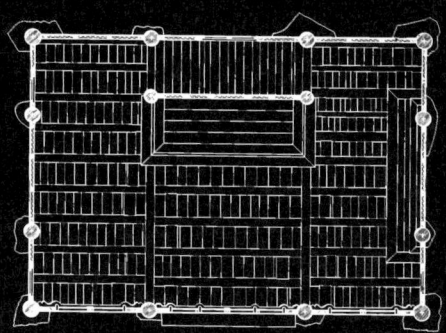

내주의 사용에 따른 툇간의 형성 | 내소사 대웅보전 평면도(왼쪽)와 종단면도(오른쪽)

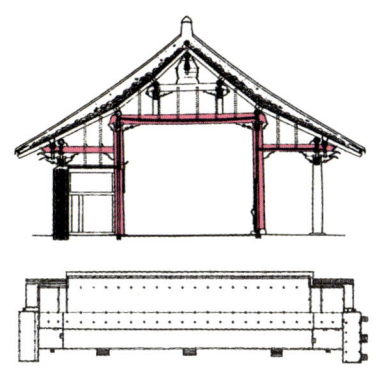
전후 두 개의 내주를 사용한 예 | 종묘 정전

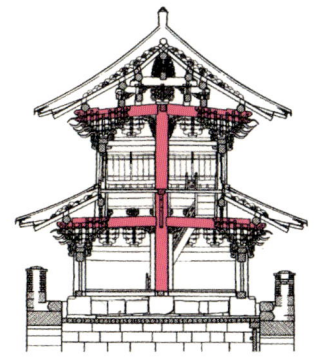
내주를 양통 중앙에 배열하고 맞보를 사용한 예 | 화성 팔달문 문루

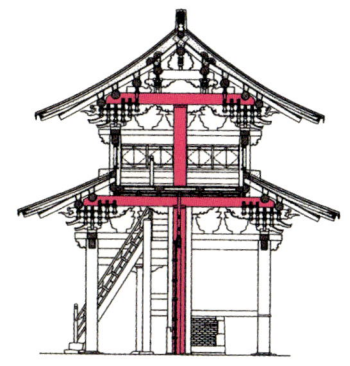
양통 중앙에 배열한 내주 위에 대들보를 건너지른 예 | 창덕궁 돈화문

바뀌게 된다. 내주를 두 개 사용하는 경우 전면과 후면에 툇간이 형성되며, 평주와 내주 사이에는 툇보가 설치된다. 또한 앞뒤에 위치한 내주 사이에는 툇보에 비해 한 단 높은 곳에 대들보가 놓이게 된다.

한편 필요에 따라서는 내주의 위치를 조절하여 배열하기도 한다. 문이나 문루는 내주를 양통 중앙에 세우는 것이 일반적이다. 평면 이용과 구조의 상관관계에 의한 필요성에서 비롯된 것이다. 이때 보는 내주를 중심으로 전후 두 개로 나누어 사용하는 경우와 내주와 관계없이 전후의 평주 사이를 건너지르는 하나의 부재로 사용하는 경우가 있다. 전자의 경우에 보는 내주를 중심으로 전후에 동일한 보가 마주보며 사용되므로 툇보와 구분하여 맞보(합보合栿)*라고 부른다.

맞보의 예 | 숭례문 문루

● **경사지붕으로 인한 양통 확장의 제한**

이론적으로는 종단면상 도리의 개수를 늘이고 내부에 기둥을 사용하여 구조를 보강함으로써 양통의 확장은 무한정 가능해진다. 그러나 실제 양통의 확장은 무한정 이루어질 수 없다. 경사지붕이 그 확장을 제한하기 때문이다.** 양통이 길어지면 지붕의 높이가 증가하는데, 양통이 지나치게 길어지면 지붕이 지나치게 커져 건물의 비례가

---

* **맞보(합보)** 내주를 양통 중앙에 위치시키고, 내주와 전후면 평주 사이에 보를 결구하면 보는 내주를 중심으로 대칭의 구성을 이루게 된다. 이때 사용하는 보를 합보 또는 맞보라 부른다. 주로 문루門樓나 문門 건축에서 볼 수 있는 모습이다.
** **양통 확장의 제한** 지붕의 높이는 양통 길이의 증가에 비례하여 높아진다. 그러나 기둥의 높이는 양통 길이의 증가와 비례하지 않는다. 예를 들어 양통 길이가 두 배가 되었다고 했을 때 지붕 높이는 최소 두 배 이상 높아지지만 기둥 높이는 그만큼 늘어날 수 없다. 특히 지붕은 건물의 높이가 높아질수록 물매가 급해야 하기 때문에 더욱 높아질 수밖에 없다. 따라서 양통은 지붕의 높이로 인해 그 확장에 제한을 받을 수밖에 없다.

양통이 가장 긴 11량가 | 경복궁 경회루

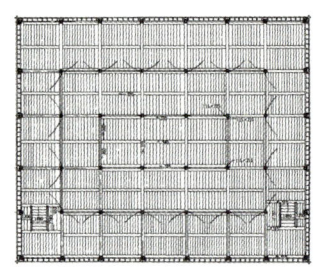

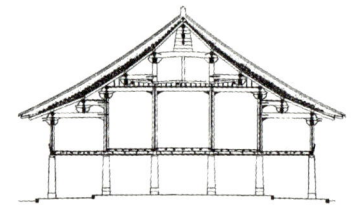

경복궁 경회루의 단면

맞지 않고 불필요한 지붕 속 공간이 지나치게 커지기 때문이다.

한편 우리나라에서는 실室이 앞뒤로 겹친 겹집 구성보다 실의 앞뒤가 모두 외기에 면한 홑집을 선호하는 경향이 있다. 물론 강원도나 함경도, 제주도 등 일부 지역에서는 추위로 인해 겹집을 만드는 경우가 많다. 그러나 겹집이라 하더라도 양통의 깊이는 그리 깊지 않은 편이며, 건물의 용도와 관계없이 홑집의 평면으로 구성하는 것이 좀 더 일반적이다.

결국 경사지붕의 채용과 홑집의 선호로 인해 한국 건축은 양통의 길이가 일정 범위 이내로 제한되는 특성을 지니게 되었다. 양통의 길이는 종단면상 사용된 도리의 수, 즉 량수와 밀접한 관계가 있는데, 현존하는 건물 중에서 양통의 길이가 가장 긴 건물은 경복궁 경회루이다. 경회루는 도리를 열한 개 사용한 11량가이며, 종단면상 네 개의 내주를 사용하였다.

그러나 경회루를 제외한 건물은 9량가 이하이며, 그나마 9량가로 구성된 건물의 수도 그리 많지 않은 편이다. 또한 내주도 통영 세병관처럼 세 개가 사용된 경우도 있으나 대부분의 건물에서는 두 개 이하로 사용되었다.

가구의 유형

한국 건축의 가구는 시대에 따라 지속적으로 변화했다. 따라서 모든 시대의 건축에 대해 하나의 기준을 적용하여 가구의 유형을 나누는 것은 매우 어렵다. 따라서 여기에서는 남아 있는 건물이 많은 조선시대, 특히 조선시대 후기 건축을 대상으로 가구 유형을 구분하고, 다른 시대의 건축에 대해서는 조선시대 건축의 가구 유형 구분을 바탕으로 뒤에서 다시 살펴보도록 한다.

> **가구 유형의 구분 기준**
> : 보 방향 단면 구조에 의함
> 량수: 도리의 수
> 내주의 수
> 중첩된 보의 수
> 툇간의 유무

한국 목조건축의 평면은 도리 방향으로의 확장은 동일한 구성을 한 보 방향 가구의 반복을 통해 무한정 가능하다. 반면에 보 방향으로의 확장은 보의 길이와 경사지붕의 채용, 공간에 대한 선호도 등에 따라 제한을 받는다. 따라서 무한정 확장이 가능한 도리 방향을 기준으로 가구의 유형을 구분하는 것은 큰 의미가 없다. 반면에 보 방향의 가구는 양통 길이의 확장과 밀접한 관계를 지니고 있으며, 그에 따라 가구의 구성에 명확한 차이를 나타낸다. 따라서 가구의 유형은 보 방향 가구를 대상으로 하는 것이 의미가 있다.

보 방향 가구의 구성은 양통의 길이 확장에 따라 사용된 도리의 개수, 내주의 유무와 개수 및 위치, 중첩된 보의 수, 가구를 구성하는 부재 등에 차이가 있다. 이러한 차이는 곧 가구의 유형을 구분하는 기준이 된다.

> **량수에 따른 가구의 유형**
> 3량가: 최소 규모의 가구
> 4량가: 변형된 형식
> 5량가: 가장 일반적인 가구 형식
> 7량가: 비교적 큰 건물에 일반적인 가구 형식
> 9량가: 대규모 건축의 가구
> 11량가: 현존 최대 규모의 가구

● **도리의 개수**

종단면상 사용된 도리의 개수(량수樑數)는 가구의 유형을 구분하는 가장 기본적인 기준이다. 인접한 도리 사이의 간격은 서까래가 받칠 수 있는 구조의 한계에 따라 일정한 범위를 벗어나지 않는다. 따라서 사용된 도리의 개수는 양통의 길이와 비례관계를 지닌다. 즉 도리의 개수가 많을수록 양통은 길어진다. 결국 도리의 개수는 양통의 길이까지 포함하는 가구의 유형을 구분하는 기준이 된다.

사용된 도리의 수를 기준으로 가구는 '□량가' 또는 '□량집', '□량구조'라는 방식으로 구분한다. 현존하는 건물에 사용된 도리의 개수는 최소 세 개에서 최대 열한 개이다. 또한 종단면 가구는 전후가 대칭이므로 사용된 도리의 수는 홀수가 되는 것이 일반적이다. 따라서 도리의 수를 기준으로 한 가구의 유형은 3량가, 5량가, 7량가, 9량가, 11량가 등으로 구분한다. 이 밖에 변형된 형식으로 4량가가 있다.

3량가는 가장 간단한 가구 유형으로 양통의 길이가 짧기 때문에 부차적인 용도의 소규모 건물에 사용되었다. 5량가는 가장 일반적으로 사용된 가구 유형으로 한국 건축의 대부분은 이 유형에 속한다. 7량가 이상이 되면 큰 규모의 건물에 속하며, 내주를 사용하는 것이 일반적이다.

● **출목도리와 량수**

출목도리出目道里*는 공포가 사용된 건물**에 사용하는 도리이다. 공포는 비교적 격식 있는 건물에 사용하는 것으로 양팔저울과 같이 하중

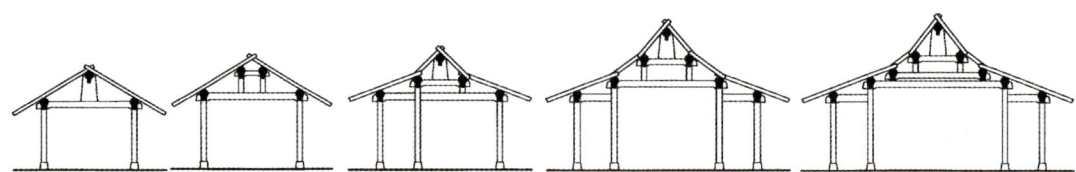

량수에 따른 가구의 유형 | 왼쪽부터 3량가, 4량가, 5량가, 7량가, 9량가

의 균형을 이루도록 하는 구조를 통해 처마를 많이 뽑을 수 있고 건물의 높이를 높여주는 기능을 한다. 출목도리는 이 공포에 의지해 주심柱心에서 건물 안팎으로 돌출한 곳에 놓이는 도리로 바깥쪽의 것을 '외목도리外目道里', 안쪽의 것을 '내목도리內目道里'라 부른다.

공포 위에는 주심도리와 내·외목도리를 포함하는 세 개의 도리가 사용된다. 그러나 공포의 유형이나 필요에 따라 내목도리나 주심도리를 생략한 경우도 있다. 이처럼 하나의 공포 위에 사용하는 도리의 수에 차이가 있으므로 공포 위에 사용된 도리의 수를 가구의 량수에 포함시키면 똑같은 규모와 가구를 지닌 건물도 서로 량수가 달라질 수 있다. 또 공포의 유무에 따라서도 동일한 규모와 가구를 지닌 건물의 량수가 달라진다. 따라서 출목도리를 량수에 포함시키는 것은 합리적이라고 할 수 없다.

구조적인 측면에서 하나의 공포 위에 올려놓은 도리는 그 수에 관계없이 한 덩어리의 구조로 이해할 필요가 있다. 즉 하나의 공포 위에 놓이는 모든 도리를 하나의 단위로 세야 한다. 구조적으로 같은 공포 위에 놓인 주심도리와 출목도리가 지붕을 받치는 하나의 덩어리로서 기능을 하기 때문이다. 또한 공포의 유무나 형식에 관계없이 동일한 규모와 구조를 지닌 건물을 서로 다른 가구 유형으로 부르게 되는 불합리함을 막을 수 있기 때문이다. 이때 량수만으로는 설명할 수 없는 공포의 유무와 형식, 그리고 주심도리와 내목도리의 생략 여부 등은 공포의 형식에서 표현하면 된다.

• **출목도리** 공포는 보 방향 단면상 역삼각형 구조를 이루며, 살미를 한 단 올릴 때마다 안팎으로 한 단씩 돌출한 구조를 이룬다. 이처럼 주심을 기준으로 안팎으로 돌출한 것을 출목出目이라 부른다. 또한 공포의 가장 바깥 출목선상에는 도리를 사용하는데, 이 도리를 출목도리라 부른다. 출목도리 중에서 건물 안쪽에 위치한 것을 '내출목內出目도리', 바깥에 위치한 것을 '외출목外出目도리'라 부른다. 일반적으로는 이를 줄여서 각각 내목도리와 외목도리라 부른다.

•• **공포가 있는 건물에서의 량수 산정** 하나의 공포 위에 있는 도리, 즉 주심도리와 내목도리, 외목도리는 하나의 지점을 형성한다. 따라서 량수를 계산할 때에는 비록 세 개의 도리가 사용되었다고 하더라도 도리가 한 개 사용된 것으로 계산한다.

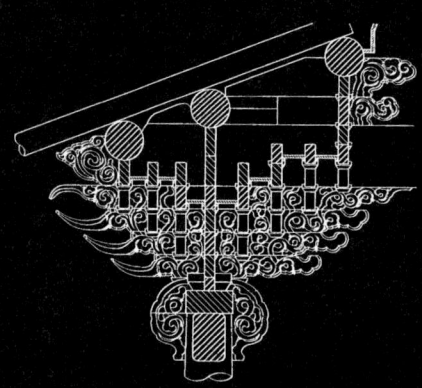

주심과 내목, 외목도리를 사용한 다포식 공포 | 경복궁 근정전 1층 주심포

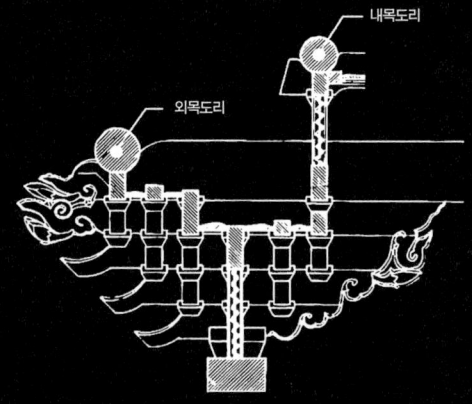

주심도리를 생략한 다포식 공포 | 송광사 영산전

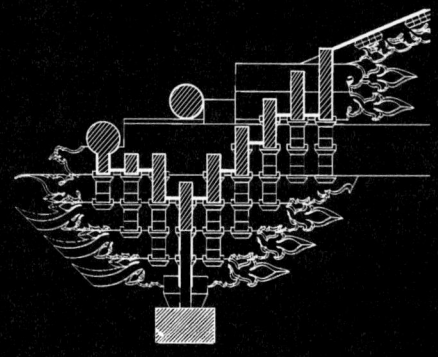

내목도리를 생략한 다포식 공포 | 부안 내소사 대웅보전

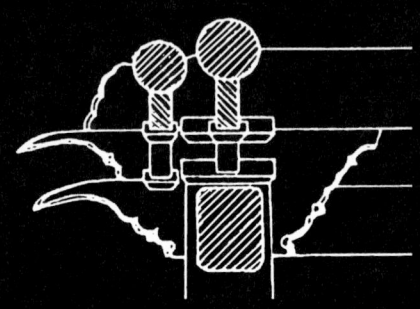

내목도리가 없는 것이 일반적인 주심포식 공포 | 화성 화서문

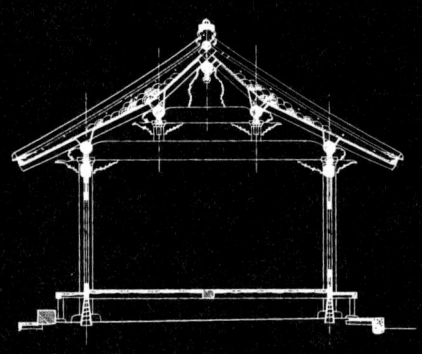

출목도리가 없는 익공식 5량가 | 강릉 해운정

내목도리가 없는 주심포식 5량가 | 봉정사 화엄강당

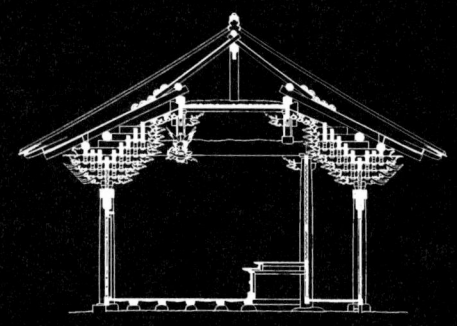

내목도리를 생략한 다포식 5량가 | 내소사 대웅보전

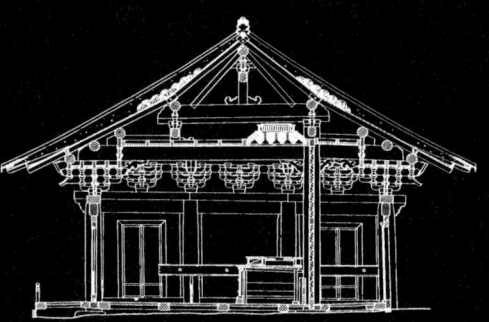

주심, 외목, 출목도리가 있는 다포식 5량가 | 봉정사 대웅전

● 내고주의 유무와 개수

내고주*의 사용 여부와 개수도 가구 유형을 구분하는 중요한 기준이 된다. 내고주의 사용 여부에 따라 동일한 량수의 가구도 그 구조가 달라지기 때문이다. 또한 내고주의 유무와 사용 위치 및 개수에 따라 내부공간의 성격도 달라진다.

내고주의 유무와 사용 개수에 따라 가구는 내고주를 사용하지 않은 '무고주無高柱' 형식, 한 개만 사용한 '1고주' 형식, 두 개를 사용한 '2고주' 형식 등으로 나누어진다. 이 밖에도 내고주를 세 개 사용한 '3고주' 형식과 '4고주' 형식 등이 있다. 현존하는 건물 중에서 경복궁 경회루는 보 방향 단면상 가장 많은 내고주를 사용한 예로 모두 네 개의 내고주를 사용하였다. 또한 통영 세병관은 내고주를 세 개 사용한 예이다. 그러나 이외에는 4고주 또는 3고주 형식의 건물은 거의 없으며, 무고주나 1고주, 2고주 형식이 가장 일반적으로 사용되었다.

도리의 개수와 고주의 유무 및 개수는 가구의 유형을 구분하는 가장 기본적인 기준이다. 따라서 가구의 유형은 기본적으로 이 두 기준의 결합에 의해 구분된다. 즉 '□고주□량가'**라는 방식으로 가구 유형을 구분하는 가장 기본적인 표현 방법이다.

3량가는 특별한 경우가 아니면 내고주를 사용하지 않으므로 고주의 유무와 개수에 관계없이 모두 '3량가'가 된다. 5량가는 필요에 따라 무고주, 1고주, 2고주 형식의 것이 모두 사용된다. 7량가는 한 개 혹은 두 개의 고주를 사용하는 것이 일반적인데, 2고주 형식이 가장 많이 사용되었다. 9량가와 11량가는 두 개 또는 네 개 정도의 고주를 사용하지만 그 사례는 많지 않다.

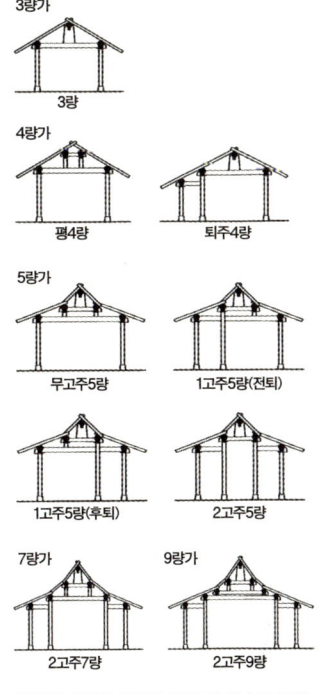

도리의 개수와 고주의 유무 및 개수에 따른 가구의 유형 구분

● **내고주 용어 사용 문제** 가구의 형식을 구분할 때는 관용적으로 '고주高柱'라는 용어를 사용하고 있다. 현존하는 건물은 대부분 내주를 고주 형식으로 사용하기 때문이다. 그러나 고주라는 용어를 사용하면 내주의 형식까지 규정하게 되므로 좀 더 포괄적인 의미에서 고주보다 '내주內柱'라는 용어를 사용하는 것이 정확하다. 그러나 여기에서는 혼란을 피하기 위해 현재 사용하고 있는 용어를 따르도록 한다.

●● **□고주□량가** 도리 개수와 고주의 유무와 개수에 따른 가구 유형.

3량가	4량가	5량가	7량가	9량가	11량가
3량	평4량, 퇴주4량	무고주5량, 1고주5량, 2고주5량	1고주7량, 2고주7량	2고주9량, 3고주9량	4고주11량

단일량 구조(3량가) | 경희궁 자정전 회랑

이중량 구조(무고주5량, 위)
| 병산서원 강당

삼중량 구조(3고주9량가, 아래)
| 통영 세병관

● **중첩된 보의 수**

중첩된 보의 개수도 가구를 구분하는 기준이 된다. 이때 중첩된 보의 개수는 수평적으로 펼쳐진 보의 수가 아니라 수평으로 투영했을 때 겹치는 보의 개수를 말한다. 이처럼 중첩된 보의 개수에 따라 가구는 중첩된 보가 한 개인 것을 '단일량單一樑', 두 개인 것을 '이중량二重樑', 세 개인 것을 '삼중량三重樑' 구조라 부른다. 일반적으로는 아무리 규모가 큰 건물이라고 하더라도 중첩된 보의 개수는 세 개가 한계이며, 네 개 이상 겹쳐 사용하는 예는 없다.

기본적으로 3량가는 단일량 구조이다. 5량가 중에서 무고주5량가와 1고주5량가는 이중량 구조인 반면에 2고주5량가는 단일량 구조이다. 7량가는 2고주 형식이 일반적이므로 대부분 이중량 구조가 되지만 1고주7량가에서는 삼중량이 되기도 한다. 9량가 이상의 구조는 그 사례가 많지 않은데, 이중량 또는 삼중량이 일반적이다.

일반적으로 중첩된 보의 개수는 양통의 길이가 길고 량수가 많을수록 많아진다. 그러나 양통의 길이와 량수가 같은 경우에도 고주의 사용 여부 및 위치에 따라 중첩된 보의 개수에 차이가 있다. 따라서 중첩된 보의 개수는 건물의 가구 형식을 충분히 반영하는 기준이라 할 수 없으며, 가구의 형식을 보충해서 설명하는 방법으로 사용된다.

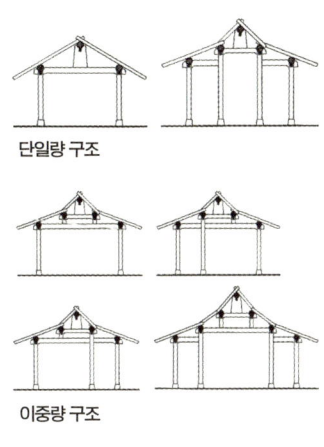

단일량 구조

이중량 구조

● 가구와 평면의 관계

가구방식은 평면과 유기적인 관계를 지닌다. 특히 가구를 구성하는 최하부 구조인 기둥은 평면의 구성과 직접적인 관련이 있다. 따라서 가구의 유형, 특히 내주의 유무와 수량은 평면의 개념으로도 설명할 수 있다.

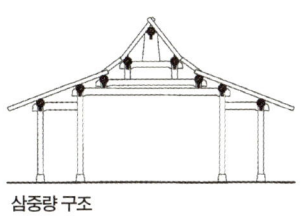

삼중량 구조

내주가 사용되지 않은 구조는 평면상 내부에 기둥이 없다. 내부공간이 막힘없이 하나로 트여 있는 '통간通間'의 구성이 된다. 전면 또는 후면에 하나의 내주를 사용한 1내주 또는 1고주 형식은 툇간을 만들게 된다. 따라서 평면상 퇴가 형성되는 위치에 따라 '전퇴前退' 혹은 '후퇴後退' 구조가 된다. 2내주 또는 2고주 형식은 전후에 툇간이 있는 '전·후퇴' 구조가 된다.

● 평사량과 퇴주사량

앞서 설명한 기본적인 가구 유형 외에도 가구법을 응용한 다양한 가구 유형이 있다. 이에 속하는 가구 유형의 예로 평사량平四樑과 퇴주사량退柱四樑을 들 수 있다.

평사량은 3량가로 만들기에는 양통이 길고 5량가로 만들기에는 양통이 짧은 경우에 5량가에서 종도리를 생략해 만든 가구이다. 퇴주사량은 3량가의 전면이나 후면에 툇간을 덧달아 만든 구조이다. 이처럼 변형된 가구인 평사량과 퇴주사량은 조선시대의 일반 민가에 많이 사용되었던 가구법으로 지금도 농촌지역에서 많이 볼 수 있다.

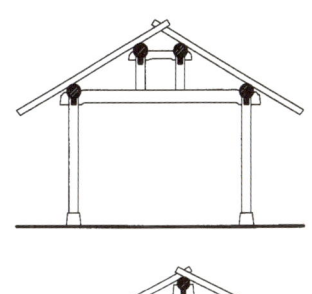

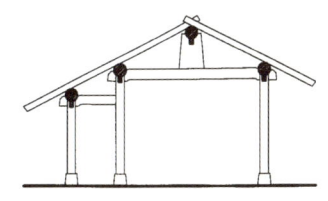

평사량(위)과 퇴주사량(아래)

03

변작법

지붕의
안정된 구조를
만드는 변작법

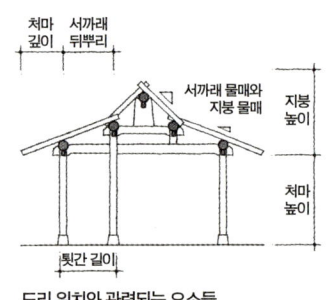

도리 위치와 관련되는 요소들

도리의 위치는 서까래의 경사를 결정하고, 서까래는 지붕의 물매를 결정한다. 따라서 도리의 위치는 지붕의 물매를 고려해 결정된다. 또한 주심도리와 종도리 또는 주심도리와 중도리 사이의 수평거리는 처마내밀기와 밀접한 관련이 있다. 처마는 장연長椽*이 주심도리에서 외부로 돌출해서 형성되는 부분으로 양팔저울과 같이 주심도리를 중심으로 한 힘의 균형에 의해 유지된다. 즉 서까래가 주심도리 밖으로 돌출한 거리인 처마 깊이는 서까래의 뒤쪽 길이인 주심도리에서 중도리(혹은 종도리) 사이의 거리보다 작아야 안정된 구조를 이루게 된다. 또한 주심도리와 중도리 사이의 수평거리는 툇간의 폭을 결정하며 그 수평거리와 수직거리의 비比는 처마내밀기**와 함께 처마선의 높이를 결정한다. 처마선의 높이는 지붕에 의해 가려지는 축부軸部의 높이를 결정함으로써 건물 전체의 입면에 영향을 끼치게 된다.

도리의 위치는 이러한 여러 가지 관계를 고려하여 결정된다. 도리의 위치는 수평과 수직 위치로 나누어지는데, 우선 양통의 길이와 서까래의 길이, 처마 깊이에 따른 구조적 안정성 등을 고려하여 수평위치를 결정한 후 서까래 물매에 맞추어 수직위치를 결정한다. 여기에서

도리의 수직위치는 지붕과 서까래의 물매에 의해 결정되는 것이므로 적절한 도리의 수평위치를 잡는 것이 무엇보다 중요하다.

도리, 특히 중도리의 수평위치를 잡는 것을 '변작법變作法'이라 부른다. 그런데 주심도리와 종도리의 수평위치는 평면에 따라 자동적으로 결정된다. 따라서 변작법은 5량가를 기준으로 중도리의 수평위치를 정하는 것을 의미한다.

변작법은 크게 사분변작四分變作과 삼분변작三分變作***으로 구분된다. 사분변작은 전후 주심도리 사이의 간격을 사등분하여 앞쪽에서 각각 1/4과 3/4 되는 지점을 중도리의 수평위치로 정하는 것을 말한다. 반면에 삼분변작은 전후 주심도리의 간격을 삼등분하여 1/3과 2/3 되는 곳을 중도리의 수평위치로 정하는 것이다.

변작법에서 구조적으로 중요하게 고려할 점은 처마내밀기이다. 주심도리와 중도리 사이의 수평거리는 처마를 이루는 장연의 뒤쪽 길이를 의미한다. 따라서 처마를 안정된 구조로 만들기 위해서 처마내밀기는 주심도리와 중도리 사이의 거리를 넘어설 수 없다. 또한 툇간이 있는 건물에서 중도리는 고주의 중심선에 맞춰 설치하는 것이 일반적이다. 따라서 중도리의 수평위치는 툇간의 폭과 밀접한 관련이 있다.

양통의 규모가 같은 경우 사분변작에 비해 삼분변작으로 할 때 중도리의 위치가 종도리 쪽으로 치우치게 된다. 즉 삼분변작이 사분변작에 비해 주심도리와 중도리 사이의 수평거리가 길다. 양통의 길이가 충분히 긴 건물에서는 사분변작이나 삼분변작에 관계없이 주심도리와 중도리 사이의 거리를 충분하게 확보할 수 있다. 그러나 양통의 길이가 짧은 건물에서 사분변작을 하면 주심도리와 중도리 사이의 거리를 필요한 처마내밀기만큼 확보하기 어렵다. 따라서 규모가 작은 건물에서는 삼분변작으로 하는 것이 처마내밀기에 유리하다.

> 도리의 수평위치, 특히 주심도리와 중도리 사이의 수평거리와 관련되는 요소들
- 처마내밀기
- 툇간의 폭
- 처마선의 높이
- 서까래의 길이

> 도리의 수직위치와 관련되는 요소들
- 지붕의 물매
- 서까래의 물매
- 처마의 높이

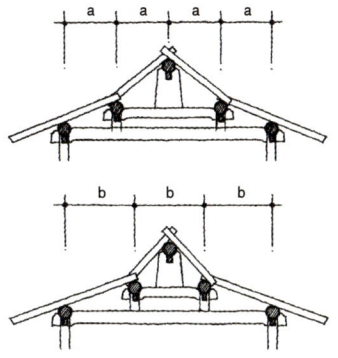

사분변작(위)과 삼분변작(아래) 개념도

• **장연** 보 방향 단면상 사용되는 여러 개의 서까래 중 처마 쪽에 위치한 가장 긴 서까래.
•• **처마내밀기** 주심도리에서 처마 끝(평고대)까지의 수평거리를 말하며, 처마 깊이라고도 한다.
••• **사분변작과 삼분변작** 건물 앞뒤 주심도리를 사등분한 곳에 중도리를 위치시키는 변작법을 사분변작이라고 하며, 삼분변작은 건물 앞뒤 주심도리를 삼등분한 곳에 중도리를 위치시키는 변작법을 가리킨다.

> 처마 끝 건물의 축부를 지나치게 가려 외관이 답답해 보이는 것을 막기 위해 장연은 물매를 약하게 설치하여 처마 끝 부분이 위로 올라가도록 설치한다. 이러한 특성으로 인하여 장연을 다른 말로 '들연' 또는 '첨연檐椽'이라 부르기도 한다.

실제 건물에서 정확한 삼분변작이나 사분변작이 적용된 예는 많지 않다. 그러나 대부분의 건물에서 중도리의 위치는 삼분변작과 사분변작 사이에 위치한다. 즉 중도리의 수평위치는 삼분변작과 사분변작의 범위에서 가구와 평면을 함께 고려하여 결정하는 것이다.

중도리의 수평위치를 결정한 후에는 도리의 수직위치를 결정한다. 우선 지붕의 물매에 따라 주심도리를 기준으로 한 종도리의 높이를 결정한다. 주심도리와 종도리 사이의 경사도가 최종적으로 지붕의 물매를 결정하기 때문이다.

중도리의 수직위치는 주심도리와 종도리를 연결한 선보다 아래에 위치하도록 결정한다. 이때 중요하게 고려할 점이 처마를 이루는 서까래의 물매이다. 처마 끝은 주심도리와 중도리를 잇는 연장선 위에 위치한다. 그래서 중도리의 수직위치가 너무 높으면 처마 끝이 지나치게 아래로 처지게 된다. 처마가 건물의 축부 상부를 많이 가리게 되므로 건물은 답답해 보인다. 주심도리와 종도리를 연결한 선상에 중도리를 놓게 되면 처마 부분 서까래의 경사가 심해져서 이러한 현상이 발생한다. 따라서 중도리의 높이는 서까래를 걸었을 때 그 끝이 건물을 가리는 정도를 고려해 끝을 적당히 들어올릴 수 있도록 설정한다. 이렇게 하면 서까래 물매를 완만하게 할 수 있기 때문에 구조적으로 서까래가 바깥쪽으로 밀려 내려가려는 것을 방지할 수도 있다.

7량가와 9량가는 량수만 늘어날 뿐 기본적으로는 5량가의 변작법에 준하여 중도리의 위치를 결정하게 된다. 이때도 처마와 관계가 있는 장연 길이가 구조적으로 고려해야 할 가장 중요한 대상이 된다.

여러 층으로 쌓아올린 건물의 형태

04
중층 건물의 가구

중층重層 건물은 2층 이상으로 여러 층이 중첩된 건물을 말한다. 역사적으로 많은 중층 건물이 존재하였겠지만 현존하는 중층 건물은 그 수가 많지 않으며 층수도 2층이 대부분이다.

중층 건물의 가구방법은 상층 기둥을 올려놓는 방식에 따라 크게 두 가지 유형으로 구분된다. 하나는 1층의 내고주를 2층의 평주로 사용하는 방식이다. 즉 1층 내부에 위치한 고주를 연장하여 2층에서는 외부로 노출된 평주로 삼는 방식이다. 무량사 극락전과 마곡사 대웅보전을 대표적인 예로 들 수 있다. 또 하나의 유형은 하층의 툇보 위에 상층의 기둥을 올려놓는 방식이다. 즉 화엄사 각황전에서 볼 수 있는 것처럼 1층의 평주와 내고주 사이에 놓인 툇보 위에 상층의 평주를 세우는 방식이다.

이 밖에 법주사 팔상전(5층)과 금산사 미륵전(3층)과 같이 하나의 건물에서 두 가지 구조 방식을 혼합해서 사용한 경우도 있다. 또한 건물 중앙의 고주와 전후의 평주 사이에 맞보를 걸고 맞보 위에 상층의 평주를 세우는 방식도

무량사 극락전 전경

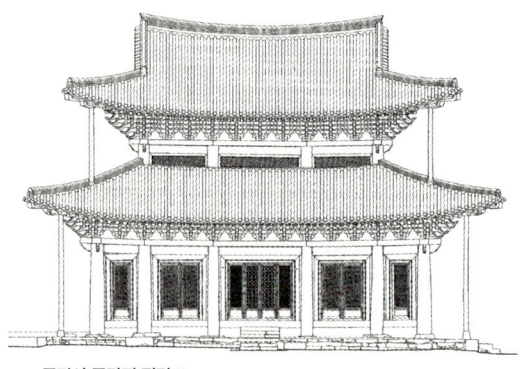
무량사 극락전 정면도

하층 내고주를 상층 평주로 삼은 중층 구조 | 무량사 극락전

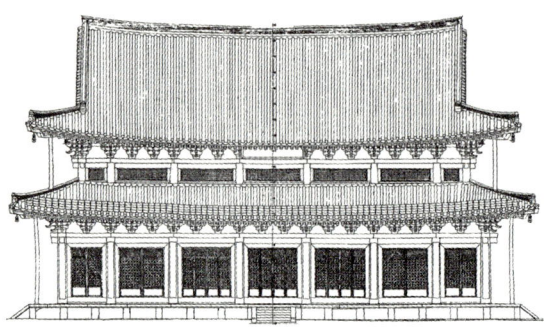
화엄사 각황전 정면도

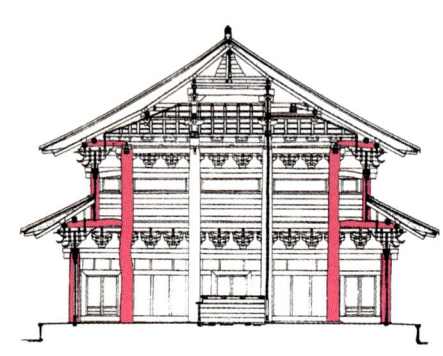
하층 툇보 위에 상층 평주를 올린 중층 구조 | 화엄사 각황전

화엄사 각황전 전경

있다. 성문의 문루 등에서 일반적으로 사용된 방식으로 서울의 남대문과 동대문, 창경궁의 홍화문, 수원 화성의 팔달문 등을 그 예로 들 수 있다. 그러나 이 방식은 기본적으로 하층 툇보 위에 상층 기둥을 세운 것과 동일한 방식에 속한다.

중층 건물은 채용한 구조방식에 따라 건물의 외관과 내부공간의 구성에 차이가 있다. 하층의 내고주를 상층의 평주로 삼는 경우에 상층 평면의 체감 정도는 하층의 툇간 크기에 의해 자동으로 결정된다. 즉 하층 툇간의 크기만큼 상층의 평면이 자동적으로 줄어들게 되어 체감율이 커지게 된다. 반면에 상층 기둥을 하층의 툇보 위에 올려놓는 구조에서는 상층 기둥의 위치를 하층의 툇간 범위 안에서 자유롭게 조절할 수 있다. 따라서 상층 평면의 체감율을 하층의 퇴칸 범위

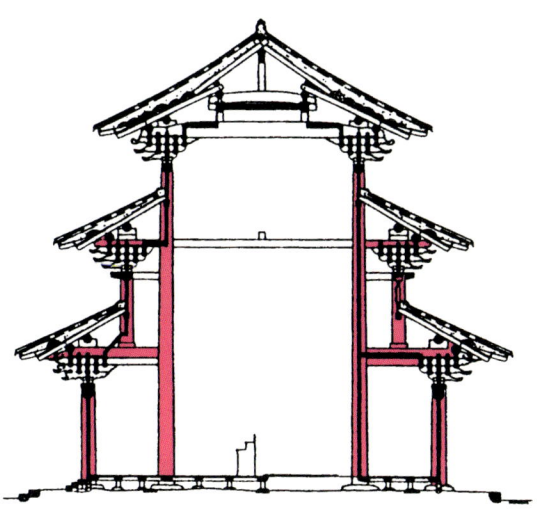
두 가지 중층 구조법을 혼합한 구조 | 금산사 미륵전

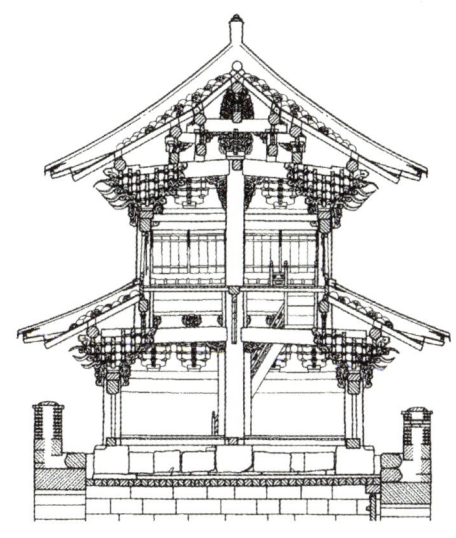
맞보 위에 상층 평주를 세운 중층 구조 | 수원 화성 팔달문

에서 조절할 수 있을 뿐 아니라 체감율도 작게 나타난다.

한편 목탑은 넓은 의미에서 중층 건물에 속한다. 그러나 상층의 기둥을 하층 기둥의 중심선상에 올려놓아야 한다는 점에서 기존 중층 건물과는 구조방식에 차이가 있다. 물론 상층 기둥의 중심선을 하층 기둥의 중심선보다 안쪽에 위치시킬 수 있으나 상층 기둥은 하층 기둥의 단면 크기 범위를 벗어나지 않도록 해야 한다. 상층 기둥이 하층 기둥의 단면 크기를 벗어나게 되는 경우 보가 상층 기둥의 하중을 받아야 하는데, 목탑은 그 상부에 중첩된 층수가 많기 때문에 보에 너무 많은 하중이 걸려 구조적으로 취약해질 수 있다. 따라서 목탑은 중층 건물과 달리 상층 평면의 크기는 기둥의 굵기와 함께 안쏠림 정도에 의해 자동으로 결정되며, 그만큼 평면의 체감율은 작아질 수밖에 없다.

> **현존하는 중층 건물의 사례**
> 2층: 경복궁 근정전과 근정문, 창덕궁 인정전과 돈화문, 덕수궁 석어당, 숭례문, 흥인지문, 화성 팔달문, 마곡사 대웅보전, 무량사 극락보전, 화엄사 각황전 등
> 3층: 금산사 미륵전, 쌍봉사 대웅전(1985년 중건) 등
> 5층: 법주사 팔상전

현존하는 목탑으로는 법주사 팔상전과 쌍봉사 대웅전을 들 수 있다. 법주사 팔상전은 5층의 목탑이지만 상층으로 올

금산사 미륵전 전경

법주사 팔상전

화순 쌍봉사 대웅전

> 삼국시대에서 고려시대에 이르기까지 많은 목탑이 조영되었다. 그중에서 가장 대표적인 목탑으로는 황룡사터에 있었던 9층 목탑을 들 수 있다. 황룡사 9층 목탑은 평면이 사방 7칸으로 『삼국유사』의 기록에 의하면 이 탑의 높이는 총 225척이었다.[5]

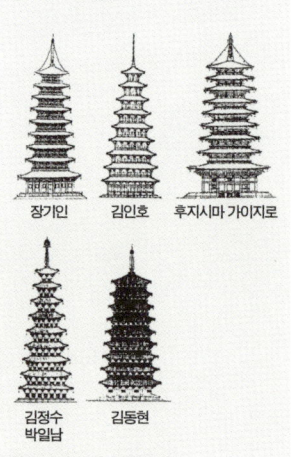
황룡사지 목탑 추정복원도

라가면서 평면의 크기가 급격히 줄어든다는 점에서 일반적인 목탑 형식에서 벗어나 있다. 반면에 쌍봉사 대웅전은 체감율 측면에서 목탑 형식을 갖춘 유일한 건물이다. 그러나 현재의 건물은 1985년에 화재로 소실되었던 것을 중건한 것이다.

구조와 미적 기능을 달리하는 세분화된 가구부재

05
가구 구성 부재들

가구를 구성하는 부재에는 기둥과 보, 도리, 대공과 동자기둥 등의 기본 부재 외에 창방과 평방, 장혀, 화반, 소슬합장 등이 있다. 또한 기본 부재에 속하는 부재들도 건축의 상황에 따라 좀 더 세분화된 다양한 형태로 사용된다. 또한 시대에 따라서도 그 구성과 세부형태, 보와 도리의 구조적 역할, 그리고 부재의 다양성 등에 차이가 있다.

여러 유형의 보

● 충량

측면 평주에서 대량에 직각으로 걸쳐 댄 보를 충량衝樑, 衝栿이라 한다. 도리칸과 보칸이 2칸 이상으로 된 팔작이나 우진각 지붕의 건물에서는 측면 평주 위에도 보를 사용해야 한다. 이때 내부에 이 보를 받칠 수 있는 기둥이 있는 경우에는 보가 평주와 내주 사이를 연결하게 되므로 툇보가 된다.

그러나 내부에 보를 받칠 수 있는 기둥이 생략되어 있거나 이주법

충량 | 개암사 대웅보전

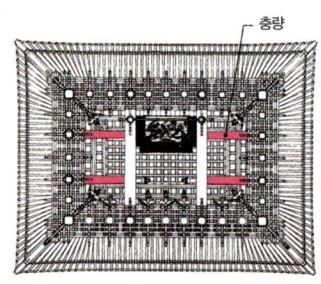

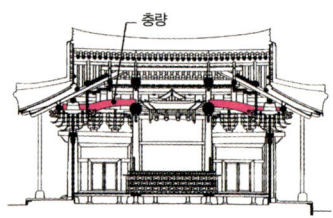

충량 | 개암사 대웅보전

移柱法*을 사용한 경우에는 내부에 기둥이 없으므로 보의 내부 쪽 끝을 대들보 위에 걸쳐야 한다. 따라서 이 보를 툇보와 구분하여 충량이라 부른다.

충량은 한쪽은 평주 위에 놓이며, 다른 한쪽은 대량 위에 놓인다. 따라서 충량의 양쪽 끝은 대량 높이만큼 높이 차이가 생기며, 그 높이를 맞추기 위해 휜 부재를 사용하게 된다. 한편 충량은 그 중앙부가 측면의 중도리, 즉 외기도리를 받쳐주는 역할을 하게 된다.**

충량의 사용은 그 내부 쪽 끝을 받칠 수 있는 기둥이 없는 것을 전제로 한다. 따라서 충량을 사용한 건물은 감주법이나 이주법이 사용된 건물이다. 감주법과 이주법은 이미 경주 불국사 대웅전과 비로전에서 사용되었다. 그러나 현존하는 대웅전과 비로전은 각각 조선 영조13(1737)년과 1973년에 중건되었으므로 신라 때 충량이 사용되었는지 여부는 알 수 없다. 고려 말의 건축인 심원사 보광전과 조선 초기의 건물인 봉정사 대웅전은 감주법과 이주법을 사용하고 있는데도

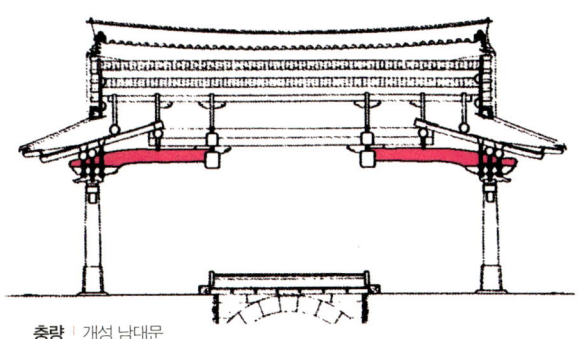
충량 | 개성 남대문

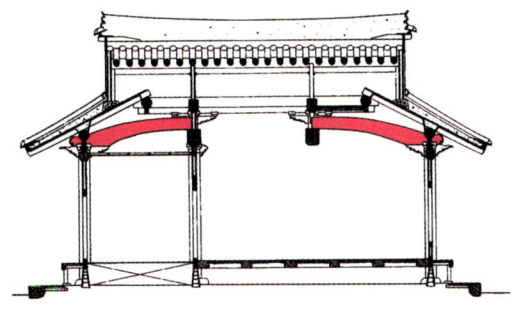
충량 | 강릉 해운정

충량을 사용하지 않았다. 반면에 같은 조선 초기의 건물인 개성 남대문은 도리통 3칸, 양통 2칸의 다포식 팔작지붕 건물로 내주를 사용하지 않고 측면의 평주에서 대량 위로 충량을 걸었다.

이러한 사실로 미루어볼 때 충량은 조선 초기에 들어와서 사용되기 시작하였던 것으로 보인다. 이후 강릉 해운정을 비롯하여 오죽헌과 은해사 백흥암 극락전을 비롯한 16세기 건물과 이후 시기의 충량을 사용할 수 있는 조건이 갖추어진 건물에서는 모두 충량이 사용되고 있다. 따라서 적어도 16세기에는 충량의 사용이 보편화되었다고 볼 수 있다.

충량 | 통영 세병관

맞보

문루와 문은 종단면상 내부 중앙에 내주를 세우는 것이 일반적이다. 이때 내주를 고주 형식으로 세우게 되면, 앞뒤의 평주에서 내고주 사이에 전후 대칭으로 보를 걸게 되는데, 이 보를 맞보라 부른다. 맞보는 퇴량과 비슷한 구조를 지니지만 내주를 중앙에 두고 앞뒤로 맞대

> 17세기경에는 충량과 퇴량을 구분하지 않고 모두 충량이라 불렀으며, 19세기 중엽 이후에 들어와 오늘날과 같은 개념으로 충량과 퇴량을 구분해서 불렀던 것으로 추정된다.[6]

- **감주법과 이주법** 감주법減柱法은 내주를 생략하는 것을 말하며, 이주법은 내주를 외주外柱의 기둥 중심선에서 벗어난 곳으로 이동시켜 세우는 것을 말한다. 감주법과 이주법이라는 용어는 중국 건축 용어를 빌려온 것이다.
- **충량이 외기도리를 받치지 않는 경우** 사례가 많지는 않지만 화엄사 대웅전처럼 충량이 외기도리를 받치지 않은 경우도 있다.

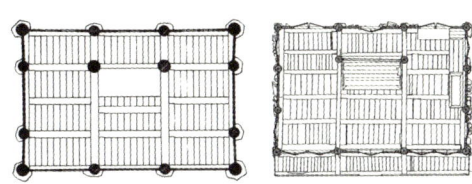
전면의 내주를 생략한 예(왼쪽) | 심원사 보광전
전면의 내주를 생략하고 후면의 내주를 뒤쪽으로 후퇴시킨 예(오른쪽) | 봉정사 대웅전

맞보의 예 | 숭례문

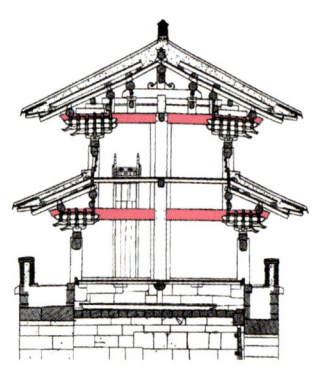

맞보의 예 | 숭례문

> 중층 건물로 하층의 툇보 위에 상층의 평주를 세웠지만 경복궁 근정전처럼 귓보를 사용하지 않고 상층 우주를 1층에 별도로 세운 경우도 있다.

어 설치한다는 점에서 퇴량과 구분하여 맞보(합량合楸, 合樑, 合樑)라 부른다.

● 귓보

기둥의 배열이 내진주와 외진주의 이중, 또는 그 이상으로 구성되는 경우 외진우주와 내진우주 사이를 연결하는 보를 사용하는 경우가 있는데, 이 보를 귓보耳樑라 부른다.

귓보는 건물 모서리 부분에 45도 방향으로 설치되며, 건물 모서리 부분의 결속력을 강화하는 역할을 한다. 귓보는 평면상 내외 이중으로 기둥이 배열되어 건물 모서리가 방형으로 구성된 팔작이나 우진각 지붕의 건물에 사용된다. 따라서 내외진 평면을 이룬 건물이 많았던 고려시대와 그 이전의 건물에서는 귓보의 사용이 상당히 보편적이었을 가능성이 높다. 한편 아래층 툇보 위에 위층 평주를 세우는 중층 건물의 구조에서 상층의 귓기둥을 세우기 위해서는 그것을 받칠 수 있는 귓보의 사용이 필수적이다.

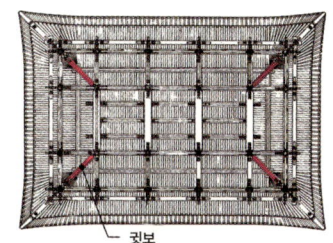

● **우미량**

우미량牛尾樑은 충량처럼 보의 양쪽 끝 지점의 높이 차이로 인해 심하게 휜 형태로 사용한 보를 말한다.

귓보(위) | 부석사 무량수전
귓보(아래) | 금산사 미륵전

한편 우미량*을 수덕사 대웅전과 강릉 객사문, 고산사 대웅전 등 일부 건물에서만 볼 수 있는 것처럼 높이가 서로 다른 인접한 도리 사이를 연결하면서 그 아래를 받쳐주는 기능을 하는 곡선형의 부재를 가리키는 용어로 사용하는 경우도 있다. 그러나 수덕사 대웅전에 사용된 인접 도리를 연결하는 곡선형의 부재는 보의 개념으로 보기 어려운 점이 있으며, 곡선형으로 되어 있다는 차이가 있을 뿐 구조적인 기능에 있어서는 뒤에 설명할 초방草枋과 유사하다. 따라서 이 부재는 우미량이 아닌 '홍예초방虹霓草枋'[7]이라 부르는 것이 타당하다. 또한 관룡사 약사전에는 휜 형태를 지닌 여러 개의 보가 사용되고 있다. 이 역시 우미량이라 부르기도 하지만 보와 홍예초방의 기능이 혼합된 변형된 부재로 보는 것이 타당하다.

● **보의 입면과 단면 형태**

보의 입면과 단면 형태는 시대에 따라 변화해왔다. 격이 떨어지는 건물이나 보가 천장 속에 가려 보이지 않는 경우는 문제가 되지 않겠지만 그렇지 않은 경우 보는 외부로 노출되므로 건물을 꾸미는 중요한 의장 요소가 된다.

조선시대 전기, 적어도 고려시대까지의 건축에서 보는 미적인 효과를 고려하여 입면과 단면 형태를 완벽한 형태로 마감하였다. 반면에

● **우미량** 수덕사 대웅전이나 강릉 객사문에 사용된 곡선형 부재를 우미량이라 지칭한 것은 스기야마杉山信三가 쓴 『高麗末朝鮮初の木造建築に關する硏究』를 번역한 『고려말조선초의 목조건축에 관한 연구』(신영훈 옮김, 1963)에서 비롯된 것으로 보인다. 스기야마는 수덕사 대웅전을 설명하면서 인접한 도리를 연결하는 곡선형의 부재를 '曲り肘木'이라 표현하고 있는데, 번역서에서는 이에 대해 '우미량'이라는 주석을 달고 있다.

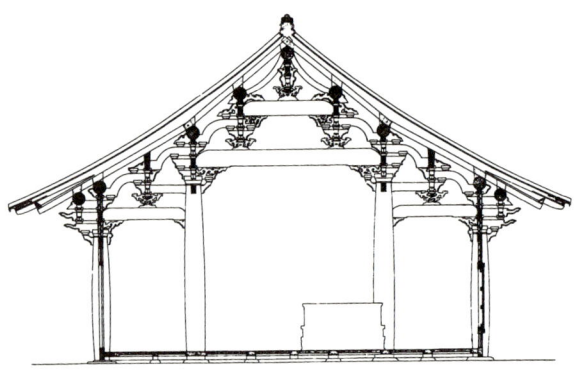
홍예초방의 예 | 수덕사 대웅전

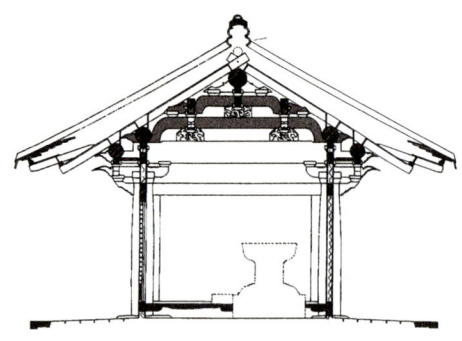
곡선형으로 된 특수한 형태의 보와 홍예초방 | 관룡사 약사전

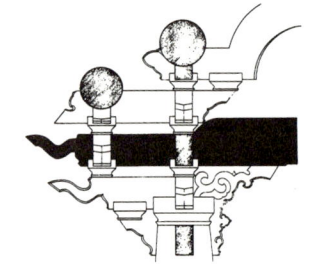
공포 부재와의 결구를 원활하게 하기 위해 보의 단면을 줄인 예 | 수덕사 대웅전

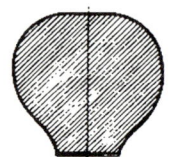  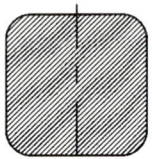 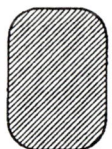
보의 단면 | 왼쪽부터 봉정사 극락전, 수덕사 대웅전, 개심사 대웅보전, 경복궁 근정전

자연목의 휜 모습을 그대로 활용한 보 | 병산서원 만대루

조선시대 후기의 건축에서 보는 이전 시기의 건축에 비하여 마감 형태에 미적 완결성이 약화되었다. 이러한 변화는 보뿐 아니라 기둥과 같은 가구부재에서도 동일하게 나타나는 시대적 변화상이다.

고려시대의 보는 단면을 항아리형으로 만든 경우가 많다. 이것을 일명 '항아리보'라고도 부른다. 항아리보의 아랫부분은 그 단면 폭을 수장폭*으로 좁혀 만든다. 이와 함께 보모가지로부터 보머리에 이르는 부분까지는 부재의 단면 크기를 살미나 첨차, 장혀와 동일하게 만든다. 이것은 공포 부재와의 결구를 원활하게 하기 위한 것이다.

이와 달리 조선시대로 들어오면서 보의 단면 형태는 장방형으로 변화하였다. 아울러 장방형 단면의 모서리는 둥글게 모접기 하는 것이 일반적이었다. 한편 조선시대 후기의 건축에서는 휜 부재를 사용하는 경우가 많아지면서 보의 단면 역시 부정형으로 만드는 경우가 많아졌다.

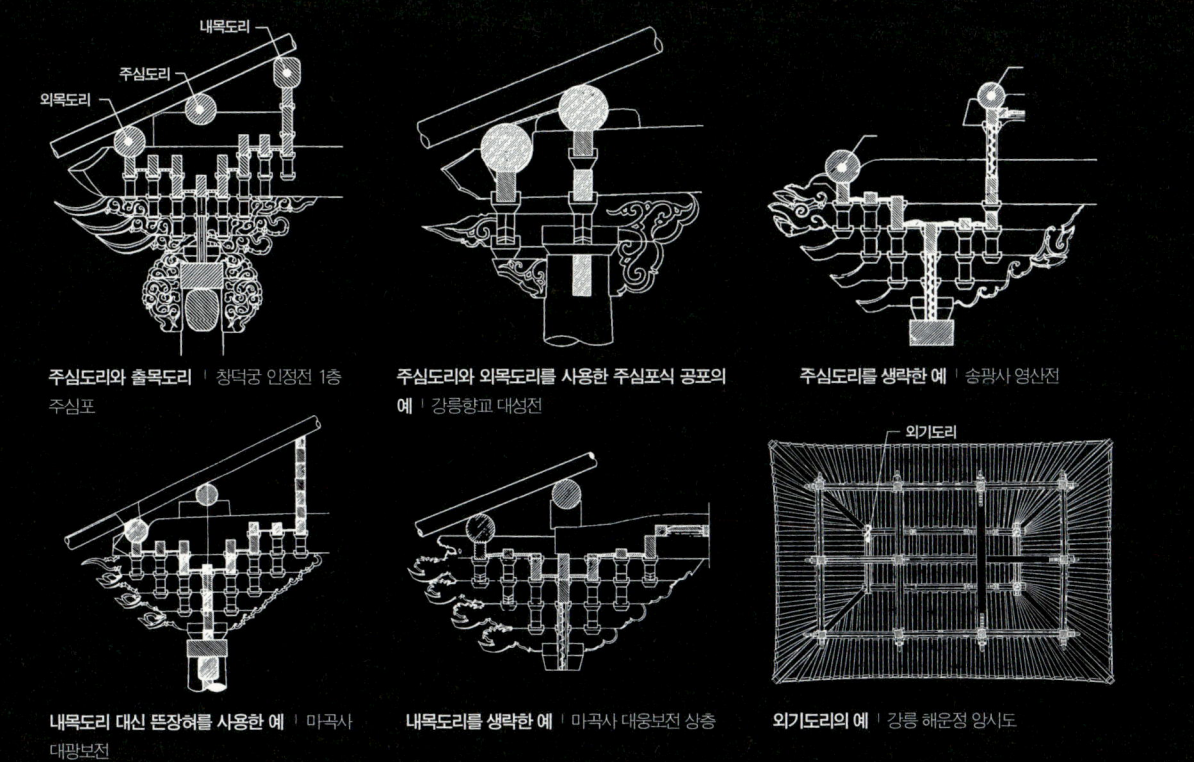

출목도리와 외기도리

공포를 사용한 건물에서 출목을 이룬 부분에 사용하는 도리를 출목出目도리라 부른다. 출목도리는 주심도리와 함께 하나의 공포 위에 설치되는데, 출목의 위치에 따라 외출목外出目도리와 내출목內出目도리로 구분한다. 외출목도리와 내출목도리는 이를 각각 줄여서 외목도리와 내목도리로 부른다. 이 중에서 외목도리는 서까래의 하중을 지지하는 지점을 건물 바깥쪽으로 옮김으로써 처마를 더 많이 돌줄시킬 수 있도록 하는 기능을 지닌다.

공포 위에는 주심도리와 내목 및 외목도리 등 모두 세 개의 도리를 사용할 수 있으며, 현존하는 다포식 건물에서는 일반적으로 이들 세 개의 도리를 모두 사용하였다. 그러나 경우에 따라서는 주심도리나 내목도리를 생략한 경우가 있다. 현존하는 주심포식 건물에서는 내

● **수장폭** 하나의 건물에서 인방과 벽선, 주선, 문선을 비롯한 수장재는 물론 살미와 첨차, 장혀 등의 부재들은 단면 폭을 동일하게 만든다. 이렇게 동일하게 만든 단면 폭을 '수장폭'이라 부른다.

> 출목도리를 사용하면 종단면 가구상 도리의 개수가 증가하므로 출목도리의 포함 여부에 따라 가구의 량수에 차이가 생긴다. 즉 내목도리와 외목도리를 모두 사용한 건물에서는 공포가 없는 건물에 비해 동일한 규모라 할지라도 종단면상 사용된 도리의 수가 네 개 많아져 량수는 그만큼 커지게 된다. 그런데 가구의 량수는 그 건물의 양통 길이를 반영한다. 또한 같은 규모와 같은 출목수를 지닌 공포를 사용한 건물에서도 주심도리 또는 내목도리를 생략하는 경우가 있다. 따라서 출목도리를 량수에 포함시키게 되면 양통의 길이를 반영하는 량수가 지니는 의미가 없어지게 된다. 또한 하나의 공포 위에 있는 주심도리와 출목도리는 하나의 통합된 구조로서 서까래의 하중을 받게 된다. 따라서 량수의 산정에 있어서 주심도리와 출목도리는 하나의 지점으로 파악해야 한다. 즉 네 개의 출목도리가 사용되었다고 하더라도 주심도리와 중도리, 종도리만 사용한 건물이라면 주심과 출목도리를 한 개로 보아 전체는 5량가로 보는 것이 타당하다.

출목의 유무에 관계없이 내목도리를 사용하지 않고 주심과 외목도리만 사용하고 있다. 다포식 건물에서는 주심도리를 생략하고 출목도리만 사용하거나 내목도리를 생략한 경우, 그리고 내목도리를 대신해 뜬장혀를 사용한 경우가 있다. 이처럼 공포 위에 사용하는 도리의 수는 공포 형식과 건물에 따라 차이가 있다. 그러나 공포가 있는 건물에서 외목도리를 생략한 예는 찾아볼 수 없다. 이는 공포가 처마를 많이 돌출시킬 수 있는 기능을 지니고 있으며, 그 기능에 있어서 외목도리가 가장 중요하다는 점을 보여준다.

외기도리는 양통 2칸의 팔작지붕이나 우진각지붕에서 측면의 지붕을 받치기 위해 사용한 중도리 중에서 충량 위에 저울대 모양으로 올라탄 도리이다.[8] 외기도리는 그 중앙부가 충량 또는 충량 위에 설치한 동자기둥 위에 놓이며, 양쪽 끝은 종단면상의 중도리와 왕찌짜임*으로 결구된다.

단면형에 따른 도리의 유형

도리의 단면형은 시대에 따라 차이가 있으므로 시대에 따라 살펴볼 필요가 있다. 조선시대 후기의 건축에 사용된 도리는 그 단면형에 따라 원형 단면의 '굴도리'와 방형 단면의 '납도리'로 구분된다. 엄밀히 말해서 납도리는 장방형 단면의 것도 있으나 방형에 가까운 장방형 단면을 지닌 것이 대부분이다.

굴도리와 납도리는 건물의 격식과 공포 형식에 따라 구분하여 사용했다. 굴도리는 아래에 도리를 받치기 위한 장혀를 함께 사용하는 것이 일반적이며, 굴도리식을 포함하여 익공식, 포식 건축에서 사용되었다. 반면에 납도리는 아래에 장혀를 사용하지 않고 단독으로 사용되며, 특별한 경우가 아니면 익공식이나 포식 건축에는 사용되지 않

도리의 왕찌짜임

굴도리의 예 | 운현궁 노안당

납도리의 예 | 수원 항미정

았고 납도리식 건물에서만 사용되었다. 단, 천장 속에 가려져 보이지 않는 경우에는 의장적 배려를 할 필요가 없으므로 굴도리와 납도리, 혹은 팔각형 단면 등 단면 형태에 크게 구애받지 않고 도리를 사용하기도 했다.

굴도리와 납도리를 사용한 건물의 구조와 격식의 차이로 인해 공포나 익공을 사용하지 않은 민도리식 건물을 사용된 도리의 단면형에 따라 '굴도리식'과 '납도리식'으로 구분하기도 한다. 굴도리식은 도리 아래에 장혀가 사용되는 만큼 아래에 장혀를 사용하지 않는 납도리식에 비하여 건물의 격이 높다.

조선시대 후기 건축과 달리 그 이전 시기 건축은 도리의 사용 방법에 차이가 있다. 고대 건축에서는 장방형 단면의 도리가 많이 사용되었다. 우리나라에는 현존하는 건물이 없지만 삼국시대 건축의 영향을 받아 만들어진 일본 나라奈郞 호오류우지法隆寺 중문과 회랑, 금당, 오중탑 등에 사용된 도리는 모두 장방형 단면을 이루고 있다. 이처럼 장방형 단면의 도리를 사용한 것은 도리를 보 방향의 부재와 결구하기 쉽도록 하기 위한 것으로 보인다. 즉 도리를 보 방향의 부재와 동일한 단면 폭을 지니는 장방형 단면으로 만들면 보 방향의 부재와 반턱맞춤으로 손쉽게 결구할 수 있다.

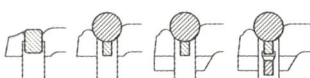
민도리식 구조 | 왼쪽으로부터 납도리식, 굴도리식, 보아지를 사용한 굴도리식, 굴도리식 소로수장집

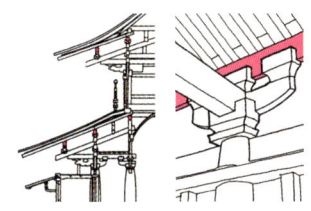
장방형 단면의 도리 | 일본 나라 호오류우지 금당과 남회랑

> 조선시대 후기에 속하는 건물 중에서도 다포식 건물의 내목도리 위치에 장방형 단면의 부재를 사용한 예가 있다. 그러나 이 경우는 도리를 생략한 대신 장혀를 사용한 것으로 볼 수 있다.

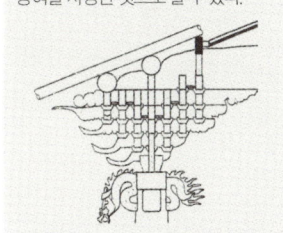
내목도리를 대신하여 장혀를 사용한 예 | 여수 흥국사 대웅전

● **왕찌짜임** 서로 직각으로 만나는 굴도리를 결구할 때에는 기본적으로 반턱맞춤의 결구방법을 사용하지만 부재의 단면이 원형인 만큼 그 반턱맞춤의 방법이 복잡하고 정교하게 이루어지는데, 이를 왕찌짜임이라 부른다.

외목도리와 하중도리를 장방형 단면으로 사용한 예 | 고산사 대광명전

장연 뒷뿌리를 받치는 중도리를 장방형 단면으로 사용한 예 | 봉정사 극락전

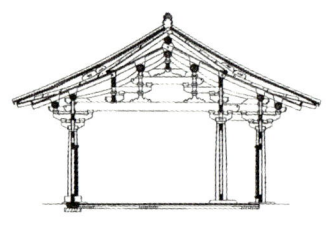
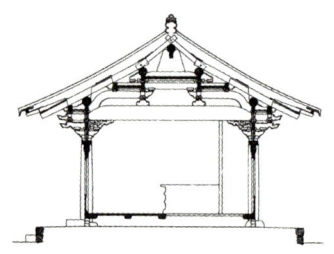
외목도리와 하중도리를 장방형 단면으로 사용한 예(위) | 봉정사 극락전
장연 뒷뿌리를 받치는 중도리를 장방형 단면으로 사용한 예(아래) | 고산사 대광명전

장방형 단면의 도리는 현존하는 고려시대와 조선시대 초기 건물에서도 볼 수 있다. 물론 이 시기의 도리는 원형 단면이 주류를 이룬다. 그러나 봉정사 극락전과 수덕사 대웅전, 관룡사 약사전, 고산사 대광명전 등의 건물에서 일부 도리를 장방형 또는 긴 역사다리꼴의 단면으로 만들어 사용하고 있다. 이러한 사례들은 장방형 단면의 도리가 점차 원형 단면의 도리로 변화해가는 과정의 마지막 단계를 보여준다고 볼 수 있다.

따라서 고려시대와 조선시대 전기에 사용한 장방형 단면의 도리는 조선시대 후기의 납도리와는 다른 것으로 구분해서 이해할 필요가 있다. 한편 조선시대에 들어와서 장방형 단면의 도리가 거의 사용되지 않게 된 것은 숭어턱 결구와 같은 결구법이 발달한 것과 밀접한 관계가 있는 것으로 보인다.

대공

대공臺工, 大工은 종량 위에 세워서 종도리를 받쳐주는 역할을 하는 부재이다. 대공은 하나의 부재로 만들어지기도 하고 여러 부재의 조합

 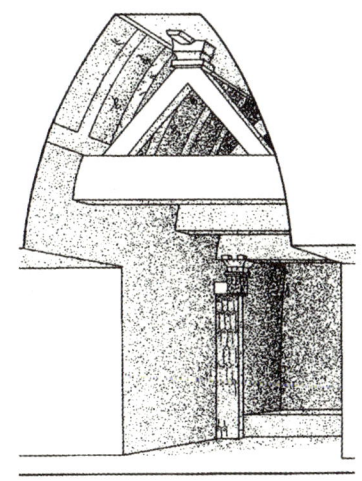

인자대공의 예 ｜ 천왕지신총 전실의 돌구조(왼쪽)와 안악3호분의 벽화(오른쪽)

으로 이루어지기도 하는 등 시대와 건물에 따라 다양한 형식의 것이 사용되었다.[9]

대공은 그 형태나 구성 형식에 따라 인자人字대공(소슬대공), 포包대공, 화반花盤대공, 파련波蓮대공, 앙련仰蓮대공, 접시대공, 판대공, 키대공, 동자대공 등 다양한 유형으로 구분된다.[10] 그러나 실제 대공은 여러 부재의 조합으로 이루어진 경우가 많으며, 그 구성과 형태도 다양하여 특정한 유형으로 구분하기 어려운 경우가 많다.

대공의 형식으로 가장 오래된 유형 중에 하나가 인자대공이다. 인자대공은 종량 위에 人자형으로 경사지게 세워 종도리를 받도록 한 대공으로 '소슬(솟을)대공'이라고도 부른다. 현존하는 건축에서 인자대공을 사용한 예는 확인할 수 없으나 천왕지신총을 비롯하여 안악3호분 벽화 등 고구려의 무덤 구조나 벽화에서 그 존재를 확인할 수 있다. 또한 일본 나라 호오류우지의 회랑에서 천왕지신총 전실의 식조 구조와 동일한 구조와 형식으로 된 인자대공을 볼 수 있다.

부석사 무량수전에는 대공에 인자형의 부재가 사용되고 있다. 부석사 무량수전은 종보 위에 여러 단으로 중첩시켜 만든 부분이 종도리의 하중을 받는 실질적인 대공의 역할을 하며, 인자형 부재는 그 대공의 중간에 위치한 뜬장혀 양쪽을 잡아줌으로써 불안정한 구조의

인자대공의 예 ｜ 일본 나라 호오류우지 남회랑

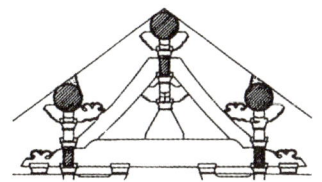

인자형 부재를 사용한 대공 ｜ 부석사 무량수전

형태적으로는 화반대공에 유사하지만 기둥형의 부재와 그 옆의 보강재로 만들어진 대공 | 도산서원 강당

화반대공으로 구분할 수 있는 예 | 봉정사 극락전

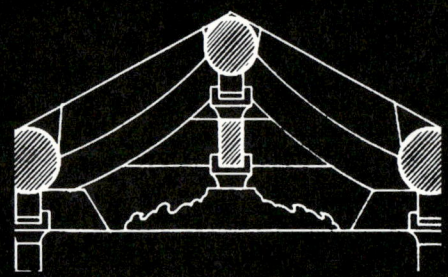
형태적으로는 화반대공에 유사하지만 기둥형의 부재와 그 옆의 보강재로 만들어진 대공 | 도산서원 강당

포대공의 예 | 성불사 응진전(왼쪽)과 수덕사 대웅전 (오른쪽)

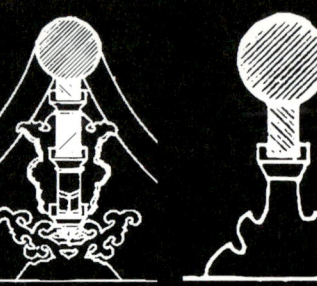
화반대공 | 송광사 하사당

대공을 보강해주는 역할을 하고 있다. 이러한 인자형 부재는 고구려 건축의 인자대공이 점차 수직으로 구성된 대공으로 대체되면서 그 구조를 보강하기 위해 대공을 구성하는 부재의 일부로 변화된 것으로 추정되고 있다.[11]

현존하는 고려시대의 주심포식 건축에서는 포대공과 화반대공으로 구분할 수 있는 대공이 많이 사용되었다. 종보 위에 공포를 구성하듯이 보 방향과 도리 방향의 부재를 十자형으로 결구하여 여러 단으로 짜 올려 만든 대공을 포대공이라 부른다. 화반대공은 화반 형태의 부재를 사용한 대공이다. 그러나 이 두 형식의 대공은 명확히 구분되지 않는 경우가 많다.

파련대공과 양련대공은 판자 형식의 부재에 파련 또는 양련을 초

파련대공 | 양동마을 무첨당

초각이 약화된 파련대공 | 안동 소호헌의 대공

주두와 화반형의 부재를 사용한 대공 | 도갑사 해탈문

판대공 | 윤증고택 안채 대청

각한 대공을 말한다. 그러나 이 형식의 대공은 화려한 초각을 했지만 판자 형식의 부재를 사용하고 있다는 점에서 넓은 의미의 판대공에 속한다고 할 수 있다. 또한 형태적으로는 화반대공과 비슷하다. 이 형식의 대공은 고려 말에서 조선 초기에 걸쳐 출현하였던 것으로 보이며, 조선시대 전반에 걸쳐 많이 사용되었다.

주두 형식의 부재를 두어 종도리를 받도록 한 것을 접시대공이라 부른다. 그러나 주두만을 두어 대공을 구성한 경우는 거의 없고, 도갑사 해탈문에서 볼 수 있는 것처럼 주두 위에 보 방향과 도리 방향으로 또 다른 부재를 중첩시켜 종도리를 받도록 하는 것이 대부분이다.

이처럼 고려시대에서 조선 초기에 이르는 건축에서는 여러 부재의 조합에 의해 다양한 형식으로 만들어진 대공이 사용되었다. 그러나 조선시대에 들어와서는 대공의 형식이 점차 단순해진다. 또한 대공과 도리의 결구 방식에 있어서도 대공이 종도리를 감싸 종도리가 옆으로

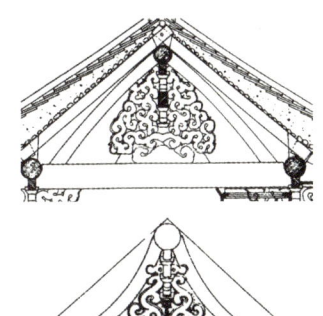
파련대공의 예 | 개심사 대웅보전(위)과 무위사 극락전(아래)

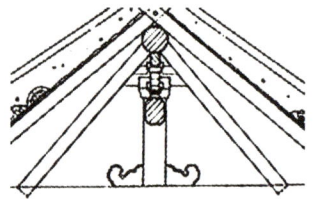

조선 전기의 동자대공 | 봉정사 대웅전

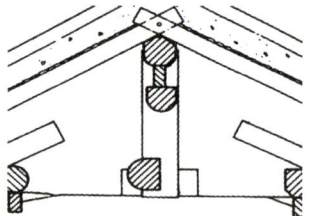

조선 후기의 동자대공 | 불갑사 대웅전

동자대공 | 의성김씨대종택 안채 대청

구르는 것을 막아주는 구조로 변화한다. 이러한 대공 구조의 변화에 따라 고려시대 건축에서 일반적으로 사용되었던 소슬합장은 조선시대 후기에는 거의 사용되지 않게 된다.

조선시대 건축에서는 하나 또는 여러 개의 판자를 겹쳐서 판형으로 만든 대공, 즉 판대공이 가장 일반적으로 사용되었다.[12] 판대공은 다양한 형태로 만들어지며, 그 형태에 따라 제형梯形판대공, 파련대공, 앙련대공 등으로 세분할 수 있다. 그러나 이외에도 원형이나 (장)방형 등 다양한 형태의 것이 사용되었다. 판대공에 초각을 한 파련대공과 앙련대공은 조선시대 전반에 걸쳐 사용되었으나 조선시대 후기로 가면서 판대공의 테두리에만 초각을 하는 등 초각이 점차 약해지는 경향으로 변하였다. 특히 조선시대 후기에는 판대공을 단순히 사다리꼴로 만든 제형판대공이 가장 일반적으로 사용되었다.

짧은 기둥 형식으로 만든 대공을 동자대공이라 한다. 동자대공은 대공 중에서 가장 오래된 역사를 지녔을 것으로 생각된다. 현존하는 건물 중에는 천장에 가려 노출되지 않는 경우에 동자대공을 많이 사용한다. 그러나 조선시대 후기 건축에서는 대공이 외부로 노출되는 경우에도 동자대공을 사용한 예가 많다.

동자기둥

보 위에 놓여서 그 위에 놓이는 보를 받아주는 부재를 동자기둥童子柱**이라 한다. 동자기둥은 건물의 형식과 시대에 따라 동자주형을 비롯하여 대접받침형, 화반형花盤形, 포형包形 등 다양한 형태의 것이 사용되었다.

동자주형의 동자기둥은 조선시대, 특히 조선시대 후기 건축에서 가장 일반적으로 사용되었다. 동자주형 동자기둥을 사용할 때 동자주 위에 공포를 짜기도 한다. 이때 공포의 형식은 평주 위의 공포에 비해 격이 낮은 형식으로 만드는 것이 일반적이었다.

대접받침형 동자기둥은 주두 형태의 부재를 사용한 것으로 상하로 놓인 보 사이의 간격이 좁을 때 주로 사용한다. 화반형은 화반 형태로 초각한 부재를 사용한 동자기둥을, 포형은 공포 형식으로 만들어진 동자기둥을 의미한다. 그러나 실제 동자기둥은 대공과 마찬가지로 다양한 형태의 부재들로 조합된 경우가 많아 특정한 유형으로 구분하여 부르는 것은 큰 의미가 없다. 이러한 화반형과 포형의 동자기둥은 조선시대 후기보다는 고려시대와 조선시대 초기 건축에서 주로 볼 수 있는 형식이다.

창방과 평방

창방昌枋은 이웃한 기둥 상부를 도리 방향으로 연결하여 기둥 상부의 도리 방향 결속력을 강화하는 역할을 한다. 또한 창방은 입면상 기둥 상부를 횡으로 가로막은 수평선을 형성한다. 평방平枋은 다포식

기둥 상부를 도리 방향으로 결속시키는 창방의 조립과정

- **판대공의 구분** 하나의 판재를 세워서 만든 것을 '키대공', 여러 개의 판재를 포개 만든 것을 '판대공'으로 구분하기도 한다.
- **동자기둥** 엄밀히 말해서 동자기둥은 '짧은 기둥'이라는 뜻이다. 기둥-보-도리로 이루어지는 구조가 중첩된 조선시대 후기 건축에서는 보 위에 다시 보를 올려 놓을 때 짧은 기둥을 사용하여 위에 놓인 보를 받치는 것이 일반적이므로 이를 동자기둥이라 부른 것이다. 그러나 현재 일반적으로는 형태와 관계없이 구조적인 기능상 보 위에 놓여서 그 위에 놓이는 보를 받아주는 부재를 모두 가리키는 포괄적인 의미로 동자기둥이라는 용어를 사용하고 있다.

여러가지 형식의 동자기둥

조선시대 전형적인 동자주형 동자기둥 | 화성 동장대

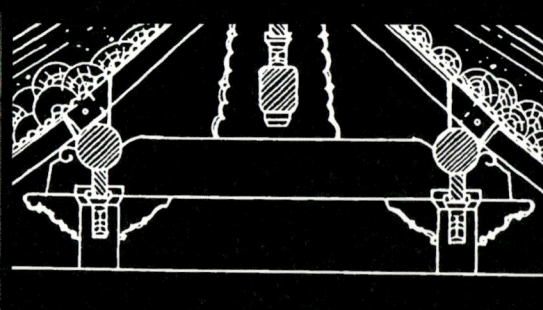
화성 동장대

초익공식 짜임의 포형 동자기둥 | 화성 화서문

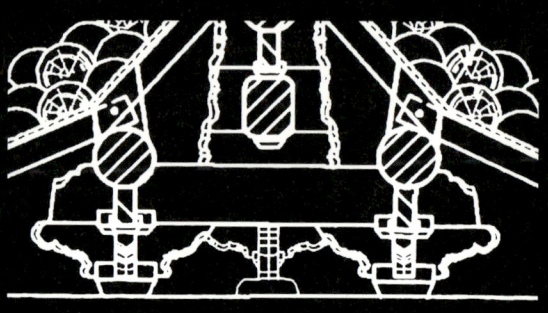
화성 화서문

화반과 포를 조합한 동자기둥
| 봉정사 극락전

화반과 첨차를 이용한 동자기둥 | 개목사 원통전

포형 동자기둥 | 부석사 조사당

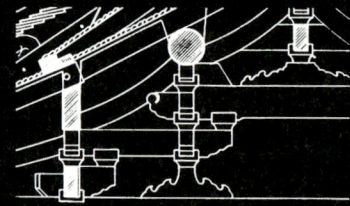
봉정사 극락전

개목사 원통전

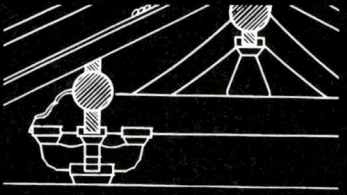
부석사 조사당

건물에서 창방 위에 창방의 단면 폭보다 넓게 올려놓은 부재를 말한다. 평방은 주간柱間이 하중을 받는 구조, 즉 주간포를 사용하는 건물에서 공포를 안정되게 올려놓을 수 있는 받침으로서 주간포를 통해 전달받은 상부의 하중을 기둥으로 전달해주는 역할을 한다. 또한 평방은 창방과 더불어 입면상 기둥 상부의 수평선을 형성한다. 창방과 평방이 이루는 단면은 평방이 폭이 넓고 높이가 작은 반면 창방은 폭이 좁고 높이가 높아 丁자형을 이루는 것이 일반적이다.

창방은 기둥 상부에 직접 결구한다. 건물에 따라 차이가 있지만 창방머리에 주먹장을 만들어 기둥머리의 사괘 홈에 내려 짜는 것이 일반적이며, 창방머리 전체를 기둥머리에 끼워 결구하기도 한다. 우진각이나 팔작, 모임지붕의 귓기둥에서는 두 방향의 창방이 만나게 된다. 이 부분에서는 창방이 귓기둥 바깥으로 빠져나오도록 기둥에 통째로 끼워 넣으며, 창방끼리는 반턱맞춤으로 결구하는 것이 일반적이다.

창방이 귓기둥 바깥으로 빠져나온 부분을 창방뺄목이라 부른다. 창방뺄목을 두지 않는 경우도 있지만 대부분의 건물에서는 창방뺄목을 두며, 그것이 구조적으로도 더욱 안정적이다. 창방뺄목은 단면 크기를 수장폭으로 줄여서 돌출시키는 경우와 창방 단면 크기를 그대로 돌출시키는 경우가 있다. 또한 창방뺄목의 끝은 단순히 수직으로 잘라내는 경우도 있으나 다양한 모양으로 초각하여 장식하기도 한다.

창방은 내고주 사이에도 사용한다. 또한 동자기둥 사이에도 창방을 사용하는데, 평주나 고주 사이에 사용된 창방과 구분하여 '뜬창방'이라 부른다.

다포식 건축에서 평방을 사용하는 것은 창방이 원칙적으로 수직 하중을 부담하고자 사용하는 부재가 아니기 때문이다. 물론 건물을 지은 후 시간이 지나면서 상부에 놓은 평방을 비롯한 수평부재들이 휨에 따라 자연스럽게 창방이 수직 하중의 일부를 받치기도 한다. 그러나 창방은 수직 하중을 부담하는 부재가 아니며, 단면 폭을 좁게

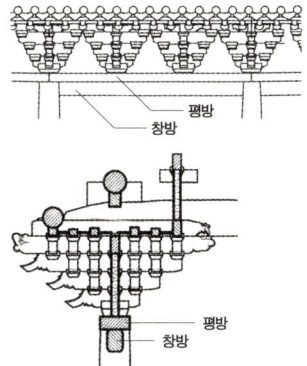

창방과 평방 | 참당암 대웅전

평주와 귓기둥 위에서 평방의 결구 | 봉정사 대웅전

귓기둥 위 창방 결구

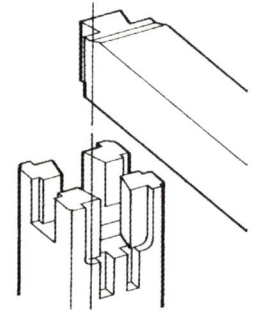
치목된 창방과 기둥과의 결구도

창방뺄목과 평방뺄목의 예 | 개암사 대웅보전(왼쪽)과 내소사 대웅보전(오른쪽)

창방뺄목이 없는 경우 | 부석사 무량수전

> 평방은 원칙적으로 다포식 건축에서 사용하는 부재이지만 예외적으로 홍성 고산사 대적광전에서처럼 주심포식 건축에서도 평방을 사용한 예가 있다.

주심포식 건축에 평방을 사용한 예
| 홍성 고산사 대적광전

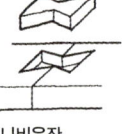
나비은장

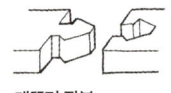
메뚜기 장부

사용하는 것이 일반적이다. 따라서 주간포를 안정되게 올려놓으면서 그 하중을 받기 위해서 창방 위에 단면 폭이 넓은 평방을 사용한다.

평방은 기둥과 창방 위에 올려놓는다. 인접한 평방은 기둥 중심선 위에서 맞댄이음으로 결구되는데, 나비은장이나 메뚜기장부 등으로 결구를 보강하기도 한다. 우진각이나 팔작, 모임지붕 등의 귓기둥 위에서 평방은 반턱맞춤으로 결구되는 것이 일반적이다. 귓기둥 바깥으로는 평방뺄목이 돌출하게 된다. 평방뺄목은 특별한 경우가 아니면 그 끝을 수직으로 잘라서 마감한다. 평방 위에 주두를 올려놓을 때에는 촉이음을 사용하는 것이 일반적이다.

장혀와 뜬장혀

도리 아래에 도리와 같은 방향으로 받쳐대는 긴 장방형 단면의 부재를 장혀長舌(장여)라 한다. 장혀는 도리의 단면 크기를 보강하여 도리

도리를 받치기 위한 장혀 윗면 처리

장혀 | 정읍 피향정

에 걸리는 휨 하중을 함께 부담하며, 도리의 구름을 방지하고 도리와 다른 부재와의 결구를 보강해주는 역할을 한다. 또한 장혀는 도리의 위치에 대한 미세한 높이를 조절하는 역할도 한다.

장혀의 단면 폭은 수장폭으로 하는 것이 일반적이다. 도리와의 결구는 맞대어 붙이는 방법을 사용하는데, 장혀 윗면을 오목하게 곡선으로 파내어 그곳에 도리를 얹어놓는 것이 일반적이다.

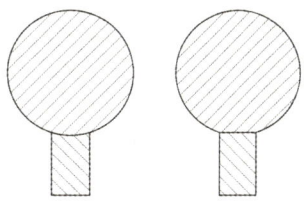
도리와 장혀의 결구 방법

도리 아래에 도리와 붙여서 사용하는 장혀 외에 도리 중심선 아래의 도리와 떨어진 위치에 중복하여 사용하기도 한다. 이렇게 도리와 떨어뜨려 사용한 장혀를 '뜬장혀'라 부르며, 이와 구분하기 위해 도리에 붙여서 사용하는 장혀를 '도리받침장혀'라 부르기도 한다. 뜬장혀는 다포식 건물에서 주로 사용한다. 한편 장혀는 위치에 따라 도리 중심선 상에 있는 것을 '주심장혀', 도리 중심선 사이 출목선 상에 있는 것을 '출목장혀'라고 부르기도 한다.

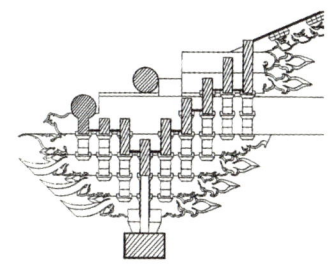
다포식 공포에 사용된 장혀와 뜬장혀
| 내소사 대웅보전

단혀

단혀短舌는 인접한 도리의 이음 부분 아래를 받쳐 대는 짧은 부재로 단장혀*라고도 부른다.[13] 단혀는 도리가 이어지는 부분의 이음을 보강하면서 그 아래 공포 부분과의 결구가 원활히 이루어질 수 있도록

• **단장혀 용어 사용 문제** 단장혀라는 용어는 짧은 장혀라는 의미로 붙여진 명칭이며, 장혀를 단장혀와 구분하기 위해 별도로 통장혀通長舌라는 용어를 사용하기도 한다. 그러나 단장혀는 구조적인 기능이 장혀와는 전혀 다르다. 따라서 짧은 장혀라는 의미로 단장혀라는 용어를 사용하는 것은 적절하지 않기 때문에 단장혀라는 용어 대신 '단혀'라는 용어를 사용할 것을 제안한다. 단혀를 사용하게 되면 단장혀와 구분하기 위해 사용하는 통장혀라는 용어도 사용할 필요가 없어진다.

단혀 | 수덕사 대웅전

단혀 | 은해사 거조암 영산전

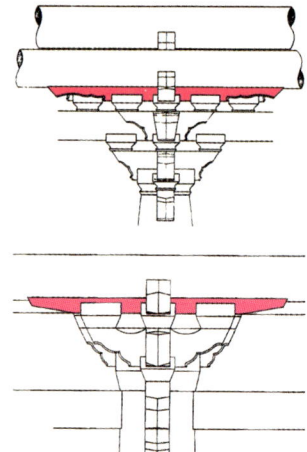

단혀 | 수덕사 대웅전(위)과 은해사 거조암 영산전(아래)

하는 구조적 기능을 지닌다. 단면은 높이와 폭이 비슷한 장방형을 이루는 것이 대부분이며, 그 윗면을 오목하게 파내 도리를 얹는다. 길이는 첨차보다 약간 길게 만들고 양쪽 끝으로 가면서 단면 크기를 줄이며, 단부에 초새김을 하는 경우도 있다. 단혀는 고려시대 주심포식 건물에 주로 사용되었으며, 조선시대로 넘어오면서 공포구조의 변화와 함께 장혀로 대체되면서 사용되지 않게 된다.

화반

화반花盤, 華盤은 창방과 (뜬)장혀 사이, 뜬장혀와 (뜬)장혀 사이와 같이 아래위로 평행하게 중첩된 도리 방향의 수평부재 사이를 연결하여 하중을 전달해주는 부재이다.[14] 한편 상하로 놓인 수평부재 사이를 두껍고 긴 판재로 건너지르고 화반이 놓일 위치 양옆을 비스듬히 깎아 화반 형태가 도드라지게 보이도록 하는 경우도 있는데, 이를 '장화반長花盤'이라 부른다.[15]

화반은 외부로 노출되므로 다양한 형태의 초각을 하여 건물을 장식하는 효과를 지닌다. 화반의 형태는 시대에 따라 지속적으로 변화해왔다.

삼국시대의 고구려 고분벽화에서는 人자형으로 만든 솟을(人자형)

창방과 장혀 사이에 설치한 화반 | 통영 세병관
뜬장혀와 도리 사이에 설치한 화반 | 안성 청원사 대웅전
복화반 | 봉정사 극락전
화반 | 통영 세병관
화반 | 돈암서원 강당
삼국시대 고구려 고분벽화에 묘사된 다양한 형태의 화반 | 안악2호분(왼쪽), 덕흥리고분(가운데), 용강대총(오른쪽)

화반을 비롯하여 동자주 형식의 기둥형 화반, 첨차형 화반, 人자형 부재와 첨차형 부재가 조합된 구조의 화반 등 다양한 형태의 화반이 사용되었다.[16] 삼국시대 건축에서 사용되었던 다양한 형식의 화반이 이후에 어떻게 변화했는지는 정확히 알 수 없다. 다만 남원 실상사 백장암의 삼층석탑이나 구례 연곡사의 동부도와 북부도 등에 첨차형과 기둥형의 화반이 묘사되어 있고 비슷한 시기 중국이나 일본의 건축에서도 기둥형의 화반이 많이 사용되고 있는 것으로 보아 남북국시대 신라에서도 삼국시대의 화반 형식이 지속적으로 사용되었음을 추정할 수 있다.

현존하는 목조건축에서 가장 오래된 봉정사 극락전에는 복화반覆花盤이 사용되고 있다. 복화반은 고구려의 솟을화반이 변형되어 만들어진 것으로 추정되고 있다. 그러나 이후의 건물에 복화반이 사용된 예는 없다.

현존하는 건축에는 사다리꼴, 삼각형, 역사다리꼴, 장방형, 원형 등의 단순한 기하학적 형태로부터 첨차형과 같은 부재의 형태를 지닌 것, 그리고 식물이나 동물 등을 조각하거나 여러 가지 형태를 조합한 것 등 일일이 열거할 수 없을 정도로 매우 다양한 형태의 화반이 사용되었다.[17]

소슬합장

소슬합장 | 봉정사 극락전

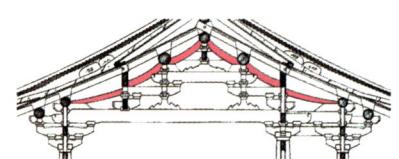

종도리 좌우는 물론 모든 도리 사이를 연결하고 있는 소슬합장 | 봉정사 극락전

종도리 좌우에 붙여 경사지게 세워서 도리가 옆으로 구르는 것을 방지해주는 부재를 소슬합장合掌이라 부른다. 소슬합장은 인자대공과 비슷하게 생겼으나 종도리의 하중을 받아주는 것이 아니기 때문에 인자대공과는 구분된다.[18] 소슬합장의 아랫부분은 중도리 또는 종보와 결구한다.

소슬합장이 언제부터 사용되었는지는 정확히 알 수 없다. 그러나 현존하는 건축 중 가장 오래된 봉정사 극락전을 비롯하여 고려시대와 조선 전기 건축에서 소슬합장을 사용한 예가 많다. 특히 봉정사 극락전은 종도리 좌우뿐 아니라 모든 도리와 도리 사이를 경사진 부재로 연결시켜 도리 사이의 결속력을 강화시키고 있다. 이처럼 모든 도리와 도리 사이에 경사진 부재를 사용한 예는 봉정사 극락전이 유일하며, 이후의 건물들에서는 종도리 좌우 소슬합장만 사용하고 있다.

봉정사 극락전의 소슬합장은 약간의 곡선형을 이루고 있으나 단면의 크기는 수장재와 거의 동일하다. 이후 소슬합장은 부재의 단면 크

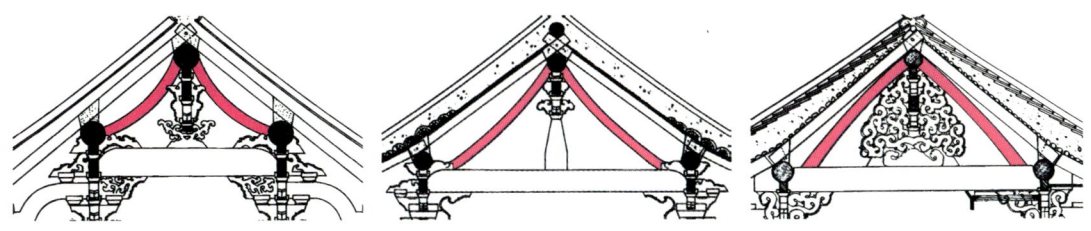

소슬합장의 예 | 왼쪽부터 수덕사 대웅전, 은해사 거조암 영산전, 개심사 대웅보전

기가 작아질 뿐 아니라 곡선형으로 만든 것이 많아진다. 구조적인 기능보다 장식적인 기능이 강조되는 방향으로 변화해가는 과정을 보여주는 것이라 할 수 있다. 특히 조선 초의 개심사 대웅보전 소슬합장은 역으로 만곡된 곡선형의 특징을 띠고 있으며, 봉정사 극락전이나 수덕사 대웅전에 비하여 부재의 단면 크기가 더욱 작아진다.

도리가 구를 염려가 없는데도 소슬합장을 사용한 예 | 안동 소호헌

조선시대에 들어와 대공의 구조가 바뀌면서 종도리와 대공의 결속력이 강화되는 방향으로 변화한다. 이렇듯 결속력이 강화됨에 따라 소슬합장의 필요성은 점차 사라진다. 그러나 이러한 변화 이후에도 소슬합장의 사용은 오랜 기간 지속되다가 임진왜란 이후에야 완전히 사라지게 된다.

초공과 초방

도리가 직접 보와 결구되지 않은 경우에 도리가 옆으로 구르는 것을 방지하기 위해 보 위에 보 방향으로 도리를 받쳐주는 짧은 부재를 사용한다. 이 부재를 초공草工(혹은 운공雲工)[19]이라 부르며, 여러 형태로 초각을 한 것을 사용한다. 초공은 고려시대와 조선 전기의 건축에서 주로 사용하였으며, 보와 도리가 직접 결구되었던 조선시대 후기 건축에서는 사용하지 않게 되었다.

인접한 도리 중심선에 중첩되어 있는 부재들 사이를 보 방향으로

초공 | 은해사 거조암 영산전

• **초공 용어 사용 문제** 초공은 조선시대 건축에서는 거의 사용되지 않던 부재로 그 옛 명칭을 알 수 없으며, 근래에 들어와 만들어진 용어이다. 따라서 용어 사용에 혼란이 있으며, 초공을 운공이라 부르는 경우도 있다.

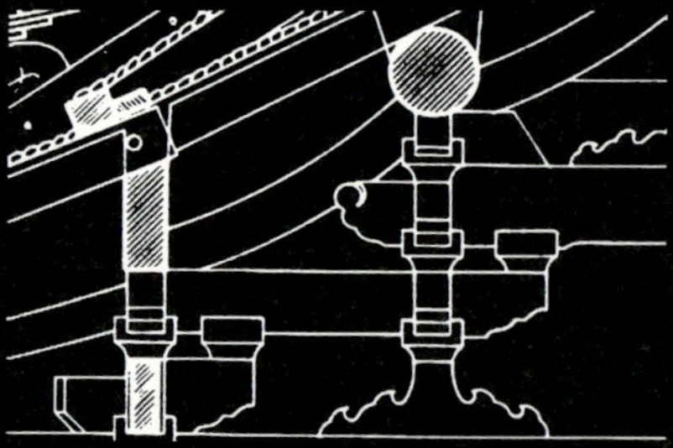

초방 | 봉정사 극락전(왼쪽)과 도면(오른쪽)

초방 | 개심사 대웅보전(왼쪽)과 도면(오른쪽)

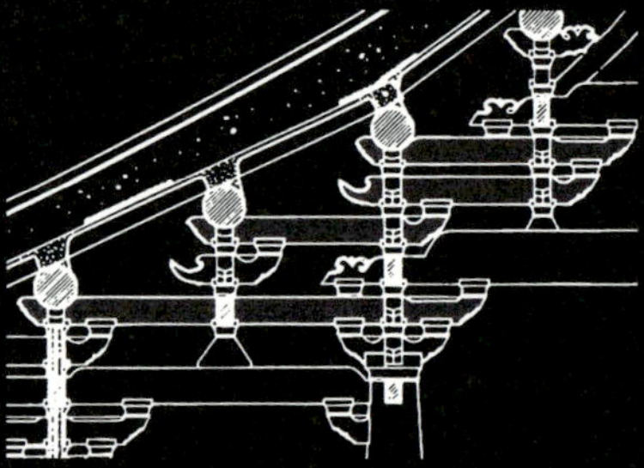

초방 | 부석사 무량수전

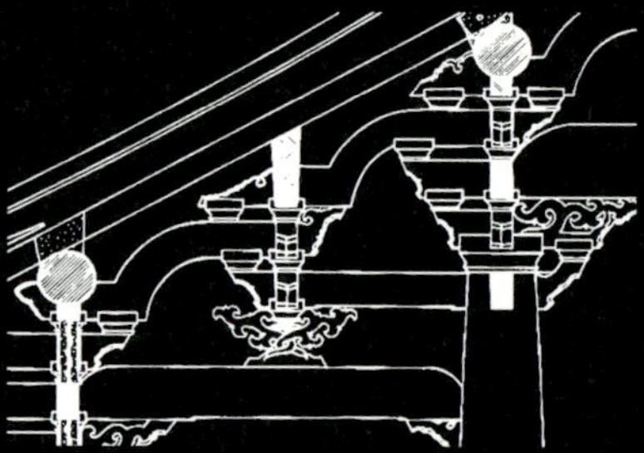

초방과 홍예초방 | 수덕사 대웅전

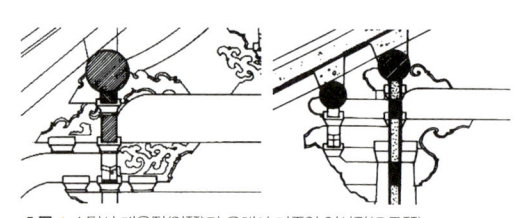

초공 | 수덕사 대웅전(왼쪽)과 은해사 거조암 영산전(오른쪽)

연결하여 결속력을 높여주는 부재를 초방草枋[20]이라 부른다. 경우에 따라서 초방은 도리 아래에 위치하여 도리를 받아주면서 도리가 구르는 것을 막아주는 초공의 역할을 겸하기도 한다.

한편 초방 중에는 양쪽 끝의 높이가 달라 곡선형의 초방을 사용하는 경우가 있는데, 이를 홍예초방이라 부른다. 초방은 고려시대 건물에서 주로 사용되었으며, 조선시대로 넘어오면서 그 사용이 줄어들고, 조선시대 후기에는 초방이 사용된 건물이 거의 없다.

보아지 | 임청각 안채 대청 부분

안초공 | 창덕궁 인정전(왼쪽)과 도면(오른쪽)

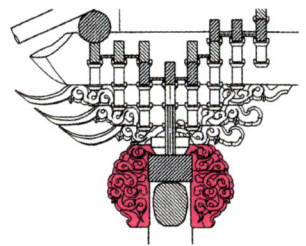

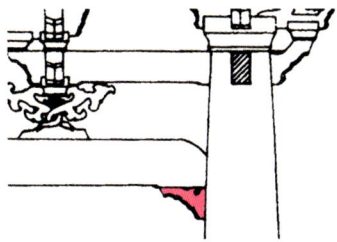
보아지 | 수덕사 대웅전

안초공 | 미황사 대웅보전(왼쪽)과 도면(오른쪽)

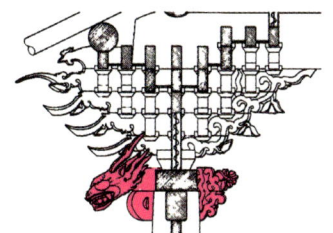

보아지와 안초공

기둥에 보를 결구하는 경우 보 끝은 기둥과의 결구를 위해 단면 크기를 줄이게 된다. 이때 결구를 위해 깎여 나간 부분의 단면적을 보강하기 위해 보 아래에 별도의 부재를 하나 더 기둥에 결구하게 되는데, 이 부재를 보아지 또는 양봉이라 부른다. 보아지는 단순한 직절형에서 여러 가지 초새김을 한 형태에 이르기까지 다양한 형태로 만들어 사용한다.

안초공 | 경복궁 근정전

　기둥 위에 공포가 놓이는 경우 기둥머리에 보 방향으로 끼워 평방을 감싸도록 한 부재를 안초공按草栱이라 한다. 안초공은 주두까지 감싸도록 한 경우도 있으며, 기둥과 평방 사이의 결속력을 높여주는 동시에 기둥머리를 장식하는 기능을 한다. 조선시대 후기 다포식 건물에 주로 사용되었다. 궁궐건축에서는 당초무늬, 사찰건축에서는 용龍을 조각하는 경우가 많다.

● **초방** 초방을 포인방枹引枋 또는 포중방枹中枋으로 부르기도 한다.

06 시대 변화에 따른 다양한 목조가구식 구조

목조가구식 구조 변천

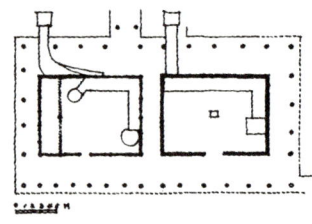
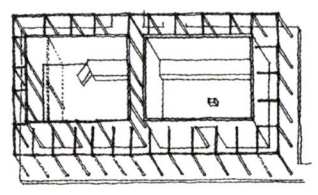

틀식 구조의 특성을 보이는 사례 | 지안 동대자 유적

선사시대에 목조건축의 기본적인 골격이 형성된 이후로 가구수법은 시대에 따라 지속적으로 변화해왔다. 현재 주로 볼 수 있는 목조건축은 주로 조선시대, 그것도 임진왜란 이후의 것이 대부분으로 이전 시대와 비교하여 단순하고 합리적인 구조를 특징으로 한다. 반면에 고려시대 건축은 현존하는 건물만 보더라도 조선시대 건축에 비하여 사용된 부재의 종류가 많을 뿐 아니라 구조와 형태도 복잡하여 차이를 보이고 있다.

틀식 구조와 보식 구조

삼국시대의 건축은 목조가구식 구조를 근간으로 하고 있지만 구조적인 측면에서 후대의 건축과 다른 점이 있다. 그중 하나가 '틀框식 구조'의 존재이다. 틀식 구조는 앞뒤 기둥 사이에 보를 건너질러 보가 그 위의 하중을 모두 받도록 하는 이른바 '보樑식 구조'와는 달리 평면상 방형 또는 장방형을 이루는 구조 틀을 만들어 상부의 하중을

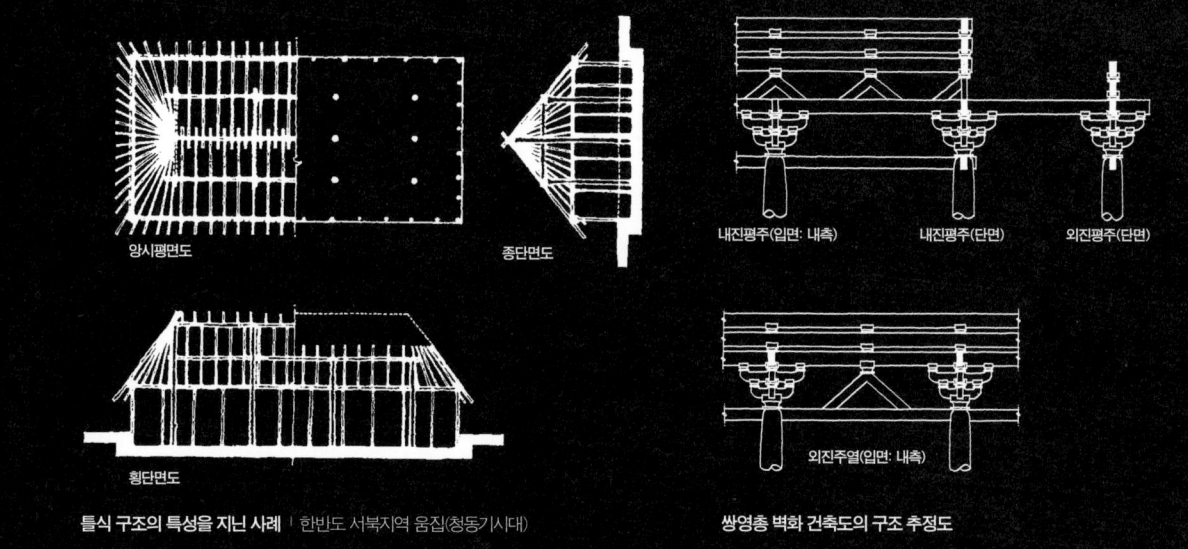

틀식 구조의 특성을 지닌 사례 | 한반도 서북지역 움집(청동기시대)

쌍영총 벽화 건축도의 구조 추정도

받도록 하는 구조이다.

　현재 중국 지린 성 지안 시에 위치한 고구려의 동대자 유적은 틀식 구조로 추정되는 가장 오래되고 대표적인 예이다.[21] 동대자 유적에서 발견된 건물의 평면은 동서 두 개의 실과 그 사이의 통로, 그리고 이들을 에워싼 툇간으로 이루어져 있다. 그중 서실과 주변의 툇간을 둘러싼 부분은 기둥을 세웠으나 동실은 기둥을 세운 일반적인 구조와는 차이가 있다. 그리고 서실과 외곽의 기둥은 장방형 평면으로 배열되어 있으나 종횡방향의 기둥 열이 맞지 않는다. 따라서 외곽의 툇간을 구성하는 기둥을 연결하는 장방형의 틀, 그리고 안쪽 동실과 서실의 기둥 열 또는 벽이 만드는 장방형의 틀이 각각 내외 이중의 틀을 형성하면서 지붕 가구를 받도록 하는 구조였던 것으로 추정된다. 또한 경사진 지붕을 받도록 하기 위해 내부의 틀은 외부의 틀에 비하여 그 높이를 높였던 것으로 추정되며, 내외의 틀 사이에는 보와 비슷한 수평재를 걸었을 가능성이 있다. 그러나 이 수평재는 상부의 하중을 받치겠다는 의미보다 내외의 틀을 서로 연결시켜 결속력을 높여줌으로써 횡 이동을 방지하는 역할을 하였던 것으로 보인다.

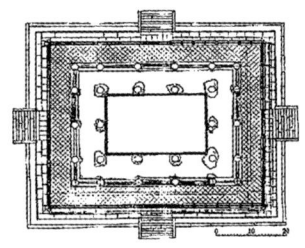

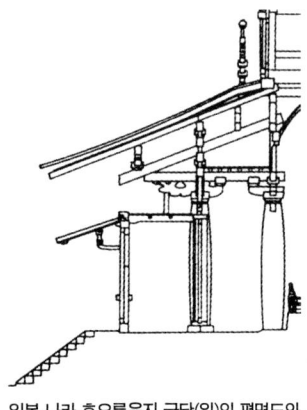

일본 나라 호오류우지 금당(위)의 평면도와 종단면도(아래)

이러한 틀식 구조의 존재는 청동기시대 대동강을 중심으로 한 한반도 서북지역에서 일반적이었던 움집 구조에서도 확인된다. 이 지역의 움집은 장방형 평면으로 기둥을 조밀하게 세운 형식의 움집이 일반적이었는데, 기둥 상부를 연결해 만든 장방형의 틀이 지붕 가구를 받도록 된 구조였던 것으로 추정된다.

쌍영총을 비롯한 고분벽화에 그려진 건축도에서도 틀식 구조의 존재를 확인할 수 있다.[22] 쌍영총은 전실과 현실로 이루어진 고분으로 전실과 후실의 벽면에는 기둥과 공포를 비롯한 건축도가 그려져 있다. 고분의 내부를 건물의 내부로 여겨 그린 그림으로 전실은 내외진 평면을 이루는 건물의 외진부를, 현실은 내진부를 표현한 것이라는 가정 아래 건축도를 분석하면 일본 나라 호오류우지의 금당에서 볼 수 있는 것과 같은 구조가 된다. 즉 내진과 외진평주의 열이 만드는 내외 이중의 장방형 틀을 만들고 내부의 틀 위에는 화반을 두어 외부의 틀보다 높게 만듦으로써 경사지붕을 받칠 수 있는 구조를 만들었다. 물론 이 경우 동대자 유적과는 달리 기둥은 종횡으로 열을 맞추고 있어 내진주와 외진주 사이를 보로 연결할 수 있다는 점에서 보식 구조의 특성을 함께 지닌다. 그러나 보는 상부의 하중을 받치는 역할이 강하지 않으며 내외진 주열 사이를 연결하여 결속력을 높여주는 역할을 하고 있다.

틀식 구조와 달리 보가 상부의 하중을 받도록 하는 구조를 '보식 구조'라 한다. 현존하는 목조건축은 모두 보식 구조를 이루고 있다. 따라서 고려 전기에 이미 틀식 구조가 사라졌던 것으로 보이며, 이후에는 보식 구조가 목조가구식 건축의 일반적인 구조방식으로 자리 잡았던 것으로 보인다. 그러나 보식 구조도 시대에 따른 가구방식에 차이를 보이고 있어 한국 목조건축이 시대에 따라 지속적으로 변화했음을 보여준다.

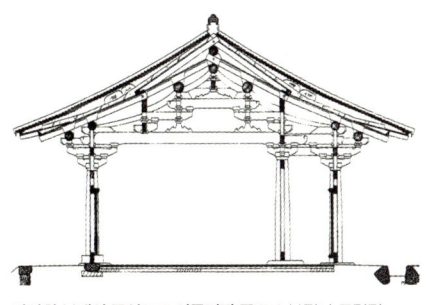

다양한 부재의 구성으로 이루어진 구조 | 봉정사 극락전

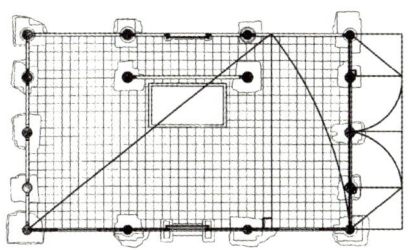

평면 분석도 | 봉정사 극락전

고려시대 목조건축

현존하는 고려시대 건축은 다양한 부재를 사용하여 복잡한 가구를 이루고 있으며, 가구 부분을 외부로 노출시켜 가구미架構美를 연출하고 있음을 특성으로 한다. 고려시대 건축의 가구에는 소슬합장을 비롯하여 초방, 운공, 단혀 등과 같이 조선시대 건축에서는 사용하지 않았던 부재가 사용되었다. 또한 동자기둥이나 대공의 구성은 여러 부재를 조합해 만든 복잡한 구성을 하고 있을 뿐 아니라 건물마다 서로 다른 모습을 지니고 있다.

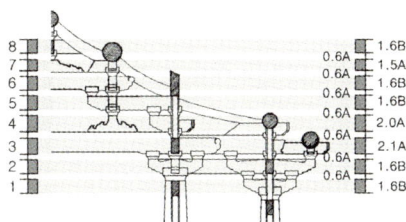

동일한 높이의 반복으로 이루어진 특징을 보이는 가구 구성 분석도 | 봉정사 극락전

이렇듯 다양한 부재에 의해 이루어진 고려시대 건축은 가구의 구성에서도 조선시대 건축과 차이가 있다. 즉 기둥 위에서 도리에 이르는 가구의 구성은 비례단위module를 적용한 동일한 단면 크기를 지니는 부재들의 반복으로 이루어진다. 예를 들어 봉정사 극락전은 기둥 상부의 창방에서 종도리에 이르는 가구의 구성이 동일한 높이로 만들어진 부재의 중첩에 의해 이루어지고 있다. 평면에 있어서도 전체 장단비를 5:3으로 만들었으며, 측면의 기둥 간격은 3:4:4:3의 정확한 비례를 이루고 있다. 결국 봉정사 극락전의 설계는 평면과 가구 모두 비례관계 속에서 이루어졌으며, 가구는 기본 비례단위 체계를 적용하여 이루어졌다.[23]

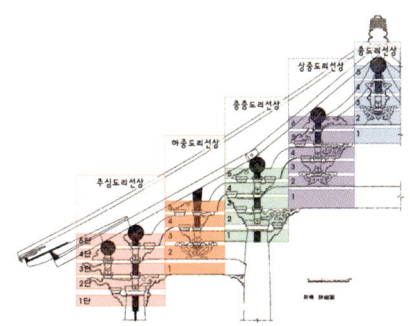

가구 구성 분석도 | 수덕사 대웅전

수덕사 대웅전의 가구 역시 기본 비례단위 체계에 의해 설계되었다. 즉 동일한 도리 중심선 위에 위치한 가구는 동일한 단면 크기를

지니는 부재가 반복적으로 중첩되어 이루어진다. 그러나 서로 다른 도리 중심선 위에 위치한 부재들의 수평 높이는 모두 다르다. 또한 평면에 있어서도 전체 장단비만 4:3의 비례를 지니고 있을 뿐 주간柱間 사이는 일정한 비례관계를 지니지 않고 있다. 이는 수덕사 대웅전이 기본 비례단위를 적용하여 설계되었지만 봉정사 극락전과 비교하면 기본 비례단위를 적용한 설계기법이 약화되었음을 의미한다.

이처럼 고려시대 건축의 평면과 가구 구성은 비례체계와 기본 비례단위를 적용하여 설계되었다. 그러나 후대로 가면서 비례체계와 기본 비례단위를 적용한 설계기법이 점차 약화되는 양상으로 변화한다.

한편 고려시대의 건축은 조선시대 건축에 비해 도리 사이의 간격이 좁은 편에 속한다. 예를 들어 조선시대 건축에서는 5량가 정도면 충분한 양통을 지닌 건물에 7량가가 적용되고 있다. 이와 관련하여 보와 도리의 단면 크기도 비슷한 규모의 조선시대 건축에 비하여 작다는 점이 고려시대 건축의 가구에 나타나는 특성이다.

조선시대 후기 목조건축

고려시대 말과 조선 전기를 거쳐 조선 후기에 이르면 목조건축의 가구 구성은 고려시대와는 전혀 다른 모습으로 변화한다. 우선 조선시대 후기의 목조건축은 기둥-보-도리로 구성된 구조가 건물 크기에 따라 반복해서 중첩된다는 특성을 보인다. 가구를 구성하는 부재도 고려시대 건축에 사용된 다양한 부재가 사라지고 지붕의 하중이 도리-보-(공포)-기둥으로 전달되는 단순하고 합리적인 구조로 변화한다.

이러한 변화는 결구법의 변화와도 밀접한 관련이 있다. 특히 보 위에 직접 도리를 올려놓는 숭어턱 맞춤을 사용함으로써 보와 도리 사이의 결속력이 강화되었다. 대공은 주로 단순한 형태의 판대공을 사

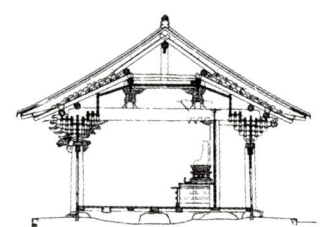

도리-보-기둥의 반복 구조에 의해 이루어지는 단순하고 합리적인 조선시대 후기 건축의 가구 | 미황사 대웅보전

용하였을 뿐 아니라 판대공 위에는 도리는 물론 그 아래 놓인 장혀 등의 도리 방향 부재를 결구하기 위한 홈을 만들어 결구함으로써 이들 부재 사이의 결속력이 강화되었다. 이렇듯 보 방향 부재와 도리 방향 부재 사이의 결속력 강화로 인해 결구 부분을 보강하기 위한 소슬합장과 초공, 초방 등의 부재들이 필요가 없어졌다.

도리를 결구하기 위해 보에 만든 숭어턱

보는 이전 시대 건축에 비하여 단면 크기가 증가하였다. 도리는 이전 시대의 건축에 비해 배치 간격이 넓어졌으며, 단면 크기 역시 증가하였다. 부재의 형태도 단순해졌으며, 그 유형도 몇 가지로 한정되었다. 예를 들어 고려시대 건축의 대공과 동자기둥은 많은 수의 부재가 결합해서 이루어진 복잡한 구성을 이루고 있을 뿐 아니라 건물마다 대공의 구성과 형태가 모두 달랐다. 반면에 조선시대 건축에서 대공은 판대공이 동자기둥은 동자주형이 주종을 이루고 있다.

도리를 안정하게 받쳐주고 있는 대공
| 윤증고택 안채 대청

내용출처

1. 김도경, 「한국 고대 목조건축의 형성과정에 관한 연구」, 고려대학교 대학원 박사학위논문, 85쪽, 2000
2. 이케노우치 히로시池內宏, 『통구通溝』 권상卷上, 도쿄東京; 일만문화협회日滿文化協會, 1938
3. 김도경·주남철, 「지안集安 동대자 유적東臺子遺蹟의 건축적建築的 특성特性에 관한 연구研究」, 『대한건축학회논문집: 계획계』 제19권 9호(통권179호), 대한건축학회, 2003
4. 김도경·주남철, 위의 논문
5. 일연一然, 『삼국유사三國遺事』 권제삼卷第三 「탑상제사塔像第四」 황룡사구층탑조皇龍寺九層塔條
6. 이연노·주남철, 「조선시대 영건의궤에 기재된 충량과 퇴량에 관한 연구」, 『대한건축학회논문집: 계획계』 제17권 12호(통권158호), 104쪽, 대한건축학회, 2001
7. 장기인, 『한국 건축대계 V-목조』, 265쪽, 보성문화사, 1991
8. 장기인, 위의 책, 284~285쪽
9. 류성룡, 「고려시대 대공의 결구방식에 관한 연구」, 『대한건축학회논문집: 계획계』 제19권 6호(통권 176호), 2003
10. 장기인, 앞의 책, 273쪽
11. 류성룡, 「한국과 중국의 소슬대공 변화과정에 관한 연구」, 『대한건축학회논문집: 계획계』 제19권 11호(통권 181호), 대한건축학회, 2003
12. 장기인, 앞의 책, 275쪽
13. 장기인, 앞의 책, 223쪽
14. 박기선, 「한국 목조건축의 화반에 관한 연구」, 고려대학교 대학원 석사학위논문, 1993
15. 장기인, 앞의 책, 216쪽
16. 김도경, 앞의 논문, 260~265쪽
17. 박기선, 앞의 논문
18. 주남철, 『한국 건축의장』, 70~74쪽, 일지사, 1997
19. 주남철, 앞의 책, 75쪽
    장기인, 앞의 책
20. 장기인, 앞의 책, 279쪽
21. 김도경·주남철, 「지안 동대자 유적의 건축적 특성에 관한 연구」, 『대한건축학회논문집: 계획계』 제19권 9호(통권179호), 대한건축학회, 2003
22. 김도경·주남철, 「쌍영총에 묘사된 목조건축의 구조에 관한 연구」, 『대한건축학회논문집: 계획계』 제19권 2호(통권172호), 대한건축학회, 2003
23. 김도경, 「봉정사 극락전의 평면과 가구 계획에 관한 연구」, 『대한건축학회논문집: 계획계』 제19권 5호(통권175호), 대한건축학회, 2003

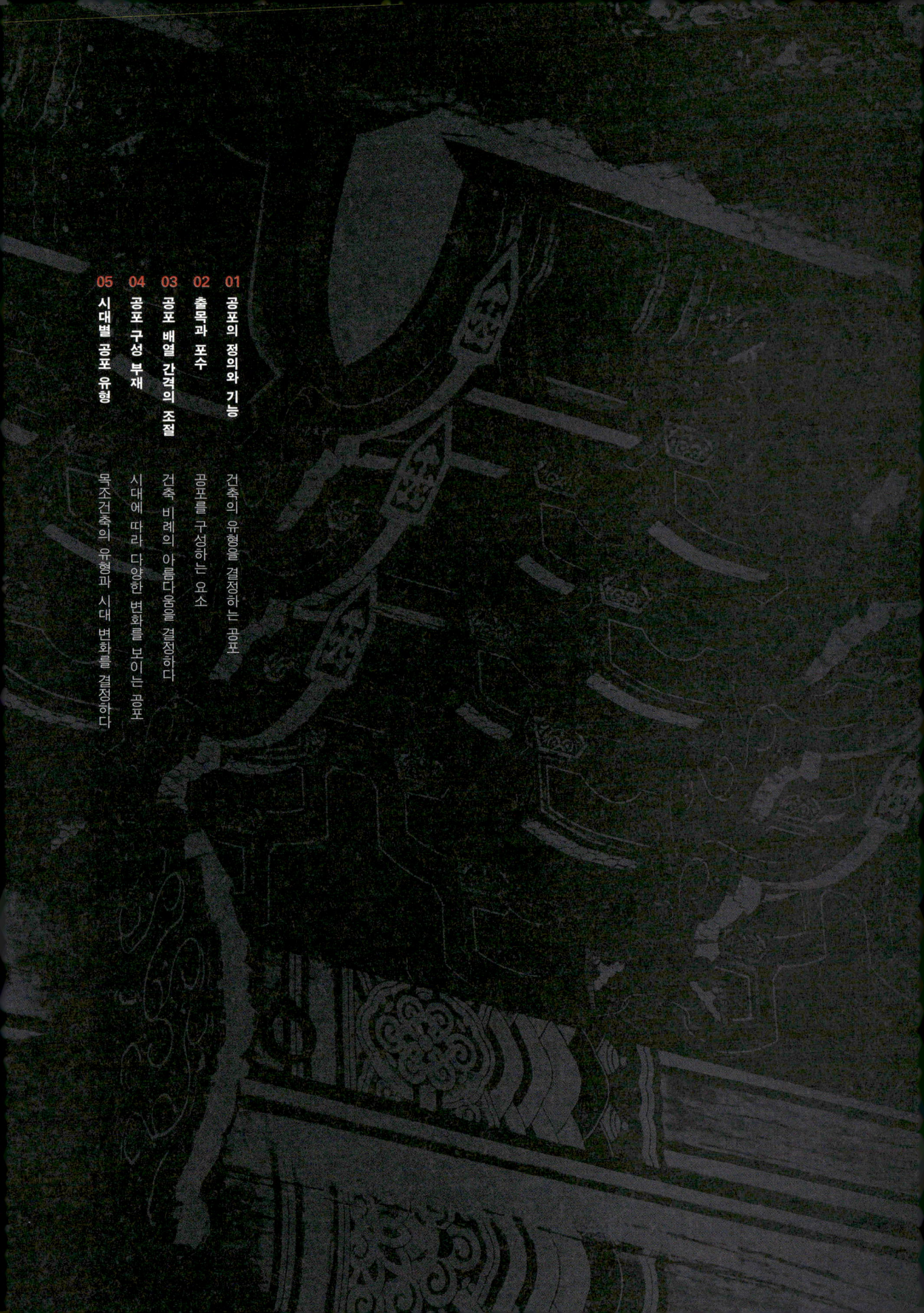

01 공포의 정의와 기능
건축의 유형을 결정하는 공포

02 출목과 포수
공포를 구성하는 요소

03 공포 배열 간격의 조절
건축 비례의 아름다움을 결정하다

04 공포 구성 부재
시대에 따라 다양한 변화를 보이는 공포

05 시대별 공포 유형
목조건축의 유형과 시대 변화를 결정하다

五

공포

기둥으로 이루어지는 축부와 지붕 사이에 공포라는 부분이 위치한다. 공포는 주두와 소로, 살미, 첨차 등을 중첩시켜 만든 부분으로 한국 건축의 중요한 특성이다. 공포는 기둥과 지붕 가구 사이에 위치하여 보를 통해 전달받은 지붕의 하중을 기둥에 전달해 주는 구조적 기능 외에 건물의 외관을 꾸미는 의장적 기능을 담당한다. 특히 공포의 사용 유무와 사용된 공포의 형식은 한국 목조건축의 유형을 구분하는 중요한 기준이 된다.

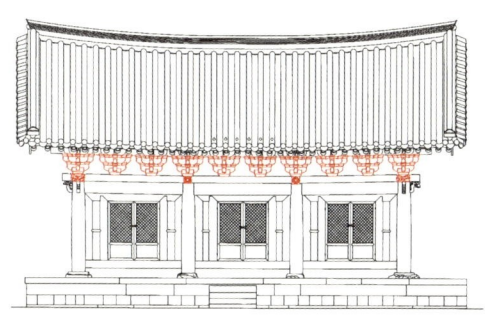

01

**공포의
정의와 기능**

건축의 유형을
결정하는
공포

> 공포는 축부와 지붕 사이에 일정한 높이로 수평의 띠를 형성하는데, 이렇게 형성된 공포의 수평 띠를 공포대栱包帶라 부른다.

기둥으로 이루어지는 축부와 지붕 사이에 공포栱包라는 부분이 위치한다. 공포는 주두柱頭와 소로小櫨, 살미山彌, 첨차檐遮 등을 중첩시켜 만든 부분으로 한국 건축의 중요한 특성이다.

공포의 기능

공포는 기둥과 지붕 가구 사이에 위치하여 보를 통해 전달받은 지붕의 하중을 기둥에 전달해주는 구조적 기능 외에 건물의 외관을 꾸미는 의장적 기능을 담당한다. 특히 공포의 사용 유무와 사용된 공포의 형식은 한국 목조건축의 유형을 구분하는 중요한 기준이 된다.

● **수평·수직 확장의 기능**

건물의 높이가 높아지면 처마 깊이는 깊어져야 한다. 처마 깊이는 장연長椽의 길이와 밀접한 관련이 있다. 주심도리를 기준으로 장연이 바깥쪽으로 돌출한 길이, 즉 처마 깊이는 장연이 안쪽으로 돌출한 길이

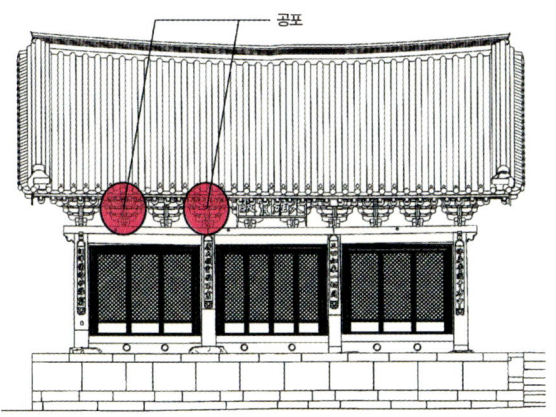
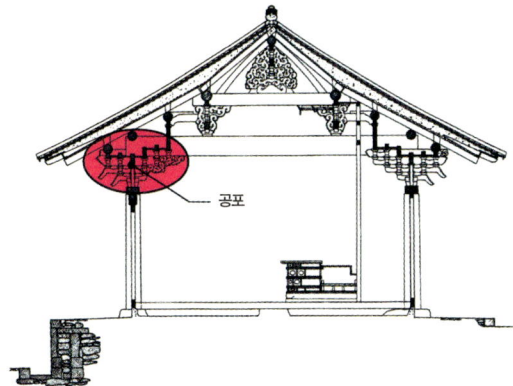

공포의 구성 | 개심사 대웅보전

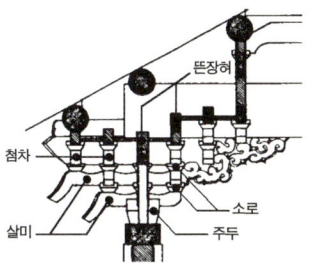

입면 구성과 공포 | 개심사 대웅보전

보다 작거나 최소한 같아야 안정된 구조가 된다. 따라서 처마 깊이를 증가시키기 위해서는 그에 비례하여 장연의 길이를 길게 만들어야 한다. 그러나 서까래는 굵기에 제한이 있기 때문에 장연의 길이를 증가시키는 데 한계가 있다. 따라서 일정 규모까지는 장연 길이를 증가시킴으로써 처마 깊이를 깊게 만들 수 있지만 그 이상으로 건물 규모가 더욱 커지면 장연 길이의 한계로 인해 장연만으로는 필요한 처마 깊이를 만들 수 없다. 이때 안정된 구조를 이루면서 처마 깊이를 증가시키기 위해 서까래를 받쳐주는 지점의 위치를 바깥쪽으로 옮겨주는 방법을 사용한다. 즉 주심도리 바깥쪽에 외목도리를 추가해 설치하면 외목도리가 장연을 받쳐주는 지점인 처마도리*가 되므로 장연의 길이를 늘이지 않으면서 처마 깊이를 증가시킬 수 있다. 이때 외목도리를 받치기 위해 공포를 사용하게 된다. 결국 공포에 의해 외목도리를 받치도록 함으로써 처마의 깊이를 깊게 만들 수 있는 것이다.

한편 건물의 규모가 커질수록 양통의 길이가 길어지고, 지붕의 높이도 높아진다. 이때 기둥의 높이도 어느 정도 높아지지만 기둥의 높이는 지붕 높이 증가에 비례하여 높아지지 않는다. 예를 들어 양통의 길이가 두 배 증가하면 지붕의 높이는 두 배 또는 그 이상 높아지지

• **처마도리** 도리 중에서 가장 바깥쪽에 위치한 도리는 처마를 받치는 지점으로서의 역할을 한다. 이러한 도리를 처마도리라 부른다. 공포가 있는 건물에서는 외목도리가, 공포가 없는 건물에서는 주심도리가 처마도리가 된다.

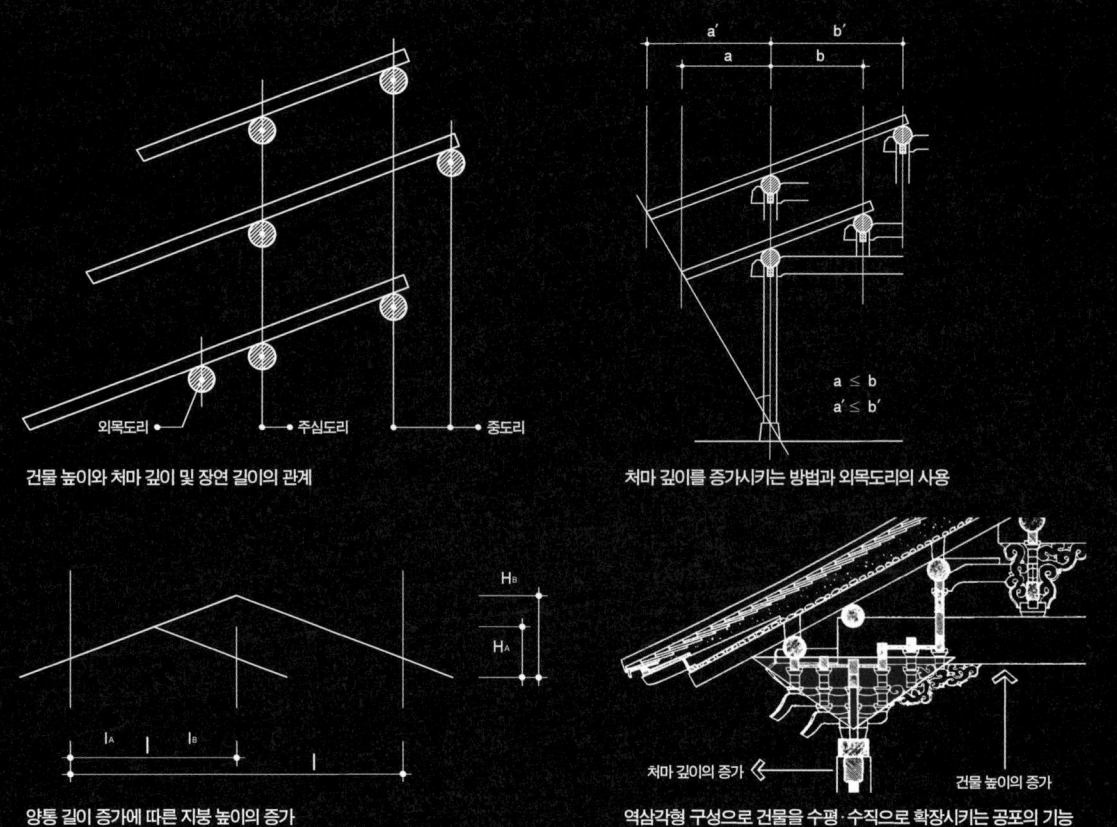

건물 높이와 처마 깊이 및 장연 길이의 관계

처마 깊이를 증가시키는 방법과 외목도리의 사용

양통 길이 증가에 따른 지붕 높이의 증가

역삼각형 구성으로 건물을 수평·수직으로 확장시키는 공포의 기능

> **건물 높이와 지붕 물매 및 높이의 관계**
> 건물의 규모가 클수록 기둥 높이는 높아지고 공포가 사용될 가능성이 높아진다. 이에 따라 처마의 높이가 높아진다. 그런데 실제 시각적으로는 보이는 지붕의 높이는 처마의 높이가 높아질수록 낮아진다. 따라서 처마의 높이가 높을수록 지붕의 물매를 급하게 만들어야 지붕과 축부의 높이가 적절한 비례의 높이로 보이게 된다.

만 기둥의 높이를 두 배로 만들 수는 없다. 따라서 입면상 기둥이 차지하는 높이와 지붕이 차지하는 높이 사이의 비례 균형이 무너진다. 이때 기둥과 지붕 사이에 공포를 두어 지붕과 공포, 기둥 사이에 적절한 높이 관계를 만들 수 있게 된다. 즉 공포는 기둥의 높이와 지붕 부분의 높이 사이에 일정한 높이를 차지하는 부분으로서 건물의 입면을 구성하는 각 부분의 높이 사이에 적절한 비례를 유지할 수 있도록 한다.

결국 공포는 종단면상 역삼각형의 구성을 이루면서 처마를 깊게 만들어주는 수평적 확장의 기능과 건물의 높이를 높여주는 수직적 확장의 기능을 지닌다. 수평적 확장은 처마 깊이를 깊게 만드는 것을 의미하며, 주심을 기준으로 건물 내외로 출목을 형성함으로써 이루어

입면도와 실제 보이는 모습의 비교 | 개암사 대웅보전

건물을 구성하는 각 부분의 입면도상 높이와 실제 보이는 높이의 비교

진다. 출목의 형성에 따라 내외의 가장 바깥 출목선 위에 각각 내목도리와 외목도리를 올려놓을 수 있게 된다. 특히 외목도리는 처마도리가 되어 주심 바깥쪽에 장연을 받쳐주는 지점을 형성하여 처마 깊이를 증가시킨다.

수직적 확장은 건물의 높이를 높여주는 기능을 말하는 것으로 중첩 구조로 만들어지는 공포의 높이에 의해 이루어진다. 공포는 출목을 형성하면서 높이가 높아진다. 즉 출목을 하나 형성하면 높이도 한 단 높아진다. 이렇게 출목을 형성하면서 높아진 공포의 높이만큼 건물의 높이가 높아지게 된다.

● 의장적 기능

한국 건축의 입면은 기둥에 의해 이루어지는 부분인 축부와 지붕에 의해 만들어지는 지붕부로 나누어지며, 공포를 사용한 건물에서는 축부와 지붕부 사이에 공포부가 추가된다.

입면도*로 볼 때 공포는 상부가 처마에 가린다. 그만큼 입면도상에서는 공포가 차지하는 높이의 비율이 작아진다. 하지만 실제 건물을 볼 때 공포는 공포의 실제 높이보다 더 높게 보인다. 공포는 역삼각형 구성으로 사람의 눈높이보다 높은 곳에 위치하기 때문이다. 따라서 실제 건물을 볼 때 공포는 시각적으로 높은 비중을 차지하면서 지붕과 축부 사이에 완충 부분을 형성하여 커다란 지붕이 건물의 몸체를 짓누르는 것 같은 압박감을 해소시킨다.

● 공포의 명칭

공포**는 조선시대 후기에 포包, 공답工踏, 공답공포工踏工包, 공포工包, 포작包作*** 등의 명칭으로 불렸다. 조선시대 후기 국가에서 편찬한 의궤儀軌에 등장하는 용어이다.

조선시대 전기와 그 이전에 공포가 어떻게 불리었는지는 명확히 알 수 없다. 다만 공포와 관련된 용어로 '화공花工'을 비롯하여 '공아栱牙', '화두아花斗牙' 등의 용어가 등장한다. 화공은 조선 전기에 만들어진 법전인 『경국대전』의 가사규제 항목에 보이는데, 공포와 관련이 있는 용어인 것은 분명하지만 어떠한 구조와 형식을 지닌 것인지는 명확히 알 수 없다. 공아와 화두아¹는 『삼국사기』「잡지」 옥사조에 기록된 용어이다. 공아와 화두아의 구조와 형태는 정확히 알 수 없으나 신라 때 사용된 공포의 형식이었던 것은 분명하다. 한편 공아는 육두품六頭品에서, 화두아는 오두품五頭品에서 사용이 금지되고 있는 것으로 보아 공아가 화두아에 비해 격이 높은 공포 형식이었던 것으로 보인다.

● 공포를 사용하는 위치

공포는 건물 외곽의 평주에 사용되는 것을 기준으로 한다. 그러나 평주 외에 내주와 동자주 상부 등에도 공포를 사용하는 경우가 있다.

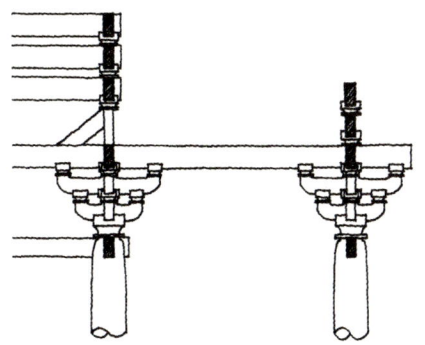

내주와 평주의 높이를 동일하게 만든 위에 동일한 형식의 공포를 올린 것으로 추정되는 예 | 쌍영총 구조 추정도

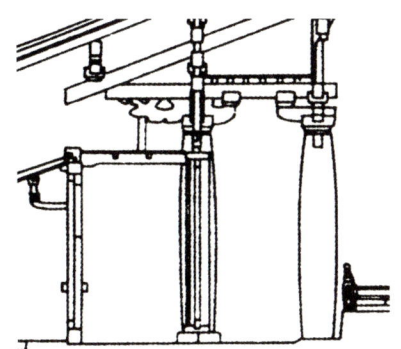

내주를 평주와 동일한 높이로 만든 위에 평주와 동일한 구성의 공포를 올려놓은 예 | 일본 호우류우지 금당

또한 동자기둥과 대공을 공포 형식으로 만들기도 한다. 이처럼 공포는 건물의 여러 곳에 사용되지만 일반적으로 의미하는 공포는 평주 위에 위치한 것이며, 그것이 건축 유형을 구분하는 기준이 된다.

내주와 동자기둥 상부의 공포와 포동자, 포대공은 건물 외곽의 공포를 기준으로 삼아 그 형식을 결정한다. 내주나 동자주 상부에는 공포를 생략하거나 공포를 사용하더라도 평주 위의 공포와 동일하거나 좀 더 약화된 형식의 것을 사용한다. 포동자와 포대공 형식 역시 평주에 사용한 공포보다 약화된 형식으로 만드는 것이 일반적이다.

한편 고대 건축에서는 내주를 평주와 동일한 높이로 만들고 그 위에 평주 위의 것과 동일한 형식의 공포를 사용하기도 하였다. 현존하는 사례는 없지만 고구려 쌍영총의 벽화는 외진평주와 내진평주를 동일한 높이로 만든 위에 동일한 형식의 공포를 올린 모습을 그린 것으로 추정된다.[2]

> 삼국시대 건축의 영향을 받은 것으로 추정되고 있는 일본 나라 호우류우지 금당은 부재의 형태에 차이가 있으나 내진주와 외진주를 동일한 높이로 만든 위에 동일한 구조의 공포를 올려놓고 있다. 이러한 양상은 남선사南禪寺 대전大殿을 비롯한 중국의 고대 건축에서도 나타난다. 또한 중국 북송 때 편찬된 『영조법식』에서는 건축의 유형을 전당형과 청당형으로 구분하면서 전당형은 내주와 외진주의 높이와 그 위에 올라간 공포가 같은 것으로, 청당형은 내주를 외진주보다 높은 고주 형식으로 만든 것으로 구분하고 있다.

• **입면도** 입면도는 무한시점에서 건물을 바라본 모습을 그린 것으로 실제 보이는 건물의 모습과는 차이가 있다. 특히 한국 건축은 경사지붕과 깊은 처마를 지니고 있어서 입면도로 보는 건물의 모습과 실제 보는 건물의 모습에 상당한 차이가 발생한다. 즉 입면도로 보는 것에 비하여 실제로 볼 때 지붕의 높이는 상대적으로 작게 보이며, 공포의 높이는 상대적으로 크게 보인다. 그리고 이러한 시각적 높이 차이는 기단의 높이가 높을수록 더욱 심해진다.

•• **공포** 공포라는 용어는 근현대에 들어와 새로 만들어진 용어로 조선시대의 의궤를 비롯한 문헌기록에 등장하지 않을 뿐 아니라 중국이나 일본에서도 사용되지 않았다.

••• **포작과 두공** 중국이나 일본 건축에서 사용하는 공포 또는 공포와 관련된 용어는 한국 건축의 관련 용어와 상당한 차이가 있다. 중국에서는 공포를 지칭하는 용어로 포작鋪作과 두공枓栱, 枓栱이라는 용어를 주로 사용한다. 이 중에서 두공은 주두와 소로를 의미하는 '두枓'와 살미와 첨차를 의미하는 '공栱'의 합성어로 중국과 일본에서 많이 사용하는 용어이다. 조선시대와 그 이전에 우리나라에서 이 용어를 사용했는지는 명확하지 않으나 지금까지 확인된 문헌에는 나타나지 않고 있다.

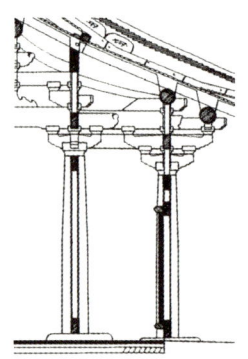 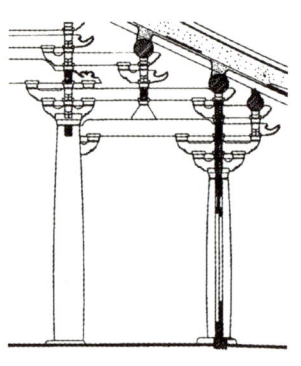 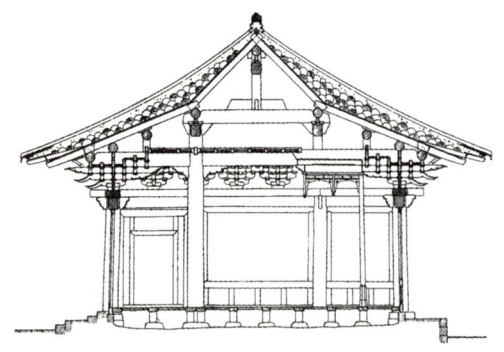

내주를 평주에 비해 공포 한 단 높이만큼 높게 만든 위에 공포를 올린 예 ▎봉정사 극락전

내주를 고주 형식으로 만들었으나 그 위에 평주 위의 공포와 비슷한 형식의 공포를 올려놓은 예 ▎부석사 무량수전

내고주 상부를 평주 위의 공포(다포식)보다 약화된 형식인 초익공식 짜임으로 만든 예 ▎창덕궁 선정전

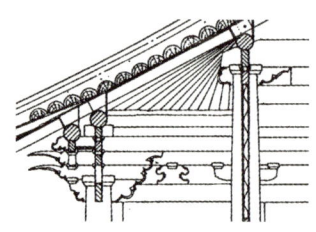

고주 형식의 내주 위를 초익공식 짜임으로 만든 예 ▎나주향교 대성전

그러나 현존하는 우리나라의 건축물 중에서 내주를 평주와 동일한 높이로 만든 위에 평주 위의 공포와 동일한 공포를 올려놓은 예는 없다. 다만 봉정사 극락전은 내주를 평주보다 공포 한 단 높이만큼 높게 만들고 그 위에 평주 위의 공포에 비해 한 단 생략된 형식의 공포를 사용하고 있다. 이러한 구성은 내주를 평주보다 높은 고주 형식으로 세우는 것이 일반적이었던 조선시대 건축 양식과는 상당한 차이가 있는 것이다. 한편 부석사 무량수전은 내주를 고주 형식으로 만들었으나 그 위의 공포를 평주 위의 공포와 비슷한 구조로 만들었으며, 포동자를 사용하고 있다.

이처럼 고려시대까지는 내주 위에 평주와 동일하거나 약화된 공포를 올리는 경우가 있었다. 그러나 조선시대에 들어와서는 내주를 고주 형식으로 만들고 그 위에는 공포를 생략하고 초익공식이나 민도리식의 간단한 짜임으로 만드는 것이 일반화되었다.

● **주심포와 주간포**

공포는 평주 위뿐 아니라 내주와 동자주 상부 등 여러 곳에 사용된다. 그러나 일반적으로 공포는 평주 위에 놓인 공포를 의미한다. 평주 위의 공포는 기둥과의 위치 관계에 따라 크게 주심포柱心包와 주간포

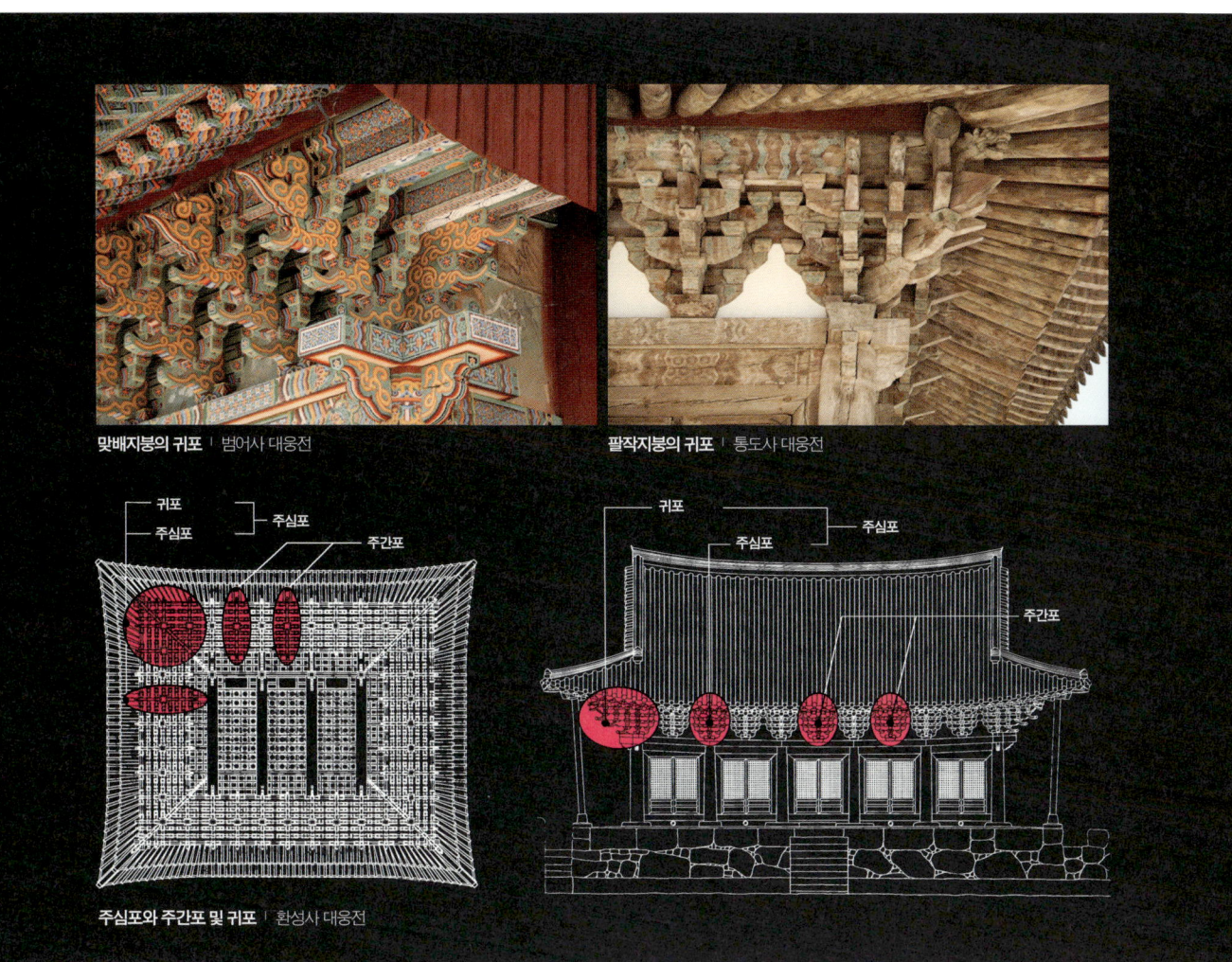

맞배지붕의 귀포 | 범어사 대웅전
팔작지붕의 귀포 | 통도사 대웅전
주심포와 주간포 및 귀포 | 환성사 대웅전

柱間包로 구분한다.

　주심포는 기둥 중심선 위에 놓이는 공포로 주상포柱上包라고도 부른다. 주심포 위에는 보가 놓이게 되며, 주심포는 보를 통해 전달받은 상부 가구의 하중을 기둥으로 전달해준다. 주심포는 다시 귓기둥 위에 놓인 것과 귓기둥을 제외한 평주 위에 놓인 것으로 구분한다. 귓기둥 위에 놓인 공포를 일반적인 주심포와 구분하여 '귀포'라 부른다.

　귀포는 지붕 형식에 따라 차이가 있다. 맞배지붕의 건물에서 귀포는 평주 위의 주심포와 동일하게 만드는 것이 일반적이다. 그러나 팔작이나 우진각, 모임지붕에서 귀포는 평주 위의 주심포보다 복잡한

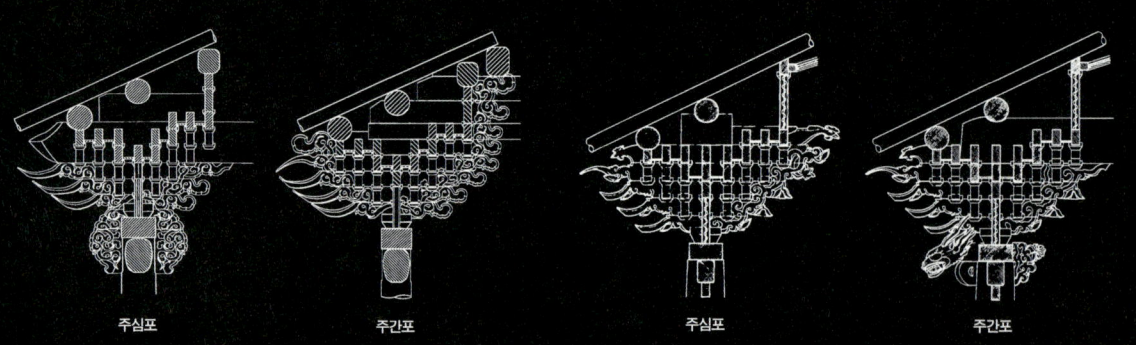

| 주심포 | 주간포 | 주심포 | 주간포 |

보가 설치된 높이로 인해 주심포와 주간포의 살미 단수에 차이가 발생한 예 | 창덕궁 인정전

보의 설치 높이를 조절하고 보머리를 살미 높이로 낮추어 돌출시킴으로써 주심포와 주간포의 외관을 동일하게 만든 예 | 미황사 대웅보전

익공식 건물에 주간포를 적용한 예 | 봉정사 영선암 응진전

구조가 된다. 처마가 측면으로 연결되고 측면에도 공포가 놓이게 됨에 따라 구조나 시각적인 측면에서 정면과 측면이 연속된 구성을 해야 하기 때문이다. 따라서 귀포는 도리 방향과 보 방향이 상호 교차하게 되고, 살미와 첨차가 서로 방향을 달리 하면서 동일한 형태로 만들어진다. 또한 45도 방향의 살미, 즉 한대限大*가 추가된다. 따라서 맞배지붕에서는 귀포를 주심포와 구분할 필요가 없지만 팔작이나 우진각, 모임지붕에서는 귀포를 주심포와 구분해야 한다.

주간포는 기둥과 기둥 사이, 즉 주간에 놓이는 공포로 공간포空間包 또는 간포間包라 부르기도 한다. 주간포는 다포식 건축에서만 사용된다.** 공포 위에 보가 놓이게 되는 주심포와 달리 주간포 위에는 보가 놓이지 않는다. 따라서 보가 설치되는 높이에 따라 주심포와 주간포의 구성이 달라진다.

• **한대** 팔작이나 우진각, 모임지붕의 귀포에서 45도 방향으로 사용되는 살미로 살미와 마찬가지로 단의 위치에 따라 헛첨자, 제1단, 제2단, 제3단 등으로 구분한다.

•• **주간포와 다포식** 주간포를 사용한 건물을 다포식이라 부른다. 그러나 조선 후기의 건축 중에는 공포 자체의 형식은 주심포식이나 익공식이면서 주간포를 설치한 변형된 형식이 등장하기도 하였다.

공포를 구성하는 요소

》 02
출목과 포수

출목과 출목수

공포는 역삼각형 구조로 한 단 쌓아올릴 때마다 보 방향으로 일정한 길이가 돌출하게 된다. 이렇게 보 방향으로 돌출한 것을 출목이라 부른다. 즉 공포가 주심선 바깥으로 돌출한 것을 출목이라 하며, 공포는 출목이 한 번 생길 때마다 수직 높이가 한 단씩 높아진다.

출목은 주심을 기준으로 내부와 외부에 형성되는데, 내부의 출목을 내출목內出目(내목內目), 외부의 출목을 외출목外出目(외목外目)이라 부른다. 그리고 주심을 기준으로 내부나 외부로 첫 번째 출목된 것을 제1출목, 두 번째 출목된 것을 제2출목, 세 번째 출목된 것을 제3출목 등으로 부른다. 또한 내외를 구분하여 내1출목, 내2출목, 내3출목, 외1출목, 외2출목, 외3출목 등으로 부른다.

공포가 내외로 출목된 전체 수를 출목수出目數라 부른다. 공포의 구성은 출목수에 따라 달라지므로 출목수는 공포의 구성 형식을 구분하는 가장 중요한 기준이 된다. 따라서 공포의 구성은 '내□외□출목'이라는 식으로 내부와 외부의 출목수로 표현하게 된다. 예를 들

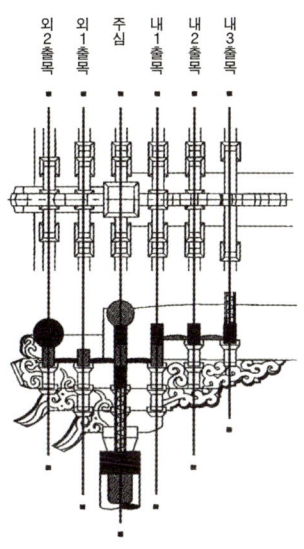

출목의 개념 | 개심사 대웅보전 주심포

출목선상에 세 개의 첨차를 사용한 예
| 신광사 대웅전

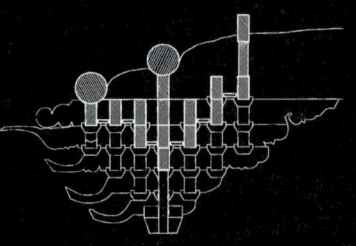
주심과 출목선상에 사용된 첨차의 수 | 여수 흥국사 대웅전(왼쪽)과 도면(오른쪽)

3포 | 강릉향교 대성전

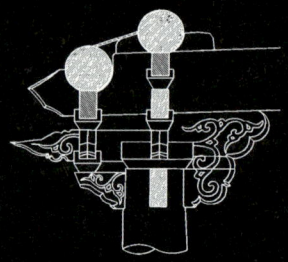
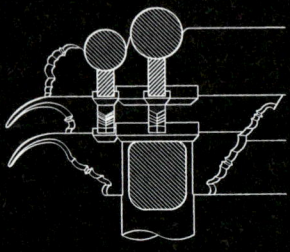
내부에 출목이 없고 외1출목으로 이루어진 3포의 예 | 강릉향교 대성전(왼쪽)과 화성 화서문(오른쪽)

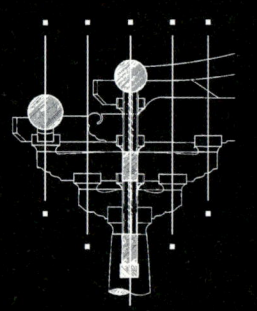
내외2출목의 주심포식 공포 | 봉정사 극락전(왼쪽)과 부석사 무량수전 (오른쪽)

내부는 출목을 이루지 않고 살미를 합쳐 보아지형으로 만든 외2출목(왼쪽)과 외1출목의 주심포식 공포(오른쪽) | 수덕사 대웅전(왼쪽)과 은해사 거조암 영산전(오른쪽)

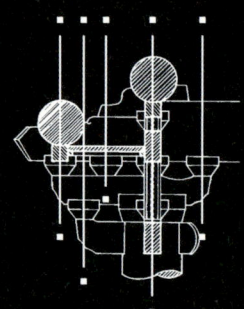
변형된 내1외2출목의 주심포식 공포
| 부석사 조사당

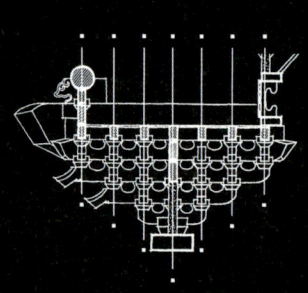
내외3출목의 다포식 공포 | 심원사 보광전

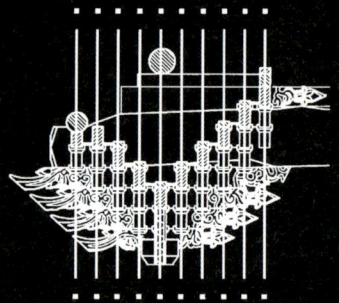
내5외4출목의 다포식 공포 | 논산 쌍계사 대웅전

어 내1출목 외1출목의 공포는 '내외1출목', 내2출목 외2출목의 공포는 '내외2출목', 내3출목 외2출목의 공포는 '내3외2출목'이라는 식으로 공포의 구성 형식을 표현한다. 내부로는 출목이 없고 외부로만 출목이 있는 경우가 있는데, 이때는 외출목의 수만 표현한다. 예를 들어 내출목이 없는 외2출목의 공포는 '외2출목'이라 표현한다.

포수

조선시대에는 출목수가 아닌 포수包數(포작수包作數)로 공포 구성 형식을 표현하였다. 포수가 의미하는 바는 정확히 알 수 없다. 그러나 포수는 주심과 가장 바깥 출목선상을 제외한 각 출목선상에 두 개, 가장 바깥 출목선상에 한 개의 첨차를 사용하는 것을 기본으로 삼고 있는 조선시대의 다포식 공포에서 주심을 포함하여 내부 또는 외부에 사용된 첨차의 수와 일치한다.* 예를 들어 외3출목 공포는 주심선상과 제1출목 및 제2출목선상에 각 두 개, 제3출목선상에 한 개의 첨차가 사용된다. 모두 일곱 개의 첨차가 사용되므로 7포와 일치한다.

> **포수와 출목수의 관계**
> (포수)=2×(출목수)+1

따라서 다포식 공포에서 포수는 출목수와 일정한 관계를 지닌다. 즉 포수는 출목수의 두 배에 1을 더한 값이 된다. 예를 들어 내3외2출목은 내7외5포, 내4외3출목은 내9외7포가 된다.

한편 주심포식 건축에서는 주심과 출목선상에 사용되는 첨차의 수에 변화가 많아 출목수와 포작수가 일치하지 않는 경우가 대부분이다. 그러나 조선시대 후기의 영건의궤에서는 주심포식 건축에서 첨차의 수가 다르더라도 1출목인 경우 '3포包'라고 기록하고 있다. 특히 조선 후기의 주심포식 건축은 내부에 출목이 형성되지 않으므로 내외를 구분하지 않고 외부의 출목수만 계산하여 포수를 표현하고 있다.

● **첨차와 포작수의 관계** 조선 후기 건축 중에는 주심과 각 출목선상에 세 개의 첨차를 사용하는 경우가 있어 첨차의 수와 포작수가 일치하지 않는 경우도 있다.

03 건축 비례의 아름다움을 결정하다

공포 배열 간격의 조절

> 현존하는 한국 건축 중에는 주간을 일정한 비례로 설정하여 공포 간격을 동일하게 만든 예를 찾아보기 어렵다. 한편 심원사 보광전의 측면 공포 배열은 기둥 위치와 무관하게 모든 공포를 동일한 간격으로 배열한 특수한 사례이다.

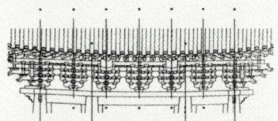

기둥 위치와 관계없이 모든 공포를 동일한 간격으로 배열한 예 | 심원사 보광전

주간포를 사용하는 다포식 건축에서 공포의 배열 간격은 주간 구성과 밀접한 관계를 지닌다. 평면을 구성하는 각 주간의 길이에 따라 공포의 배열 간격이 달라지기 때문이다. 다포식 건축의 공포 배열 방식에는 모든 공포를 동일한 간격으로 설치한 방식과 주간에 따라 공포 사이의 간격을 다르게 만든 형식의 두 가지 유형이 있다.

모든 공포를 일정한 간격으로 설치하는 방법은 다시 두 가지로 구분할 수 있다. 하나는 모든 주간을 동일하게 만들고 같은 수의 주간포를 설치하는 방법이다. 또 하나는 모든 주간 사이에 일정한 비례관계를 형성한 후 주간의 비례에 따라 주간포를 설치하는 방법이다. 예를 들면 정간正間과 협간夾間의 주간을 4:3으로 만들고 정간에 세 개, 협간에 두 개의 주간포를 배열하면 모든 공포 사이의 간격이 같아진다.

모든 주간이 동일하지 않거나 각 주간 사이에 일정한 비례관계가 없는 경우에는 주간 길이에 따라 공포 간격에 차이가 발생한다. 이러한 경우에 포벽의 크기를 조절하여 공포 사이의 간격이 시각적으로 같아 보이도록 하는 방법이 사용되기도 하였다. 포벽包壁의 크기에 의해 공포 간격이 지각된다는 착시현상을 활용한 방법이다. 포벽의

공포 사이의 간격을 시각적으로 지각하게 하는 포벽
| 내소사 대웅보전

첨차 길이로 포벽 크기를 조절함으로써 공포 간격이 비슷해 보이도록 한 경우 | 숭례문 상층

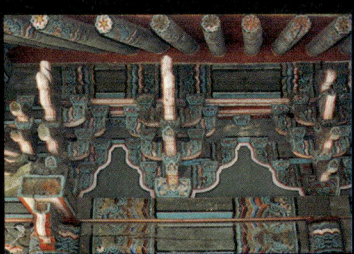
첨차 길이를 이용하여 포벽의 크기를 조절한 예
| 신륵사 조사당

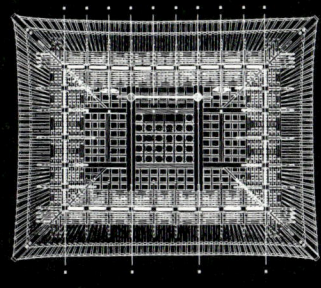

모든 주간을 동일하게 설정하고 각 주간에 두 개씩의 주간포를 배열하여 모든 공포 사이의 간격을 동일하게 만든 예 | 미황사 대웅보전

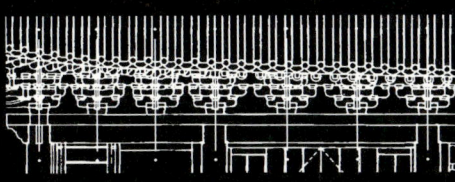
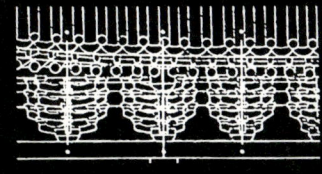

주간 사이에 일정한 비례관계가 없어 간에 따라 공포 간격에 차이가 발생한 예(왼쪽) | 창덕궁 돈화문 하층
첨차 길이로 포벽 크기를 조절함으로써 공포 간격이 비슷해 보이도록 한 경우(오른쪽) | 숭례문 상층

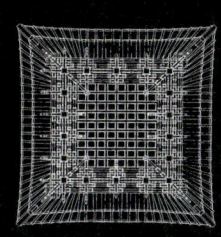

평면 구성상 도리통의 공포 배열이 양통의 공포 배열에 영향을 끼쳐 양통의 공포 배열 간격에 차이가 발생함에 따라 첨차의 길이로 포벽 크기의 차이를 조절한 예 | 신륵사 조사당

크기는 첨차의 길이에 따라 달라지므로 첨차의 길이를 조절함으로써 포벽의 크기를 조절할 수 있다. 즉 공포 간격이 넓은 곳에는 첨차의 길이를 길게 만들어 포벽의 크기를 줄임으로써 공포 사이의 간격이 좁은 것처럼 지각되도록 만든다.

● **포벽** 공포 사이에 형성되는 삼각형의 벽을 가리킨다.

04

공포 구성 부재

시대에 따라 다양한 변화를 보이는 공포

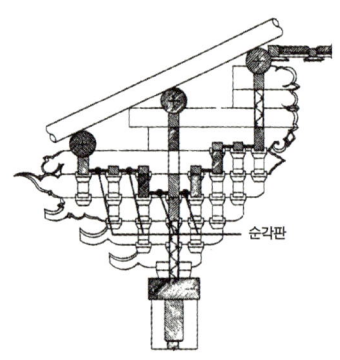

순각판 | 범어사 대웅전

공포는 주두와 소로小累,小路,小櫨, 살미山彌, 첨차檐遮로 구성된다. 이 밖에 공포에는 뜬장혀가 사용되며, 출목 사이를 막기 위해 순각판*을 사용하기도 한다. 공포를 구성하는 기본 부재의 형태와 결구 방식 등은 공포의 구성과 형식이 시대에 따라 변화함에 지속적으로 변화했다.

주두와 소로

● **주두**

주두는 공포의 가장 아랫부분을 구성하는 됫박 모양의 부재로 기둥 상부 또는 평방 위에 놓여 살미와 첨차가 십자十字짜임으로 결구되는 부분을 받쳐준다. 주두는 기둥이나 평방 위에 그대로 올려놓기도 하지만 움직임을 막기 위해 촉을 이용하여 기둥에 고정시키기도 한다.

주두는 굽과 갈 및 귀로 구성된다. 굽은 주두의 아랫부분으로 받침으로서의 역할을 한다. '갈䫜'은 주두 위에 살미와 첨차가 십자로 짜이는 부분에 만든 홈을 말한다. 그리고 갈을 만들고 남은 주두의 네 모

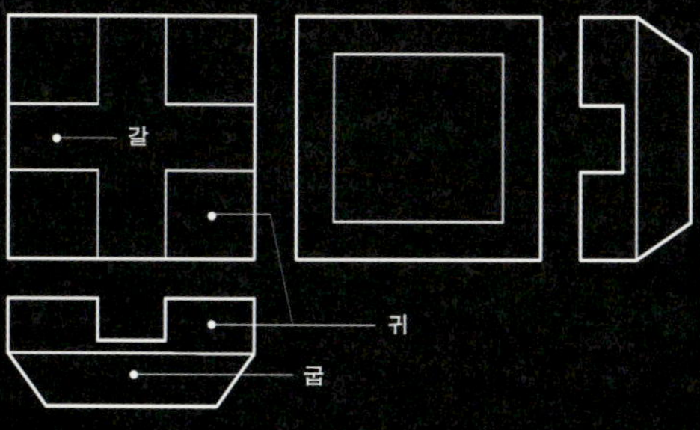

주두의 형태와 구성

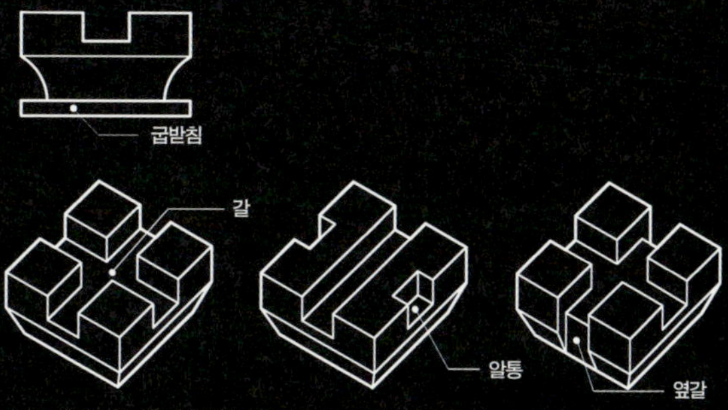

굽받침이 있는 주두(위)와 여러 유형의 주두(아래)

알통이 있는 주두 | 봉정사 대웅전

옆갈이 있는 주두 | 강화 학사재

통이 부분을 '귀'라 부른다. 한편 고려시대까지 주두 굽 아래에 받침 부분, 즉 '굽받침'을 두기도 하였다.

주두 갈은 살미와 첨차 등의 부재가 십자짜임을 이루게 되므로 십자형으로 만드는 것이 일반적이다. 한편 주두에는 상부에 놓이는 부재의 움직임을 방지하고 결구를 보강하기 위하여 '알통'이라 부르는 턱을 만들기도 한다. 또한 갈 아래의 주두 측면에도 홈을 만들어 그 위에 놓이는 부재와의 결구를 보강하기도 하는데, 이를 '옆갈'이라 부른다. 이 밖에도 주두의 갈은 상부에 놓이는 부재의 결구 형태나 보강의 의도에 따라 다양한 형태로 만들어 사용한다.

> **재주두**: 이익공식二翼工式이나 삼익공식三翼工式 짜임에서는 주두 위에 또다시 주두를 올려놓기도 하는데, 이를 재주두再柱枓라 부른다.

주두와 재주두 | 창덕궁 주합루와 창덕궁 대조전

● **순각판** 출목 사이의 공간을 막기 위해 사용하는 판재로 인접한 뜬장혀 사이에 설치하는 것이 일반적이다.

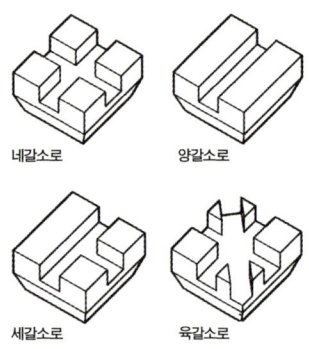

갈에 따른 여러 유형의 소로

● 소로

살미와 첨차, 뜬장혀 등으로 구성되는 공포의 매 단段 사이에 놓이는 주두와 같은 모양의 작은 부재를 소로라 부른다. 소로는 주두와 같이 갈을 이용하여 살미와 첨차, 또는 뜬장혀나 단혀 등을 받쳐줌과 동시에 부재들의 이동을 방지해주는 역할을 한다. 소로는 공포 외에 뜬장혀와 뜬장혀, 뜬장혀와 장혀, 화반과 (뜬)장혀 사이 등에 사용되기도 한다.

소로는 크기만 작을 뿐 주두와 동일한 형태를 지니며, 같은 건물에서는 주두와 동일한 형태로 만드는 것이 일반적이다. 소로는 그 상부에 놓이는 부재에 따라 다양한 갈을 만들어 사용한다. 이러한 갈의 형태에 따라 소로는 양갈소로, 네갈소로, 육갈소로, 세갈소로 등으로 구분된다. 또한 주두에서와 마찬가지로 상부에 놓이는 부재가 움직이지 않도록 보강하기 위해 옆갈이나 알통을 만들기도 한다.

● 주두와 소로의 다양성과 시대적 변화

연잎 형상의 조각을 한 주두 | 숭림사 보광전

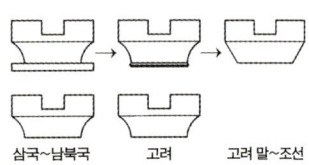

시대에 따른 주두와 소로의 변화

주두와 소로는 네모난 형태로 만드는 것이 일반적이다. 그러나 사용된 위치의 특성이나 건물을 꾸미고자 하는 의도에 따라 다양한 형태의 것을 사용하였다. 예를 들어 팔각형이나 육각형 등 다각형 평면의 건물에서 귓기둥 위에 사용하는 주두는 평면에 맞추어 다각형으로 만들기도 한다. 또한 숭림사 보광전과 개암사 대웅보전 등에서 볼 수 있는 것처럼 연꽃 등을 새긴 주두를 사용하여 건물을 장식하기도 한다. 다양한 형태의 주두와 소로는 특히 고분벽화의 건축도나 석조 구조물을 통해 확인되는 고구려 건축에서 많이 볼 수 있다. 쌍영총의 팔각 돌기둥 위에는 연꽃을 그려 넣은 팔각형의 독특한 모양으로 생긴 주두가 사용되었으며, 덕흥리고분에는 이중 주두가, 수산리고분에는 이중 주두로 아래에 연꽃 형태의 주두가 벽화로 그려져 있다.

주두와 소로는 시대에 따라 그 기본적인 구성과 형태가 변화해왔

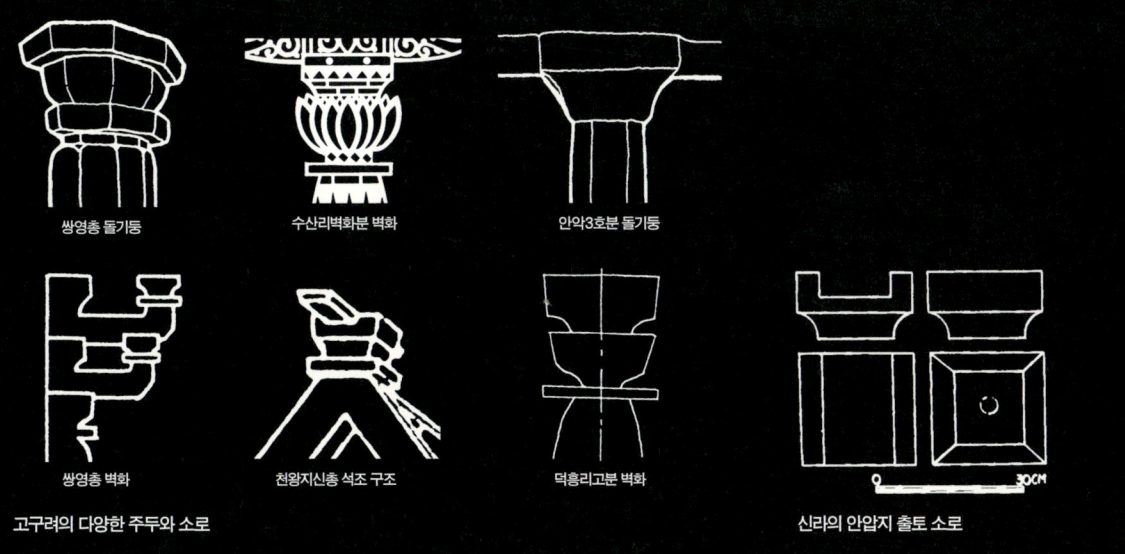

고구려의 다양한 주두와 소로 / 신라의 안압지 출토 소로

다. 시대에 따른 변화는 특히 굽받침의 사용 여부와 굽의 형태에서 두드러지게 나타난다.

삼국시대 고구려 건축에서는 굽이 곡선으로 된 것이 사용되었다. 굽받침은 있는 것과 없는 것의 두 가지 유형이 모두 사용되었지만 굽받침이 있는 것이 좀 더 많은 수를 차지하고 있다.

삼국시대 백제와 신라, 그리고 남북국시대의 건축에서 주두와 소로의 굽은 모두 곡선형이었다. 그러나 굽받침이 있는 주두는 아직 확인되지 않고 있다. 백제 건축의 주두와 소로에 대해 알 수 있는 직접적인 자료는 없으나 백제와 밀접한 관련이 있는 것으로 추정되고 있는 일본 호우류우지 소장 옥충주자玉蟲廚子에 굽받침 있는 주두가 사용되고 있는 것으로 보아 백제에서도 고구려와 마찬가지로 굽받침이 있는 주두가 사용되었을 가능성이 있다. 신라 건축과 관련해서는 안압지 출토 부재 등을 통하여 주두와 소로가 확인된 바 있으나 모두 굽받침이 없다.

고려시대에는 주두와 소로의 굽에 변화가 일어나기 시작하였다. 신라 때와 마찬가지로 굽받침은 있는 것과 없는 것이 모두 사용되었다. 그러나 굽받침을 사용하더라도 그 높이는 이전 시대보다 낮아졌다.

> 굽받침이 있는 주두는 고대 중국과 일본 건축에서도 확인된다. 5세기 후반에 조영된 중국 산시 성山西省 다퉁大同의 윈강雲崗석굴에 표현되어 있는 주두와 소로는 모두 높은 굽받침이 있는 것으로 고구려 건축의 주두, 소로와 같은 모습이다.[3] 또한 일본 나라 호우류우지의 금당과 오중탑, 중문, 회랑에 사용된 주두와 소로 역시 높은 굽받침을 가진 것으로 고구려 건축과의 관련성을 보여준다.[4]

중국과 일본의 고대 주두 | 윈강석굴 제1굴(위), 일본 나라 호우류우지 중문(아래)

굽받침이 있는 옥충주자玉蟲廚子의 주두
| 일본 나라 호오류우지

굽은 여전히 곡선형이 일반적이었으나 고려시대 말에 들어와서 다포식 건축을 중심으로 굽을 직선형으로 사절斜切한 것이 사용되기 시작하였다. 이후 조선시대 건축에서는 굽받침이 없고 굽을 직선형으로 사절한 주두와 소로가 일반적인 것이 되었다.

살미와 첨차

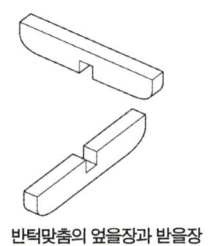

반턱맞춤의 엎을장과 받을장

살미와 첨차는 공포를 구성하는 장방형 단면의 짧은 부재(방목枋木)이다. 주두나 소로 위에 중첩해서 사용하며, 서로 십자짜임을 이루어 여러 단으로 구성된 공포의 각 단을 구성함으로써 출목을 형성함과 동시에 공포의 높이를 높여주는 기능을 한다. 살미와 첨차는 그 설치 방향에 따라 보 방향으로 놓인 것을 살미, 도리 방향으로 놓인 것을 첨차로 구분하여 부른다. 살미와 첨차는 반턱맞춤으로 결구되는데, 살미는 엎을장, 첨차는 받을장*으로 만드는 것이 일반적이다.

● 살미의 기능과 위치에 따른 구분

살미는 주심선 위에 보 방향으로 중첩되어 놓인다. 공포는 역삼각형 구성을 띠기 때문에 살미는 아래에서 위로 올라가면서 점차 길이가 긴 것을 사용하여 출목을 형성한다. 따라서 공포의 구성에서 살미는 그 위치한 단수段數가 중요한 의미를 지닌다. 시대와 공포의 형식에 따라 차이가 있지만 살미와 첨차의 십자짜임은 주두 위에서 시작된다. 따라서 살미를 위치에 따라 구분하기 위해 주두 바로 위에 놓인 살미로부터 위로 올라가면서 제1단 살미, 제2단 살미, 제3단 살미 등으로 부른다.

한편 공포의 짜임이 주두 아래의 기둥머리부터 시작되는 경우가 있다. 기둥머리에서 살미에 해당하는 보 방향의 부재와 창방이 십자

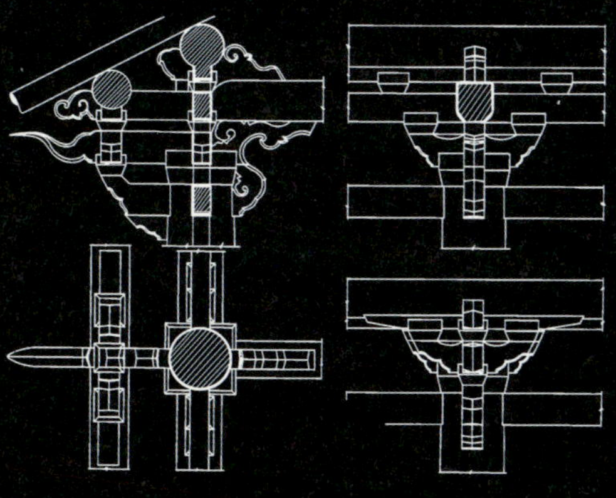

주심포식 공포의 살미와 첨차 | 은해사 거조암 영산전

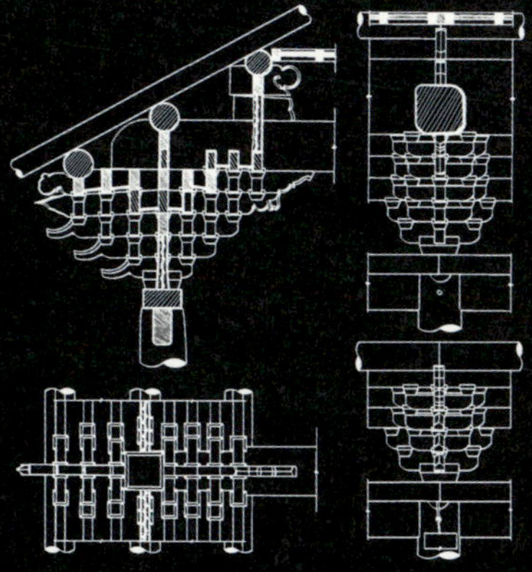

다포식 공포의 살미와 첨차 | 통도사 대웅전

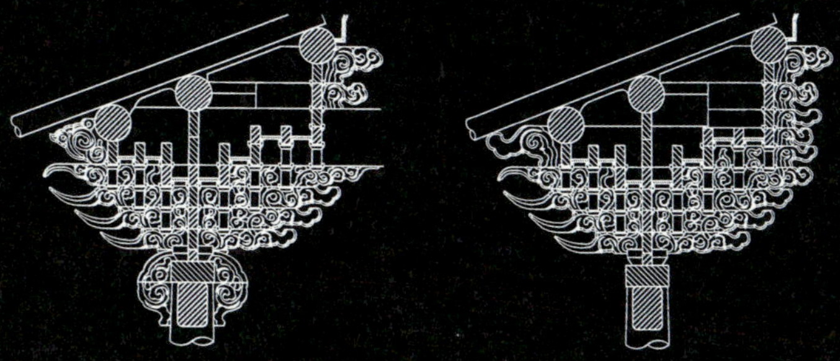

단段에 따른 살미의 구성 | 경복궁 근정전 1층 주심포와 주간포

짜임을 이루게 되고 그 위에 주두가 놓인다. 이처럼 기둥머리에 보 방향으로 짜인 부재를 '헛첨차'**라 부른다.

헛첨차가 언제부터 사용되었는지는 정확히 알 수 없다. 다만 현존하는 건물 중에서 헛첨차를 사용한 가장 오래된 건물은 수덕사 대웅전이다. 그러니 삼국시대 고구려의 고분벽화 중에는 기둥머리에 보 방향으로 부재를 삽입한 것으로 보이는 그림이 있다.[5] 또한 이와 비슷한 부재를 일본 나라 호우류우지 금당과 오중탑의 채양칸에서 볼 수 있다. 물론 이것들을 헛첨차로 단정할 수는 없지만 주두 위가 아닌 기둥머리에서부터 시작되는 공포가 매우 일찍부터 사용되었을 가능성이 높다는 점을 시사한다. 수덕사 대웅전 이후 헛첨차는 주심포식 건축

헛첨차 | 수덕사 대웅전(위)과 은해사 거조암 영산전(아래)

● **엎을장과 받을장** 두 부재를 반턱맞춤으로 결구할 때 아래에 놓이는 부재를 받을장, 위에 놓이는 부재를 엎을장이라 부른다.

●● **헛첨차** 헛첨차라는 용어가 언제부터 사용되었는지는 정확하지 않지만, 조선시대에는 사용하지 않았으며, 근현대에 들어와 첨차 앞에 '헛'이라는 접두어를 붙여 만든 신조어이다. 그런데 헛첨차는 부재가 놓인 방향이나 기능으로 볼 때 살미에 속하는 부재이므로 헛첨차라는 용어는 적합하지 않다. 의미상으로는 '헛살미'라는 용어가 더 적합할 것으로 생각한다.

한대 | 화엄사 대웅전(왼쪽)과 부석사 무량수전(오른쪽)

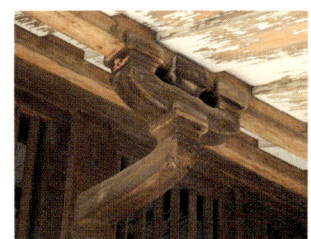

기둥머리에 보 방향 부재를 삽입한 예
| 일본 나라 호우류지 금당의 채양간

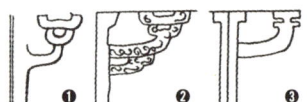

기둥머리에 보 방향의 부재를 끼워 출목이 있는 공포를 구성하도록 한 것으로 보이는 고구려 고분벽화의 건축도
❶ 성총
❷ 우산리1호분
❸ 연화총

의 기본 구성 부재로 일반화되어 사용되었다.

팔작이나 우진각, 모임지붕의 건물에서는 귀포에 45도 방향으로 놓인 부재를 사용한다. 정면에서 측면으로 연속되는 공포의 구성을 만들기 위해 사용하는 살미에 속하는 부재인데, 일반적인 살미와 구분하여 '한대'라 부른다. 한대 역시 살미와 마찬가지로 단 위치에 따라 헛첨차, 제1단 한대, 제2단 한대 등으로 세분할 수 있다.

● **첨차의 기능과 위치에 따른 구분**

첨차는 공포에 도리 방향으로 사용되는 방목으로 살미와 함께 건물의 높이를 높여주며, 출목을 형성한다. 첨차는 위치에 따라 크게 주심선 위에 놓인 주심첨차柱心檐遮와 출목선 위에 놓인 출목첨차出目檐遮로 구분한다. 출목첨차는 다시 외출목에 놓인 외출목첨차外出目檐遮와 내출목에 놓인 내출목첨차內出目檐遮로 구분되는데, 일반적으로는 줄여서 외목첨차外目檐遮와 내목첨차內目檐遮라 부른다. 또한 출목첨차를 출목 위치에 따라 더 세분하여 제1출목 첨차, 제2출목 첨차, 제3출목 첨차 등으로 구분하여 부른다.

시대와 공포 형식에 따라 주심선상이나 출목선상에 중첩시켜 사용

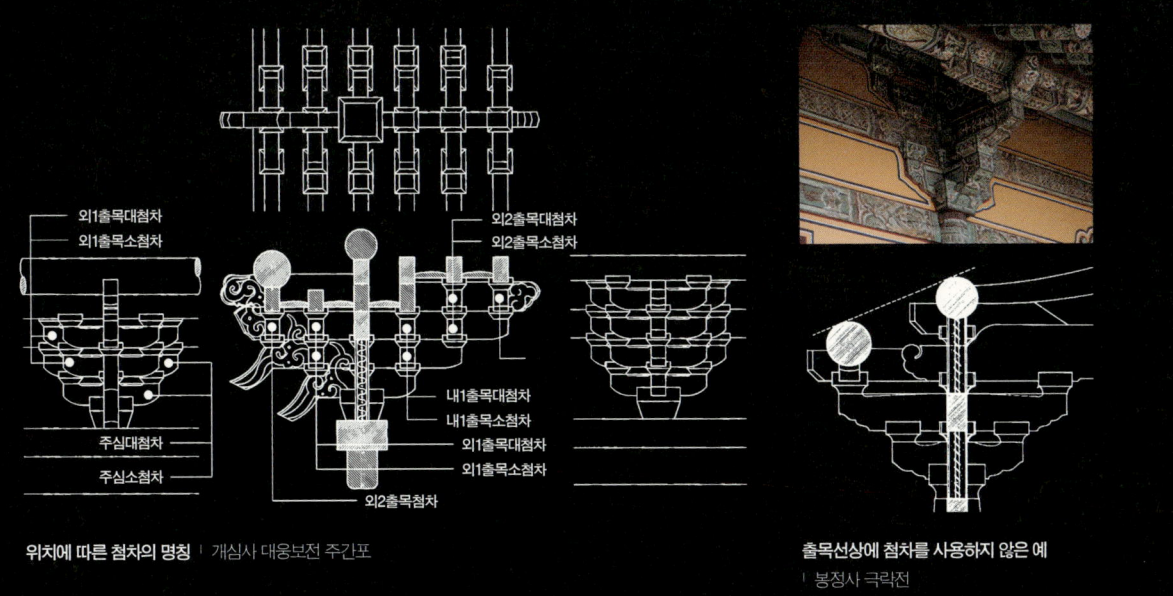

위치에 따른 첨차의 명칭 | 개심사 대웅보전 주간포

출목선상에 첨차를 사용하지 않은 예
| 봉정사 극락전

하는 첨차의 수가 다르다. 이를 구분하면 우선 주심이나 출목선상에 첨차를 사용하지 않는 경우와 첨차를 사용하는 경우로 구분할 수 있다. 첨차를 사용하는 경우에는 첨차를 한 단만 놓은 경우와 두 단 놓은 경우, 세 단 놓은 경우로 구분할 수 있다.

출목선상에 전혀 첨차를 사용하지 않은 경우는 봉정사 극락전에서 볼 수 있다. 이후 고려시대와 조선시대의 주심포식 건축에서는 가장 바깥 외출목 선상에만 하나의 첨차를 사용하고 다른 출목선상에는 첨차를 사용하지 않는 것이 일반적이다. 반면에 다포식 건축에서는 주심은 물론 가장 바깥의 출목을 제외한 모든 출목선상에 상하 2단으로 첨차를 중첩시켜 사용하는 것이 일반적이다. 이 밖에 조선시대 후기의 일부 건축에서는 주심 또는 동일한 출목선상에 세 개의 첨차를 중첩시킨 경우도 있다.

주심 또는 출목선상에 상하 두 개의 첨차를 중첩시키는 경우 윗단에 놓이는 첨차는 아랫단에 놓이는 것보다 길이가 긴 것을 사용한다. 이러한 길이의 차이에 따라 아랫단에 놓인 짧은 첨차를 소첨小檐 또

> 현재 우리나라에서는 출목선상에 중첩되는 첨차의 수에 따라 공포의 유형을 구분하는 명칭이 없다. 그러나 중국에서는 첨차를 사용하지 않는 경우를 투심조偸心造, 첨차를 사용하는 경우를 계심조計心造로 구분한다. 또한 계심조는 첨차의 단수에 따라 첨차를 한 단만 놓은 단공계심조單栱計心造와 첨차를 두 단 놓는 중공계심조重栱計心造로 구분한다.

가장 바깥 외출목 선상에만 한 개의 첨차를 사용한 예 | 수덕사 대웅전(왼쪽)과 강릉문묘 대성전(오른쪽)

주심과 출목선상에 상하 두 개의 첨차를 중첩시킨 예 | 미황사 대웅보전

는 소첨차小檐遮, 윗단에 놓인 긴 첨차를 대첨大檐 또는 대첨차大檐遮라 부른다. 세 개의 첨차를 중첩시키는 경우에는 대, 중, 소의 세 가지 첨차를 사용하는데, 소첨과 대첨 사이에 놓인 중간 길이의 첨차를 중첨中檐으로 구분한다. 동일한 주심선상이나 출목선상에 한 개의 첨차만 사용하는 경우에는 길이가 같은 하나의 첨차만을 사용하므로 길이에 따라 첨차를 세분하지 않는다.

특정한 위치에 사용된 첨차를 지칭하기 위해서는 위치와 크기를 동시에 설명하는 용어를 사용한다. 예를 들어 주심선상에 두 개의 첨차가 놓여 있는 경우 아랫단의 첨차만을 지칭하고자 할 때에는 '주심소첨柱心小檐'이라 부르면 된다. 같은 방법으로 특정 위치의 첨차를 부르고자 할 때에는 주심대첨, 외1출목소첨, 외1출목대첨, 외2출목소첨, 외2출목대첨, 내1출목소첨, 내1출목대첨 등으로 부른다.

주심이나 각 출목선상에 사용되는 소첨과 대첨, 또는 중첨은 각각 동일한 길이로 만들어 사용하는 것이 일반적이다. 예를 들어 주심소첨과 출목소첨은 동일한 길이로 만든다. 가장 바깥 출목선상에는 한 개의 첨차만을 사용하는 것이 일반적인데, 주심이나 다른 출목선상에 사용한 소첨과 같은 길이로 만드는 것이 일반적이다.

조선시대 후기 팔작을 비롯하여 우진각이나 모임지붕으로 된 다포식 건축의 귀포에서는 좌우대를 비롯하여 병첨幷檐, 도매첨都每檐 등의 부재를 사용한다.[6] 보 방향과 도리 방향이 교차하고 있는 귀포의

주심과 출목선상(가장 바깥 출목선상은 제외)에 상하 두 개의 첨차를 중첩시킨 예 │ 창덕궁 인정전

 구성 특성상 이 부재들은 살미나 첨차 중 어느 부재에 속한다고 단정 짓기 어렵다.
 좌우대左右隊는 귀포의 주심선상과 외목선상에 도리 방향으로 사용된 부재를 말한다. 이 부재는 안쪽으로는 첨차의 형태를, 바깥쪽으로는 살미의 형태를 지니고 있어 살미나 첨차의 어느 쪽에도 포함시키기 어렵다. 귀포와 그 바로 옆에 위치한 주간포의 첨차를 하나의 부재로 연결하여 사용하는 경우가 있다. 특히 귀포의 내출목에서는 귀포와 그 바로 옆 주간포의 간격이 가까워 별도의 첨차를 사용할 수 없기 때문에 두 개의 첨차를 하나의 부재로 연결하고 별도의 부재인 것처럼 조각을 해서 사용한다. 이렇게 귀포와 그 옆 주간포 사이를 하나의 부재로 연결한 첨차를 병첨이라 부른다. 병첨은 귀포와 그 옆 주간포를 서로 연결시켜줌으로써 두 공포 사이의 결속력을 강화하는 역

병첨과 도매첨(위) │ 송광사 영산전
좌우대(아래) │ 순천 동화사 대웅전

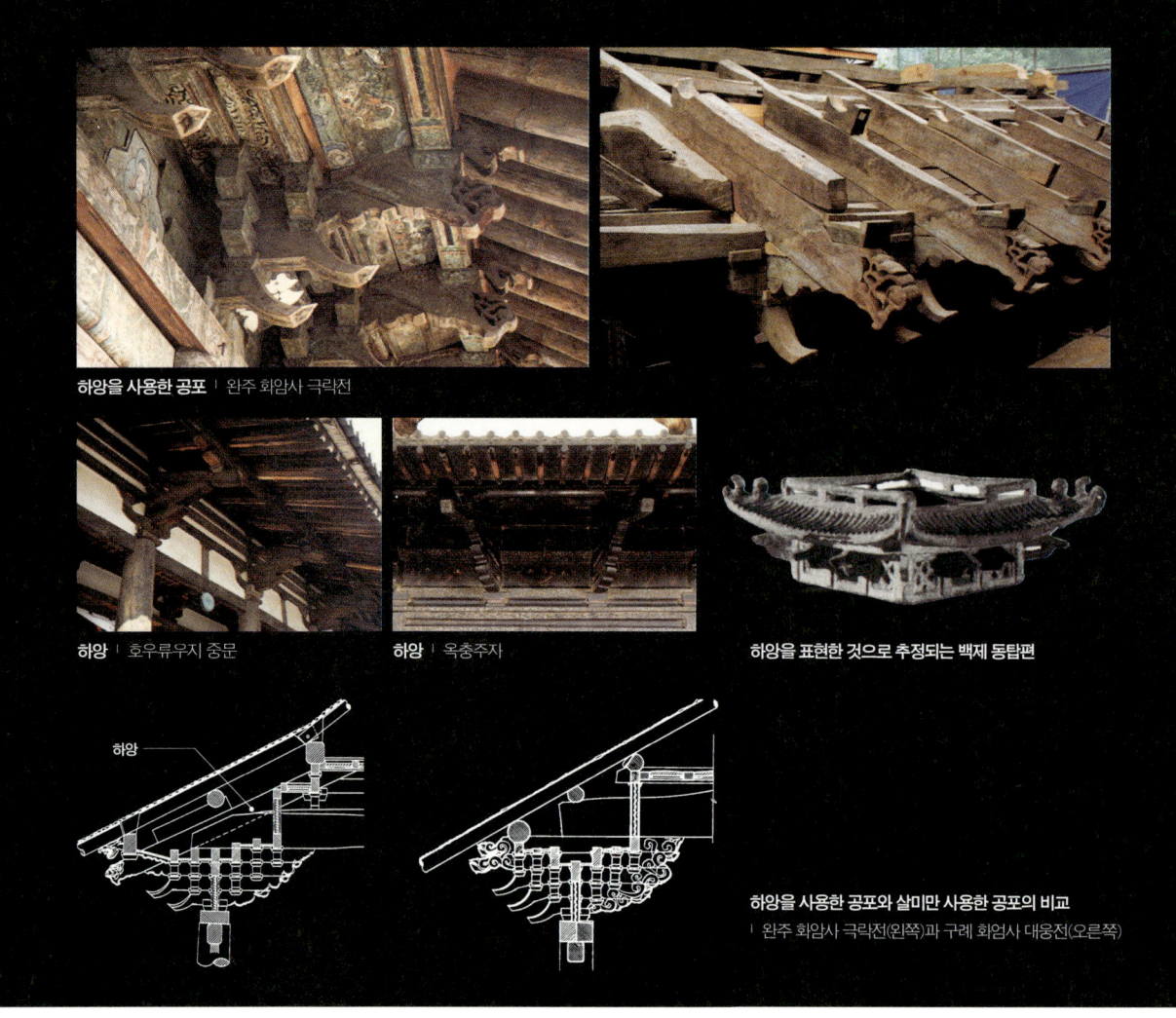

하앙을 사용한 공포 | 완주 화암사 극락전

하앙 | 호우류우지 중문

하앙 | 옥충주자

하앙을 표현한 것으로 추정되는 백제 동탑편

하앙을 사용한 공포와 살미만 사용한 공포의 비교
| 완주 화암사 극락전(왼쪽)과 구례 화엄사 대웅전(오른쪽)

할도 가지고 있다. 도매첨은 귀포 내1출목선상에 사용되는 첨차 중에서 외부로 돌출되지 않는 첨차를 말한다.

● 하앙

하앙 下昂[7]은 경사지게 보 방향으로 놓여 출목을 구성하는 공포 부재이다. 하앙은 지렛대와 같이 공포를 지점으로 건물 내외 지붕의 하중을 동시에 받도록 하여 처마를 받치는 역할을 한다. 하앙은 보 방향으로 놓인다는 점에서 살미와 기능이 같다. 그러나 경사지게 설치된다는 점에서 수평으로 설치되는 살미와 차이가 있다.

살미로만 구성된 공포는 출목 수에 비례하여 공포의 높이가 높아진다. 따라서 좀 더 깊은 처마를 만들기 위해서는 중첩된 공포의 단수를 증가시켜야 한다. 이때 살미로 구성되는 공포는 그 높이가 지나치게 높아져 구조적으로 불안정해진다. 반면에 하앙은 공포의 높이를 높이지 않으면서도 출목 길이를 길게 할 수 있는 장점이 있다. 그만큼 공포구조에 안정성을 확보하면서 처마를 많이 돌출시킬 수 있다.

하앙은 이미 삼국시대부터 사용되었던 것으로 추정된다. 실존하는 목조건축은 아니지만 백제 동탑편에 하앙으로 추정되는 부재의 모습이 표현되어 있고[8] 삼국시대 건축의 영향을 받은 일본 나라 호우류우지 금당과 오중탑 및 중문에도 하앙을 사용하였기 때문이다. 하지만 현존하는 우리나라 건축 중에서 하앙을 사용한 건물은 전라북도 완주의 화암사 극락전이 유일하다.

> 모든 시대에 거쳐서 하앙이 많이 사용되었던 중국이나 일본과 달리 우리나라 건축에서 하앙이 사용된 예가 적다. 그 이유는 정확히 알 수 없으나 휨이나 뒤틀림 등과 같은 목부재의 변형을 심하게 일으키는 기후 조건, 즉 계절에 따른 습도 차이가 큰 것이 그 이유 중 하나로 추정된다.

● **살미와 첨차의 구성과 형태**

살미와 첨차는 장방형 단면을 지니는 짧은 부재로 두 부재의 결구를 위한 부분과 상부에 소로가 얹히는 부분, 공안栱眼, 그리고 양쪽 끝의 여러 모양으로 조각된 부분으로 구성된다. 살미와 첨차는 반턱맞춤에 의해 십자형으로 결구하며, 일반적으로 첨차를 받을장, 살미를 얹을장으로 만든다. 또한 살미와 첨차의 결구를 보강하기 위해 첨차의 반턱 홈 좌우, 아랫부분에 알통을 만들기도 한다.

살미나 첨차 위에 소로를 놓을 때에는 아무런 보강 없이 소로를 얹어놓기도 하지만 촉을 사용하여 소로가 움직이는 것을 방지하는 경우가 많다. 살미와 첨차, 특히 첨차는 그 윗면의 소로 얹힐 자리를 제외한 부분을 곡선으로 오목하게 파내는데, 이를 공안이라 한다. 윗면 전체를 파내지 않고 모서리 부분만 공안이 있는 것처럼 따내는 경우도 있는데, 이를 '공안따기'라 부른다. 물론 공안을 만들지 않은 경

첨차의 예 | 봉정사 대웅전

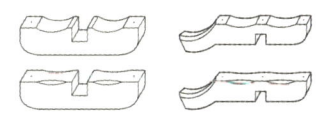

살미(오른쪽)와 첨차(왼쪽)의 구성

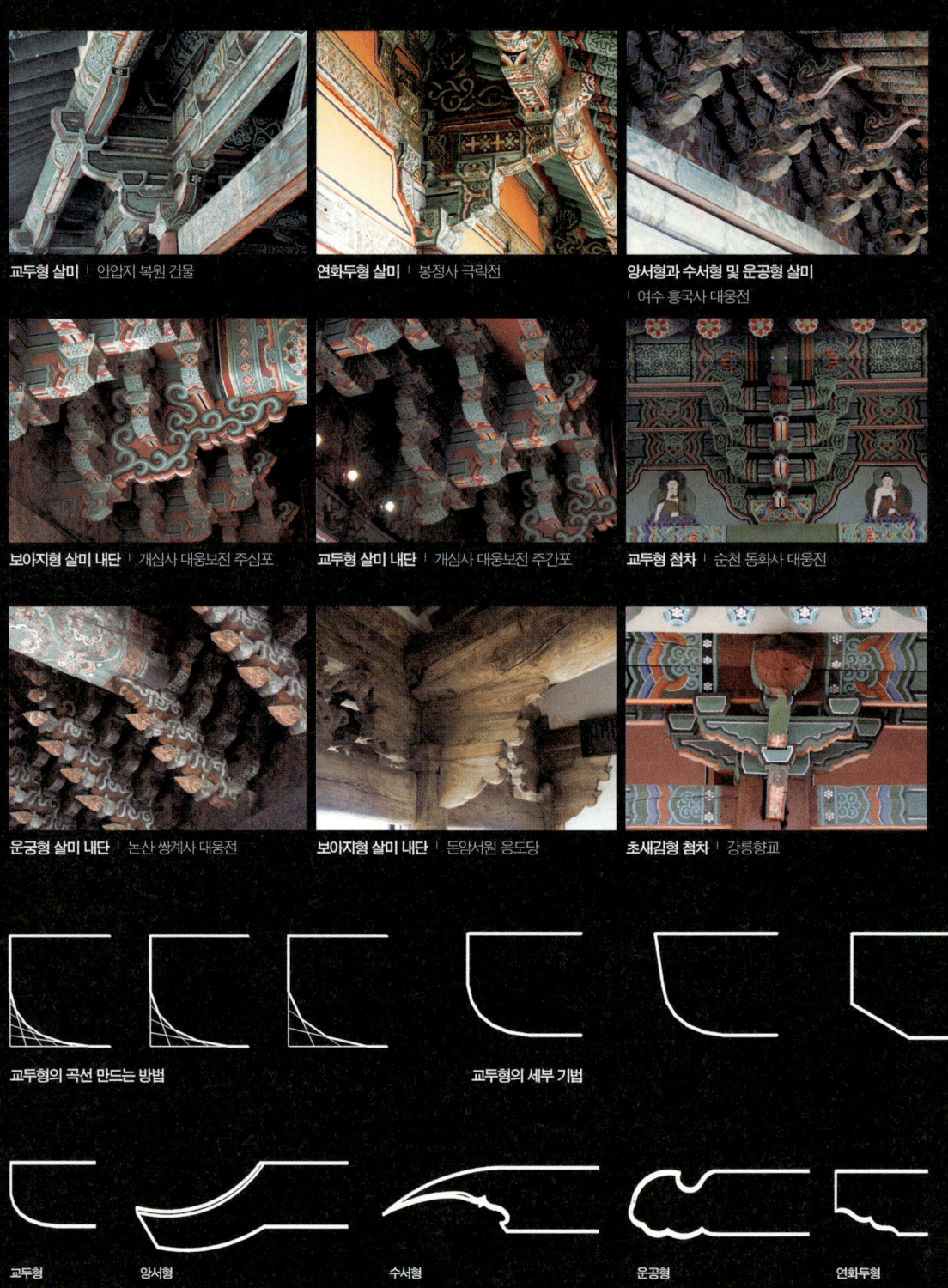

교두형 살미 | 안압지 복원 건물
연화두형 살미 | 봉정사 극락전
앙서형과 수서형 및 운공형 살미 | 여수 흥국사 대웅전
보아지형 살미 내단 | 개심사 대웅보전 주심포
교두형 살미 내단 | 개심사 대웅보전 주간포
교두형 첨차 | 순천 동화사 대웅전
운궁형 살미 내단 | 논산 쌍계사 대웅전
보아지형 살미 내단 | 돈암서원 응도당
초새김형 첨차 | 강릉향교

교두형의 곡선 만드는 방법
교두형의 세부 기법

교두형   앙서형   수서형   운공형   연화두형

살미 외단의 형태법

우도 있다.

살미와 첨차는 시대와 공포 형식에 따라, 그리고 건물의 성격에 따라 양쪽 끝을 여러 가지 형태로 만들어 사용하였다. 특히 살미는 첨차에 비하여 끝 부분의 형태가 더욱 다양할 뿐 아니라 외부와 내부 끝의 형태도 다르게 만드는 경우가 많다.

살미 외단外端의 형태는 크게 교두형翹頭形과 초草새김형, 쇠서牛舌형으로 구분할 수 있다. 교두형은 직선으로 잘라낸 양단의 하부를 둥글게 만든 것이다. 교두형은 그 끝을 수직으로 잘라낸 것과 약간 사선斜線으로 잘라낸 것이 있으며, 하부는 곡선이 아닌 사선으로 잘라낸 것도 있다. 초새김형은 살미의 외단을 여러 가지 형태로 초새김한 것으로 초새김 형태에 따라 연화두蓮花頭형, 봉취鳳嘴형, 운공雲工형 등으로 구분된다. 쇠서형은 끝 부분을 소의 혀 모습으로 조각하여 만든 것으로 그 끝이 위로 올라간 것을 앙서仰舌형, 그 끝이 아래로 내려간 것을 수서垂舌형으로 구분한다.

살미 내단內端의 형태는 교두형과 보아지형(양봉형樑奉形), 운궁雲宮형 등이 있다. 운궁형과 보아지형은 여러 단으로 이루어진 살미 내단을 하나의 부재처럼 만들어 연봉이나 당초무늬 등 다양한 무늬를 초새김한 것을 말한다. 보아지형은 보를 받친다는 의미가 들어간 것으로 보 아래에 사용한 것을 말한다. 반면에 운궁형은 형태적 의미를 지니고 있는 것으로 주로 주간포에 사용된 것이다.

첨차 양단의 형태는 크게 교두형과 초새김형의 두 가지가 있다.

● **살미와 첨차의 시대에 따른 변화**

살미의 외단은 교두형에서 연화두형, 쇠서형의 순서로 변화했다. 반면에 살미의 내단은 교두형에서 양봉형 또는 운궁형으로 변화했는데, 그 중간에 교두형과 양봉형(또는 운공형)이 조합된 것을 사용하는 단계가 있었다. 첨차는 교두형이 모든 시대에 걸쳐 가장 일반적인 형태

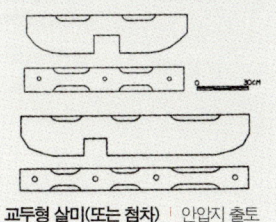

> 안압지 출토 부재와 봉정사 극락전 단집의 살미와 첨차는 양단을 수직으로 직절하고 그 아랫부분을 곡선으로 만들었는데, 곡선 부분은 여러 개의 직선으로 만들어져 있어 당시 곡선을 만드는 방법을 보여준다.

교두형 살미(또는 첨차) | 안압지 출토

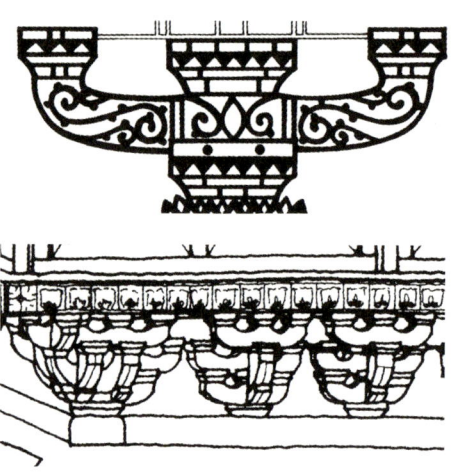

삼국시대 고구려의 교두형 첨차(위) | 수산리고분의 벽화
일본 서복사西福寺 소장 〈관경서분변상도〉에 묘사된 교두형 살미와 첨차(아래)

교두형의 살미와 첨차 | 신라 말 또는 고려 초의 것으로 추정되는 금동불감

> 삼국시대 건축에서는 건물을 꾸미기 위해 교두형 외에 여러 무늬를 새긴 살미를 사용하기도 하였다. 그 예로 삼국시대 건축의 영향을 받은 일본 나라 호우류우지의 금당과 오중탑에는 구름무늬 등을 초각한 살미가 사용되고 있다.

구름형 초각을 한 살미 | 일본 나라 호우류우지 금당

> 연화두형 초각은 중국이나 일본 건축에서는 거의 찾아볼 수 없는 것으로 한국 건축에서 나타나는 특성이다. 연화두형 초새김은 '쌍을자형'[9], '쌍S자형' 또는 '화두식花頭式'[10] 등, 다양한 명칭으로 부르기도 하였다.

로 사용되었으나 고려시대에 연화두형 등의 초새김형이 나타났고, 조선시대 건축에서는 건축의도에 따라 다양한 형태의 초새김을 한 첨차가 사용되기도 하였다.

삼국시대와 남북국시대의 건축에서 살미의 내외단과 첨차는 모두 교두형으로 만드는 것이 일반적이었다. 고구려 고분벽화에 묘사된 공포 그림과 석조 구조의 살미와 첨차, 안압지에서 출토된 살미와 첨차 등은 모두 교두형이다. 신라 말 또는 고려시대 초기의 것으로 추정되는 금동불감에도 교두형의 살미와 첨차가 사용되고 있어 살미와 첨차를 교두형으로 만드는 전통은 고려시대까지 지속되었던 것으로 보인다.

고려시대에는 교두형 살미와 첨차가 지속적으로 사용되었지만 살미와 첨차에 새로운 변화가 나타났다. 교두형 살미와 첨차 양쪽 끝의 아랫부분에 초새김을 한 연화두형蓮花頭形이라는 새로운 형태가 등장하였다. 현존하는 건물 중에서 봉정사 극락전은 살미와 첨차를 연화두형으로 만든 가장 오래된 예이다. 이후 연화두형은 고려시대 주심포 건축에서 첨차의 일반형으로 사용되었다.

고려시대 말에는 새롭게 쇠서형의 살미가 출현하였으며, 살미의 내

연화두형 살미와 첨차 | 봉정사 극락전

단은 보아지형으로 변화하였다. 수덕사 대웅전은 이러한 새로운 변화를 보여주는 현존하는 가장 오래된 목조건축이다. 수덕사 대웅전은 헛첨차 외단을 연화두형, 살미 외단과 보머리를 강직한 수서형으로 만들었으며, 내단은 헛첨차와 살미를 한 몸으로 초각하여 보아지형으로 만들었다. 반면에 첨차는 모두 연화두형으로 봉정사 극락전 이래의 전통을 따르고 있다. 이후 고려 말 조선 초를 거치면서 살미와 첨차의 구성과 형태는 공포 형식에 따라 차이를 보이면서 변화하였다.

고려 말 조선 초에 들어와서는 살미의 외단을 쇠서형, 내단을 보아지형으로 만들고, 첨차는 연화두형으로 만드는 것이 점차 일반화되기 시작하였다. 조선시대에는 중기에서 후기로 가면서 살미의 쇠서 끝이 더욱 가늘고 뾰족해졌다. 또한 쇠서도 수서형뿐 아니라 앙서형, 심지어는 다양한 형태로 초각한 형태로 변화하여 장식성이 높아졌다.

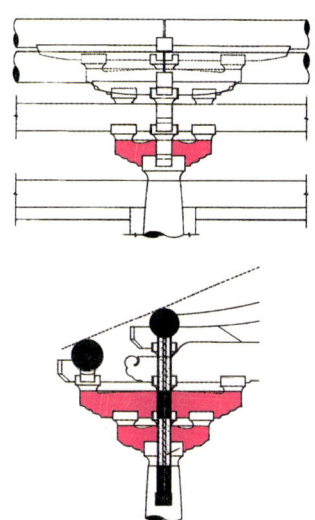

쇠서형 살미 및 헛첨차와 살미 내단의 보아지형 | 봉정사 극락전

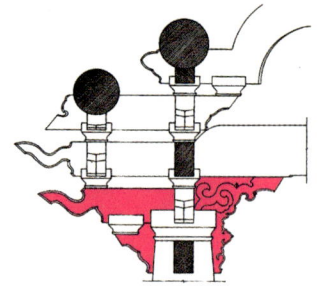

쇠서형 살미 및 헛첨차와 살미 내단의 보아
지형　수덕사 대웅전

살미 내단은 기본적으로 보아지형이지만 조각한 무늬가 더욱 복잡하고 다양해졌다. 이처럼 더욱 복잡한 무늬를 조각하여 장식성을 높인 것은 첨차에서도 마찬가지로 나타나는 현상이었다.

고려 말 조선 초의 다포식 건축은 살미의 쇠서를 앙서형, 내단을 교두형으로 만들고, 첨차는 모두 교두형으로 만드는 것이 일반적이었다. 그러나 조선 중기를 거치면서 살미와 첨차는 장식성이 강조되는 방향으로 변화를 겪게 된다.

조선시대에 들어와 살미의 쇠서는 앙서형 외에 수서형, 그리고 구름무늬를 조각한 운공雲工형, 천계天鷄나 봉황의 머리를 새긴 봉취鳳嘴형 등 다양한 형태로 변화하였다. 특히 조선시대 후기 건축에서 살미 외단은 맨 윗단 살미를 운공(또는 봉취)형, 그 아랫단을 수서형, 그리고 다시 그 아래에 위치한 모든 단의 살미를 앙서형으로 만드는 것이 법식法式화 되었다. 예를 들어 살미를 다섯 단 사용한 경우 제1단에서 제3단 살미는 앙서형, 제4단 살미는 수서형, 제5단 살미는 운공(또는 봉취)형으로 만드는 것이 법식화 되었다.

한편 조선 후기에 살미는 외단의 형태에 따라 앙서형의 것을 '제공齊工', 수서형의 것을 '익공翼工', 구름무늬를 조각한 것을 '운공'으로 불렀다. 또한 이러한 형태에 따른 명칭과 함께 살미가 위치한 단수를 함께 표현하는 용어가 정착되었다. 예를 들어, 외단이 앙서형으로 된 제1단 살미는 '초제공初齊工', 수서형으로 된 제3단 살미는 '삼익공三翼工', 운공형으로 된 제4단 살미는 '사운공四雲工'이라 불렀다.

다포식 건축의 살미 내단은 조선 전기를 거치면서 점차 보아지형 또는 운궁형으로 변화하였다. 처음에는 여러 단의 살미 중 맨 윗단의 살미를 보아지형이나 운궁형으로 만들었다. 그러나 점차 교두형으로 만든 살미의 수가 줄어들고 보아지형이나 운궁형으로 만든 살미가 많아졌다. 결국 조선시대 후기에 이르면 살미 전체를 한 몸으로 만들어 보아지형이나 운궁형으로 만드는 것이 일반적인 경향이었다. 또한

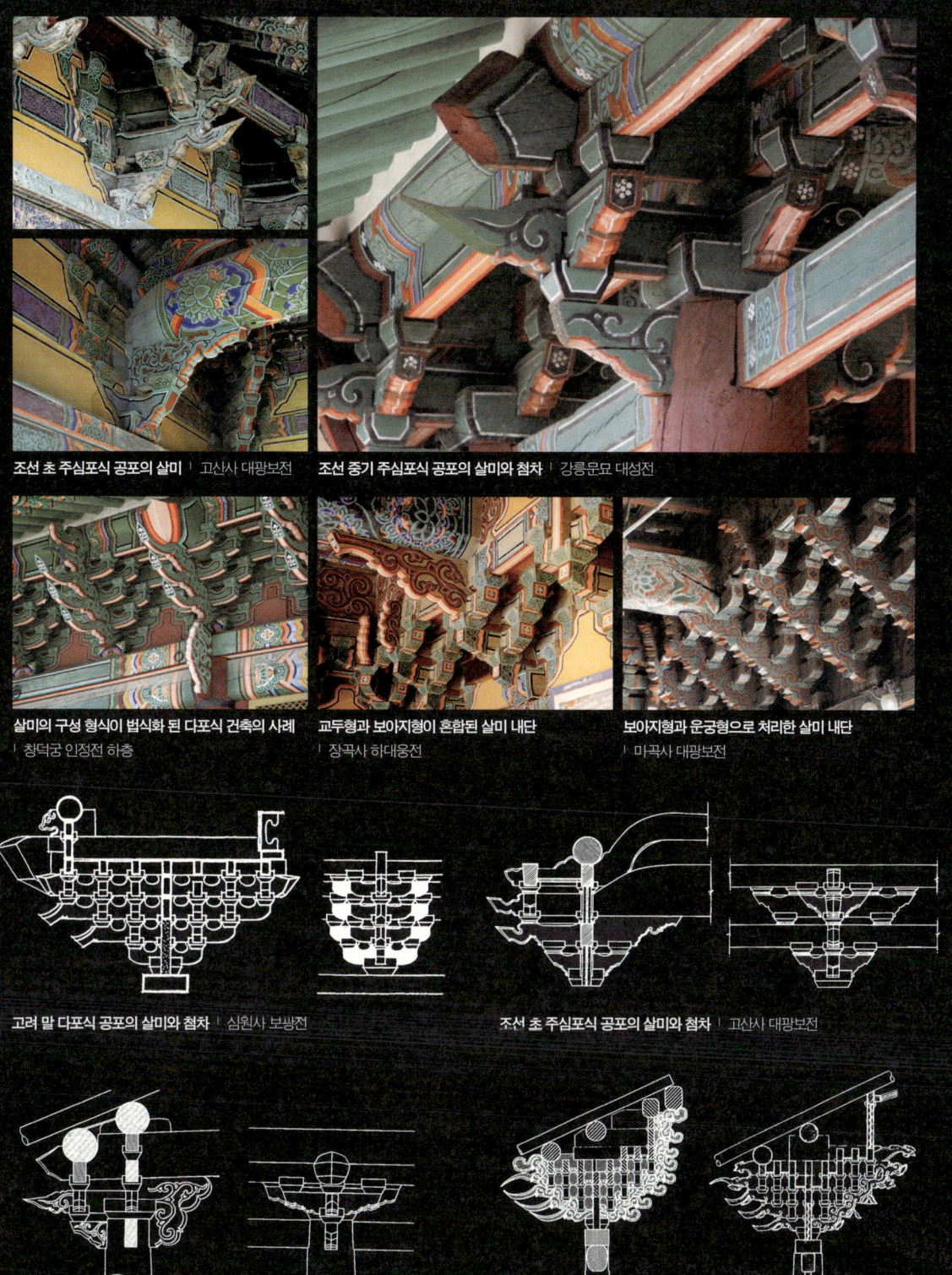

조선 초 주심포식 공포의 살미 | 고산사 대웅보전
조선 중기 주심포식 공포의 살미와 첨차 | 강릉문묘 대성전
살미의 구성 형식이 법식화 된 다포식 건축의 사례 | 창덕궁 인정전 하층
교두형과 보아지형이 혼합된 살미 내단 | 장곡사 하대웅전
보아지형과 운궁형으로 처리한 살미 내단 | 마곡사 대웅보전
고려 말 다포식 공포의 살미와 첨차 | 심원사 보광전
조선 초 주심포식 공포의 살미와 첨차 | 고산사 대웅보전
조선 중기 주심포식 공포의 살미와 첨차 | 강릉향교 대성전
조선 후기 법식화 된 살미의 구성 | 창덕궁 인정전과 미황사 대웅보전

운궁형으로 매우 화려하게 장식한 살미 내단 | 논산 쌍계사 대웅전

교두형 첨차에 초각을 하여 장식한 예 | 개암사 대웅보전

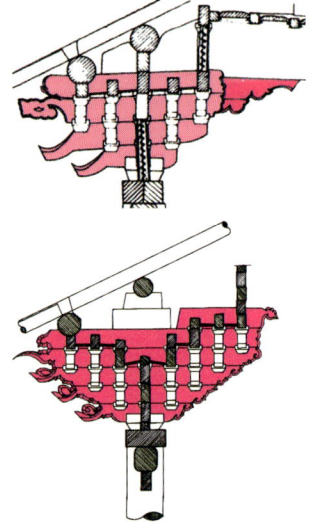
살미 형태의 변화 | 장곡사 하대웅전(위) 및 마곡사 대광보전(아래)

초각한 무늬도 당초나 연봉, 연꽃, 용 등을 새겨 매우 화려하게 변화하였다.

이러한 살미 내외단의 변화는 공포가 지닌 구조적인 기능이 약화되고 장식적인 기능이 점차 강화된 결과라 할 수 있다. 이러한 장식성의 경향 속에서 조선 전기의 건축에서 강직한 모습을 지니고 있던 쇠서는 점차 가늘어져 섬약한 형태로 변화하였다. 또한 보아지형이나 운궁형으로 만들어진 살미 내단의 초각도 무늬가 다양하고 화려해졌다. 이러한 장식화 경향은 사찰건축에서 두드러지게 나타났다. 사찰건축의 살미 외단은 쇠서 위에 연꽃과 연봉을 초각하였으며, 내단에는 연봉과 연화, 동물 등의 무늬로 매우 화려하게 장식하였다.

다포식 건축의 첨차는 모든 시대에 걸쳐 교두형이 사용되었다. 그러나 조선 후기의 일부 다포식 건축에서는 첨차에도 다양한 무늬를 초각하는 경우가 있었다. 이 역시 공포의 장식적 기능이 강조된 경향에서 비롯된 것이다.

목조건축의 유형과 시대 변화를 결정하다

05

시대별 공포 유형

공포의 사용 유무와 사용된 공포의 형식은 한국 목조건축의 유형을 구분하는 중요한 기준이다. 그러나 하나의 기준으로 모든 시대의 공포 유형을 분류한다는 것은 불가능하다. 따라서 공포 또는 건축의 유형을 시대별로 구분할 필요가 있다.

 현존하는 건축물 중 조선 전기 이전의 건축물은 그 수가 많지 않다. 반면 임진왜란 이후의 건축물은 그 수가 많을 뿐 아니라 관련 문헌기록이 많이 남아 있기 때문에 비교적 일관된 기준으로 공포의 유형을 구분할 수 있다. 따라서 여기에서는 조선시대, 특히 임진왜란 이후의 건축을 대상으로 공포와 건축의 유형을 분류하고, 공포의 기원과 시대적 변천과정을 살펴보도록 한다.

조선 후기 목조건축의 유형

조선 후기의 목조건축은 크게 포식包式(포작식包作式, 공포식栱包式), 익공식 및 민도리식으로 구분할 수 있다.

다포식 건축 | 경복궁 근정전

다포식 건축 | 미황사 대웅보전

● 포식

포식은 공포를 사용한 건물로 주심포식과 다포식으로 대별된다. 이 밖에 하앙을 사용한 하앙식 역시 포식에 해당한다.

　다포식多包式은 주심포와 주간포를 모두 갖춘 공포 형식이다. 궁궐의 정전과 편전, 정문이나 사찰의 법당法堂 등 가장 격이 높은 건물에 사용된 형식이다. 다포식 공포는 출목수에 따라 세분한다. 즉 내부와 외부의 출목수에 따라 세분하는데, 외부는 2출목과 3출목, 내부는 3출목, 4출목, 5출목이 일반적이었다. 조선시대에는 출목수를 포수包數로 표현하였다. 포수에 따르면 조선시대 후기의 다포식 공포는 외부로 5포와 7포, 내부로 7포, 9포, 11포인 것이 일반적이었다.

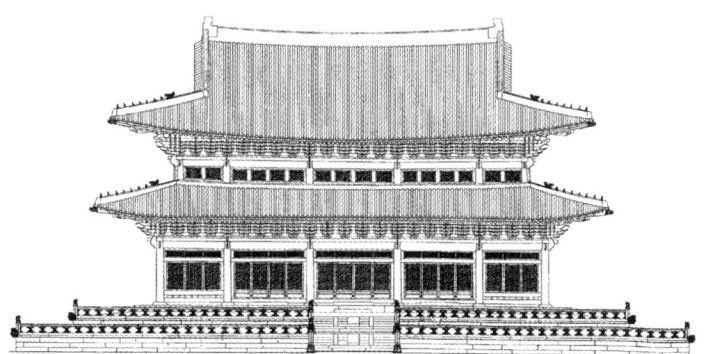
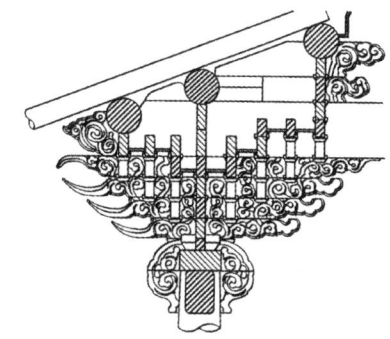

내4외3출목(내9외7포)의 다포식 공포 | 경복궁 근정전

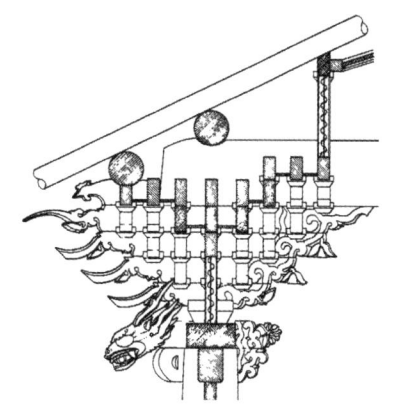

내4외3출목(내9외7포)의 다포식 공포 | 미황사 대웅보전

주심포식은 주심포만 사용한 공포 형식이다. 다포식에 비해서 격식이 떨어지는 형식으로 관아의 주요 건축이나 향교의 대성전, 사찰의 부속 전각 등에 사용되었다. 특히 조선시대에는 종묘와 문묘 등과 같이 격식을 갖출 필요가 있지만 엄숙과 절제를 요구하는 건물에는 거의 예외 없이 주심포식이 채용되었다. 주심포식 공포 역시 출목수에 따라 형식을 세분하는데, 외부 출목은 2출목으로 만드는 경우도 있었으나 대부분 1출목 정도로 간단하게 공포를 구성하였다. 내부로는 헛첨차와 살미를 한 몸으로 초새김하여 보아지형으로 만드는 것이 일반적이었다.

조선시대에는 외1출목의 주심포식 공포를 '삼포三包'[11] 또는 '주삼포柱三包'[12]라 표현하였다.[13] 내외 출목을 구분하지 않고 '삼포'라 표현한

05 시대별 공포 유형 **217**

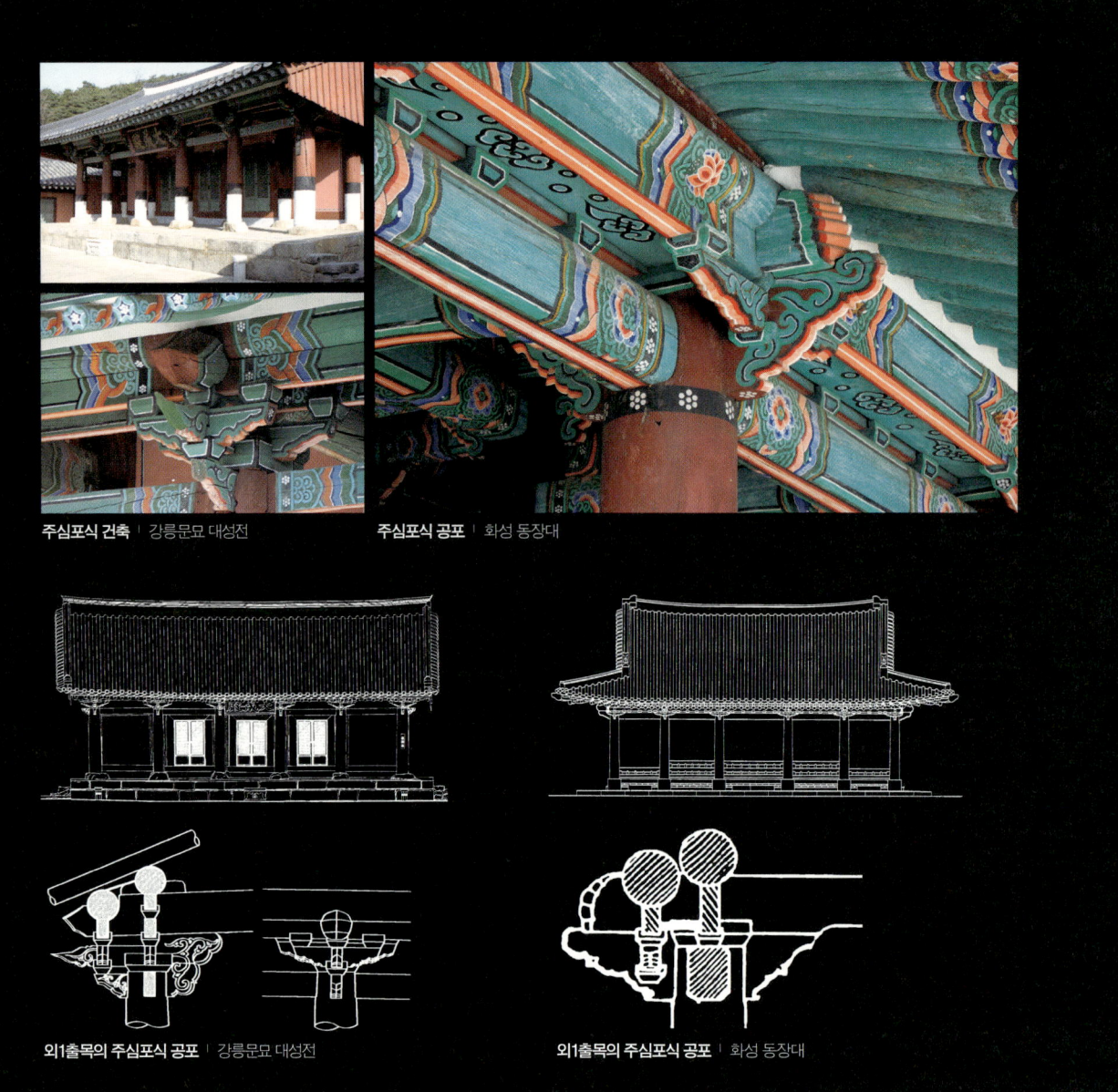

주심포식 건축 | 강릉문묘 대성전
주심포식 공포 | 화성 동장대
외1출목의 주심포식 공포 | 강릉문묘 대성전
외1출목의 주심포식 공포 | 화성 동장대

것은 조선시대 후기에 내부로 출목을 형성하지 않는 주심포식 공포의 일반적인 구성을 반영한 것으로 보인다. 또한 '주삼포'라는 말은 기둥 위에만 공포가 있음을 강조한 표현이다.

이 밖에 다포식이나 주심포식과는 별도로 이른바 하앙식 공포가 있다. 하앙식은 하앙이라는 부재를 사용한 형식으로 살미만 사용했을 때에 비해 공포의 높이를 높이지 않으면서 출목을 많이 뽑을 수 있는 구조적 장점이 있다. 현존하는 건물에서는 완주 화암사 극락전이 유일한 사례이다.

● 익공식

기둥 위에 익공과 주두의 짜임으로 보를 받도록 한 구조를 익공식이라 한다. 익공식은 주두와 사용된 익공의 단수만큼 건물의 높이를 높여주지만 출목은 없다. 즉 건물의 수직적 확장 기능은 지니고 있지만 수평적 확장 기능은 없다. 따라서 건물의 수직과 수평적 확장 기능을 모두 지니는 공포와는 구분해야 한다. 조선시대 후기의 문헌기록에는 익공식을 포식과 구분하여 '□翼工'이라는 방식으로 표현하고 있다.[14] 이것은 조선시대 후기 사람들이 익공식을 포식과 구분하여 이해하고 있었음을 의미한다.

익공식은 사용된 익공의 단수에 따라 익공을 한 단만 사용한 초익공식初翼工式, 두 단 사용한 이익공식, 세 단 사용한 삼익공식*으로 구분한다. 초익공식은 기둥 상부에 초익공과 창방을 사개맞춤 한 위에 주두를 두어 보를 받친 구조이다. 이익공식과 삼익공식은 초익공식의 짜임 위에 익공을 중첩시켜 올려놓는다. 이때 이익공 위에 작은 주두, 즉 재주두再柱頭를 올려놓기도 한다. 이익공과 삼익공 위치에는 이와 직교하여 첨차를 사용하는데, 이 첨차를 행공行工**이라 부른다. 행공은 교두형으로 만든 경우도 있지만 대부분 다양한 형태의 초각을 베푸는 것이 일반적이다.

익공은 외부를 수서형, 내부를 보아지형으로 만드는 것이 일반적이다. 그러나 건물의 성격에 따라 익공을 다양한 형태로 만들기도 한다. 예를 들어 익공 외부를 두루뭉술한 형태로 초각하는 경우도 있는데, 이를 몰익공勿翼工이라 부른다. 또한 익공의 외단을 다양한 형태로 초

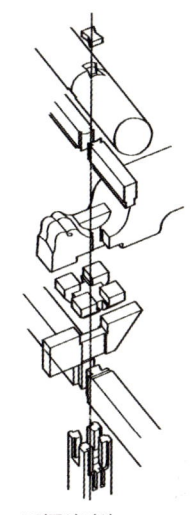

초익공식 짜임

> 익공은 외단을 수서형으로 만든 살미를 가리키는 부재 명칭이다. 익공식은 출목을 구성하지 않고 주두와 익공을 사용해 만든 기둥 상부의 짜임 형식을 말하며, 수서형의 익공을 사용하는 것이 일반적이다. 그러나 실제 익공식 짜임에 사용되는 익공은 수서형 외에 다양한 형태로 만들어진다. 이 때문에 부재 이름을 의미하는 익공과 기둥 상부 짜임 형식을 의미하는 익공식이라는 용어 사이에 혼란이 있다. 혼란이 있기는 하지만 현재로서는 익공은 형태에 따른 살미의 명칭으로, 익공식은 부재의 형태에 관계없이 기둥 상부 짜임의 형식을 가리키는 용어로 구분하여 사용할 수밖에 없다.

---

* **삼익공식의 사용** 현존하는 건축물 중에서 삼익공식은 강릉 칠사당에서 유일하게 확인된다.
** **행공** 주심포식과 익공식 건축에서 주심선상에 놓이는 첨차를 행공이라 한다. 한편 다포식 공포에서 주심선상에 사용하는 첨차, 즉 주심첨차는 두공頭工으로 구분하여 부른다.

이익공식 | 창덕궁 대조전

초익공식(위) | 강릉 해운정
몰익공식(아래) | 운현궁 노락당

초각을 하여 장식한 이익공식 | 경포대

끝을 수직으로 직절한 초익공식 | 충효당

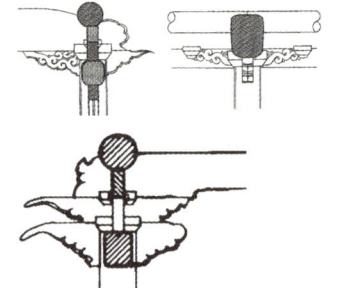
초익공식(위) | 강릉 해운정
이익공식(아래) | 창덕궁 주합루

각하여 장식적으로 만드는 경우도 있으며, 아무런 초각 없이 익공 외단을 직절直切하고 내단을 사절하는 경우도 있다.

익공식은 궁궐이나 사찰 등의 부속건물이나 주택, 누정 등의 건물에 광범위하게 사용되었다. 익공식은 사용된 익공의 단수가 많을수록 건물의 높이가 높아지고 장식성도 높아진다. 따라서 건물의 격식에 맞추어 적합한 단수로 익공식을 사용하였다.

● **민도리식**

기둥 위에 공포나 익공을 사용하지 않고 기둥이 직접 보를 받도록 한

굴도리식 | 운현궁 이로당　　**소로수장집** | 창덕궁 연경당　　**납도리식** | 종묘 망묘루

것을 민도리식이라 부른다. 포식이나 익공식에 비해 격이 낮은 형식으로 궁궐이나 사찰, 관아 등의 부속건물과 일반 주택 등에서 주로 사용한다.

민도리식은 사용된 도리의 단면 형태에 따라 굴도리식과 납도리식으로 구분한다. 굴도리식은 단면이 둥근 굴도리를 사용한 것으로 도리 아래에 장혀가 사용되는 만큼 납도리식에 비해 격식이 높다. 납도리식은 단면이 방형인 납도리를 사용한 것으로 도리 아래에 장혀를 사용하지 않는다.

민도리식은 기둥과 보의 결구를 보강하기 위하여 기둥 위에 보아지를 사용하기도 한다. 한편 굴도리식에서는 창방과 장혀 사이에 소로를 사용하기도 하는데, 이러한 형식의 집을 '소로수장집'이라 부른다.

보아지를 사용한 민도리식 짜임 | 안동 임청각 안채

시대에 따른 공포의 변화

공포의 기원은 선사시대 건축에서 기둥 상부에 수평부재를 올려놓는 구조 및 그 결구 방법과 밀접한 관계가 있다. 선사시대 건축에서 기둥과 도리 또는 창방을 사용하게 되면서 기둥 위에 수평부재를 올려놓아야 하는 구조적 문제가 발생하였다. 이와 함께 수평부재는 기둥 위에서 이음을 해야 하는 문제도 함께 발생하였다. 이 문제를 해결하기 위한 다양한 방법이 사용되었는데, 그 최초의 방법은 끈과 함께

고샅을 사용하는 것이었다.

이후 도구와 가공기술의 발달에 따라 맞춤과 이음 등 각종 결구기법이 발달하게 되었다. 또한 건물을 아름답게 꾸미고자 하는 의식이 형성됨에 따라 기둥 상부에 수평부재를 올려놓는 방법이 변화하게 되었다. 부재를 일정한 형태로 가공해 사용하면서 기둥 위에 수평부재를 안정되게 올려놓고 수평부재의 이음을 원활하게 하는 방법으로 받침 부재를 사용하는 방법이 고안되었다. 이 받침 부재는 다양한 형태로 만들어졌으며, 주두와 단혀를 비롯하여 공포를 구성하는 기본 부재가 출현하게 되는 원인이 되었다.

● 삼국시대와 남북국시대

삼국시대 고구려의 고분벽화에 그려진 건축도를 비롯한 여러 자료를 통해 기둥 위에 수평부재를 올려놓는 다양한 구조방식을 확인할 수 있다. 가장 단순한 방식으로는 기둥 위에 직접 수평부재를 올려놓는 방식이 있다. 그러나 좀 더 발전된 방식으로 기둥 위에 받침 부재를 두어 수평부재를 받도록 하는 방식이 보편적으로 사용되었다. 받침 부재의 형식은 단혀형과 주두형, 주두나 단혀를 이중으로 올려놓은 형, 그리고 주두와 단혀가 조합된 형 등 다양한 방식으로 나타난다.[15]

고샅과 끈을 이용해 기둥 상부에 수평재를 올려놓는 방법(위)
고샅을 이용해 기둥 위에 수평재를 올려놓는 방법(아래)

주두와 함께 첨차를 사용한 형식도 있다. 공포에 가장 근접한 구조와 형태를 지닌 것으로 첨차는 그 위에 소로를 두 개 올려놓은 형식(이두식二枓式)에서 소로를 세 개 올려놓은 형식(삼두식三枓式)으로 발달하였다. 또한 첨차도 1층으로 구성된 형식(단일첨차형)과 2층으로 구성된 형식(이중첨차형)이 있다. 출목의 형성을 보여주는 사례도 확인된다.[16] 또한 백제의 동탑편에서는 하앙이 사용되었음을 확인할 수 있다.

이처럼 삼국시대에는 기둥 상부에 수평부재를 올려놓기 위한 다양한 구조가 사용되었다. 또한 이를 통하여 기둥 상부구조의 발달과정을 추정할 수 있으며, 그 발달과정은 곧 공포의 형성과 발달과정을 의

단혀 형태의 부재를 중첩시킨 구조의 예 | 불국사 범영루 기단부와 다보탑

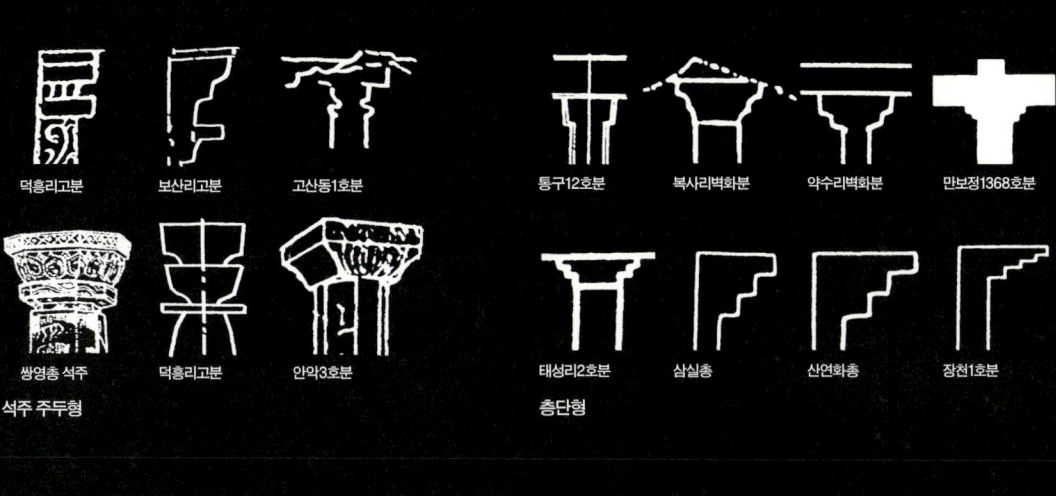

덕흥리고분　보산리고분　고산동1호분　　통구12호분　복사리벽화분　약수리벽화분　만보정1368호분

쌍영총 석주　덕흥리고분　안악3호분　　태성리2호분　삼실총　산연화총　장천1호분

석주 주두형　　　　　　　　　　**층단형**

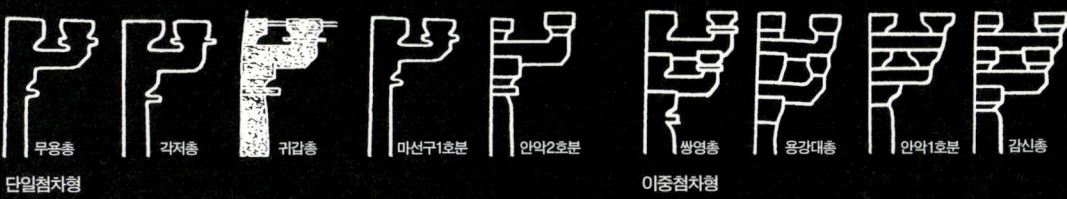

무용총　각저총　귀갑총　마선구1호분　안악2호분　쌍영총　용강대총　안악1호분　감신총

단일첨차형　　　　　　　　　　　　**이중첨차형**

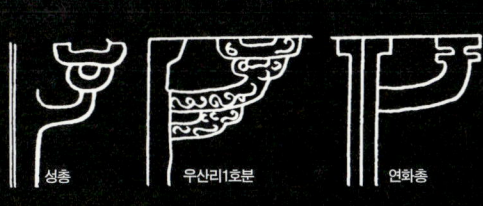
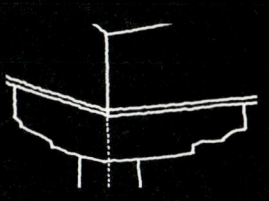

성총　우산리1호분　연화총

출목초기형

기둥 위에 수평 부재를 직접 올려놓은 방식 | 대안리1호분

기둥 위에 받침 부재를 두어 수평 부재를 받도록 한 방식 | 덕화리2호분

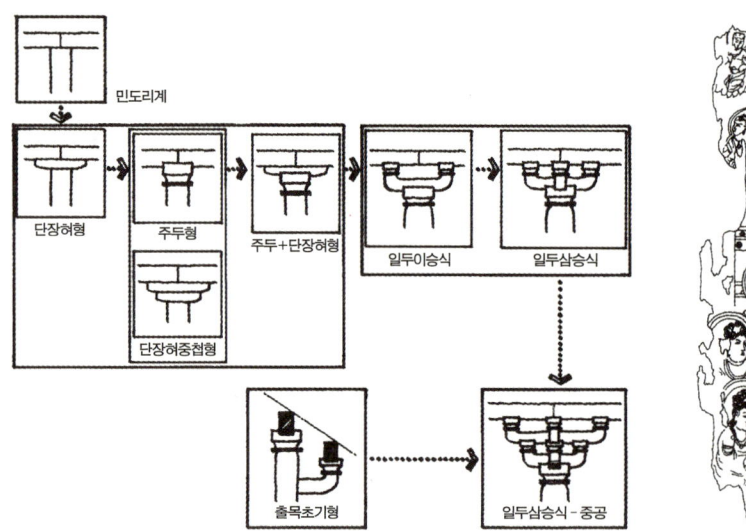

고구려 고분벽화의 건축도를 통해 추정한 기둥 상부구조의 변천과 공포의 형성과정

남북국시대 신라 건축의 모습을 보여주는 예 ㅣ 《신라백지묵서대방광불화엄경》 • 출처: 리움미술관

기둥에 수평재를 삽입해 출목을 만든 예
ㅣ 일본 나라 호우류우지 금당 채양칸

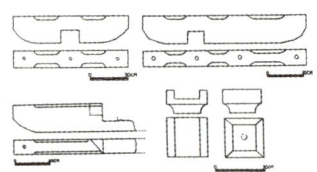

남북국시대 신라 건축의 모습을 보여주는 예 ㅣ 안압지 출토 목부재

미한다.[17]

　삼국시대 건축에서 공포는 기둥 위에만 사용되었으며, 살미와 첨차는 같은 형태의 교두형으로 만드는 것이 일반적이었다. 주두와 소로는 굽받침이 있는 것과 없는 것이 모두 사용되었다. 이러한 삼국시대 건축의 공포는 남북국시대 신라의 건축에도 계승되었던 것으로 보인다. 그러나 남북국시대 공포에 대해서는 일부 부재를 확인할 수 있을 뿐 아직 그 세부적인 변천과정을 확인할 수는 없다.

● **고려시대**

고려시대에는 공포를 구성하는 부재의 세부형태에 변화가 일어나기 시작하였다. 우선 교두형 외에 연화두형의 살미와 첨차가 사용되기 시작하였다. 또한 고려시대 후기에 들어와서는 쇠서형 살미가 사용되면서 살미와 첨차의 형태가 달라졌다. 특히 헛첨차의 출현*은 공포구조에 커다란 변화를 일으켰다. 이후 헛첨차는 주심포식 공포를 구성하는 기본 부재가 되었다.

　주두와 소로는 이전 시대와 마찬가지로 굽을 곡면으로 만드는 것

1단과 2단 살미 사이는 비어 있고, 2단 살미와 보머리 사이는 막혀 있는 구조의 공포
| 봉정사 극락전

1단과 2단 살미 및 보머리 사이는 막혀 있고, 보머리와 초방 사이는 비어 있는 공포 | 부석사 무량수전

이 일반적이었다. 그러나 고려시대 말에는 굽을 직선으로 사절하는 새로운 방식이 등장하였다. 굽받침은 있는 것과 없는 것이 모두 사용되었다. 그러나 굽받침을 사용하더라도 그 높이는 이전 시대에 비해 매우 낮아졌으며, 점차 소실되었다.

공포의 하중 전달 방식에도 변화가 발생하였다. 아래위에 위치한 살미가 서로 맞닿지 않은 구조에서 서로 맞닿는 구조로 변화하였다. 상하의 살미가 서로 맞닿지 않은 구조에서는 그 사이에 위치한 소로를 통하여 상하 살미 사이에 하중이 전달된다. 이때 소로에는 많은 하중이 걸리게 되므로 소로는 물론 공포 전체 구조가 하중에 의해 변형될 가능성이 높다. 그러나 상하의 살미를 맞닿은 구조로 만들면 하중은 살미 전체가 하나의 판板을 이루어 하중을 전달하게 된다. 따라서 하중 전달의 기능을 지녔던 소로는 하중 전달의 기능을 잃고 살미와 첨차의 위치를 고정시키는 기능만 지니게 되었다. 이렇듯 여러 단의 살미가 하나의 판을 이루며 하중을 전달하게 된 것은 공포의 하중 전달 체계가 합리적인 방향으로 바뀌었음을 의미한다.

살미 전체가 하나의 판板형을 이룬 공포
| 개심사 대웅보전

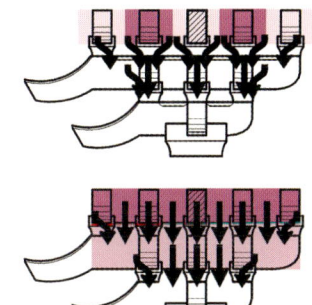
살미의 형태에 따른 하중 전달 체계

● **헛첨차의 출현 시기** 앞에서 살펴보았듯이 현존하는 건물 중에서 헛첨차를 사용한 가장 오래된 건축은 수덕사 대웅전이다. 그러나 고구려 고분벽화에서 기둥 상부에 끼워 출목을 만드는 부재가 사용된 것으로 보아 헛첨차는 고려 말에 새롭게 등장한 부재가 아닐 가능성도 있다.

다포식 건축의 모습을 보여주는 닫집 | 봉정사 극락전

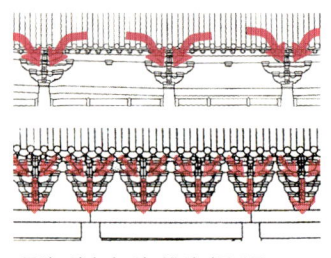

주심포식과 다포식 건축의 하중 흐름

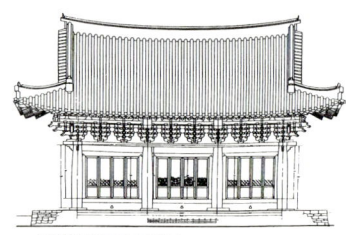

심원사 보광전 정면도

상하의 살미를 맞닿은 구조로 만드는 방식에 있어서도 처음에는 상하의 살미 사이 빈 공간에 별도의 부재를 끼워 넣는 방법이 사용되었다. 그러나 점차 살미 자체를 이용하여 상하 살미가 맞닿도록 하는 방법이 보편화되었다.

무엇보다 고려시대 건축의 가장 큰 변화 중 하나는 다포식 공포의 사용이었다. 주심포식 건축은 지붕 가구의 하중이 공포에 집중적으로 걸려 하중에 의해 살미가 처지거나 뒤틀리는 구조적 결함을 지닌다. 반면에 다포식 공포는 주간포를 사용함으로써 공포 하나하나에 걸리는 하중을 줄일 수 있다는 장점을 지닌다. 따라서 다포식 공포의 사용으로 건물 전체 구조는 좀 더 합리적으로 변화하였다. 또한 공포가 수평의 띠를 형성하면서 건물을 장식하는 효과도 높아졌다.

현존하는 다포식 건축은 심원사 보광전을 비롯한 고려시대 말기의 것이 전부이지만 봉정사 극락전의 닫집이나 고려불화 등을 볼 때 고려시대 중기, 혹은 그 이전에 이미 다포식 공포가 사용되었을 가능성이 있다.

다포식 건축은 고려시대 건축의 양상을 변화시켰다. 이전까지 가장 격식이 높은 건축에 사용되었던 주심포식을 다포식이 대신하기 시작하였기 때문이다. 이러한 변화는 고려시대 전반에 걸쳐 일어났을 가능성이 있으며, 고려시대 말의 과도기를 거쳐 조선시대 초기에는 다포식 건축이 가장 격식 높은 건축 형식으로 자리 잡게 되었다.

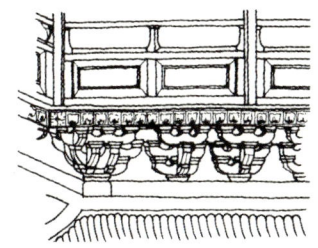

다포식 건축의 모습 | 고려시대의 〈관경서품변상도〉·출처: 일본 서복사

조선시대

조선시대에 들어와서는 다포식 건축이 일반적인 건축 형식으로 자리 잡게 되었다. 이에 따라 주심포식 건축의 형식은 약화되어 내부로는 출목을 형성하지 않고 외1출목의 간략화된 형식이 보편화되었다.

조선시대 중기 이후 다포식 공포는 구조적인 기능보다는 의장적 기능이 강화되는 방향으로 변화했다. 그 현상으로는 우선 공포 구성 부재의 단면 크기가 작아졌다는 점을 들 수 있다. 조선시대 건축의 가구는 보와 도리의 구조적 기능이 강화되는 방향으로 변화하면서 보와 도리의 단면이 커졌다. 반면에 공포를 구성하는 부재의 단면 크기는 상대적으로 작아졌다. 반대로 출목수는 증가하여 조선시대 후기에는 외4내5출목의 공포가 사용되기도 하였다. 살미의 쇠서도 점차 섬약해지는 경향을 보이며, 연봉과 연화를 비롯한 다양하고 복잡한 조각을 하여 장식적인 기능이 강화되었다. 특히 살미의 내부는 보아지형 또는 운궁형으로 만들어 다양한 무늬를 조각함으로써 극도의 장식화 경향을 보이게 되었다. 이러한 현상은 특히 사찰건축에서 두드러지게 나타난 현상이었다.

내부는 출목을 형성하지 않고 보아지형을 이루며 외1출목으로 간략하게 구성된 조선시대 후기의 주심포식 공포 | 종묘 외삼문

장식화 경향 외에 18세기 후반의 다포식 공포는 법식화 경향을 보인다. 조선시대 후기에는 공포의 형식에 따라 살미와 첨차를 일정한 규칙성을 지니는 형태로 만들고 공포 형식에 따라 공포 부재의 명칭을 다르게 부르는 차별화 현상이 발생하였다.

조선 후기 다포식 공포의 살미는 외단 형태에 따라 앙서형으로 된

간결하고 강직한 구조를 보이는 조선 초기의 다포식 공포 | 개심사 대웅보전(왼쪽)과 서울 숭례문(오른쪽)

출목수가 증가하고 쇠서가 섬약해진 모습을 보이는 17세기의 다포식 공포 | 여수 흥국사 대웅전(왼쪽)과 순천 동화사 대웅전(오른쪽)

출목수가 증가하고 내외 살미를 매우 장식적으로 처리하면서 법식화 경향을 보이고 있는 18세기의 다포식 공포 | 논산 쌍계사 대웅전

살미와 첨차의 단면 크기가 상대적으로 작아진 섬약화의 경향과 초제공, 이제공, 삼제공, 사익공, 오운공의 법식화 경향을 보이는 조선 말기의 다포식 공포 | 창덕궁 인정전

살미를 제공, 수서형으로 된 것을 익공, 구름무늬 초각을 한 것을 운공이라 불렀다. 사용된 위치에 따른 초각 형태도 맨 위의 살미는 운공, 그 아래의 것은 익공, 그리고 그 나머지 아래에 위치한 살미는 모두 제공으로 만드는 것이 일반화되었다. 초제공, 이제공, 이익공, 삼익공, 사운공 등은 이러한 법식화의 경향에 따라 발생한 명칭이었다.

첨차는 일부의 건축에서 초각을 한 것이 사용되기도 하였으나 교두형이 일반적이었다.

공포 형식에 따라 첨차의 명칭에도 차별을 두었다. 다포식 공포에 사용된 주심첨차는 '두공頭工'이라 불렀으며, 이를 세분하여 아래에 위치한 작은 두공을 소두공, 위에 위치한 큰 것을 대두공이라 불렀다.[18] 반면에 주심포식과 익공식 공포의 주심첨차는 다포식에서 주로 사용하였던 교두형과 달리 초각을 하여 장식을 하는 것이 일반적이었다. 다포식에서 사용하는 주심첨차와 차이가 있으면서 주심포식과 익공식의 주심첨차는 비슷한 형태를 지니므로 두공과 구분하여 행공이라 불렀다.

내용출처

1. 김정기, 「삼국사기지의 신연구」, 『신라문화제학술발표논문집』 제2집, 1981
   신영훈, 『한국의 살림집』 상, 일지사, 1983
   주남철, 「삼국사기 옥사조의 신연구」, 『삼불김원룡교수 정년기념논총』, 일지사, 1987
2. 김도경·주남철, 「쌍영총에 묘사된 목조건축의 구조에 관한 연구」, 『대한건축학회논문집: 계획계』 제19권2호(통권172호), 대한건축학회, 2003
3. 김도경, 「원강석굴에 표현된 북위건축에 관한 연구」, 『동악미술사학』 제3호, 동악미술사학회, 2002
4. 김도경, 「일본 법륭사 건축의 고구려적 성격에 관한 초탐」, 『전통문화논총』 2호, 한국전통문화학교, 2004
5. 김도경, 「한국 고대 목조건축의 형성과정에 관한 연구」, 고려대학교 대학원 박사학위논문, 2000
6. 심대섭·주남철, 「인정전의궤에 기록된 공포용어에 관한 연구」, 『대한건축학회논문집』 제5권6호, 1989
7. 박대준·주남철, 「하앙에 관한 연구」, 『대한건축학회논문집』 제5권 4호(통권 24호), 1989
8. 주남철, 『한국 건축의장』, 109쪽, 일지사, 1997
9. 장기인, 『한국 건축대계V-목조』, 보성문화사, 1991
10. 김동현, 「한국 목조건축의 조각에 대한 고찰」, 『무애이광로교수정년퇴임기념 건축학논총』, 1993
11. 『화성성역의궤』
12. 『궁궐지』
13. 김도경, 「조선후기 관찬 문서의 목조건축 표현 방법 연구」, 『건축역사연구』 제14권 2호, 한국 건축역사학회, 2005
14. 김도경, 위의 논문
15. 김도경, 「한국고대 목조건축의 형성과정에 관한 연구」, 245~253쪽, 고려대학교 대학원 박사학위논문, 2000
16. 김도경, 위의 논문, 250~256쪽
17. 김도경, 앞의 논문, 258~260쪽
18. 김도경·주남철, 「화성성역의궤華城城役儀軌를 통한 공포부재栱包部材의 용어用語에 관한 연구研究」, 『대한건축학회논문집』 제10권 1호(통권63호), 대한건축학회, 1994
    김도경·주남철, 「영조의궤營造儀軌를 통한 공포부재栱包部材 용어用語에 관한 연구」, 『대한건축학회논문집』 제10권 7호(통권69호), 대한건축학회, 1994

01 지붕의 정의와 기능
건물의 외관을 결정하는 지붕

02 지붕의 유형
재료와 형태에 따라 나뉘는 지붕

03 지붕의 형태적 특성
완만한 곡선의 아름다움, 지붕

04 지붕의 구성
곡선의 지붕을 만들어내는 구성 부재들

六

지붕

지붕은 도리 상부의 서까래부터 기와 또는 초가 등으로 이어 마감한 부분에 이르는 건축의 상부구조이다. 지붕은 공간을 덮어 내부공간을 형성한다. 지붕에 올려놓은 보토는 흙이 지닌 성질, 즉 습도를 조절하고 단열성과 축열성이 높은 특성으로 인해 실내 환경을 조절한다. 또한 기단을 제외한 전체 입면 높이의 약 1/2을 차지하는 지붕은 외관상 차지하는 시각적인 비중이 커서 건물의 외관에 영향을 끼치는 중요한 부분이다.

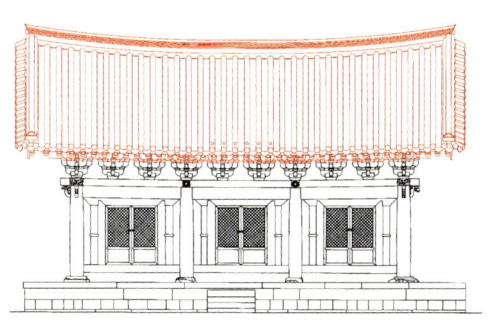

01

지붕의 정의와 기능

건물의 외관을 결정하는 지붕

지붕은 도리 상부의 서까래부터 기와 또는 초가 등으로 이어 마감한 부분에 이르는 건축의 상부구조이다. 지붕은 공간을 덮어 내부공간을 형성한다. 또한 외관상 차지하는 시각적인 비중이 커서 건물의 외관에 영향을 끼치는 중요한 부분이다.

지붕의 기능

한국 건축은 기둥을 지면과 일체가 되도록 세우는 것이 아니라 초석 위에 올려놓으며, 모든 가구 부재는 못 등의 부재를 사용하지 않고 짜맞추는 기법을 사용한다. 따라서 구조적 안정성을 보장하기 위해 가구를 눌러줄 필요가 있다. 즉 가구 위의 구조를 어느 정도 무겁게 만들어주어야 가구를 안정시킬 수 있다. 이 역할을 보토와 기와 등으로 이루어진 지붕이 담당한다.

또한 지붕은 실내 환경을 조절하는 역할을 한다. 지붕에 올려놓은 보토는 흙이 지닌 성질, 즉 습도를 조절하고 단열성과 축열성이 높은

지붕이 중첩된 모습 | 순천 송광사

특성으로 인해 실내 환경을 조절한다.

　모든 선이 곡선으로 이루어진 지붕은 한국 건축이 선線, 특히 곡선미를 지니도록 하는 데 가장 중요한 요소가 된다. 또한 기단을 제외한 전체 입면 높이의 약 1/2을 차지하는 지붕은 시각적으로 차지하는 비중이 커서 건축의 외관에 가장 큰 영향을 끼치는 부분이다.

경복궁 경회루의 지붕

처마와 처마의 기능

지붕이 기둥 중심선 바깥으로 돌출한 부분을 처마라 부른다. 처마 깊이•는 초석 윗면에서 처마 끝을 이은 선과 기둥 중심선이 이루는

• **처마 깊이**　처마 깊이는 주심에서 처마 끝까지의 길이를 말한다. 이때 처마 끝을 어디로 볼 것인가 하는 문제가 발생한다. 처마는 서까래의 돌출에 의해 형성되고 시공 과정에서 서까래는 평고대에 맞추어 설치한다. 또한 평고대는 처마선을 결정하는 역할을 한다. 따라서 처마 깊이는 평고대, 즉 홑처마일 때에는 초매기, 겹처마일 때에는 이매기(부연평고대)의 선을 기준으로 삼는 것이 타당하다. 한국 건축의 처마 깊이는 중국 건축에 비해 깊은 편이며, 일본 건축에 비해서는 얕은 편에 속한다. 이는 처마 깊이가 기후와 밀접한 관계가 있음을 의미한다.

곡선의 지붕 선이 중첩된 모습 | 경복궁 외전 일곽

각(처마각)과 관계가 있다. 이 각이 클수록 처마가 깊다고 할 수 있는데, 한국 건축은 그 각도가 약 30도 정도를 이룬다.

깊은 처마는 계절에 따른 태양광선의 실내 유입량을 조절하는 역할을 한다. 서울을 기준으로 한 태양의 남중고도는 하지 때 약 77도, 동지 때 약 30도, 춘분과 추분 때 약 53도이다. 따라서 건물이 남향하였다고 했을 때 여름철에는 처마로 인해 태양광선이 건물 안으로 들어오지 못한다. 반면에 겨울철에는 처마와 관계없이 태양광선이 건물 안으로 깊숙이 들어온다. 이처럼 처마는 계절에 따라 실내로 유입되는 태양광선의 양을 조절함으로써 실내 환경을 조절해주는 역할을 한다. 또한 깊은 처마는 빗물이나 습기에 약한 벽체나 창호에 비가 들이치는 것을 방지함으로써 벽과 창호 등을 보호해준다. 아울러 처마 밑은 메주나 고추, 마늘 등을 효과적으로 수납할 수 있는 공간이 되기도 한다.

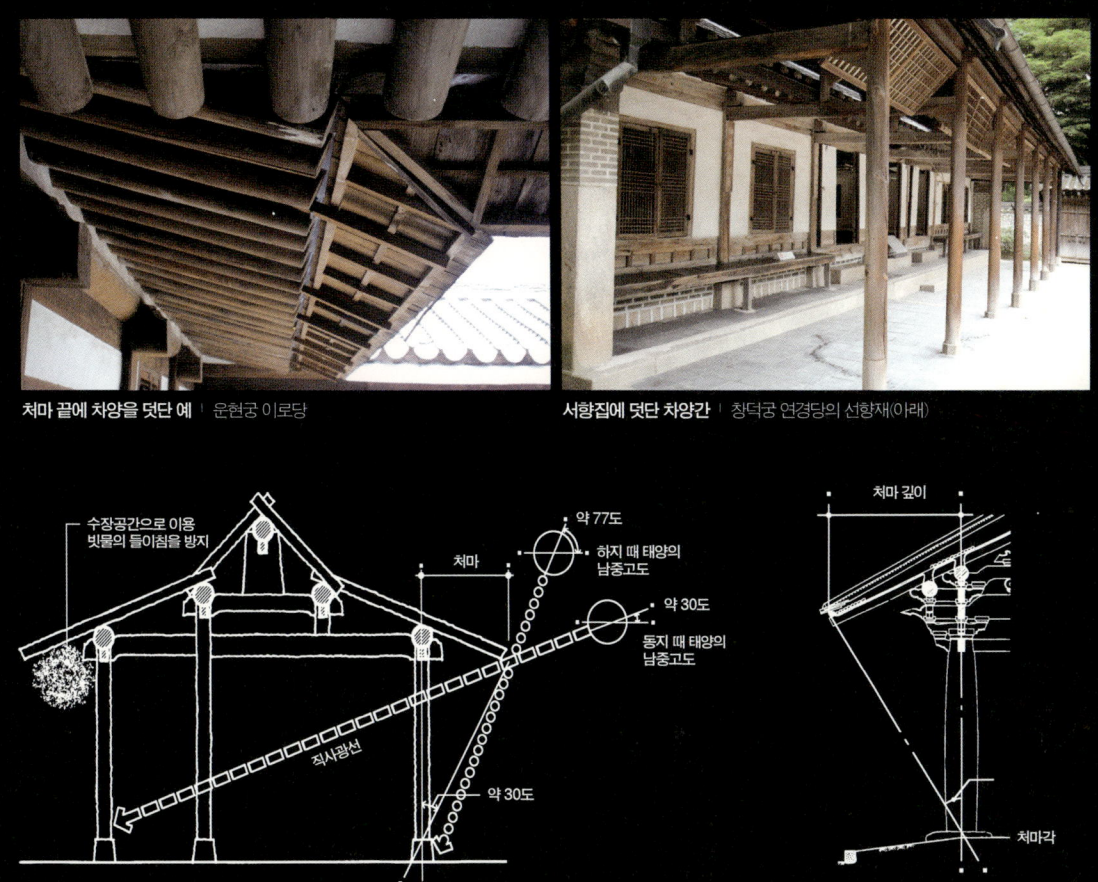

처마 끝에 차양을 덧단 예 | 운현궁 이로당

서향집에 덧단 차양간 | 창덕궁 연경당의 선향재(아래)

처마의 기능

처마 깊이의 정의 | 강릉 객사문

한편 이처럼 깊은 처마가 있는데도 처마 끝에 별도의 차양遮陽을 설치하는 등 처마를 더 깊게 만들고자 한 경우가 있다. 특히 서향西向 집의 경우에는 여름철 저녁 무렵에 햇빛이 실내로 깊게 들어오는 것을 막기 위해 별도의 차양간을 만들고 발 등을 설치하기도 하였다.

02 재료와 형태에 따라 나뉘는 지붕

지붕의 유형

마감 재료에 따른 지붕의 유형

지붕의 유형은 재료와 형태에 따라 구분할 수 있다. 우선 지붕을 덮어 마감한 재료에 따른 지붕의 유형에는 초가지붕, 너와지붕, 굴피지붕, 겨릅지붕 및 기와지붕 등이 있다.

초가지붕은 새나 짚으로 엮은 지붕을 말하며, 특별히 새로 엮은 지붕을 샛집이라 부르기도 한다. 새나 짚으로 지붕을 엮는 것은 선사시대의 움집에서 시작된 가장 오래된 방식이며, 민가 등에 광범위하게 사용되었다.

너와지붕은 나무나 돌을 널찍한 판재, 즉 너와로 만들어 지붕을 덮은 것이다. 나무너와는 적송 또는 전나무를 가로 20~30센티미터, 세로 40~60센티미터, 두께 4~5센티미터 정도로 잘라 만들며, 돌너와는 주로 청석 조각을 사용한다. 굴피지붕은 참나무 껍질, 겨릅지붕은 대마 껍질로 지붕을 덮은 것이다. 너와지붕과 굴피지붕, 겨릅지붕은 주로 산간지방의 민가에 사용되었다.

신석기시대의 움집 | 오산리 선사유적

초가지붕 | 낙안읍성

기와지붕은 흙으로 빚은 후 불에 구워낸 기와를 사용한 지붕으로 궁궐이나 관아, 사찰, 그리고 상류계층의 주택 등 고급 건축에 주로 사용되었다.[1]

형태에 따른 지붕의 유형

지붕은 형태에 따라 맞배지붕, 우진각지붕, 팔작지붕 및 모임지붕 등 네 가지 유형으로 구분한다.

이 네 가지 지붕 형태는 마감 재료와 관계없이 만들어진다. 예를 들어 초가지붕은 우진각지붕이 일반적이지만 맞배나 팔작, 모임지붕의 형태를 모두 만들 수 있다. 그러나 지붕의 네 가지 기본 형태를 가장 격식 있게 만든 것은 기와지붕이므로 여기에서는 기와지붕을 중

너와지붕(위) | 울릉 나리동 너와집
돌너와(가운데) | 외암리 마을
굴피지붕(아래) | 양평 상곡당

> 평면 형태에 따라 지붕을 十자형, ㄱ자형, ㄴ자형, ㄷ자형 등으로 구분하기도 한다. 그러나 이것은 평면 형태에 따른 구분일 뿐이며, 네 가지 유형의 지붕을 평면에 따라 적절히 적용한 것이다.

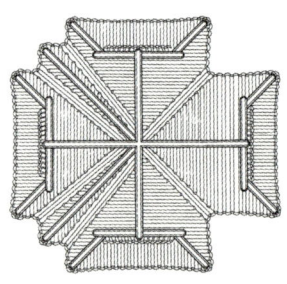

평면 형태에 따른 지붕 형태의 적용 예
| 창덕궁 후원 부용정

심으로 지붕의 유형에 따른 형태적 특성을 살펴보도록 한다.

● **맞배지붕**

맞배지붕은 정면과 후면에만 지붕면을 형성하고 양 측면에 삼각형의 벽, 즉 박공을 둔 가장 간단한 형태의 지붕으로 일명 '뱃집舟家'[2]이라고도 한다. 지붕은 용마루와 내림마루, 처마, 지붕면 및 박공으로 구성된다. 건물 앞뒤로만 지붕면이 형성되고 양 측면은 박공벽으로 구성되어 다른 형태의 지붕보다 외관이 단순하고 간결하다. 용마루와 처마의 곡선도 곡률이 적은 편이어서 단아한 모습을 지닌다. 이러한 특성으로 인하여 맞배지붕은 부차적인 용도의 건물이나 문 등에 사용하는 경우가 많다. 특히 종묘나 향교 대성전, 사당 등 경건함과 엄숙을 요구하는 건물에 많이 채용하였다.

맞배지붕은 측면으로 돌출한 지붕의 길이가 시대에 따라 변화하였다. 고려시대의 맞배지붕은 측면으로 돌출한 지붕의 길이가 길어서 박공 부분의 목부재와 흙벽 등이 빗물 등에 의해 피해를 입는 것을 막아줄 수 있다. 따라서 측면의 지붕 부분은 도리 끝을 빗물로부터 보호하고 마감을 하기 위한 긴 판자, 즉 박공널을 이용해 人자형으로 막아댈 뿐 박공 부분의 구조를 모두 외부로 노출시켜 구조미構造美가 연출된다. 그러나 측면으로 돌출한 지붕의 길이가 긴 만큼 도리가 외팔보(캔틸레버) 형식으로 돌출한 길이가 길어져 도리 끝이 쳐질 수 있다는 구조적 취약성을 지닌다.

반면에 조선시대에는 지붕이 측면으로 돌출한 길이가 짧아졌다. 이것은 도리 끝이 쳐지는 구조적 취약성을 보강하고자 하는 의도와 관계가 있는 것으로 보인다. 그러나 측면으로 돌출한 지붕의 길이가 짧아졌기 때문에 박공부에 빗물이 들이치게 되었고, 그것을 막기 위해 박공널과 함께 풍판風板을 설치하는 변화가 일어났다.

맞배지붕의 사례 | 수덕사 대웅전(오른쪽), 종묘 칠사당(가운데), 장수향교 대성전(왼쪽)

고려시대 맞배지붕의 박공부 | 수덕사 대웅전

조선시대 맞배지붕의 박공부 | 안성 청원사 대웅전

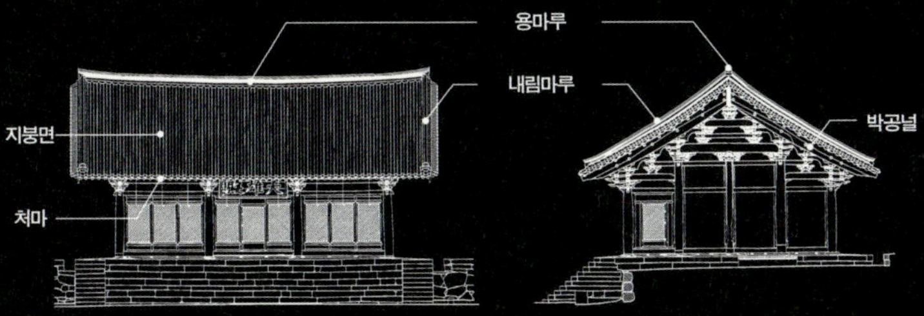

맞배지붕의 구성 | 수덕사 대웅전

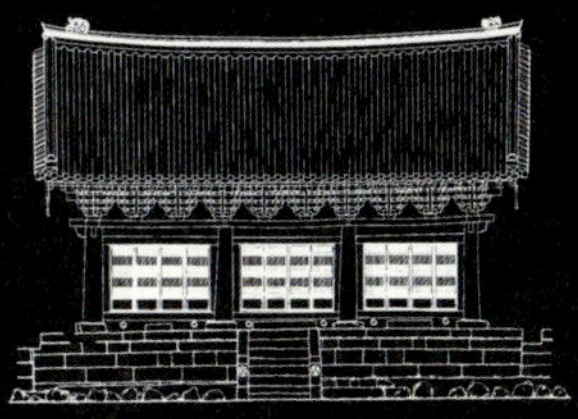

측면의 처마 깊이가 짧아진 조선시대의 맞배지붕 | 안성 칠장사 대웅전

● 우진각지붕

우진각지붕은 네 면으로 지붕면을 형성한 지붕이다. 지붕은 용마루와 추녀마루, 처마 및 지붕면으로 구성된다. 고구려를 비롯한 삼국시대와 남북시대 건축에서는 궁궐 정전과 사찰 금당과 같은 가장 격식이 높은 건축에 사용되기도 하였다. 그러나 조선시대 건축에서는 팔작지붕이 보편화되었기 때문에 우진각지붕은 성문과 궁궐의 대문, 문루 등의 건축에 국한되어 사용되었다.

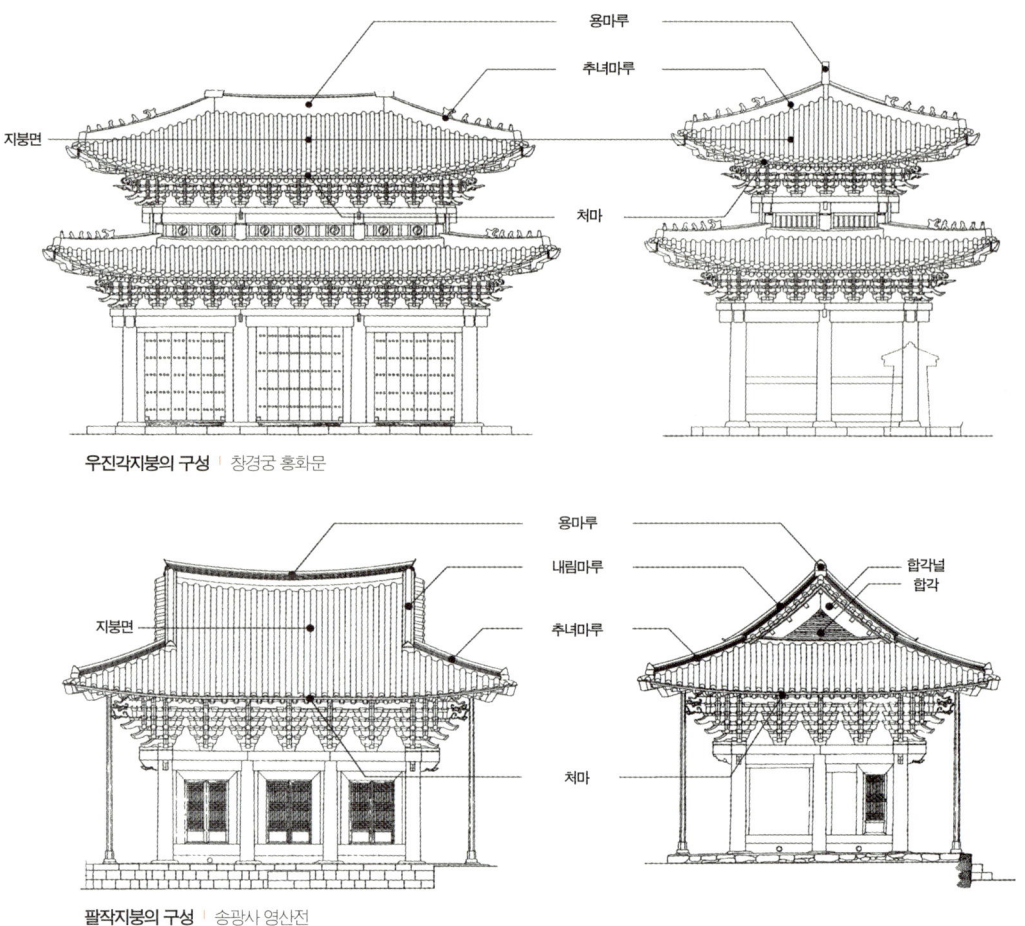

우진각지붕의 구성 | 창경궁 홍화문

팔작지붕의 구성 | 송광사 영산전

● **팔작지붕**

팔작지붕은 네 면으로 지붕면을 형성하고, 측면에 합각이라 부르는 삼각형의 벽을 만든 지붕이다. 우진각지붕의 중간 부분을 수평으로 잘라낸 위에 맞배지붕을 올려놓은 형태로 이해할 수 있다. 용마루와 내림마루, 추녀마루, 처마, 지붕면 및 합각으로 구성된다. 삼국시대 건축에서는 주로 백제 건축에서 그 사례를 확인할 수 있으며, 조선시대에는 건물의 용도에 관계없이 가장 일반적으로 사용되었다.

합각은 지붕 측면에 형성되는 삼각형의 벽체 부분으로 팔작지붕의 특성을 형성한다. 합각의 크기는 합각의 위치와 밀접한 관계가 있다.

우진각지붕의 사례 | 창덕궁 돈화문

합각의 위치는 귓기둥과의 위치 관계에 따라 합각면이 귓기둥보다 안쪽에 위치한 경우, 귓기둥과 동일한 선상에 위치한 경우, 그리고 귓기둥보다 바깥에 위치한 경우로 나누어볼 수 있다.[3] 합각면이 귓기둥보다 안쪽으로 위치할수록 합각의 크기는 작아진다. 반대로 합각면이 귓기둥보다 바깥으로 위치할수록 합각의 크기는 커진다.

우진각지붕의 사례 | 숭례문

합각부 상부에는 人자 모양으로 넓고 긴 판자 두 개를 맞붙여 댄다. 맞배지붕의 박공널과 비슷한 부재이지만 박공널과 구분하여 합각널이라 부른다. 합각널 아래 삼각형의 벽체 부분, 즉 합각벽은 목재나 벽돌, 기와, 또는 흙이나 석회를 이용하여 마감한다. 목재를 사용하는 경우에는 맞배지붕의 풍판과 같이 판자와 졸대를 사용해 만든다. 전벽돌, 기와, 흙 또는 석회로 마감하는 경우에는 재료의 성질에 따라 다양한 무늬를 베풀기도 한다. 또한 합각벽의 구성은 벽체나 담장, 굴

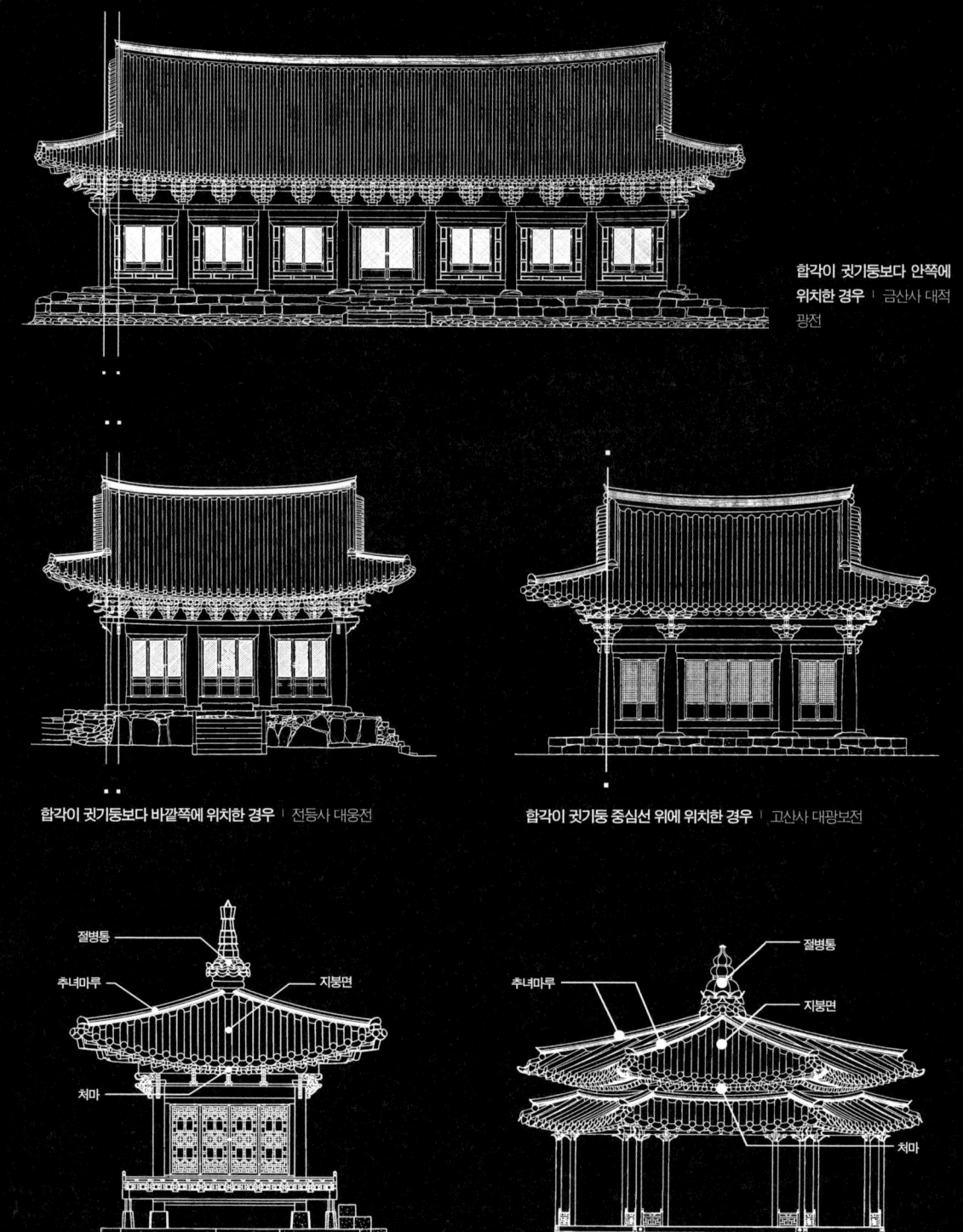

합각이 귓기둥보다 안쪽에 위치한 경우 | 금산사 대적광전

합각이 귓기둥보다 바깥쪽에 위치한 경우 | 전등사 대웅전

합각이 귓기둥 중심선 위에 위치한 경우 | 고산사 대광보전

사모지붕의 구성 | 창덕궁 농수정

육모지붕의 구성 | 창덕궁 존덕정

팔작지붕의 사례 | 경복궁 수정전

뚝 등 다른 부분과 동일한 재료와 무늬를 사용하여 건축과 주변 전체에 통일감을 부여한다.

팔작지붕의 사례 | 마곡사 대광명전

● 모임지붕

모임지붕은 지붕면이 하나의 꼭짓점으로 모여 뿔 형을 이룬 지붕이다. 평면이 방형이나 다각형으로 이루어진 건물, 특히 정자류의 건축에 사용되었다. 용마루 없이 추녀마루와 처마, 지붕면으로 구성되며, 지붕의 꼭짓점에는 절병통을 올려놓아 마감한다. 모임지붕은 평면 형태에 따라 사각형 평면의 사모지붕, 육각형 평면의 육모지붕, 팔각형 평면의 팔모지붕 등으로 세분한다.

합각벽의 다양한 구성 | (위에서부터 시계 방향으로) 세병관, 상주 양진당, 병산서원 강당, 창덕궁 희정당

사모지붕 | 창덕궁 애련정   **육모지붕** | 창덕궁 존덕정   **팔모지붕** | 환구단

방향성에 따른 지붕의 분류와 특성

형태에 따른 지붕의 유형은 지붕이 지닌 방향성에 따라 일一방향성을 지닌 지붕과 양兩방향성을 지닌 지붕의 두 가지 유형으로 구분할 수 있다. 맞배지붕은 일방향성을 지닌 유형에 속하며, 우진각과 팔작, 모임지붕은 양방향성 또는 다多방향성을 지니는 유형으로 구분할 수 있다. 지붕이 지닌 방향성은 보와 도리, 서까래, 공포 부재 등의 배열

일방향성의 특성을 지닌 맞배지붕 | 참당암 대웅전

양방향성의 특성을 지닌 팔작지붕 | 미황사 대웅보전

은 물론 평면 구성과도 깊은 관련이 있다.

　맞배지붕은 지붕면이 건물 앞뒷면에만 형성되므로 지붕을 구성하기 위한 서까래가 한 방향으로만 놓인다. 즉 건물의 앞뒤 방향으로만 서까래가 배열된다. 따라서 도리도 서까래와 직교하는 한 방향으로만 배열되며, 보는 서까래와 같은 하나의 방향으로만 배열된다. 공포를 구성하는 살미와 첨차 역시 마찬가지이다. 따라서 맞배지붕은 부재의 배열 방향이나 외관이 일방향성의 성향을 지닌다. 또한 맞배지붕은 지붕면이 형성되는 정면과 후면과는 달리 측면에는 지붕면이 전혀 형성되지 않아 정면과 측면의 모습이 전혀 달라지므로 정면성만 지닌다고 할 수 있다. 처마는 정면과 후면에만 형성되고 양 측면에는 형성되지 않는다. 또한 처마가 연속되지 않는 측면에는 공포를 배열하지 않는다. 이처럼 구조나 형태가 정면에서 측면으로 연속되는 구성이 아니므로 맞배지붕은 비연속성을 지닌다고 할 수 있다.

　맞배지붕과는 반대로 우진각과 팔작, 모임지붕은 양방향성과 양면성兩面性, 연속성連續性의 특성을 지닌다. 우선 지붕면이 정면과 후면뿐 아니라 양 측면, 또는 그 이상의 방향에도 형성되며, 처마는 건물의 모든 면으로 연속된다. 서까래는 건물의 앞뒤 방향뿐 아니라 측면 방향으로도 배열된다. 즉 서까래가 종횡 두 개의 방향으로 배열되며, 육모지붕에서는 세 개의 방향,

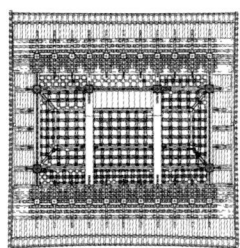 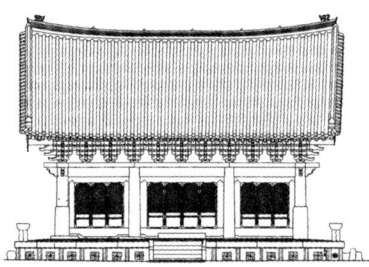 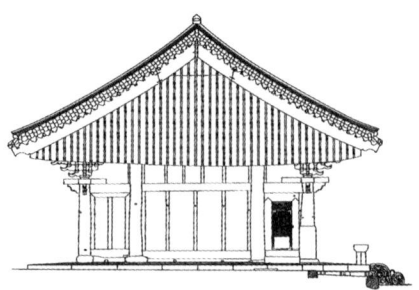

일방향성, 정면성, 비연속성의 특성을 지닌 맞배지붕 | 범어사 대웅전

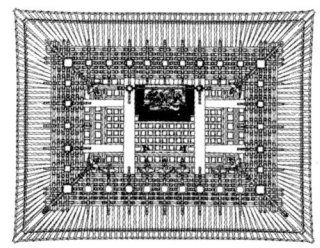 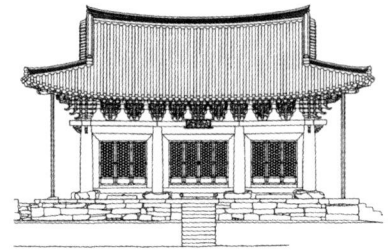 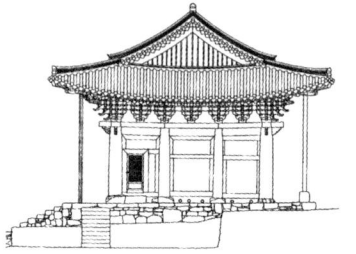

양방향성, 양면성, 연속성의 특성을 지닌 팔작지붕 | 개암사 대웅보전

팔모지붕에서는 네 개의 방향으로 배열된다. 공포도 건물의 모든 면에 설치되게 된다. 따라서 부재의 배열이나 지붕의 형태에 있어서 우진각과 팔작, 모임지붕은 양방향성을 지닌다. 처마와 공포의 구성과 형태 등이 정면에서 측면으로 연속되므로 연속성을 지니며, 양방향성을 지닌다고 할 수 있다.

완만한 곡선의 아름다움, 지붕

03 지붕의 형태적 특성

곡선의 아름다움

처마를 비롯하여 용마루, 내림마루, 추녀마루, 지붕면 등 한국 건축의 지붕을 구성하는 모든 선은 한 부분도 직선인 부분이 없이 완연한 곡선을 이룬다. 이 곡선은 현수懸垂곡선의 특성을 지니고 있다. 현수곡선은 중력의 법칙이 만들어내는 자연의 곡선이다.

한국 건축은 산을 배경으로 만들어진다. 한국의 지형은 노년기 지형으로 산의 선은 포물선에 유사한 완만한 곡선을 이루고 있다. 포물선은 방향은 반대이지만 현수선과 마찬가지로 중력의 법칙이 만들어내는 자연의 곡선이다. 아울러 지붕의 곡선, 특히 용마루 곡선은 뒷산의 곡선을 고려하면서 결정된다.

지붕의 선과 뒷산의 선은 방향은 반대이지만 중력의 법칙이 만들어내는 자연의 곡선으로 성향이 닮았다고 할 수 있다. 더욱이 초가지붕은 선의 방향도 뒷산과 같다. 또 용마루 등의 지붕 곡선은 뒷산을 고려하여 만들어진다. 따라서 지붕의 선은 뒷산을 닮았다

뒷산을 배경으로 완연한 곡선을 이룬 지붕의 선 | 경복궁 근정전

산의 선과 조화를 이룬 초가지붕의 곡선 | 낙안읍성

고 할 수 있다. 이처럼 지형과 어울린 지붕의 곡선은 건축이 자연과 조화를 이루는 한국 건축의 특성을 형성하는 중요한 요소이다.

처마의 선

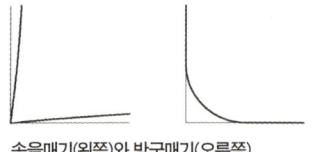

솟을매기(왼쪽)와 방구매기(오른쪽)

처마의 선線은 재료에 따른 지붕의 유형에 따라 차이가 있다. 즉 초가지붕의 경우에 처마는 위에서 내려다보아 모서리 부분, 즉 추녀 부분을 둥글게 처리한다. 이처럼 모서리 부분을 둥글게 곡선으로 처리한 것을 방구매기라 한다. 반면에 기와지붕은 지붕의 모서리 부분이 바깥을 향해 곡선을 이루며 돌출하도록 처리하는데, 이를 솟을매기라 부른다.[4]

기와지붕의 처마는 정면에서 볼 때 귀 부분으로 가면서 점차 높아지는 곡선을 가지고 있다. 즉, 입면상 곡선으로 귀 부분의 처마가 높아지도록 처리하는데, 이것을 조로 또는 앙곡仰曲이라 부른다. 또한

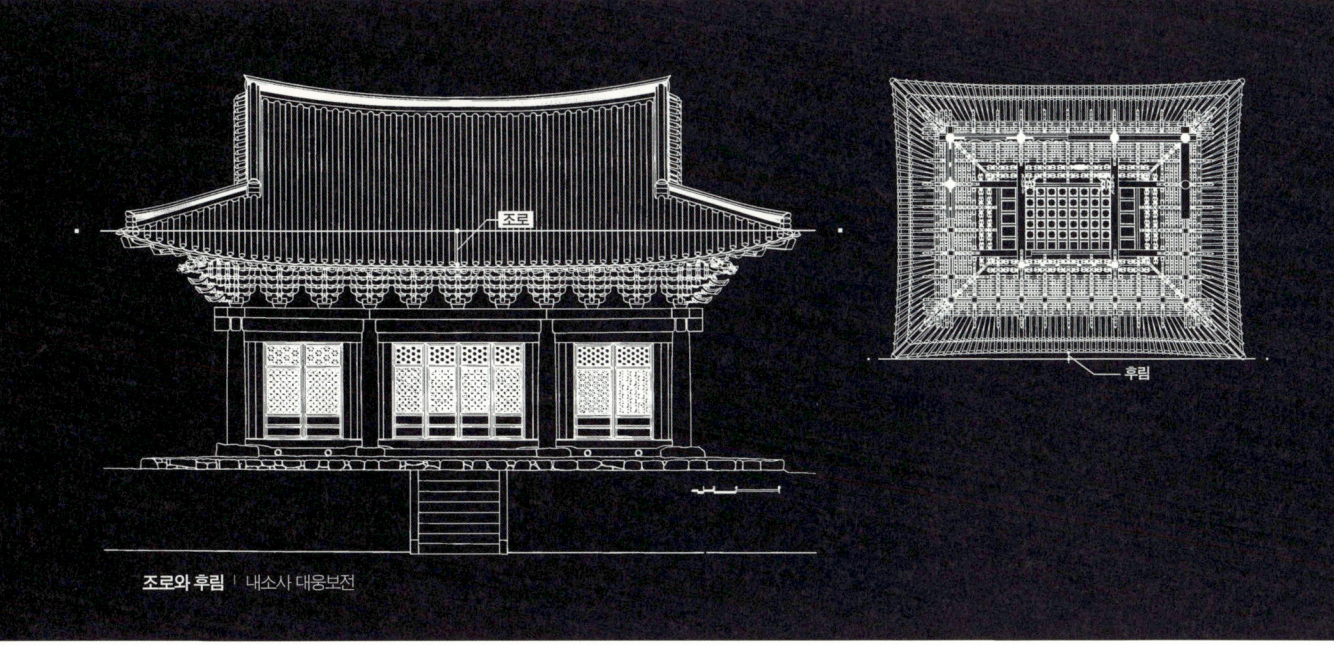

조로와 후림 | 내소사 대웅보전

처마는 위에서 내려다보면 가운데 부분이 짤록하게 들어간 곡선을 이룬다. 이처럼 평면상 처마의 가운데 부분을 짤록하게 들어간 곡선으로 만드는 것을 후림 또는 안허리라 부른다.

조로는 처마선의 양쪽 끝이 아래로 처져 보이는 착시현상을 교정하는 역할을 한다. 그러나 조로는 착시현상을 교정하는 효과를 넘어서 양쪽 끝이 위로 치켜 올라간 곡선으로 만듦으로써 지붕을 가볍게 보이도록 하는 효과를 지닌다. 여기에 후림이 더해져서 처마 곡선은 더욱 경쾌해진다. 따라서 조로와 후림은 외관상 차지하는 비중이 커서 자칫 건물을 짓누르는 것 같은 모습으로 보일 수 있는 지붕을 가볍게 보이도록 한다.

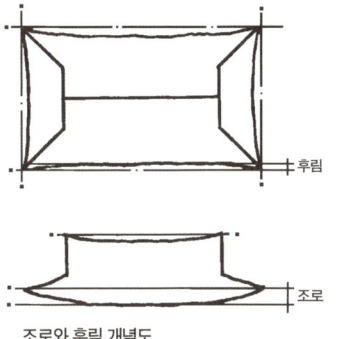

조로와 후림 개념도

지붕의 물매

지붕 단면은 이중의 선으로 구성된다. 즉 서까래에 의해 결정되는 선과 기와의 마감에 의해 만들어지는 두 개의 선으로 구성된다. 그중에

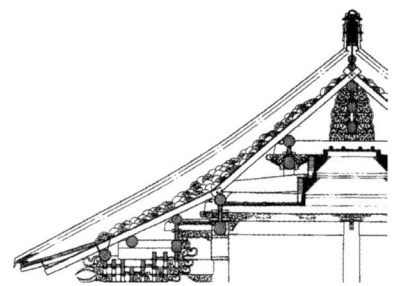
이중의 선으로 구성되는 지붕의 단면 구조
│ 창덕궁 인정전

서 기와의 마감에 의해 이루어지는 지붕의 단면선은 완연한 곡선을 이룬다. 그래서 지붕의 선은 마루와 처마는 물론 단면에 이르기까지 모두 완연한 곡선으로 이루어진다.

경사지붕의 경사도를 물매라 부르며, 전통적인 방법으로는 수평거리 한 자에 대한 높이를 치 단위로 표현하는 것이 일반적이다.* 예를 들어 한 자의 수평거리에 대해 다섯 치를 높였다면 다섯 치 물매라고 부른다.

지붕의 물매는 강우량과 적설량에 따라 결정된다. 또한 건물의 규모와도 관련이 있다. 일반적으로 건물의 규모가 클수록 물매를 세게 하며, 건물의 규모가 작을수록 물매를 약하게 한다. 건물의 규모가 크면 상대적으로 지붕이 위치한 높이가 높아지기 때문이다. 경사지붕이 상대적으로 높은 곳에 위치하게 되면 시각적으로 보이는 지붕의 크기는 실제 크기보다 작아지게 된다. 따라서 건물의 규모가 커질수록 지붕의 물매를 급하게 만들어 지붕과 축부가 적절한 비례를 이루도록 한다.

● **물매의 단위** 서까래의 물매도 지붕과 마찬가지로 수평거리 한 자에 대한 수직거리를 치 단위로 표시한다.

곡선의 지붕을 만들어내는 구성 부재들

04
지붕의 구성

서까래

서까래椽는 지붕 경사에 따라 설치된 도리 사이에 경사지게 걸쳐대는 부재로 지붕의 바탕을 형성한다. 서까래는 일반적으로 원형 단면의 부재, 즉 연椽을 사용하지만 특수하게 방형 단면의 서까래인 각을 사용한 경우도 있다. 서까래는 평면 위치에 따라 평서까래(평연平椽)과 귀서까래 및 회첨서까래로 구분된다.

● 평서까래

평서까래(평연)는 도리와 직각 방향으로 놓이는 서까래이다. 가구의 량수에 따라 단면상 두 개 또는 그 이상의 서까래를 사용한다. 3량가의 건물에서는 한쪽 지붕면에 한 개의 서까래만 사용하지만 5량가에서는 한쪽 지붕면에 두 개의 서까래를 사용한다. 7량가 이상에서는 한쪽 지붕면에 두 개 또는 세 개의 서까래를 사용하게 된다. 이처럼 가구 구성에 따라 단면상 여러 개의 서까래를 사용하므로 평서까래는 단면 위치에 따라 장연長椽과

방형 단면의 서까래인 각을 사용한 예 | 창덕궁 청의정

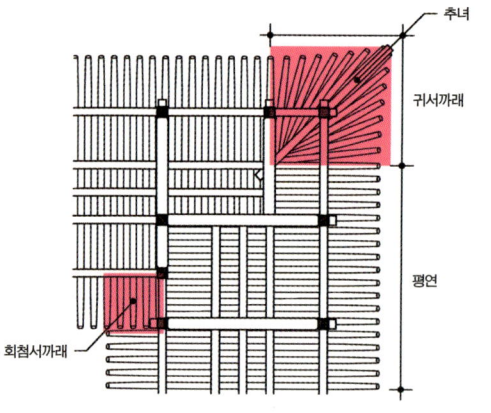

평면에 따른 서까래의 유형

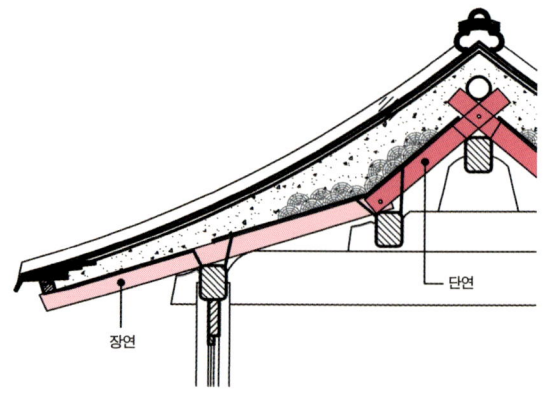

단면에 따른 평서까래의 유형

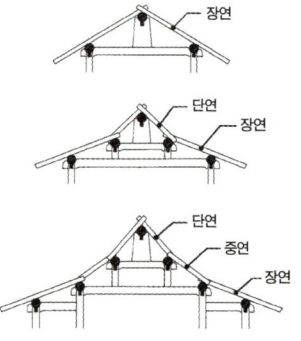

가구 유형과 단면 위치에 따른 평연의 유형

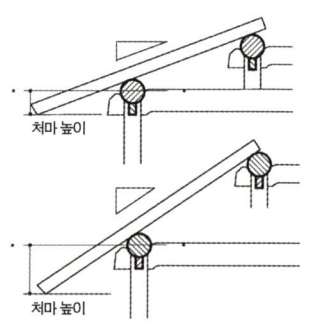

장연의 물매와 처마 높이의 상관관계

단연短椽 및 중연中椽으로 구분한다.

장연은 3량가인 경우 주심도리와 종도리 사이에, 5량가 이상인 경우 주심도리와 중도리 사이에 걸쳐대는 서까래이다. 장연은 긴서까래, 처마서까래(처마연檐下椽), 들연, 들어새연, 하연下椽 등의 이름으로 부른다. 장연은 건물 바깥으로 돌출하여 처마를 형성하므로 그 길이가 길다. 장연 또는 긴서까래는 이처럼 길이가 긴 서까래라는 의미를 지닌다. 처마서까래는 처마를 형성하는 서까래라는 의미를 지니며, 들연은 처마 끝이 아래로 처지는 것을 막기 위해 서까래 끝을 들어 올려 설치한다는 의미를 지닌다.

단연은 5량가 이상에서만 사용하며, 중도리와 종도리 사이에 걸쳐 댄다. 처마를 형성해야 하는 장연에 비해 그 길이가 짧기 때문에 단연, 즉 짧은 서까래라 부른다. 또한 가장 위쪽에 위치한다는 의미에서 상연上椽, 종도리에 걸쳐진다는 의미에서 동연棟椽이라 부르기도 한다.

7량가 이상의 구조에서는 장연과 단연만을 사용하는 경우도 있지만 장연과 단연 사이, 즉 중도리와 중도리 사이에 별도의 서까래를 사용하기도 한다. 이 서까래를 중연이라 부른다.

서까래를 걸 때 장연의 물매는 단연보다 완만하게 한다. 장연과 단

선자서까래의 외부(왼쪽)와 내부(오른쪽) | 강화 학사재

선자서까래 조립 과정

치목된 선자서까래

선자서까래의 단면 변화 부분

연의 물매 차이로 생긴 꺾임으로 인해 장연과 단연이 만나는 부분과 마감된 지붕면 사이에는 많은 높이 차이가 생긴다. 이러한 불합리함에도 불구하고 장연의 물매를 완만하게 하는 것은 처마 끝의 높이 때문이다. 장연의 물매를 급하게 하면 처마 끝이 아래로 내려와 축부 상부의 많은 부분이 지붕에 가린다. 그만큼 건물이 답답해 보일 수 있고 지붕과 축부의 비례가 알맞게 되지 않는다. 그래서 장연 끝을 들어 올려줌으로써 처마가 축부를 가리지 않도록 한다.

● 귀서까래

지붕 모서리의 추녀를 중심으로 좌우로 놓이는 서까래를 귀서까래라 부른다. 귀서까래는 그 배열 방법에 따라 선자서까래와 말굽서까래로 구분한다.

선자서까래(선자연扇子椽)는 추녀를 중심으로 부챗살 모양으로 펼쳐지도록 서까래를 배열하는 방법으로 한국 건축에서 가장 일반적으로 사용되었다. 선자서까래는 매우 정교한 구조를 지닌다. 처마도리를 중심으로 외부로는 원형 단면을 이루면서 부챗살 모양으로 펼쳐지는 반면에 내부로는 사각형 단면을 이루면서 서까래 사이에 전혀 빈틈이 없게 배열한다. 선자서까래는 추녀 부분의 처마가 곡선을 이루면서 위로 많이 올라간다. 따라서 처마 끝을 들어올리기 위해 처마도리 위에 '갈모산방'이라 부르는 긴 삼각형의 부재를 올려놓은 위에 선자서까래를 배열한다. 선자서까래는 추녀 옆으로부터 첫 번째 배열된 것을 초장, 두 번째 것을 2장으로 부르며, 가장 마지막에 위치한 것을 막장이라 부른다. 추녀 옆에 붙이는 초장은 반원형 단면으로 반쪽의 서까래를 사용한다.

말굽서까래(마족연馬足椽)는 추녀를 중심으로 부챗살 모양으로 펼쳐졌다는 점에서 선자서까래

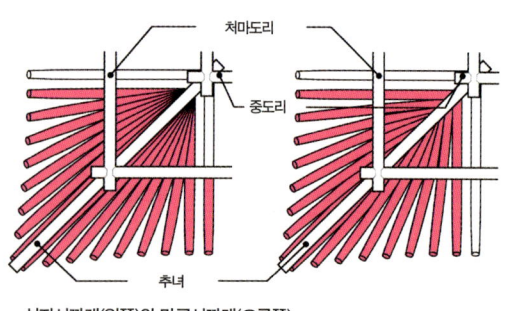

선자서까래(왼쪽)와 말굽서까래(오른쪽)

말굽서까래의 구성 | 양평 창대리 고가 외부(왼쪽)와 내부(오른쪽)

일본의 직각서까래 | 후쿠시마 현 간고우지願成寺의 시로미즈아미다도우白水阿彌陀堂

와 같지만 그 기법이 단순화된 것을 말한다. 즉 서까래를 부챗살 모양으로 펼쳐진 모습으로 만들되 서까래 끝이 하나의 꼭짓점을 형성하지 않고 적당히 추녀 옆면에 붙도록 하여 못을 박아 고정한 것이다. 서까래를 추녀 옆면에 붙이기 위해 빗잘라낸 서까래 마구리가 타원형을 이루게 되는데, 그 모양이 말발굽 모양으로 생겼다고 해서 말굽서까래라 부른다. 격이 떨어지는 살림집이나 헛간 등의 건물에 사용한 방법이다.

이 밖에 귀서까래의 배열 방법으로 직각(평행)서까래가 있다. 추녀 양쪽의 서까래가 서로 직각이 되도록 배열한 것인데, 한국 건축에서는 거의 사용되지 않았다.

● 회첨서까래

회첨골에 놓이는 서까래를 회첨會檐서까래라 부른다. 회첨서까래의 배열 방법은 지역에 따라 차이가 있으며, 골추녀회첨과 엇걸음회첨, 맞연귀회첨 등의 방법이 있으며,[5] 그밖에 여러 가지 응용된 방식이 사용되기도 하였다.

골추녀회첨은 골추녀를 설치하고 양쪽에 직각으로 회첨서까래를 거는 방법이다. 주로 경상도와 전라도 지역에서 많이 사용하던 수법이다. 엇걸음회첨은 골추녀를 사용하지 않고 서까래를 직교시켜 엇갈려 거는 방법으로 서울을 비롯한 중부지방에서 많이 사용하였다. 맞연

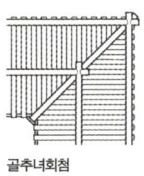

골추녀회첨   엇걸음회첨

맞연귀회첨

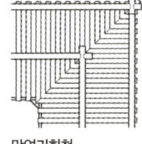

회첨서까래 배열 방법

골추녀회첨 사례 | 강화 학사재

회첨서까래 배열의 예 | 여주 김영구 가옥

귀회첨은 회첨부 양쪽의 서까래가 서로 맞연귀를 이루도록 서까래를 거는 방법이다.

● **서까래의 직경과 배열 간격**

서까래의 직경은 건물의 규모와 격식에 따라 차이가 있다. 서까래는 구조적으로 도리 사이의 거리를 버틸 수 있는 굵기를 만족해야 하지만 실제 도리 간격은 서까래가 하중을 견딜 수 있는 범위 안에서 결정된다.

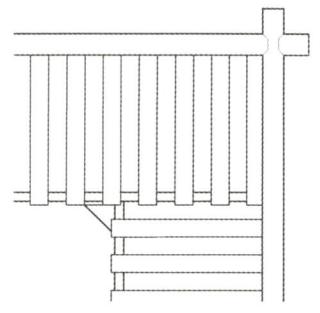

회첨서까래 배열 양시도 | 여주 김영구 가옥

서까래의 직경은 외부로 노출되는 서까래 끝, 즉 말구의 직경을 기준으로 한다. 일반적으로 초가집에서는 세 치 미만의 것을 많이 사용하며, 아무리 굵은 것도 네 치 이하의 것이 대부분이다. 기와지붕으로 된 고급 살림집에서는 다섯 치 내외의 것을 많이 사용하지만 좀 더 고급스럽게 꾸미기 위해 여섯 치 정도로 만드는 경우도 있다. 포(包)집을 비롯한 대규모 전각에서는 6~8치 정도를 사용하며, 그 이상 굵은 것을 사용하는 경우는 거의 없다.

서까래의 간격은 사용된 기와의 규격과 밀접한 관계가 있다. 즉 서까래의 간격은 사용된 암키와의 너비와 같은 간격으로 유지하는 것이 일반적이다. 예를 들어 너비가 한 자인 기와(중와)를 사용한 경우 서까래 간격은 기와 너비와 일치시킨 한 자 간격으로 거는 것이 일반적이다. 초가집의 경우에는 서까래 간격을 한 자 두 치 정도로 넓게 배열한다.

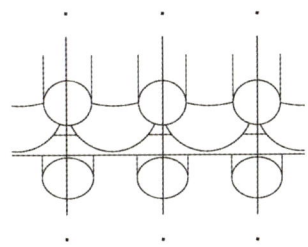

서까래 배열 간격과 암키와 너비의 관계

● **휜 부재의 사용과 갈모산방**

처마도리(주심도리 또는 외목도리)와 중도리(또는 종도리) 사이에 걸리는 장연과 선자연은 처마도리 바깥으로 돌출하여 처마를 형성한다. 이렇게 처마도리 바깥으로 돌출한 부분은 역학적으로 외팔보가 된다. 따라서 그 끝이 아래로 처질 우려가 있다. 이러한 역학적 특성 때문에 장연과 선자연은 휜 부재를 사용하는 것이 유리하다. 즉 처마도리를 중심으로 바깥쪽으로 가면서 위로 치켜 올라간 형태로 부재를 사용하면 부재 자체가 하중에 대항하는 힘이 커질 뿐 아니라 휨 응력으로 부재가 휘더라도 그 끝이 아래로 처지는 일은 생기지 않는다.

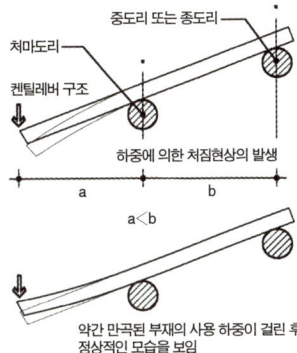

장연의 역학적 특성

한편 외팔보가 지니는 역학적 특성 때문에 공포를 사용한 경우 장연은 외목도리가 아닌 주심도리에서 주된 하중을 담당하도록 하는 것이 유리하다. 외목도리는 공포의 출목에 의해 받쳐지는 부분이므로 주심도리에 비해 하중을 받을 수 있는 능력이 떨어진다. 따라서 장연과 선자연은 휜 부재를 사용하여 주심도리에 맞닿도록 올려놓으면서 외목도리에서는 약간(2~3푼 정도) 떨어뜨려 놓는다. 이렇게 설치한 장연과 선자연은 휨 응력으로 자연스럽게 아래로 처지면서 외목도리와 맞닿게 된다. 그러나 지붕 하중의 상당 부분은 이미 주심도리를 지점으로 한 서까래가 담당하게 되므로 외목도리에 걸리는 하중이 적어져 좀 더 안정된 구조를 이루게 된다.

갈모산방 | 통영 세병관

장연과 선자연을 휜 부재로 만들면 곡선을 이룬 처마를 만드는 데도 유리하다. 도리는 직선으로 만들어진 부재인 반면에 처마는 곡선을 이룬다. 처마는 건물의 중앙 부분에서 귀 부분으로 가면서 위쪽으로 올라간 곡선, 즉 조로 곡선을 이룬다. 위치에 관계없이 직선형의 장연과 선자서까래를 사용하면 건물의 귀 부분으로 가면서 치켜 올라가는 조로 곡선을 만들기 위해 도리 위에 고임을 두어야 한다. 그러나 휜 부재를 사용하면 고임 없이 조로 곡선을 만들 수 있다. 건물 중앙 부분에는 직선에 가까운 서까래를 사용하고 귀 부분으로 가면서 점차 많이 휜 부재를 사용하면 고임 없이도 자연스러운 곡선을 만들 수 있다.

그러나 선자서까래가 걸리는 부분은 휜 부재를 사용하더라도 조로 곡선을 만족시킬 수 없다. 그래서 이 부분에는 처마도리 위에 서까래를 고이기 위한 부재를 설치해야 한다. 이렇게 처마 곡선을 만들기 위해 선자서까래 아랫부분의 도리 위에 받쳐 대는 부재를 갈모산방이라 부른다. 갈모산방은 추녀 쪽으로 가면서 점차 고여야 하는 높이가 높아지기 때문에 긴 직각삼각형의 형태를 지니게 된다.

처마

● 홑처마와 겹처마

처마는 홑처마와 겹처마로 나누어진다. 홑처마는 서까래만으로 구성된 처마로 단첨單檐이라 부르기도 한다. 그런데 홑처마로 만들 수 있는 처마 깊이에는 한계가 있다. 서까래만으로 처마를 구성하는 경우 구조적인 측면에서 처마를 많이 뽑을 수 없을 뿐 아니라 처마로 인해 건물의 정면 부분이 가려져 비례적으로 적당한 입면을 만들기 어렵기 때문이다. 그래서 처마를 더 많이 뽑고자 할 때에는 서까래로 만

겹처마 범어사 대웅전

들어지는 홑처마 밖으로 다시 부연을 걸어 처마를 이중으로 구성한다. 부연은 서까래보다 끝을 들어 올려 설치하기 때문에 건물의 정면을 많이 가리지 않을 뿐 아니라 서까래에 의해 안정된 구조를 이룬 다음 설치하므로 안정된 구조를 이룰 수 있기 때문이다. 이처럼 부연을 사용하여 처마를 이중으로 구성한 것을 겹처마重檐, 飛檐라 부른다.

홑처마는 궁궐이나 사찰, 관아 등의 부속건물과 살림집 등에서 주로 쓰이는 반면 겹처마는 궁궐의 정전과 침전, 사찰의 불전 등 중요한 건물들에 사용한다. 그러나 종묘나 향교의 대성전 등과 같이 엄숙함을 요구하는 건물인 경우에는 중요한 건물에서도 겹처마를 만들지 않고 홑처마로 구성하기도 한다.

홑처마 | 강릉문묘 대성전

● **처마내밀기**

처마 깊이, 즉 처마내밀기는 건물의 규모와 관계가 있다. 건물의 규모

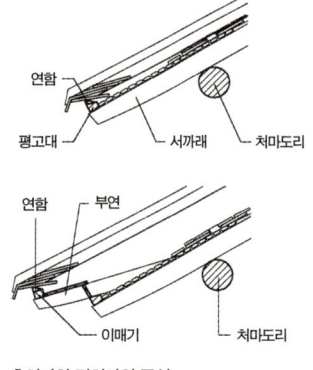

홑처마와 겹처마의 구성

가 클수록 처마 깊이는 깊어진다. 처마 깊이는 초석 상면 기둥 중심선에서 처마 끝의 평고대를 이은 선이 기둥 중심선과 이루는 각도(처마각)로 말하는 것이 유용하다. 이 각이 클수록 처마 깊이는 깊어진다. 예를 들어 조선시대 사대부가에서는 이 각이 30도 내외를 이루는 경우가 많다. 이러한 처마 깊이는 계절에 따른 태양의 남중고도와도 밀접한 관련이 있다.

또한 처마 깊이는 건물의 구조와도 밀접한 관련이 있다. 처마를 구성하는 서까래는 처마도리를 지점으로 한 지렛대의 원리에 의한 구조를 이루기 때문이다. 처마를 구성하는 서까래, 즉 장연은 처마도리를 기준으로 내민 길이가 뒷부리의 길이보다 짧아야 안정적이다. 따라서 안정적인 처마내밀기를 위해서는 서까래 뒷부리의 길이가 충분히 확보되어야 한다. 서까래 뒷부리의 길이는 처마도리와 중도리 사이의 간격이 되므로 원칙적으로 처마 깊이는 처마도리와 중도리 사이의 간격을 넘어설 수 없다.

툇간이 있는 건물에서 처마내밀기는 툇간의 길이와 밀접한 관련이 있다. 처마도리와 중도리 사이의 간격은 툇간의 길이에 일치하는 경우가 대부분이기 때문이다. 그래서 평면을 설정할 때 툇간의 길이는 내부공간의 사용과 함께 처마내밀기를 고려하여 결정해야 한다.

부연과 추녀 및 사래

팔작지붕과 우진각, 모임지붕에서는 지붕의 귀 부분에 추녀春舌를 사용한다. 추녀는 좌우에 선자서까래를 설치하여 지붕이 연속된 모습으로 돌아갈 수 있도록 한다. 또한 추녀의 길이와 단면 높이는 처마의 조로와 후림 곡선을 결정한다.

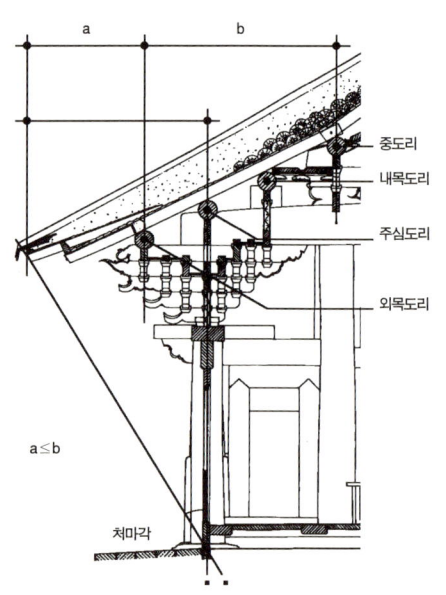

처마 깊이 | 범어사 대웅전

추녀와 사래 | 세병관

즉 추녀와 서까래가 처마도리에서 돌출한 길이의 차이가 후림 곡선이 되며, 처마 중앙부에 위치한 장연 끝의 높이와 추녀 끝의 높이의 차이에 의해 조로 곡선이 결정된다.

추녀는 조로 곡선을 만족시켜야 하기 때문에 춤이 충분히 높아야 한다. 그러나 조로 곡선을 만족시킬 수 있을 정도로 큰 단면 높이를 지닌 부재를 구할 수 없기 때문에 추녀는 휜 부재를 활용한다. 그래도 조로 곡선을 만족시킬 수 있는 목재를 구할 수 없는 경우에는 추녀 아래에 부재 하나를 덧댄 위에 추녀를 올려놓는다. 이때 아래에 덧댄 추녀를 알추녀라 부른다.

추녀는 처마도리와 중도리의 왕찌짜임 위에 추녀못을 박아 설치한다. 추녀는 서까래와 마찬가지로 외팔보 구조로 설치되므로 그 끝이 처지지 않도록 하기 위한 구조적 배려가 중요하다. 특히 솟을매기가 이루어지는 기와지붕에서는 추녀가 바깥으로 돌출한 부분이 길어지기 때문에 구조적으로 취약한 부분이 될 수 있다. 따라서 추녀 뒷부

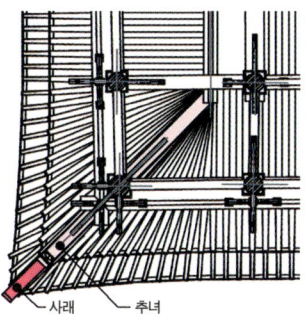

추녀와 사래 단면도 | 세병관

추녀와 알추녀 | 법주사 원통보전

추녀의 설치(위) | 학사재 신축공사
강다리에 의한 추녀 보강(아래) | 신륵사 극락보전

활주에 의한 추녀 보강 | 통도사 극락보전

리를 안정되게 고정하기 위한 여러 방법을 사용한다. 띠쇠를 이용하여 도리와 결속시키기도 하며, 추녀 뒷부리와 도리에 구멍을 뚫은 후 나무를 관통시켜 비녀장으로 고정시키는 강다리 보강법을 사용하기도 한다. 또한 추녀 뒷부리에 큰 돌덩이를 올려놓기도 한다. 이 밖에도 추녀가 처지는 것을 방지하기 위해 활주를 사용하여 보강하기도 한다.

겹처마를 만들기 위해서는 서까래 위에 부연浮椽, 婦椽을 사용한다. 부연의 단면은 방형이며, 초매기 위에 올려놓는데, 뒷부리는 쐐기 모양으로 만들어 서까래 위에 못으로 고정시킨다. 또한 겹처마인 경우에는 지붕 귀 부분의 추녀 위에 부연과 마찬가지로 사래숨羅를 올려놓는다.

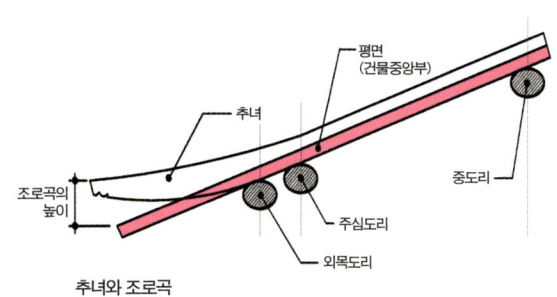

추녀와 조로곡

부연의 설치

서까래와 부연 | 통도사 적멸보궁

추녀, 사래, 서까래 및 부연의 구조 | 통영 세병관

서까래와 부연의 구조 | 통영 세병관

지붕의 종단면 구조

기와지붕의 단면은 서까래와 부연, 산자 또는 개판, 적심과 누리개, 강회다짐과 보토, 그리고 기와 마감 부분으로 구성된다.

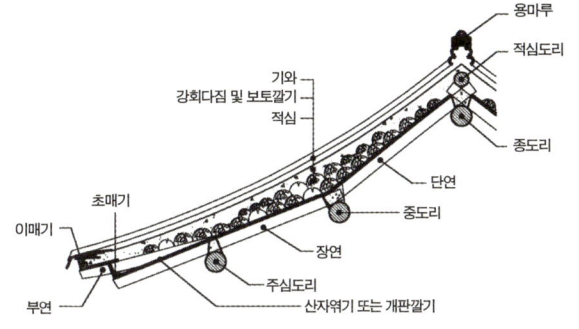
지붕의 종단면 구조

● 평고대

완연한 곡선을 이루는 처마를 만들기 위해서는 서까래 끝이 가지런 하도록 서까래를 걸어야 한다. 이를 위해서 추녀와 몇 개의 서까래에 의지해서 건너지른 긴 각재를 평고대平交臺라 부른다. 처마 곡선, 즉 조로와 후림은 이 평고대에 의해 결정된다. 처마 길이가 길기 때문에 평고대는 하나의 부재로 건너지를 수 없어서 두 개, 또는 세 개의 부

초매기와 이매기(위) | 나주향교 대성전
초매기의 설치(아래)

이매기 설치

재를 이어서 사용하는 경우가 많다.

겹처마인 경우에는 처마가 이중으로 구성되므로 부연을 걸기 위해 또 하나의 평고대를 사용한다. 이 평고대를 서까래를 걸기 위한 평고대와 구분하기 위하여 부연평고대 또는 이매기라 부른다. 반면에 이와 구분하기 위해 서까래를 걸기 위한 평고대를 초매기라 부른다.

● **산자와 개판 및 부연착고**

지붕 산자엮기 | 부석사 조사당

서까래 걸기가 끝나면 서까래 사이의 빈 공간을 막아대기 위해 산자散子엮기나 개판蓋板깔기를 한다. 산자로는 주로 나무의 피죽을 가늘게 켠 것을 사용하며, 경우에 따라 대나무 쪼갠 것을 사용하기도 한다. 산자는 새끼줄을 이용해 엮어 나가는데, 산자엮기한 지붕 아래는 치받이흙을 발라 마감하게 되므로 치받이흙이 잘 붙을 수 있도록 해야 한다. 그런데 흙은 나무에 붙지 않으므로 치받이흙은 산자 사이로 삐져나온 보토나 강회다짐과 붙을 수 있도록 해야 한다. 이를 위해서

개판깔기

지붕 개판이 노출된 연등천장

부연 개판과 착고

부연착고 | 참당암 대웅전

통평고대 | 통영 세병관

는 산자 사이가 일정한 간격을 유지하도록 해야 한다.

산자엮기 대신 개판을 이용해 서까래 사이를 덮어 막는 것을 개판깔기라 한다. 개판깔기는 산자엮기에 비하여 고급 건축에서 사용하는 기법이다. 개판은 서까래와 평행한 방향으로 길게 설치하는 경우와 서까래와 직각 방향으로 설치하는 두 가지 경우가 있다. 그중에서 서까래와 평행하게 설치한 개판을 골개판이라 부른다. 우리나라에서는 주로 골개판을 사용하며, 서까래와 직각 방향으로 개판을 설치하는 경우는 드물다. 연등천장의 경우 개판의 아랫면은 그대로 천장의 마감면이 된다.

겹처마에서 부연 사이의 빈 공간은 산자엮기를 하지 않고 반드시 개판을 깔아 마감한다. 개판은 처마 끝 쪽에 반턱을 만들어서 평고대에 만들어놓은 홈에 끼워 넣는 방법으로 설치한다. 또한 개판은 서까래나 부연에 못을 쳐서 고정시키는데, 한쪽은 개판 위에서 바로 못질을 하며, 다른 한쪽은 서까래나 부연에 못을 친 후 그 머리를 휘어서

누리개

적심

개판을 덮어줌으로써 고정시킨다. 이것은 개판 양쪽을 모두 못으로 고정시키는 경우 판재인 개판이 휘거나 수축으로 쪼개지는 것을 막기 위한 것이다.

정면에서 보았을 때 부연과 부연 사이의 빈 공간도 판자로 막아댄다. 이렇게 막아대는 판자를 부연착고라 부른다. 부연착고는 부연 옆면에 홈을 만들어 통으로 끼워 넣는다. 한편 초매기가 부연착고를 겸하도록 만든 경우도 있는데, 이 평고대를 통평고대라 부른다.

● **적심과 누리개**

지붕의 물매는 서까래에 의해 만들어지는 물매와 기와 마감에 의해 만들어지는 물매에 차이가 있다. 5량가 이상의 건물에서 장연과 단연의 물매에 차이를 두기 때문이다. 그 위에 기와를 올리기 위해서는 서까래와 기와 마감 사이에 강회다짐과 보토를 채우게 된다. 이때 물매 차이로 인해 너무 많은 양의 흙이 들어가게 되어 지나친 하중이 걸리게 되므로 흙의 양을 줄이기 위해 장연과 단연이 만나는 부분 위를 못 쓰는 부재나 치목하다 남은 나무 등으로 채우게 된다. 이것들을 적심이라 부른다.

한편 장연과 직각 방향으로 큰 나무를 얹어 장연 뒷부리를 눌러주기도 한다. 이렇게 장연 뒷부리를 눌러줘 처마가 처지는 구조적 취약점을 보강하기 위해 설치한 부재를 누리개라 부른다. 누리개는 적심의 역할을 겸하기도 하며, 적심이 누리개의 역할도 겸하는 수가 있어 적심과 누리개를 명확히 구분할 수 없는 경우도 있다.

● **강회다짐과 보토**

산자엮기를 하거나 개판을 깐 위에 누리개와 적심을 채운 위에는 강회다짐을 하고 보토를 깐다. 강회다짐은 지붕의 단열효과를 높여줌과 동시에 방수의 역할을 한다. 보토는 흙이 지닌 특성을 이용하여 강회다짐과 함께 지붕의 단열효과를 높여주고 습도를 조절하는 역할을 하게 된다. 또한 그 위에 올려놓는 기와와 함께 하중을 이용하여 가구의 안정성을 높여주는 역할을 한다.

지붕 강회다짐

● **연함**

평고대 위에 기와를 받치기 위해 올려놓는 긴 목재를 연함椽舍이라 부른다. 연함은 단면을 직삼각형으로 만들고 윗부분은 기와를 얹기 위해 암키와의 바닥 곡선에 맞추어 곡선으로 깎는다.

연함 | 고양 흥국사 대방

합각과 박공

팔작지붕의 지붕 측면에 형성되는 삼각형의 벽체 부분을 합각이라 부른다. 또한 맞배지붕의 측면에 형성되는 삼각형 벽체 부분을 박공이라 부른다.

합각과 박공은 시대에 따라, 그리고 건물에 따라 다양한 방법으로 마감하였으며 경우에 따라서는 마감을 하지 않고 지붕 속의 구조를 그대로 노출시키기도 하였다. 특히 고려시대까지의 건물에서는 합각이나 박공부를 마감하지 않고 그대로 노출시킴으로써 가구부재로 이루어지는 구조미를 연출하기도 하였다. 조선시대에 들어와서는 맞배지붕의 박공 부분을 노출시키는 경우도 있지만 합각과 박공에 풍판을 설치하거나 벽을 쳐서 마감하는 것이 일반적이었다. 합각과 박공 부분은 人자형으로 생긴 긴 판재인 합각널 또는 박공널과 목기연, 개판, 그리고 그 위에 올라가는 기와 부분으로 구성되며, 삼각형 벽체 부분은 풍판이나 벽체로 마감된다.

● **합각널과 박공널 및 목기연**

합각과 박공의 가장 위쪽에 판재를 사용해서 人자형으로 막아 댄 부재를 합각널 또는 박공널이라 부른다. 합각널과 박공널 위에는 일정한 간격으로 홈을 파서 부연과 같은 모양으로 생긴 부재인 목기연을 끼워 넣는다. 목기연 위에는 개판을 깔아 막고 그 위에 날개기와를 얹는다.

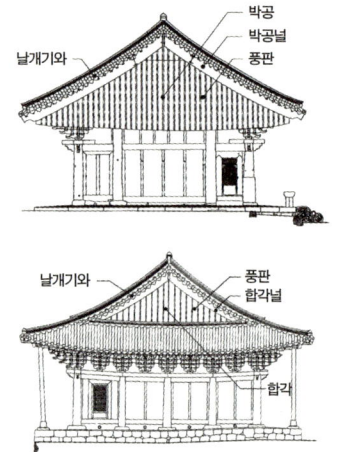

박공부의 구성 (위) | 범어사 대웅전
합각부의 구성 (아래) | 환성사 대웅전

합각널과 박공널은 곡선을 이루는 지붕 단면선에 맞추어야 하므로 휜 목재를 켜서 사용한다. 합각널과 박공널은 길이가 길고 너비가 클 뿐 아니라 휜 부재이므로 때로는 한 장의 판재로 만들 수 없는 경우가 있어서 판재를 덧대어 사용하기도 한다. 합각널과 박공널은 지붕 양쪽 끝에 설치된 서까래 옆면에 못을 박아 고정하는데, 못은 큰 머리를 여러 모양으로 장식한 광두정을 사용하여 장식적 효과를 내기도 한다. 합각널과 박공널을 고정하기 위한 서까래는 옆면을 어느 정도 평평하게 깎아서 설치한다.

박공널은 그 끝에 조각을 베푸는 경우가 많다. 이렇게 베푼 조각을 '개눈각'이라 부른다. 개눈각은 박공널의 끝을 가볍게 보이도록 하며, 건물마다 제각기 다른 형태를 지니고 있다.

합각널과 목기연 및 개판 | 합각널을 고정하는 광두정 | 통영 세병관 | 박공널의 개눈각 | 관룡사 대웅전

합각널과 박공널의 이음새를 보강하면서 장식적으로 처리하는 다양한 처리 방법 | 광주 신익희선생 생가(꺾쇠, 왼쪽 위), 무위사 극락전(지네철, 오른쪽 위), 숭림사 보광전(목재, 왼쪽 아래), 안동 의성김씨율리종택(목재, 오른쪽 아래)

● 지네철과 현어

두 장의 합각널이나 박공널이 만나는 면은 ㄷ자형의 꺾쇠를 비롯하여 다양한 모양의 장식철물을 이용하여 고정한다. 장식철물은 지네 모양으로 만드는 경우가 많은데, 이를 '지네철'이라 부른다. 사례가 많지는 않지만 철물을 대신하여 조각을 한 목재를 사용한 경우도 있다.

합각널과 박공널은 지붕 측면으로 돌출되는 도리의 끝을 막아주는 역할을 하기도 하는데, 이것만으로 도리 끝을 막기 어려운 경우가 있다. 이때 도리 끝을 막아주면서 장식 효과를 더하기 위해 합각널이

● **지네철** 지네는 다리가 많은 동물로 다산多産과 부富를 상징한다. 따라서 지네철은 합각널이나 박공널의 이음새가 벌어지는 것을 막고 변형이 생겼을 때 벌어진 이음새가 보이지 않도록 하는 실질적인 기능과 함께 집에 대한 기원을 담은 상징성이 결합된 부재이다.

현어 | 고려 〈관경서품변상도〉 일부 · 출처: 일본 서복사

일본 교토 산주산겐도三十三間堂의 현어

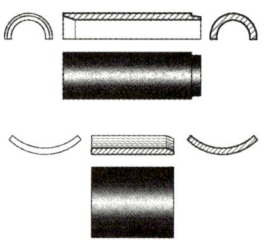

수키와와 암키와의 구성

나 박공널 아래에 여러 가지 조각을 한 판재를 덧대기도 한다. 이렇게 덧댄 부재를 현어懸魚라 부른다.

기와 잇기

● 지붕면-암키와와 수키와

암키와는 지붕면 바닥에 까는 기와로 바닥기와라고도 부른다. 수키와는 암키와 사이의 면에 덮어대는 기와이다. 기와는 처마 쪽에서 용마루 쪽으로 올라가면서 깔아나가는데, 먼저 암키와를 깐 다음 그 사이를 수키와로 덮는다.

암키와는 처마 끝에 설치한 연함 위에 첫 번째 기와를 올려놓은 다음 기와끼리 1/3씩 겹쳐지도록 하면서 깔아나간다. 즉 암키와 한 장 위에 그 기와를 포함해서 모두 세 장이 겹치게 된다. 이를 '석장겹침'이라 부르는데, 기와 한 장이 깨지더라도 물이 새지 않도록 하기 위한 방법이다. 암키와는 곡선을 이루고 있으므로 기와의 양쪽 밑을 흙으로 채워 움직이지 않도록 한다. 이렇게 암키와 밑 양옆에 채워 넣는 흙을 '새우흙'이라 부른다.

암키와를 깐 다음에는 수키와를 잇는데, 수키와 역시 처마에서 용마루로 올라가면서 깔아나간다. 수키와는 반원형의 단면을 이루고 있어서 그 아래에 흙을 채워 넣는데, 이 흙을 '홍두깨흙'이라 부른다. 일반적으로 수키와 뒤쪽에는 언강이라 부르는 턱이 있어서 다음 장을 언강 위에 겹치는 방식으로 깐다.

● 아귀토와 막새기와

기와를 이은 지붕의 처마 끝은 수키와 마구리가 노출된다. 이 마구리는 강회를 섞은 흙이나 강회로 막아 마감하는데, 이때 사용하는 흙을

암키와 잇기

아귀토 마감 | 녹우당 안채

암막새와 수막새 | 전등사 대웅보전

연봉 | 직지사 대웅전

아귀토라 부른다. 좀 더 고급의 건축에서는 처마 끝을 마감하기 위해 별도로 제작된 기와를 사용하는데, 이 기와를 막새기와라 부른다.

막새기와에는 처마 끝을 마감하기 위해 그 끝에 물을 흘러내리도록 하기 위한 '드림'이라는 부분이 달려 있다. 드림 부분에는 여러 가지 무늬를 새겨 넣는다. 막새기와는 다시 암막새와 수막새로 구분한다.

암막새는 연함 위에 암키와 한 장을 깐 위에 올려놓는다. 또한 암막새는 처마 끝에 위치하기 때문에 미끄러져서 떨어질 염려가 있다. 그래서 암막새와 위에 작은 구멍을 만들어 못을 치거나 구리선 등을 사용하여 지붕에 고정시킨다. 수막새도 못 등을 이용하여 고정할 수 있도록 등에 구멍을 만든 경우가 있다. 못으로 수막새를 고정하는 경우에 못을 그대로 노출시키는 경우도 있으나 필요에 따라서는 그 부

● **현어** 현존하는 우리나라 건축에서 현어를 사용한 예는 거의 찾아볼 수 없다. 그러나 일본 서복사에 소장되어 있는 고려 〈관경서분변상도〉의 건축도에 현어가 그려져 있고, 중국과 일본 건축에는 현어가 남아 있는 경우가 많다. 따라서 우리나라에서도 고려시대까지는 현어가 사용되었을 것으로 보인다. 그러나 조선시대에는 합각과 박공에 풍판이나 벽을 쳐서 도리 마구리를 막아주는 기법상의 변화와 함께 장식을 배제하는 사회적 분위기가 작용하여 점차 현어를 사용하지 않게 된 것으로 보인다.

암막새와 수막새 | 관룡사 대웅전

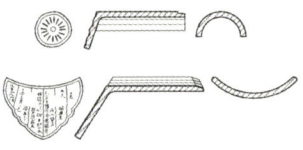

수막새(위)와 암막새(아래)의 구성

분을 연봉 등 여러 형태로 만든 백자로 덮어 철물의 손상을 막으면서 처마 끝을 장식하는 효과를 내기도 한다.

● 지붕마루

지붕면이 만나 능선을 이루는 곳을 지붕마루라 부른다. 맞배지붕에는 전후면의 지붕면이 만나는 곳 가장 높은 곳에 용마루가 있다. 그리고 지붕의 양쪽 끝 용마루에서 처마까지 내려오면서 마루를 만드는데, 이것을 내림마루라 부른다. 우진각지붕에는 용마루 외에 45도 방향으로 용마루에서 추녀 끝까지 내려오는 마루가 있는데, 추녀가 놓이는 부분 위에 위치한다는 뜻에서 추녀마루라 부른다. 팔작지붕은 우진각지붕의 중간 부분을 수평으로 잘라낸 위에 맞배지붕을 올려놓은 것으로 이해할 수 있다. 따라서 지붕마루도 가장 복잡하여 용마루, 내림마루, 그리고 추녀마루로 구성된다. 모임지붕은 용마루가 없으며, 지붕면이 만나 이루어지는 최상부의 꼭짓점에서 추녀 끝까지 추녀마루가 만들어진다. 한편 모임지붕은 지붕면과 추녀마루가 모두 하나의 꼭짓점에서 만나게 되는데, 절병통이라 부르는 특수하게 제작한 부재를 올려 이 꼭짓점을 마감한다.

지붕마루를 비가 새지 않도록 하기 위해서는 지붕면과는 다른 방법으로 기와를 이어야 한다. 우선 암키와와 수키와에 의해 만들어지는 기와골 부분을 막기 위해 '착고'라는 기와를 사용한다. 착고는 수키와와 같은 모양으로 반원통형을 이루고 있는데, 양쪽 끝을 1/4 원형으로 잘라내어 수키와에 얹을 수 있도록 만든 것이다. 별도로 제작하여 사용하기도 하지만 수키와 양쪽 끝을 도려내어 사용하기도 한다. 착고는 수키와와 달리 옆으로 세워서 설치하는데, 이때에도 수키와와 마찬가지로 홍두깨흙을 채워서 설치한다.

착고 위에는 '부고'라는 기와를 한 단 더 설치하기도 한다. 부고는 수키와를 옆으로 세워서 설치한다. 부고 위에는 암키와를 뒤집어서

절병통
창덕궁 청량정(위), 도동서원 환주문(아래)

다양한 지붕마루 | 윤증고택 안채

몇 단 설치한다. 이렇게 지붕마루를 구성하기 위해 뒤집어 설치한 암키와를 '적새'라 부른다. 적새 위에는 마지막으로 '숫마루장'을 올려놓는다. 숫마루장은 수키와를 그대로 사용하는 경우가 많다.

용마루 | 고창 참당암 대웅전

이처럼 지붕마루는 착고와 부고, 적새, 그리고 숫마루장으로 이루어진다. 하지만 건물이나 지붕마루에 따라 그 구성과 단 수에 차이를 둔다. 예를 들면 부고는 건물의 격식에 따라 설치하는 경우도 있고, 생략하는 경우도 있다. 또한 용마루에는 부고를 설치하지만 내림마루나 추녀마루는 부고를 생략하여 격식을 다르게 하기도 한다. 적새는 단의 수를 홀수로 하는 것이 일반적인데, 건물의 격에 따라 9단, 7단, 5단 등으로 수를 다르게 한다. 또한 용마루에 비해 내림마루나 추녀마루는 적새를 적게 사용하여 위계에 차이를 둔다. 예를 들어 용마루에 적새를 9단 설치하면 내림마루와 추녀마루에는 적새를 7단 설치한다.

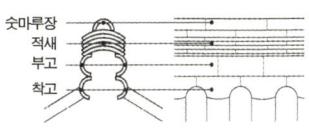

지붕마루의 구조

용마루를 특수하게 만드는 경우도 있다. 궁궐이나 성문의 문루, 관

양성한 지붕마루 | 덕수궁 함녕전

양성한 용마루 | 세병관

무량각 지붕 | 창덕궁 대조전

무량각 지붕 세부 | 창덕궁 대조전

아, 향교 등 국가시설로서의 건물에서는 용마루를 비롯한 지붕마루를 회로 마감하는 경우가 있다. 이처럼 회로 지붕마루를 마감한 것을 '양성'이라 부른다. 양성한 지붕마루는 일반적인 지붕마루에 비해 그 높이가 높을 뿐 아니라 기와의 색과 다른 흰색으로 마감되어 시각적으로도 돋보인다. 따라서 건물을 좀 더 품격 있게 만들 수 있기 때문에 궁궐과 관아 등 국가시설에서만 사용하며, 사적인 건물에서는 사용이 제한되었다.

궁궐의 일부 내전 건물에서는 곡선형의 암키와와 수키와를 사용하여 앞뒤 지붕면이 만나는 곳을 덮었을 뿐 용마루를 높게 만들지 않은 경우가 있다. 이처럼 용마루를 별도로 만들지 않은 건물을 무량각이라 부른다.

● **지붕골**

평면이 ㄱ자형이나 ㄷ자형, ㅁ자형 등으로 꺾인 건물의 지붕에서는 지붕면이 만나 이루어지는 골이 생긴다. 이 골을 지붕골이라 부른다. 지붕골은 양쪽 지붕면에서 흘러내려온 물이 모이는 곳으로 누수의 우려가 가장 큰 곳이다. 그래서 지붕골에는 보토를 올리기 전에 동판 등을 깔아 누수에 대비하기도 한다. 지붕골은 만들어지는 골의 수에 따라 한 줄 골, 두 줄 골, 세 줄 골 등으로 구분한다.

세 줄의 지붕골 │ 창덕궁 희정당

일반적으로는 두 줄 골이 가장 많이 사용되며, 한 줄 골은 지붕골이 매우 짧은 경우가 아니면 잘 사용하지 않는다. 필요한 경우 세 줄 골을 쓰기도 하는데, 세 줄 골의 경우 중앙의 골이 양쪽 지붕면에서 내려오는 물을 받을 수 있는 구조로 만들어야 유리하다.

지붕 구성 부재의 의장적 처리

서까래와 부연, 추녀, 사래, 박공 등과 같이 외부로 노출되는 지붕 구성 부재들은 건물의 미감美感을 고려한 의장적인 처리를 한다. 지붕이 차지하는 비중이 큰 한국 건축의 특성상 자칫 지붕이 집 전체를 짓누르는 것 같은 느낌을 해소하기 위해 지붕을 구성하는 부재들에는 주로 지붕을 경쾌하게 보이고자 하는 의도를 지닌 의장적 처리를 한다.

처마 부분에 노출되는 서까래는 그 끝 부분을 가늘게 깎아준다. 서까래 전체를 같은 굵기로 만들면 건물을 바라보는 사람의 입장에서 볼 때 시각적으로 가까운 끝이 크고 무겁게 보이기 때문이다. 이러한 느낌을 해소하기 위해 우선 서까래 아랫면을 끝으로 가면서 점차 가늘게 깎아준다. 이렇게 서까래 아랫면을 깎아주는 것을 홀치기

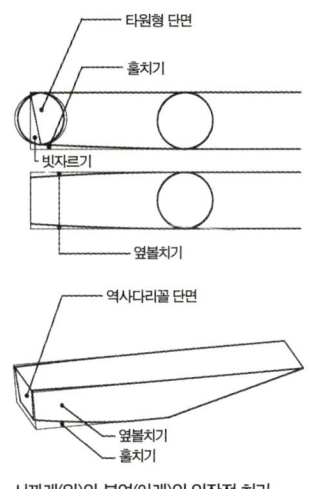
서까래(위)와 부연(아래)의 의장적 처리

추녀 마구리의 처리 | 서울 광희문

추녀 마구리의 처리 | 마곡사 대웅보전

부연의 의장 수법 | 전등사 약사전

부연 마구리 | 숭례문

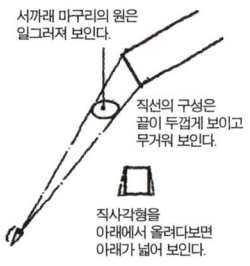

서까래 마구리의 원은 일그러져 보인다.

직선의 구성은 끝이 두껍게 보이고 무거워 보인다.

직사각형을 아래에서 올려다보면 아래가 넓어 보인다.

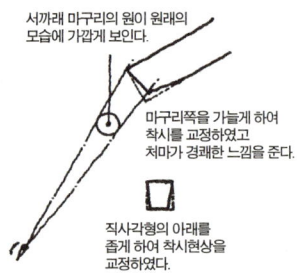

서까래 마구리의 원이 원래의 모습에 가깝게 보인다.

마구리쪽을 가늘게 하여 착시를 교정하였고 처마가 경쾌한 느낌을 준다.

직사각형의 아래를 좁게 하여 착시현상을 교정하였다.

서까래와 부연의 착시현상을 교정하고 처마 끝을 경쾌하게 보이도록 하기 위한 의장적 수법

라 부른다. 그리고 서까래의 양쪽 면도 끝으로 가면서 점차 가늘어지도록 깎아주는데, 이를 옆볼치기라 한다. 서까래 마구리의 단면은 아래위로 긴 타원형으로 만들어준다. 마구리를 원형으로 만들면 서까래를 올려다볼 때 그 끝이 옆으로 긴 타원형으로 보여 무거운 형태가 되기 때문이다. 또한 서까래 마구리는 서까래의 재축材軸에 직각으로 잘라내는 것이 아니라 아래를 안쪽으로 약간 기울도록 잘라준다.

부연도 서까래와 마찬가지로 훑치기와 옆볼치기를 하여 끝이 가늘어지는 형상으로 만들고 마구리 역시 재축에 직각이 아니라 아래가 약간 안쪽으로 기울도록 잘라준다. 또한 부연 마구리는 역사다리꼴 단면으로 처리하는데, 아래에서 올려다보았을 때 직사각형이 아니라 역사다리꼴로 보이도록 한다. 좀 더 경쾌한 모습으로 보이도록 하려는 의도이다.

추녀나 사래도 훑치기와 옆볼치기를 하며, 마구리 역시 재축에 직각이 아닌 아래가 약간 안쪽으로 기울도록 잘라준다. 마구리 역시 부

다양한 유형의 기와가 사용된 예 | 화성 방화수류정

연과 마찬가지로 역사다리꼴로 만드는데, 아랫부분 중앙을 약간 볼록하게 만들어 경쾌함을 더한다. 또한 추녀와 사래는 서까래나 부연보다 단면이 훨씬 큰 부재이므로 그 끝을 조각하여 가늘게 만든다.

기와의 유형

한국 건축의 지붕에는 매우 다양한 기와가 사용되었다. 암키와와 수키와 외에 위치에 따라 막새기와와 착고, 부고, 적새, 숫마루장, 망와望瓦 등의 기와가 사용되었다. 이 밖에도 용두龍頭, 토수吐首, 절병통, 잡상雜像, 보병寶甁 등 용도에 따라 지붕을 장식하는 다양한 형태의 특수기와가 제작되어 사용되었다. 또한 이들 기와들은 시대에 따라 제작되기도 하고 소멸되기도 하였으며, 같은 용도의 기와도 시대에 따라 그 형태가 계속해서 변화해왔다. 기와의 종류는 현존하는 조선시대

> 조선시대 건축에서는 사용된 예가 거의 없지만 고대 건축에서는 용마루 끝에 용두 대신 치미鴟尾나 치두鴟頭, 치문鴟吻 등을 사용하였다.

치미 · 출처: 부여박물관

용두 | 직지사 대웅전(왼쪽 위), 창덕궁 석복헌(왼쪽 아래), 경복궁 근정전(오른쪽 위), 세병관(오른쪽 아래)

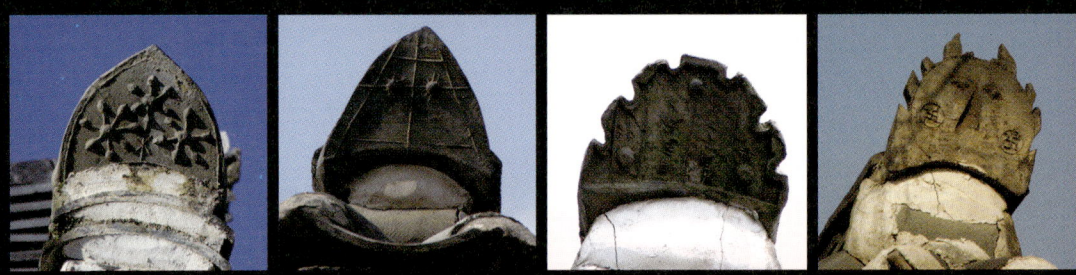

망와 | 왼쪽부터 정여창고택, 하회 충효당, 구미 북애고택, 대전 동춘당

보병(위) | 금산사 대장전
토수(아래) | 중악단

잡상 | 창덕궁 돈화문

건축보다 고대 건축에서 더욱 다양하게 나타난다. 하지만 여기에서는 주로 조선시대에 사용되었던 기와에 대해 살펴보도록 한다.

용두는 용마루 끝이나 내림마루, 추녀마루의 끝을 장식하는 기와로 궁궐이나 관아건축, 또는 사찰 등 격식이 높은 건축에만 제한적으로 사용되었다. 주택을 비롯한 민간건축에서는 용두를 대신하여 지붕마루 끝에 암막새를 뒤집어놓은 듯한 형태의 기와를 사용하였다. 이 기와를 망와 또는 바래기라 부른다. 망와는 암막새에 비하여 드림이 매우 크다.

사례가 많지는 않지만 용마루 중앙에 특수한 형태로 만든 장식기와를 올리기도 한다. 때로는 흙으로 빚어 만든 장식기와를 대신하여 조각한 돌을 올려놓기도 한다. 이 기와를 무엇이라 부르는지는 정확히 알 수 없으나 일부에서는 보병이라는 용어로 부르기도 한다.

또한 궁궐이나 관아건축에서는 양성한 내림마루나 추녀마루 위에 '잡상'이라는 사람과 동물 모양으로 빚어 만든 특수기와를 올려 지붕을 장식하기도 하였다.

추녀나 사래 마구리는 비에 노출되어 손상되기 쉽다. 그래서 그 끝을 덮어 보호할 수 있도록 '토수'라 부르는 특수기와를 만들어 사용하였다. 그러나 토수는 격식이 높은 건물에서 사용하였으며, 일반적으로는 토수를 대신하여 추녀나 사래 끝에 철물이나 암키와를 달아 비의 피해를 막기도 하였다.

내용출처 >

1   주남철, 『한국 건축의장』 제3판, 128쪽, 일지사, 1997
2   장기인, 『한국 건축대계VI-개와』, 12쪽, 보성각, 1993
3   주남철, 앞의 책, 134~140쪽
4   장기인, 앞의 책, 293~294쪽
5   장기인, 『한국 건축대계V-목조』, 293쪽, 보성문화사, 1991

01 수장재
건물을 아름답게 만드는 재료. 수장재

02 벽체
선의 아름다움으로 건축을 마감하다

03 창호
가변적이고 융통성이 돋보이는 공간을 만들다

04 바닥
생활 방식과 기후 조건에 맞춰 다채롭게 변화하다

05 천장
여러 나라 문화의 교류를 엿볼 수 있는 천장

06 난간
기능 위주에서 장식적 요소로

七

○ 수장과 마감

벽과 창호 등의 수장을 들이기 위해서는 기둥을 비롯한 구조 부재에 의지해서 수장을 들이기 위한 틀을 만들어야 한다. 이처럼 수장을 들이기 위한 틀을 만들기 위해 설치하는 부재를 수장재라 부른다. 수장재로는 인방과 주선, 벽선, 문선 등이 있다. 인방은 기둥과 기둥 사이를 수평으로 건너지른 부재로 벽과 창호를 설치하기 위한 수평의 틀을 형성한다. 주선과 벽선, 문선은 상하의 인방에 의지하여 수직으로 세운 수장재로 필요에 따라 설치한다.

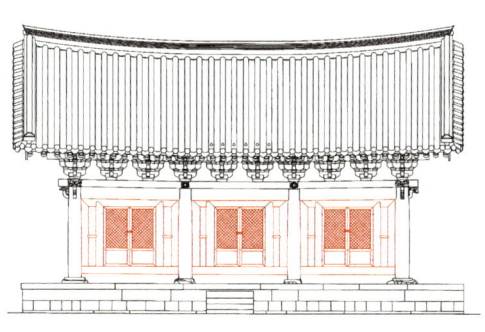

01

수장재

건물을
아름답게 만드는 재료,
수장재

벽과 창호 등의 수장을 들이기 위해서는 기둥을 비롯한 구조 부재에 의지해서 수장을 들이기 위한 틀을 만들어야 한다. 이처럼 수장을 들이기 위한 틀을 만들기 위해 설치하는 부재를 수장재修粧材라 부른다. 수장재로는 인방引防, 引枋과 주선柱楦, 벽선壁楦, 문선門楦 등이 있다. 인방은 기둥과 기둥 사이를 수평으로 건너지른 부재로 벽과 창호를 설치하기 위한 수평의 틀을 형성한다. 주선과 벽선, 문선은 상하의 인방에 의지하여 수직으로 세운 수장재로 필요에 따라 설치한다.

수장재는 지붕까지 완성한 다음에 설치하는 것이 일반적이다. 한국 건축은 기둥을 초석 위에 그렝이질 하여 올려놓으며, 모든 가구 부재들은 짜 맞추는 기법으로 되어 있기 때문에 지붕에 기와를 올려놓아 구조를 안정시킬 필요가 있다. 따라서 정확한 수평과 수직을 맞춰 수장을 들이기 위해 기와를 얹어 구조를 안정시킨 후에 다시 수평과 수직을 보아 수장재를 설치하는 것이다.

수장재의 단면 높이는 필요에 따라 다르게 하지만 단면 폭은 일정하게 만든다. 즉 하나의 건물에 사용되는 인방을 비롯한 주선과 벽선, 문선 등의 수장재는 기본적으로 단면의 폭을 일정하게 한다. 이렇게

벽과 창호에 따라 위치와 설치 여부가 결정되는 인방 | 창덕궁 낙선재

일정하게 만든 단면 폭을 '수장폭'이라 부른다.

인방

인방은 인접한 기둥 사이를 건너질러 설치하여 벽과 창호를 들이기 위한 수평 틀을 형성하는 가장 기본적인 수장재이다. 인방은 그 설치된 위치에 따라 하인방下引防, 중인방中引防, 상인방上引防 등으로 구분된다. 하인방은 가장 아래에 설치된 인방으로 하방下枋이라 부르기도 한다. 중인방과 상인방은 각각 기둥 중간과 상부에 설치하는 인방으로 중방中枋과 상방上枋이라고도 부른다.

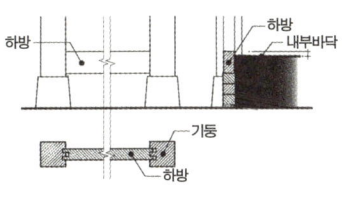

인방의 설치와 기능

• **수장폭** 수장폭은 수장재 외에도 같은 건물에 사용된 살미와 첨차, 장혀 등에도 적용되는 것이 일반적이다. 그러나 필요에 따라서 공포 부재의 단면 폭에는 변화를 주기도 한다. 예를 들어 숭례문의 경우 대부분의 살미와 첨차는 단면 폭이 같지만 귀포를 비롯한 일부 공포에 사용된 살미와 첨차는 그 단면 폭을 좀 더 크게 만들었다.

하방에 의지해 바닥 옆면을 마감한 마루 | 윤증고택 사랑채 대청

인방의 설치 과정

> 회랑과 같이 기둥 사이를 완전히 비워두는 경우에는 하방은 물론 모든 인방재를 설치하지 않는다.

벽과 창호를 설치하지 않으므로 인방을 생략한 예 | 창덕궁 인정전 행각

필요에 따라 중방과 상방은 생략되기도 한다. 그러나 하방은 벽이나 창호를 설치하는 곳에는 반드시 설치한다. 하방은 벽과 창호를 들이기 위해 기둥의 가장 아래에 설치하는 수평 뼈대로서의 기능 외에 바닥 마감을 위한 마감 틀로서의 기능도 지닌다. 즉, 건물 내부의 바닥은 하방의 옆면에 의지하여 설치된다. 따라서 하방 윗면에서 한두 치 아래가 온돌이나 마루의 마감 면이 된다.

인방은 쌍장부를 만들어 기둥에 결구한다. 이때 인방의 길이가 기둥 사이 간격보다 길기 때문에 한쪽 기둥의 장부홈을 깊게 파고, 인방의 한쪽 장부를 길게 만들어 먼저 끼운 다음 반대편 기둥에 인방을 끼운다. 다음에 한쪽으로 깊이 박아 넣었던 인방을 반대편으로 밀어 넣는다. 마지막으로 장부를 길게 만들었던 쪽에 생긴 구멍에 쐐기를 박아 인방이 움직이지 않도록 고정한다.

주선과 문선 및 벽선을 설치한 예 | 운현궁 이로당

주선과 벽선, 문선

주선과 벽선, 문선은 벽이나 창호를 설치하기 위해 수직으로 세워 설치하는 수장재로, 그 위치와 기능에 따라 구분되는 명칭이다. 주선은 기둥 옆에 붙여 세우는 수장재이며, 벽선은 벽을 만들기 위해 세우는 수장재이다. 문선은 창호 양옆에 세워 설치하여 문틀을 형성하는 수장재로 문설주가 된다.

주선과 벽선 및 문선의 설치

이처럼 주선과 벽선, 문선은 기능에 따라 구분되지만 하나의 부재가 둘 이상의 기능을 지니기도 한다. 예를 들어 기둥에 붙여 세운 주선은 그 옆에 흙벽이 설치되면 주선이면서 벽선이 된다. 반면에 주선 옆에 바로 창호가 설치되면, 이 부재는 주선이면서 문선이 된다. 또한 창호 옆에 설치한 문선 옆에 흙벽이 설치되면, 이 부재는 문선이면서 벽선이 된다.

주선과 벽선, 문선은 상하에 설치된 인방에 의지하여 촉을 만들어

주선(겸 벽선)과 인방의 결구

주선과 결구를 위한 기둥의 쌍장부 홈

흙벽과 맞닿는 부분에 만든 수장재의 홈

> 주선은 생략하는 경우가 많은데, 이는 지역과 기문(家門), 그리고 건물의 격식 등에 따라 나타나는 차이로 보인다.

주선을 설치하지 않은 예 | 여주 김영구 가옥

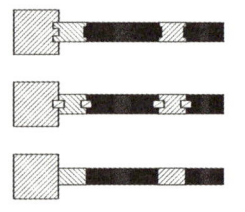
주선 및 문선과 기둥, 흙벽 사이의 결구 방법과 특성

설치하며, 필요에 따라서는 연귀맞춤을 이용하기도 한다. 기둥에 맞붙여 설치하는 주선은 옆면에 쌍장부를 만들어 기둥과 결구한다. 쌍장부를 만들지 않고 주선을 그대로 기둥에 붙여 설치하는 경우에는 시간이 지나면서 기둥과 주선 사이에 틈이 생겨 외풍이 들어오기 때문이다. 기둥에 쌍장부 홈을 파고 주선에 쌍장부를 만들어 결구하면 시간이 지나면서 기둥과 주선 사이에 틈이 생기더라도 실내로 외풍이 들어오는 것을 막아줄 수 있다. 같은 원리가 수장재와 흙벽 사이에도 적용된다. 흙벽과 맞닿게 되는 수장재에 홈을 만들고 그 홈에 흙을 밀어 넣으면 수장재와 흙벽 사이에 홈이 생기더라도 턱이 만들어지기 때문에 실내로 외풍이 들어오지 않게 된다.

선의
아름다움으로
건축을 마감하다

《 **02**

벽체

한국 건축의 벽은 흙과 돌, 벽돌, 나무 등을 사용하여 만들지만 흙벽이 가장 일반적이다. 흙벽은 다시 마감 재료에 따라 삼화토●로 마감한 사벽砂壁과 회로 마감한 회벽灰壁으로 나누어진다. 이 밖에도 돌이나 벽돌을 사용하여 중방 아래 부분을 두꺼운 벽으로 만든 화방벽火防壁, 돌이나 벽돌, 흙, 회 등을 사용하여 벽에 무늬를 베풀어 꾸민 화초장花草墻, 그리고 판재를 사용한 판벽板壁 등이 있다. 또한 궁궐이나 관아, 향교의 대성전, 사찰 등에서는 회벽에 단청을 하여 마감하기도 한다.

화방벽(위) | 운현궁
화초장(가운데) | 선향재
사벽과 판벽(아래) | 내앞종택

심벽구조의 벽

한국 건축의 벽은 기둥 등의 가구 부재는 물론 모든 수장재를 외부로 노출시킨다. 이처럼 외부로 노출시킨 벽체壁體 구조를 '심벽心壁'구조라 부른다. 심벽구조의 사용으로 인해 한국 건축은 벽면이 기둥과 수장재 등에 의해 분할되어 선적線的이면서 율동적인 외관을 형성한다.

● **삼화토** 진흙과 생석회, 석비레를 혼합해 만든 재료이다.

회벽 | 선교장

> 구조체를 노출시키는 심벽과 반대로 구조체를 완전히 감싸도록 두껍게 만든 벽을 평벽平壁이라 부른다. 평벽은 분할되지 않은 벽면으로 인해 면적面的이고 육중한 외관을 형성한다. 한국 건축은 심벽구조를 위주로 하였으나 드물게 평벽구조를 채택한 경우도 있다. 반면에 중국 건축은 우리와 달리 평벽구조를 위주로 하고 있다.

평벽구조의 벽체(위) | 종묘 정전
평벽구조의 중국 건축 사례(아래)
| 삭주朔州 숭복사崇福寺 관음전觀音殿

심벽구조의 특성으로 인하여 수장재를 설치할 때에는 벽과 창호의 설치를 위한 구조적인 목적 외에 건물을 꾸미기 위한 의장적 배려를 할 필요가 있다. 인방은 설치되는 위치에 따라 단면 높이를 조절한다. 하방은 벽면의 가장 아래에 위치하여 무거운 하중을 부담해야 하는 구조적 이유와 더불어 안정된 외관을 구성하기 위해 중방이나 상방에 비해 단면 높이를 높게 만드는 것이 일반적이다. 중방이나 상방도 설치되는 높이에 따라 단면 높이를 적절하게 조절한다. 예를 들어 고주에 높게 설치되는 중방은 평주에 설치되는 중방이나 상방에 비해 단면 높이를 높게 해야 시각적으로 안정되게 보인다. 또한 수장재가 외부로 노출되어 선적인 외관을 형성하는 특성을 이용하여 수장재를 다양한 형태로 꾸미기도 하며, 필요한 경우 수장재가 설치되는 높낮이를 조절하여 외관에 변화를 주기도 한다.

인방의 설치 높이를 조절하여 단조로운 입면에 변화를 준 예 | 임청각

가구재와 수장재가 노출되는 심벽구조를 활용하여 건물 외부를 꾸민 예
| 화엄사 원통전

흙벽의 구조

심벽구조의 흙벽은 인방과 주선, 벽선, 문선 등의 수장재로 구성되는 벽을 치기 위한 틀과 흙벽의 뼈대가 되는 외櫷, 그리고 흙벽과 마감으로 구성된다.

● 흙벽의 뼈대(외엮기)

수장재를 설치한 다음에는 흙벽의 뼈대가 되는 외를 엮는데, 이를 '외엮기'라 부른다. 흙벽의 뼈대는 기본적으로 중깃과 가시새, 힘살, 그리고 눌외와 설외로 구성되지만, 필요에 따라 가시새와 힘살, 설외는 생략하기도 한다.

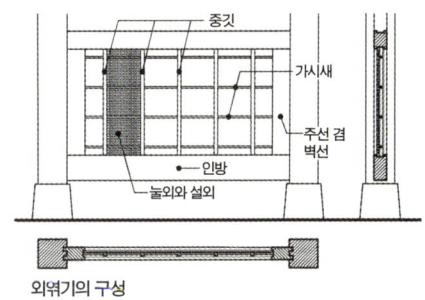
외엮기의 구성

중깃은 상하 인방에 의지해 수직으로 세우는 흙벽의 가장 중요한 뼈대이다. 중깃은 인방 두께의 1/3 정도 되는 나무를 사용하여 상하 인방에 홈을 파서 설치한다. 즉 통장부 맞춤으로 인방에 결구하는데, 상부 인방의 홈을 좀 더 깊게 파서 위로 들어 올린 다음 하부 인방의 장부 홈에 끼워서 설치한다. 중깃의 단면 위치는 중깃과 눌외의 폭을 합한 것이 인방의 중심선과 일치하도록 한다. 중깃 사이의 간격은 한 자 두 치 내외이며, 기둥 옆에 위치한 중

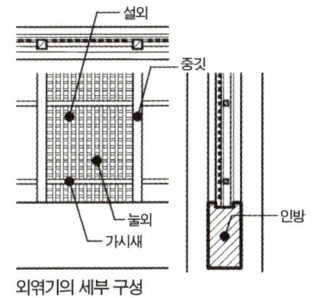
외엮기의 세부 구성

외엮기 사례 | 부석사 조사당

깃은 중깃 사이 간격의 1/2 이내가 되도록 한다.

가시새는 중깃에 의지해 설치하는 수평의 뼈대로 생략하는 경우도 있다. 가시새는 상하 인방에서 두 치 정도 떨어져 중깃에 구멍을 뚫어 횡으로 가로질러 설치한다. 힘살은 중깃의 단면이 작거나 그 간격이 멀 때 보강을 위해 중깃 사이에 가시새에 의지해 수직으로 세우는 것인데, 사용하지 않는 경우가 많다.

외는 눌외와 설외로 구성된다. 눌외와 설외는 각각 흙벽치기의 토대가 되는 수평과 수직의 외가지인데, 설외는 생략되는 경우도 있다. 외의 재료는 싸리개비, 대나무쪽, 옻나무가지, 수수깡, 겨릅대(삼줄기) 등을 사용한다. 싸리개비나 대나무쪽은 표면이 매끄럽기 때문에 흙과의 접착력을 높여주기 위해 피막을 벗겨서 사용한다.

눌외는 중깃에 외새끼로 엮어 고정하는데, 엄지손가락 두께 정도의 간격을 유지하는 것이 적당하다. 너무 촘촘히 설치하면 안팎으로 치게 되는 흙벽의 접착력이 떨어지는 원인이 되며, 너무 성기게 설치하

사벽 | 명성황후생가

회벽 | 선교장

면 흙벽 뼈대로서의 구조적 능력이 떨어진다.

● 흙벽치기

흙벽에 사용되는 재료로는 진흙과 석비레, 생석회를 섞은 삼화토를 사용한다. 외엮기를 한 뼈대 양쪽에서 흙벽을 치는데, 흙벽치기는 초벽치기, 고름질과 재벽치기, 그리고 정벌바름(마감)의 세 단계로 이루어진다.

초벽치기의 재료는 갈라짐을 막기 위해 삼화토에 짚여물을 섞어서 사용한다. 초벽치기는 먼저 한쪽에서 흙벽을 치고, 그것이 어느 정도 마른 다음에 반대편에서 흙벽을 친다. 먼저 친 흙벽을 '홑벽'이라 부르고, 맞은편에서 친 흙벽을 '맞벽'이라 부른다. 중깃과 가시새에 의지해 외가 엮여 있는 쪽의 홑벽을 먼저 친 다음 맞은편에서 맞벽을 친다.

초벽이 어느 정도 마른 다음에는 초벽의 갈라진 틈을 흙으로 메우는 고름질을 한 후 삼화토를 사용하여 재벽치기를 한다. 재벽치기를 한 다음에는 정벌바름, 즉 마감을 한다. 정벌바름은 삼화토를 사용해 마감한 사벽과 회를 사용해 마감한 회벽으로 나누어진다.

초벽(홑벽)치기(위)
초벽의 재료(아래)

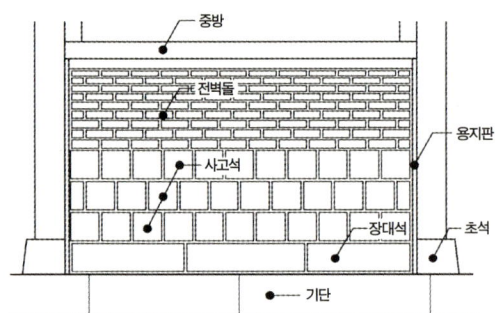

방화장의 입면 구성

전형적인 형식의 방화장(위) | 운현궁
돌각담 형식의 방화장(아래) | 추사고택

방화장(화방벽)

방화장防火墻은 건물의 외벽, 중방 아래를 장대석과 사고석, 전벽돌 등을 이용하여 두껍게 만든 벽이다. 말 그대로 불을 막기 위한 벽으로 화방벽火防壁이라 부르기도 한다.

　　방화장은 기둥 옆에 방화장의 단면 형태로 도려낸 용지판을 설치하여 기둥을 외부에 노출시킨다. 기둥까지 벽으로 감싸게 되면 여름철 습도가 높은 우리나라 기후 조건으로 인해 기둥이 썩을 우려가 있기 때문이다.

　방화장을 쌓는 형태는 매우 다양하다. 가장 일반적인 형태의 방화장은 초석 높이로 장대석 한 단을 쌓은 위에 사고석 몇 단을 쌓고, 다시 그 위에 벽돌을 쌓아올려 만든다. 아래에서 위로 올라가면서 장대석, 사고석, 벽돌의 순서로 점차 재료의 높이를 낮추며, 벽돌도 아래에서 위로 올라가면서 높이가 낮은 것을 사용한다. 이처럼 아래에서 위로 올라가면서 재료의 높이를 낮춤으로써 안정되고 변화가 있는 외관이 만들어진다.

화초장(화문장)

돌이나 벽돌, 기와장 등을 이용하여 아름답게 꾸민 벽이나 담장을 화초장花草墻 또는 화문장花紋墻이라 부른다. 우리말로는 '꽃담'이라 한다. 화초장은 벽체뿐 아니라 합각벽, 박공벽, 담장, 굴뚝 등에 설치하는데, 하나의 건물에서는 동일한 재료와 기법을 사용하여 전체에 통일감을 부여한다.

　화초장은 일반적인 주택에서는 막돌과 깨진 기와 등을 사용하여

궁궐의 꽃담 | 창덕궁 승화루(왼쪽)와 낙선재(오른쪽) 일곽의 담장

궁궐의 꽃담 | 경복궁 자경전(왼쪽), 경복궁 아미산 굴뚝(가운데), 창덕궁 희정당 굴뚝(오른쪽)

민간 건축의 소박한 꽃담 | 안동 예안이씨하리종택(왼쪽), 하회 유동진씨 댁(오른쪽 위), 보령 신경섭 가옥(오른쪽 아래)

소박한 형태로 꾸미는 것이 일반적이다. 그러나 궁궐건축에서는 정형의 벽돌과 맞춤 생산된 재료를 사용하여 화려하고 아름다운 고급의 화초장을 만드는 경우가 많다. 특히 궁궐에서는 벽돌로 무늬를 베푼 담장이나 합각, 굴뚝의 중간에 화초花草와 길상吉祥무늬 등을 양각陽刻한 벽돌을 쌓고, 음각陰刻된 부분에 회를 채워 넣는 기법을 사용한다. 이를 면회법面灰法이라 부르는데 양각한 무늬가 회를 바른 흰색의 바탕 속에 도드라져 보여 벽이나 담장에 액자를 건 것 같은 효과가 난다. 면회법은 다른 나라의 건축에서는 찾아보기 힘든 고유한 기법으로 벽은 물론 담장과 굴뚝, 합각 등을 장식하는 최고급 기법이다.

가변적이고 융통성이 돋보이는 공간을 만들다

≪ **03**

창호

창호窓戶는 두 개의 공간 사이를 연결하거나 차단하는 역할을 한다. 창호는 창과 호의 복합어로 호는 출입을 전제로 한 시설이며, 창은 출입이 아닌 시선과 공기, 빛의 흐름을 여닫는 역할을 한다. 이처럼 창과 호는 기능이 엄격히 구분되지만 좌식 생활을 바탕으로 형성된 조선시대의 건축에서 창과 호는 형태적으로 명확히 구분되지 않는 경우가 많다. 또한 호는 출입의 기능뿐 아니라 창의 기능도 함께 지닌다. 한편 문門은 출입을 위한 시설이라는 점에서 호와 비슷하지만 내부와 내부, 또는 내부와 외부 사이를 연결하는 호에 비하여 외부와 외부 사이를 연결한다는 점에서 차이를 지닌다.

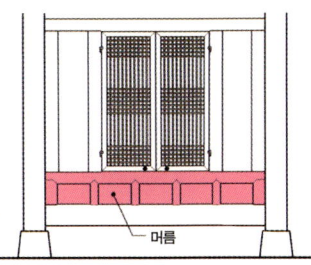
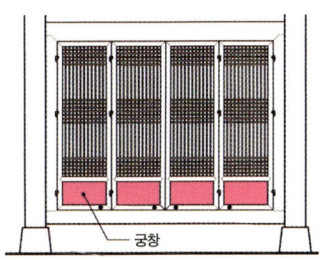

창(위)과 호(아래)의 구성과 머름

창과 호의 구분과 머름

창호는 인방에 의지하여 설치된다. 건물 내부의 바닥은 하방 옆면에 의지하여 마무리되는데, 그 높이는 하방 윗면보다 한두 치 아래가 된

● **창호의 구분** 창과 호, 문은 기능상 엄격히 구분되지만 형태와 실제 기능에 있어서는 이를 엄격히 구분할 수 없는 경우가 많다. 따라서 실제 용어의 사용에서는 창과 호, 문을 혼용하는 경우가 많다.

머름의 유무에 따른 창(위)과 호(아래)의 구분 | 화성 정용채 가옥

다. 이렇듯 바닥에서 위로 올라온 하방의 높이가 문턱의 높이가 된다.

문과 호가 출입의 기능을 지니므로 편의상 문턱이 낮아야 하는 반면에 창턱의 높이는 자유롭다. 창턱의 높이는 필요에 따라 다양하게 만들 수 있다. 예를 들어 행각이나 행랑의 경우 중방 아래는 방화장을 들이고, 창은 그 위에 설치하기도 한다. 그러나 일반적인 창턱의 높이는 실내에서의 생활 방식과 관계가 있다. 입식 생활을 하는 경우와 좌식 생활을 하는 경우의 사람 눈높이에 차이가 있기 때문이다. 따라서 좌식 생활을 하는 건축에서 창턱은 입식 생활을 하는 건축에서의 창턱보다 낮게 설치한다.

이렇듯 좌식 생활에 맞춘 창을 설치하기 위해 하방 위에 목재를 이용해 별도의 나지막한 창턱을 만드는데, 이것을 '머름遠音'이라 부른다. 형태와 기능에 있어서 창호가 명확히 구분되지 않은 경우가 많은 한국 건축에서 창과 호의 구분은 머름의 설치 유무에 따라 결정된다.

즉 호는 하방 위에 바로 설치되지만 창은 하방 위에 다시 머름을 설치한 위에 설치된다.

머름의 높이는 지역과 가문, 그리고 필요에 따른 차이가 있지만 1.5~1.8자 정도의 범위에서 설치하는 것이 일반적이다. 바닥에 앉은 사람이 팔걸이를 하고 기대기에 적합한 높이이다. 인체척도가 적용된 높이라 할 수 있다. 또한 머름의 높이는 실내에 들여놓는 가구의 높이와도 관계가 있다. 예를 들어 문갑의 높이는 머름의 높이보다 한 치 정도 낮은 높이로 결정된다. 분합과 같은 여닫이문 아래에 설치되는 궁창•의 높이를 머름과 같은 높이로 설치하여 닫았을 때 머름과 같은 효과가 나도록 하기도 한다.

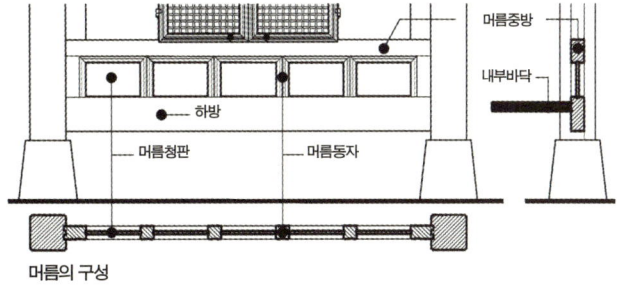

머름의 구성

머름은 다양한 형식으로 설치된다. 창턱을 만들기 위한 구조를 벽속에 숨겨놓거나 그 일부 구조만 보이도록 한 경우도 있다. 또한 창이 설치되는 주간 전체가 아닌 창 아래 부분에만 머름을 설치한 경우도 있다. 이때에는 하방 위에 문설주를 세운 다음 문하방 아랫부분에만 판재를 댄 경우도 있고, 창이 설치되는 아래에 판재를 두어 문하방을 받칠 수 있도록 한 경우도 있다. 모두 소박한 방식으로 지방의 주택에서 많이 사용된 방식이다.

격식을 갖춘 머름은 하방 위에 머름동자들을 일정한 간격으로 세우고, 다시 그 위에 머름중방을 걸쳐 창턱으로 삼고, 머름동자 사이를 머름청판으로 끼워 막는다. 머름동자를 세우지 않고 통으로 만들어진 머름을 '통머름'이라 부르는 반면, 머름동자를 세워 머름대를 구획한 것을 '자진머름'이라 부른다. 자진머름은 가장 고급스러운 머름으로 궁궐과 관아, 사찰, 누정건축을 비롯하여 상류주택에 이르기까지 일반적이고도 다양하게 사용되었다.

여러 유형의 머름 | 도동서원 강당의 자진머름(위), 안동 의성김씨종택의 통머름(가운데), 임청각의 머름(아래)

• **궁창** 분합을 비롯한 여닫이문 아래에 나무 널, 즉 청판聽板으로 막아댄 부분을 가리킨다.

미닫이와 여닫이 | 함양 정여창고택   미닫이 | 선교장 활래정

창호의 개폐방식

한국 건축의 창호는 미닫이와 여닫이 외에 분합문, 들어열개, 들창(벼락닫이), 안고지기, 붙박이, 빈지닫이 등 다양한 개폐방식을 사용한다. 뿐만 아니라 여러 가지 개폐방식이 복합적으로 구성된 창호도 있다. 이러한 다양한 개폐방식은 특히 살림집을 비롯한 주거용 건축에 잘 반영되어 있다.

● 미닫이와 여닫이

미닫이와 미서기, 여닫이는 가장 기본적인 창호의 개폐방식이다. 미닫이와 미서기는 창호를 옆으로 밀어서 여닫는 것으로 가로닫이라고 부른다. 구성되는 창호의 짝에 따라 외짝, 두 짝, 세 짝, 네 짝 등으로 구분한다. 주로 사람의 일상생활이 이루어지는 방房에 사용한다. 즉 방 사이의 장지, 방과 대청 사이, 또는 외기外氣에 면한 온돌방의 창호, 벽장의 창호 등에 사용한다. 또한 미닫이는 여닫기 쉽게 하기 위하여 여닫이에 비하여 문울거미를 가늘게 하여 가벼운 구조로 만든다.

여닫이는 바깥이나 안쪽으로 밀어 여닫는 창호를 말하는데, 바깥쪽으로 여닫는 것을 기본으로 한다. 구성되는 창호의 짝에 따라 외여

방과 대청 사이의 팔분합 | 창덕궁 대조전

닫이와 쌍여닫이 등으로 구분된다. 여닫이는 건축의 유형에 관계없이 가장 광범위하게 사용되었다. 한국 건축에서는 미닫이와 여닫이 형식의 창호가 적절히 혼합되어 복합적이고 자유롭게 활용되었다.

● 분합

여닫이 형식의 창호가 여러 짝으로 이루어져 열었을 때 문짝끼리 포개지는 창호를 분합分閤, 分合이라 부른다. 분합은 세 짝, 네 짝, 여섯 짝, 그리고 여덟 짝으로 구성되는 것이 일반적이며, 이를 각각 삼분합, 사분합, 육분합, 팔분합으로 구분하여 부른다. 분합의 문짝 수는 분합이 설치되는 곳의 주간 길이와 관계가 있어서 팔분합은 주간이 매우 긴 궁궐의 침전 등에서만 사용된다.

분합은 궁궐이나 사찰, 향교, 객사, 관아, 살림집 등 모든 건축에 광범위하게 사용되는데, 주로 외기에 면한 대청이나 마루의 창호와 방

외기에 면한 대청의 사분합 | 노강서원 강당   **창窓의 역할을 하는 사분합** | 창덕궁 낙선재   **사찰 법당의 삼분합** | 마곡사 대광보전

다양한 살대로 꾸며진 사분합 | 창덕궁 대조전(왼쪽)과 기림사 대적광전(오른쪽)

과 대청 사이의 창호에 사용한다. 분합의 창살은 건물의 용도에 따라 다양한 형태로 만든다.

   분합은 출입을 위한 호의 역할을 하는 것이 대부분이지만 창으로 사용하는 경우도 있다. 호로 사용하는 분합은 여러 짝으로 이루어져 있지만 평상시에는 두 짝만을 여닫아 출입을 한다. 그러나 닫아 놓았을 때에는 그 구성에 따라 창과 벽, 머름의 역할을 하기도 한다. 예를 들어 외기에 면한 분합은 아래에 한 층이나 두 층의 궁창을 설치하는데, 불투명한 구조로 빛이 들어오지 않으므로 머름의 역할을 한다. 반면에 살대로 짜고 창호지를 바른 부분에서는 빛이 들어오므로 닫았을 때 창의 기능을 하게 된다.

들어열개 | 여주 명성황후생가

● 들어열개

여러 짝으로 이루어진 분합은 대부분 문짝끼리 포갠 후 위쪽으로 들어 올릴 수 있는 구조로 되어 있다. 이처럼 분합을 포개어 위로 들어 올리는 것을 '들어열개'라 한다. 문짝끼리 포개어 들어 올린다는 점에서 단순히 위로 여닫는 구조로 되어 있는 들창과는 차이가 있다. 분합을 들어열개 하면 기둥만 남고 창호가 모두 사라진다. 이로써 두 공간은 쉽게 분할되고, 하나로 통합될 수 있는 가변성을 지닌다. 또한 내부와 외부 공간 사이의 경계도 사라진다.

들어열개 | 담양 식영정

● 들창

들창은 위쪽으로 들어 올려 열 수 있도록 한 창호이다. 열었을 때 아래에 받쳤던 나무를 빼면 벼락같이 닫힌다고 '벼락닫이'라 부르기도 한다. 중방보다 높은 곳에 채광과 환기를 위해 설치하는 경우가 많다. 한편 수덕사 대웅전과 부석사 무량수전, 맹씨행단은 모두 현존하는

들창과 살창 | 여주 김영구 가옥

들창 | 맹씨행단

안고지기 | 윤증고택 사랑방

가장 오래된 건축에 속하는데, 창호는 문짝 하나마다 문설주를 세워 각 창호를 위로 들어 올려 등자쇠에 걸 수 있는 구조로 되어 있다. 들창에 속하는 창호라 할 수 있는데, 이 형식의 창호는 분합이 발달하기 전, 고식古式의 건축에서 많이 사용되었던 것으로 보인다.

● 안고지기

미닫이나 미서기는 창호 전체를 완전히 열 수 없는 한계가 있다. 그러나 미닫이와 여닫이를 조합하여 미닫이이면서 창호 전체를 완전히 열 수 있는 구조로 만든 경우가 있다. 이와 같은 창호를 '안고지기'라 부른다.

● 붙박이

붙박이창은 창호를 고정하여 여닫을 수 없는 구조의 창이다. 붙박이창은 채광을 목적으로 대청이나 광, 부엌 등에 설치하는 경우가 많다. 특히 고창을 붙박이로 만든 경우가 많다. 고창高窓은 교창交窓 또는 광창光窓이라고도 부르는데, 대청을 비롯하여 주로 마루구조로 된 실室의 앞쪽에 분합 등의 창호를 달고 그 위 높직한 곳에 나지막하고 옆으로 길게 설치한다. 환기와 채광을 위해 부엌이나 광에 설치한 살창 역시 붙박이창에 속한다고 할 수 있다.

붙박이 | 추사고택

붙박이 형식의 고창 | 나주 금성관

살창 | 창덕궁 석복헌

빈지닫이 | 봉화 계서당

판문 | 쌍봉사 철감선사탑

판문 | 나주향교 대성전(왼쪽)과 양동마을 무첨당(오른쪽)

● 빈지닫이

두꺼운 널을 문틀의 홈에 끼워 밀어 넣는 개폐방식을 빈지닫이라 부른다. 빈지닫이는 수평으로 문틀을 설치하여 수직으로 긴 널을 옆으로 밀어 넣어 개폐하는 방식과 수직으로 문틀을 설치하여 널을 위에서 아래로 밀어 넣어 개폐하는 방식이 있는데, 우리나라에서는 후자가 더 많이 사용되었다. 주로 광과 곳간, 특히 뒤주의 개폐방식으로

03 창호　303

많이 사용되었다. 빈지닫이의 널에는 일련번호를 써두어 들어가는 순서에 혼란을 일으키지 않도록 한다.

널문과 살창

● **널문**

창호 전체를 목재로 만든 것을 널문이라 부른다. 널문에는 판문과 골판문이 있다.

 판문板門(판자문板子門)은 판장문이라고도 부른다. 별도의 문울거미를 만들지 않고 몇 장의 판재를 옆으로 덧대고 그 중간 중간에 가로로 띠장이라 부르는 각재角材를 대어 연결시켜 만든다. 판재 사이는 맞댄이음으로 하는 경우도 있으나 제혀쪽매나 딴혀쪽매로 결구하여 좀 더 튼튼한 구조로 만들기도 한다. 경우에 따라서는 판문 전체를 한 장의 판재로 만들기도 한다. 판장문은 가장 튼튼한 구조의 문으로 각종 대문이나 중문, 부엌이나 광 등의 문, 판벽이 설치된 마루의 창 등으로 많이 사용된다.

 골판문은 문울거미를 만들고 문울거미에 만든 홈에 한 장 또는 여러 장의 얇은 판재를 끼워 넣어 만든 것으로 당판문唐板門이라 부르기도 한다. 판문과 마찬가지로 골판문도 튼튼한 창호로 방범의 기능을 지니고 있다. 그러나 판문에 비하여 약하기 때문에 대문에 사용된 예는 거의 없으며, 주로 중문이나 부엌과 광의 문, 대청의 덧문이나 덧창으로 사용되었다.

 판문과 골판문은 가장 오래된 창호 형식으로 오래된 건물일수록 좀 더 많은 곳에 다양하게 사용되었다. 비록 후대에 수리되었지만 현존하는 가장 오래된 목조건축인 봉정사 극락전은 폐쇄적인 감실형 평면의 정면 정칸에 판문을 설치하고 있다. 신라 말 고려 초의 석탑이

골판문 | 안동 의성김씨대종택(왼쪽)과 창덕궁 내전(오른쪽)

나 부도는 물론 고대국가 형성기의 가형토기에 새겨진 문도 모두 판문이었던 것으로 추정된다. 골판문은 일본 대은사大恩寺에 소장되어 있는 고려시대의 불화에서 그 예를 볼 수 있다. 또한 부석사 조사당의 정면 협간에는 살창 안쪽에 판장으로만 만들어진 창이 설치되어 있다. 이처럼 판문과 골판문은 창호지의 사용이 보편화되기 전에 가장 일반적으로 사용되었던 창호 형식으로 집의 발달과 맥을 같이 하는 매우 오래된 형식의 창호이다.

판문과 살창 | 고대 토기

● 살창

판재나 창호지를 사용하지 않고 부엌이나 광과 같이 환기를 필요로 하는 곳에는 살대만으로 창호를 설치하기도 한다. 이처럼 살대만으로 만든 창호를 살창이라 한다. 살창은 창틀을 만들고, 창틀에 만든 홈에 수직으로 살대를 끼워 만든다. 살창은 개폐가 불가능하여 출입의 기능은 지니지 않으며, 살대만 있어서 환기와 채광의 기능만을 지닌다. 살창의 살대는 그 단면과 입면 형태를 다양하게 만들어 변화를 주기도 한다. 한편 사례는 많지 않으나 살창 안쪽에 창호지를 붙여놓은 경우도 있다.

골판문 | 고려 〈관경서분변상도〉 • 출처: 일본 대은사

　살창도 판장문이나 골판문과 마찬가지로 가장 오래된 형식의 창호 중 하나이다. 고대국가 형성기의 가형토기를 비롯하여 신라 말 고려

창호지 바른 살창 | 구미 해평 북애고택

살창 | 해인사 수다라장(위)과 양동마을 향단(아래)

석조물에 묘사된 고려시대의 살창 | 고달사지 부도

초의 석탑과 부도 등에 살창이 새겨진 것을 볼 수 있다. 또한 부석사 조사당에서는 살창을 설치한 안쪽에 판재로 짠 창을 설치한 것을 볼 수 있는데, 창호지가 일반화되기 전에는 이러한 형식의 창이 보편적이었던 것으로 보인다.

살림집의 다양한 창호

주택을 비롯하여 궁궐의 침전, 사찰의 요사 등 살림살이가 이루어지는 건축의 창호는 다른 유형의 건축에 비하여 창호의 구성과 형태가 매우 다양하고 복잡하다. 살림살이와 거주를 위한 다양한 형태의 생활이 이루어지기 때문이다.

● 여러 겹의 창호

주거용이 아닌 전각은 공간의 구성과 기능이 비교적 단순하기 때문에 여닫이 창호 한 겹으로 구성되는 것이 일반적이다. 살림집에서도 대청이나 부엌, 광 등은 여닫이 창호 한 겹만 설치한다. 그러나 온돌

외기에 면한 온돌방의 두 겹 창호 | 윤증고택 사랑채

외기에 면한 온돌방의 두 겹 창호(위) | 운현궁 이로당
두껍닫이(아래) | 밀양 반계정 온돌방

다양한 살대로 꾸민 덧창 | 대전 동춘당(왼쪽 위), 운현궁(오른쪽 위), 낙선재 내루(樓)(왼쪽 아래)와 행랑(오른쪽 아래)

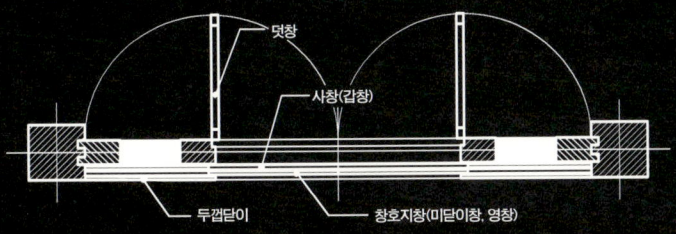

덧창
사창(갑창)
두껍닫이
창호지창(미닫이창, 영창)
여러 겹의 창호 구성

03 창호

> 온돌방과 달리 대청이나 툇마루, 내루 등의 외기에 면한 부분에는 창호를 여닫이창 한 겹만 설치하는 경우가 많다. 덧창은 이중문의 의미를 지니고 있으므로[1] 이렇게 한 겹으로 설치된 여닫이창은 엄격한 의미에서 덧창이라 할 수 없다. 그러나 기능상 온돌방의 덧창과 같은 역할을 하고 형태도 동일한 경우가 많으므로 홑겹으로 설치된 여닫이창도 덧창의 범주에 포함시키도록 한다.

대청 후면의 널문 형식 덧창 | 도산서원 전교당

방을 비롯하여 대청이나 누마루 등의 창호는 두 겹 이상으로 만드는 경우가 많다. 특히 온돌방의 외기에 면한 창호는 반드시 두 겹 이상으로 만든다. 사계절이 뚜렷한 기후 조건으로 계절에 따라 창호를 여닫아 실내의 환경을 조절하기 위함이다.

두 겹으로 창호를 구성할 때 바깥쪽에는 여닫이 형식의 창을 설치하며, 안쪽에는 미닫이 형식의 창을 설치한다. 바깥쪽에 설치한 여닫이 형식의 창은 '덧창' 또는 '덧문'이라 부르며, 덧창 안쪽에 설치한 미닫이 형식의 창을 '미닫이창', 또는 '창호지창', '영창映窓, 影窓'이라 부른다. 초가집과 같은 민가에서도 온돌방의 외기에 면한 창호는 반드시 두 겹으로 만든다.

좀 더 고급의 집에서는 덧창과 창호지창 사이에 또 한 겹의 창을 설치한다. '갑창匣窓'이라 부르는 창으로 겨울에는 양쪽에 창호지를 붙여 외풍을 막아준다. 반면에 봄이 되면 창호지를 떼어내고 성긴 비단이나 망사網紗 또는 발을 붙여 방충망의 역할을 하도록 하는데, 이것을 '사창紗窓'이라 부른다.

갑창 안쪽으로는 미닫이문을 열었을 때 문짝이 들어갈 수 있는 '두껍닫이'라고 부르는 부분을 만들기도 한다. 두껍닫이는 문울거미 안팎 양쪽에 창호지를 발라 외풍을 막아주며, 미닫이창이 들어가는 부분을 깔끔하게 마감하는 역할을 한다. 두껍닫이는 붙박이 형식으로 만들기도 하지만 미닫이로 만들어 여닫을 수 있도록 하기도 한다.

● **덧창(덧문)**

덧창은 방범과 방풍의 역할을 한다. 그래서 덧창은 비교적 살대를 촘촘히 설치한 띠살(세살細箭)로 만드는 것이 일반적이며, 井자살로 한 경우도 있다.

대청이나 툇마루, 내루 등의 정면에 설치된 덧창은 온돌방의 덧창과 마찬가지로 띠살이 가장 일반적이며, 井자살을 사용한 경우도 있

다양한 형식의 미닫이창 | 구미 쌍암고택(왼쪽 위), 안동 의성김씨소종택(오른쪽 위), 대전 동춘당 안채(왼쪽 아래), 안동 의성김씨대종택 안채(오른쪽 아래)

다. 또한 궁궐의 침전 등에서는 숫대살, 亞자살이나 卍자살, 또는 亞자살과 卍자살이 조합된 살대로 만드는 경우도 있다. 반면에 대청 등의 후면에 설치하는 덧창은 살대로 구성한 것보다 널문으로 구성하는 것이 일반적이다.

● **미닫이창(창호지창, 영창)**

덧창 안쪽에 설치하는 미닫이창은 그 개폐형식에 따라 '미닫이창'이라 부르기도 하고 '창호지창' 또는 '영창'이라 부르기도 한다. 추운 겨울이나 잠을 잘 때, 또는 그밖에 특별한 경우를 제외하고 실내에 사람이 있을 때 덧창은 열어놓는 것이 일반적이다. 이렇게 덧창을 열어놓은 상태에서는 기후 조건에 따라 미닫이창을 여닫아 채광과 환기 등을 통해 실내 환경을 조절한다.

미닫이창은 열기 편하게 하기 위해 문울거미를 얇게 하여 가볍게 만들고, 채광을 좋게 하기 위해 살대 간격을 성기게 만든다. 살대 모

미닫이창의 살대 구성에 따라 다르게 연출되는 실내 분위기
| 창덕궁 낙선재 내루

미닫이창의 살대 구성에 따라 다르게 연출되는 실내 분위기
| 운현궁 노안당 내루

양에 따라 외관과 실내의 분위기가 달라지므로 미닫이창에는 집주인의 개성과 기호에 따라 用자살, 卍자살, 亞자살 등의 다양한 살대로 만든다.

● 사창, 망사창, 발문

창호의 울거미에 창호지 대신 비단이나 망사 또는 발을 붙인 것을 각각 사창, 망사창, 발문이라 한다. 덧창과 창호지창 사이에 설치하는 창호로 모기나 나방, 파리 등의 벌레가 들어오지 못하도록 하는 구실을 한다.

사창 | 화성 정용채 가옥 사랑채

● 장지

방과 방, 또는 방과 대청 사이에 설치하는 미닫이 형식의 문으로 문살에 종이를 발라 마감한 것을 장지障子라 한다. 특히 큰 방을 두 개로 나누어 쓰기 위해 사용하는 간막이 형식의 문을 샛장지라 한다. 장지문의 문턱은 하방을 이용하는 경우도 있으나 문짝을 떼어내 넓은 공간으로 사용하기 위해 별도의 목재로 해체 가능하게 만들기도 한다.

방과 방 사이의 샛장지 | 순정효황후 친가의 샛장지(왼쪽)와 운현궁 노락당의 샛장지(오른쪽)

● 맹장지와 도듬문

문울거미와 함께 살대 전체를 안팎 양쪽으로 두껍게 창호지를 싸 발라 만든 창호를 맹장지盲障子라 한다. 문울거미 안팎으로 창호지를 발랐기 때문에 두 겹 창호의 효과를 지녀 바람과 빛, 소리를 막아주는 기능을 한다. 맹장지는 온돌방의 내부 덧문, 즉 갑창과 두껍닫이에 사용되며, 다락이나 벽장문, 또는 샛장지 등으로 사용된다.

다락과 벽장문으로 사용한 맹장지 | 추사고택 다락과 벽장 문

도듬문은 문울거미를 제외한 부분에 종이를 두껍게 발라 문울거미가 도드라지게 만든 문이다. 문짝 안팎으로 종이를 바른다는 점에서는 맹장지와 같지만 문울거미를 도드라지게 만들었다는 점에서 차이가 있다. 도드라진 문울거미 안쪽미에 그림이나 글씨를 붙여 액자처럼 보이도록 하기도 한다. 도듬문은 맹장지와 비슷하게 두껍닫이나 벽장, 다락의 문 등에 사용된다.

도듬문 형식의 두껍닫이 | 창덕궁 대조전

● 명장지와 불발기

명장지明障子는 맹장지와 달리 창호의 한쪽 면에만 창호지를 발라 빛이 잘 들어오도록 한 창호이다. 불발기는 창호 전체의 앞뒤 양쪽에 창호지를 바르고, 중앙 부분만 한쪽(안쪽) 면에 창호지를 바른 창이다. 즉 맹장지의 중앙 부분만 명장지로 만들고, 명장지 부분은 바깥에서 볼 때 살대가 노출되도록 한 것을 가리킨다. 중앙의 명장지 부분

불발기 형식의 육분합(위) | 운현궁 이로당
불발기 형식의 팔분합(아래) | 창덕궁 대조전

불발기 형식의 분합 | 양동마을 서백당

분합과 불발기, 덧창의 복합적인 기능을 지닌 창호 | 안동 체화정

은 많은 빛이 들어오는 창으로서의 역할을 하기 때문에 불발기라 부르며, 맹장지로 이루어진 부분은 창호를 닫았을 때 벽 역할을 하게 된다. 방과 대청 사이의 분합에 많이 사용되며, 다양한 방법으로 응용되어 사용하기도 한다. 맹장지 부분의 문울거미는 방형이나 팔각형으로 만드는 것이 일반적이다. 그 속의 살대는 井자살과 빗살이 많이 사용되며, 간혹 亞자살이나 卍자살 등으로 만드는 경우도 있다.

창살의 유형

창호지를 바른 창호의 울거미 안에는 여러 가지 모양의 살대를 베풀어 창호는 물론 건물의 외관과 내부 분위기에 변화를 준다. 창살의 모

띠살의 분합 | 과천 온온사

띠살의 덧문(위) | 고성 어명기 가옥
사찰 법당의 띠살로 된 분합(아래)
| 신륵사 극락보전

양은 띠살, 정자살, 빗살, 소슬빗살, 빗꽃살, 소슬빗꽃살, 꽃살, 用자살, 卍자살, 亞자살, 숫대살, 귀갑살, 貴자살 등으로 매우 다양하다. 이렇게 다양한 창살은 건물의 기능이나 격식, 창호의 위치와 기능, 여닫는 형식 등에 따라 구분하여 사용한다.

● 띠 살 (세 살)

띠살은 문울거미 안에 세로 살을 촘촘히 배열하고 여기에 가로 살을 상중하 세 부분으로 나누어 세로 살과 같은 간격으로 배열한 것이다. 살대를 촘촘히 배열했기 때문에 세살이라고도 부른다. 배열되는 가로 살의 수는 일정한 법식이 없으며, 창호의 크기에 따라 적절하게 조절한다. 그러나 가운데에 다섯 개의 살을 배열하고 상하에 각각 서너 개의 살을 배열하는 것이 일반적이며, 그보다 창호의 높이가 높을 때에는 가운데 여섯 개, 상하에는 각 네 개의 살을 배열한다. 띠살은 건물의 용도에 관계없이 여닫이 형식의 창호에 가장 일반적으로 사용되었다. 또한 들창과 교창 등 여러 형식의 창호에 가장 광범위하게 사용되었다.

정자살 | 관룡사 약사전

빗살 | 참당암 대웅전

● 정자살과 빗살(교살)

정자살은 문울거미 안에 가로 살과 세로 살을 같은 간격으로 배열하여 '井'자 모양으로 만든 것이다. 정자살은 가로, 세로 같은 간격으로 창살을 배치하기 때문에 깔끔한 느낌을 주기는 하지만 단조로운 감이 없지 않다. 정자살을 45도 각도로 뉘어 살대를 배열한 것을 빗살 또는 교살交箭이라고 한다.

정자살과 빗살은 주로 살림집을 비롯하여 궁궐이나 사찰 전각 등의 여닫이 창호에 사용되었다. 띠살과 같이 다양한 용도의 여닫이 창호에 사용되었으나 띠살에 비해 사용 빈도가 낮다. 반면에 불발기와 고창을 비롯한 특별한 용도의 창호에 사용된 예를 많이 볼 수 있다.

한편 부석사 무량수전의 전면 창호에 사용된 정자살이나 수덕사 대웅전에 사용된 빗살, 현존하는 가장 오래된 살림집인 맹씨행단의 대청 앞에 사용된 정자살 등으로 미루어볼 때 정자살과 빗살은 띠살에 비하여 고식古式의 건물에 많이 사용되었던 것으로 보인다.

● 소슬빗살

빗살과 비슷하지만 창살을 30도, 150도로 교차시키고 그 사이 사이에 수직의 살을 배열한 것을 소슬빗살이라 부른다. 이 밖에도 격자빗살, 육모소슬살, 세모소슬살, 삼각소슬살 등과 같이 정자살과 빗살,

격자빗살 | 여수 흥국사 대웅전

소슬빗살과 육모솟을살(위) | 운문사 비로전
격자빗살(아래) | 무위사 극락전

소슬빗살을 혼용해 만든 다양한 형태의 살대가 있다.

이러한 유형의 살대는 창호를 화려하게 꾸미기 위한 것으로 민가에 사용된 예는 거의 없으며, 주로 궁궐이나 사찰건축의 여닫이 창호에 사용되었다.

● 빗꽃살과 꽃살

빗살과 소슬빗살의 살대에 꽃잎이나 꽃무늬 등을 조각하여 더욱 화려하게 장식한 것을 각각 빗꽃살과 소슬빗꽃살이라 부른다. 또한 일정한 살대의 형식을 갖추지 않고 꽃을 비롯한 여러 무늬를 새겨 장식한 것을 꽃살이라 부른다. 궁궐의 정전이나 사찰의 법당 등 격식을 갖추면서 화려하게 장식할 필요가 있는 건물 여닫이 창호에 사용되었다.

빗꽃살을 사용하더라도 궁궐의 전각에서는 살대에 꽃잎을 새기는 정도로 하여 지나치게 화려해지지 않도록 하였다. 반면에 사찰에서는 빗살과 소슬빗살 등 다양한 살대에 각종의 꽃을 조각하거나 꽃살을 만들어 화려하고 아름답게 꾸민 경우가 많다. 불교에서 꽃은 공양의

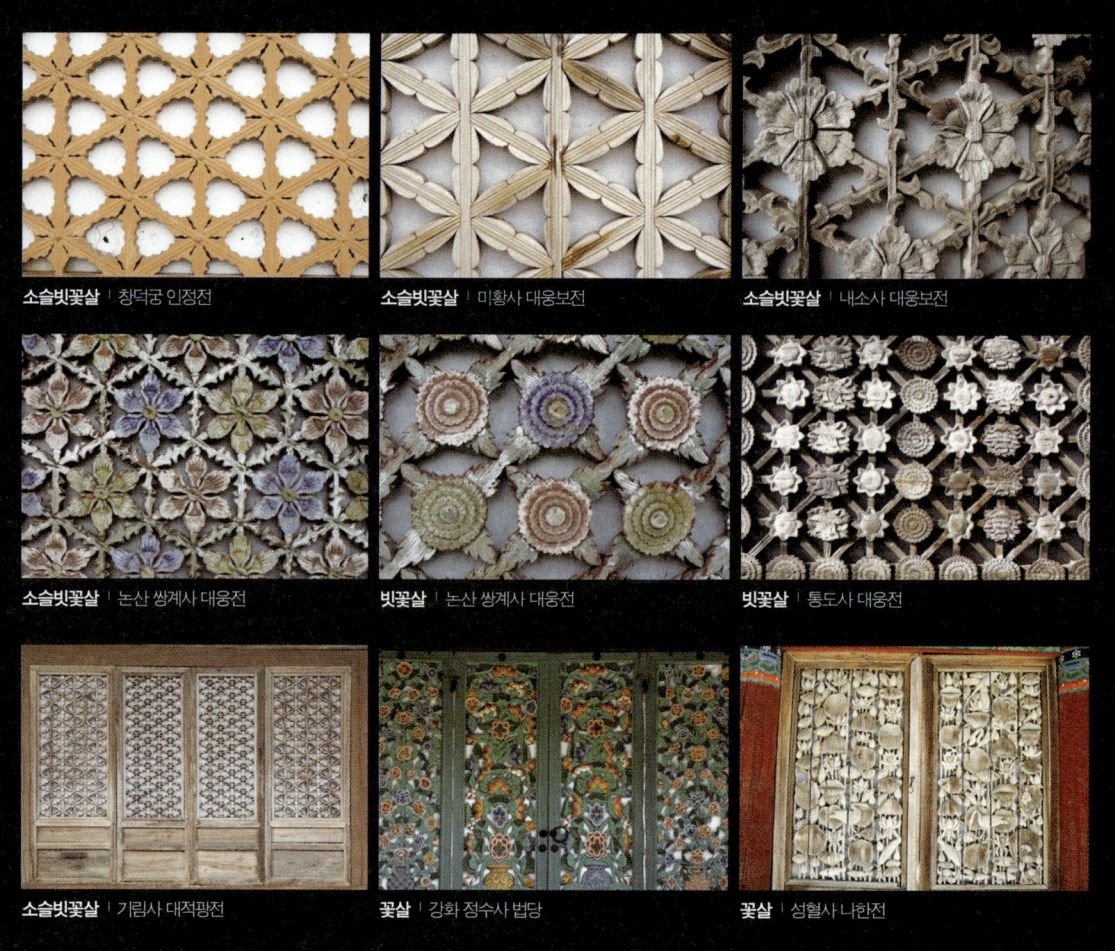

소슬빗꽃살 | 창덕궁 인정전   **소슬빗꽃살** | 미황사 대웅보전   **소슬빗꽃살** | 내소사 대웅보전

소슬빗꽃살 | 논산 쌍계사 대웅전   **빗꽃살** | 논산 쌍계사 대웅전   **빗꽃살** | 통도사 대웅전

소슬빗꽃살 | 기림사 대적광전   **꽃살** | 강화 정수사 법당   **꽃살** | 성혈사 나한전

일종으로 법당에 모신 부처님을 최대한으로 장엄하려는 의도가 담겨져 있다.

창호의 세부 기법

창호의 제작에는 연귀맞춤을 비롯하여 반턱, 삼분턱, 장부 맞춤 등 매우 복잡하고 정교한 결구법이 사용된다. 또한 문울거미와 살대에는 쇠시리를 베풀고 풍소란을 설치하는 등 섬세한 기법들이 사용된다.

문울거미의 연귀맞춤과 쇠시리 │ 부석사 무량수전(위)과 논산 쌍계사 대웅전(아래)

살대의 등밀이 │ 수덕사 대웅전

이처럼 복잡하고 정교한 기법들이 사용되기 때문에 창호는 대목大木과는 별도로 창호를 전문적으로 제작하는 소목장小木匠에 의해서 만들어진다.

● **문울거미와 살대의 쇠시리**

창호지를 바르지 않아 외부로 노출되는 울거미의 면과 모서리, 살대에는 여러 가지 단면 형태로 쇠시리를 베푼다. 이렇게 쇠시리 한 면에는 선線이 만들어지면서 단조로울 수 있는 울거미와 창살에 미세한 변화를 준다.

　울거미의 쇠시리는 모서리의 모접기와 면의 쌍사 또는 외사로 이루어진다. 모접기는 날카로운 울거미의 모서리를 보호하면서 단조로운 울거미 면에 미세한 변화를 준다. 모접기의 단면 형태는 사용하는 대패 날에 따라 다양하게 만들어진다. 울거미 면 역시 다양한 형태의 단면으로 쇠시리를 한다. 이렇게 쇠시리를 하면 면에는 긴 줄이 만들어진다. 그 줄이 하나이면 '외사', 두 개이면 '쌍사'라 부르는데, 쌍사로 처리하는 것이 일반적이다. 문울거미뿐 아니라 문선과 문인방에도 쌍사를 친다. 살의 단면은 표면을 둥근 모양으로 만들고 그 아래쪽은

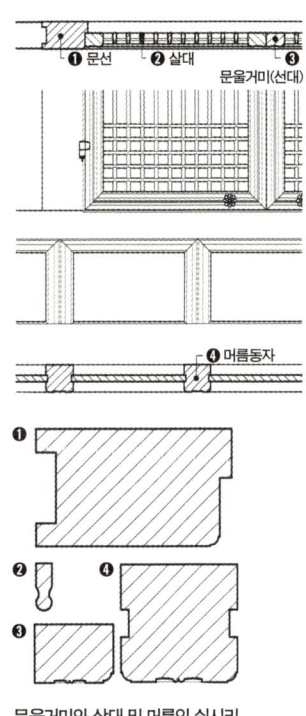

문울거미와 살대 및 머름의 쇠시리

경사지게 깎아낸다. 이처럼 살대를 둥글게 쇠시리 하는 것을 '투밀이' 또는 '등밀이'라고 한다.

● 방풍을 위한 처리

창호를 닫았을 때 창호 사이에 틈이 생기면 외풍이 들어온다. 따라서 서로 마주치는 창호의 울거미에 턱을 만들어, 닫았을 때 창호가 밀착되도록 한다. 이처럼 방풍을 위해 울거미에 만든 턱을 '풍소란'이라 한다.

미닫이 창호에서 두 개의 문짝이 서로 맞닿게 되는 선대를 '마중대'라 부른다. 미서기 창호는 마주치는 두 문짝이 서로 겹치게 되는데, 그 겹치는 선대를 '여밈대'라 한다. 마중대와 여밈대에는 방풍을 위해 풍소란을 만든다. 서로 마주치는 문짝의 마중대는 한쪽에 홈을 파고, 다른 한쪽에는 촉을 만들어 두 문짝이 밀착되도록 한다. 여밈대는 단면을 사다리꼴로 만들어 외풍을 방지한다. 또한 여닫이 창호도 마주치는 문짝 울거미의 단면을 사다리꼴로 만들어 외풍을 방지하기도 한다. 문선에도 방풍을 위해 홈을 파서 문짝이 끼이도록 하여 방풍이 되도록 하는데 이를 '쌤개탕(방풍홈)'이라 한다.

창호지를 바를 때 외풍을 막기 위해 창호지를 문울거미 바깥으로 벗어나도록 바르기도 한다. 이때 창호지가 문울거미 바깥으로 돌출한 부분을 '문풍지'라 부른다. 두 문짝을 닫았을 때 문풍지가 문짝 사이 틈에 끼여 방풍 효과를 높일 수 있다.

● 쇠장석

창호에는 돌쩌귀를 비롯하여 문고리, 거므쇠, 국화쇠 등의 다양한 철물이 사용된다. 이러한 철물을 통틀어 '쇠장석' 또는 '장석'이라 한다. 쇠장석은 문을 달아매거나 문울거미의 결구를 보강하는 등 각각의 기능을 지니고 있다. 또한 멋과 기교를 부려 다양한 형태로 만들어 창호를 장식하는 효과도 지닌다.

미닫이 마중대의 풍소란 | 운현궁 이로당

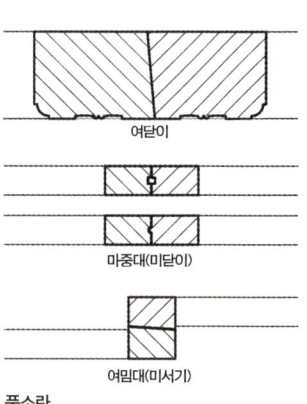

풍소란

돌쩌귀 | 개암사 대웅보전(왼쪽)과 창경궁 문정전(오른쪽)   **삼배목** | 운현궁 이로당(위)과 범어사 대웅전(아래)

문고리

거묘쇠

문고리(위) | 운현궁
세발장식(아래) | 병산서원

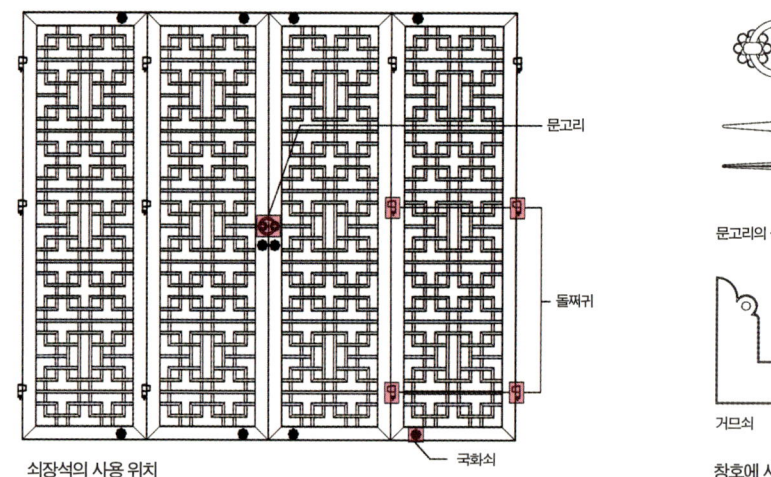

쇠장석의 사용 위치

창호에 사용되는 쇠장석

감잡이쇠 | 조순탁 가옥

가죽 문고리 | 운현궁 이로당

여닫이 창호를 달아매기 위해서 사용하는 철물을 '돌쩌귀'라 한다. 돌쩌귀는 암돌쩌귀에 심대를 박은 수톨쩌귀를 끼우도록 되어 있는데, 심대는 수톨쩌귀에 고정시키지 않고 별도로 꽂을 수 있게 된 것도 있다. 들어열개나 들창에도 돌쩌귀가 사용되는데 여닫이 창호에 사용되는 돌쩌귀와 구분하여 '삼배목'이라 부른다. 삼배목은 암수 구분 없이 두 개가 한 짝으로 구성된 돌쩌귀에 심대를 꽂아 고정한다.

창호를 여닫거나 잠그기 위해서 창호의 형태에 따라 다양한 형태의 문고리를 만들어 사용한다. 일반적인 문고리는 손으로 잡거나 고정시키기 위한 고리와 고리를 고정시키거나 자물쇠를 채우기 위한 배목으로 구성된다. 좀 더 고급의 기법에서는 배목의 바탕이 되는 받침쇠를 사용하기도 한다. 고리는 필요에 따라 다양한 크기의 것을 사용하며, 원형으로 만드는 것이 일반적이지만 사각형으로 만들어 변화를 주기도 한다. 또 필요에 따라서는 고리와 배목 사이에 사슬을 연결하여 고리의 설치 위치를 조절하기도 한다.

연귀맞춤 등 문울거미가 결구되는 부분을 보강하기 위해서 ㄱ자나 ㄴ자 모양으로 만든 쇠장석을 사용하기도 한다. 이것을 각각 '거므쇠'와 '새발장식'이라 부른다. 거므쇠는 건물과 창호의 용도와 격식 등에 따라 다양한 형태로 만들어 사용함으로써 장식의 역할도 겸한다. 한

광두정

국화쇠　　　　　먼산　　　　　등자쇠

편 판문과 같이 무거운 문의 장부 부분을 보강하기 위한 쇠장석으로 판문의 널을 앞뒤로 감싸도록 되어 있는 '감잡이쇠'가 있다.

미닫이 창호의 손잡이는 다양한 형태로 만들어진다. 오목한 홈을 판 쇠장석이나 나무를 문울거미에 끼워 고정시켜서 사용하기도 한다. 또한 가죽이나 매듭, 또는 다양한 형태로 조각한 나무를 꽂아서 손잡이로 사용하기도 한다.

창호에는 결구와 장식을 위해 머리를 크게 만든 못, 즉 광두정廣頭釘을 사용한다. 광두정은 머리를 원형이나 방형으로 만들기도 하지만 국화 형상으로 만들기도 한다. 이처럼 국화 모양으로 만든 것을 국화쇠라 한다. 광두정이나 국화쇠의 사용은 못이 단순히 결구를 위한 기능만 지닌 것이 아니라 장식을 위한 기능도 지니고 있음을 의미한다.

들어열개 창호를 달아맬 수 있도록 하기 위해 처마에 고정시킨 쇠장석을 '등자쇠', '걸쇠', '들쇠' 또는 '달쇠'라 한다. 들어열개 한 문짝은 바로 등자쇠에 바로 걸거나 등자쇠에 걸쳐댄 각목에 의지해 건다.

이 밖에 먼산은 창호를 열고 닫았을 때 필요 이상으로 밀려나지 않도록 창호를 고정하기 위해 문인방 등에 설치하는 것으로 쇠 또는 나무로 만든다.

창호의 특성

창호는 건물 외관의 특성을 결정짓는 가장 중요한 요소가 된다. 또한 창호에 따라 공간의 구성이 달라지기도 한다. 한국 건축은 다양한 형태의 창호를 통하여 건물의 개성을 표현하였으며, 개폐방식의 다양성은 가변적이고 복합적인 공간 구성상의 특성을 지니도록 하는 중요한 원인이 되었다.

● 창호의 다양성

한국 건축의 창호는 형태뿐 아니라 개폐방식이 매우 다양하다. 이렇듯 다양한 창호가 만들어지게 된 원인으로는 가구식 구조체계, 기후 변화가 심한 자연환경, 그리고 그 속에서 형성된 자연관과 결합된 미관과 건축관 등을 들 수 있다.

가구식 구조는 기둥이 모든 하중을 부담하는 비내력벽 구조로 조적식 구조와 같은 내력벽 구조에 비하여 개구부의 확보가 자유롭다. 이러한 개구부 확보의 자유성은 다양하고 자유로우면서도 기능에 부합되는 다양한 형식의 창호를 형성되는 중요한 요인이 되었다.

계절에 따른 기후 변화가 심한 자연환경도 다양한 창호의 구성에 영향을 끼쳤다. 사계절이 있고 계절에 따른 기온 차이가 심하기 때문에 계절에 따라 건물의 실내 환경을 조절할 필요가 있다. 여름철의 무더운 기후는 햇빛의 차단과 함께 통풍의 유지가 중요하다. 반면에 겨울철의 추운 기후는 햇빛을 받아들이면서도 외기를 차단할 수 있어

다양한 형태와 개폐방식을 지닌 창호의 구성 | 창덕궁 연경당

야 한다. 또한 적당한 기후를 지니면서도 기온의 일교차가 심한 봄과 가을에는 시간에 따라 손쉽게 외기를 차단하거나 통풍을 할 수 있는 구조가 필요하다. 이러한 조건에서 필요에 따라 쉽게 열고 닫을 수 있는 큼직한 창호는 중요한 건축요소가 된다. 한국 건축에서 창호지의 사용과 다양한 살대의 구성, 그리고 창호의 다양한 개폐방식이 발달한 것은 이러한 우리나라의 기후 조건과 밀접한 관련이 있다.

창호를 개폐하고 안쪽에서 바라본 모습
| 창덕궁 연경당

자연관과 결합된 우리 민족의 미관과 건축관도 다양한 창호가 발달할 수 있게 된 이유 중 하나로 꼽을 수 있다. 우리 민족은 자연과 하나가 되어 사는 것을 이상理想으로 여겼고, 자연과의 조화를 꾀하였다. 대우주大宇宙는 대자연, 소우주小宇宙는 나, 즉 소아小我로 여겼으며, 집은 중우주中宇宙에 해당하는 것으로 여겼다. 그리고 대우주와 중우주, 소우주는 하나라고 여겼다. 그래서 대자연과 소아는 집을 통해서 하나가 된다. 그러한 이상을 달성시켜주는 중요한 건축요소가

계절에 따라 개폐를 통하여 실내 환경을 조절하는 창호 | 운현궁 이로당

건축을 매개로 자연과 하나가 되고자 했던 건축관을 보여주는 예 | 소쇄원 광풍각

불발기 형식 분합의 복합적 기능 | 강화 학사재

창호이다. 필요에 따라 쉽게 여닫을 수 있는 창호를 통하여 집이 위치한 자연과 집 속에 앉아 있는 사람이 하나가 되었던 것이다. 또 집 속의 분할된 공간도 쉽게 하나가 될 수 있었다. 필요에 따라 닫음으로써 건축공간으로서의 기능을 달성하고, 전체를 열어 자연과 건축, 내부와 외부, 내부와 내부를 하나의 공간으로 통합하여 쉽게 자연과 하나가 될 수 있었던 것이다. 분합문과 들어열개, 복합적인 개폐방식을 지닌 창호는 그러한 이상의 구체적인 실현물이라고 할 수 있다.

● **창호의 복합적 기능과 가변적 공간 구성**

한국 건축의 창호는 필요에 따른 개폐를 통해 출입과 채광, 환기를 할

방과 대청 사이에 공간의 상대적 내외 관계를 보여주는 창 | 안동 의성김씨종택(왼쪽)과 병산서원 강당(오른쪽)

수 있도록 함은 물론 벽으로서의 기능도 지닌다. 특히 호는 출입을 위한 기능뿐 아니라 닫혀 있을 때에는 창과 벽으로서 기능을 담당한다.

이렇듯 복합적인 기능을 지닌 대표적인 창호 형식으로 분합을 들 수 있다. 분합은 기본적으로 두 짝을 여닫음으로써 출입을 할 수 있는 호로서의 기능을 지닌다. 그러나 닫혀 있을 때에는 머름과 창의 역할을 겸한다. 즉 분합 아래의 궁창부는 머름, 그 위의 창호지를 바른 부분은 창의 역할을 하게 된다. 또한 분합은 들어열개 하면 창호와 벽이 모두 사라지고 기둥만 남게 된다. 분합에 의해 나누어졌던 두 개의 공간이 쉽게 하나의 공간으로 통합될 수 있다. 불발기로 만들어진 분합은 명장지로 된 중앙부가 창의 역할을 하는 반면에 맹장지로 된 부분은 벽이 된다.

이처럼 한국 건축의 창호는 창 또는 호로서의 단순한 기능을 지니는 것이 아니라 필요에 따라 다양하게 변할 수 있는 복합적인 기능을 지니고 있다. 또한 다양한 개폐방식과 형태는 매우 가변적이고 융통성 있는 공간을 만든다. 즉 두 개, 또는 그 이상의 공간이 쉽게 분할될 뿐 아니라 하나의 공간으로 쉽게 통합됨으로써 한정된 공간을 가변적이고 복합적으로 사용할 수 있다. 또한 창호의 개폐에 따라 내부공간은 외부공간과 쉽게 하나로 통합되어 내외의 구분이 없어지기도 한다.

창호의 개폐를 통해 내부와 내부, 내부와 외부를 필요에 따라 쉽게 분리 또는 통합되는 가변적 공간 구성을 보여주는 예 | 창덕궁 부용정

이러한 특성으로 인해 내부와 외부 공간의 구분은 고정되어 있지 않고 상대적이다. 즉, 방과 대청 중 대청은 바깥이며, 방은 안이 된다. 대청과 마당은 상대적으로 대청이 안이 되고 마당은 바깥이 된다.

● **인체척도가 적용된 창호**

한국 건축의 창호에는 인체척도가 적용되어 있다. 앞서 살펴본 바와 같이 1.5~1.8자 정도로 설치되는 머름의 높이는 좌식 생활과 관련이 있다. 창호의 너비에도 인체척도가 적용된다. 상류주택의 주간은 여덟 자 내외로 설치되며, 그때 기둥의 굵기는 여덟 치 내외가 되는 것이 이상적이다. 기둥 사이의 안목거리는 7.2자가 되며, 그것을 사등분한 1.8자가 창호의 너비가 된다. 1.8자는 사람의 어깨 폭보다 조금 큰 치수이다. 따라서 호는 기본적으로 두 짝으로 구성된다. 출입을 위한 호를 외여닫이로 만드는 경우 문짝의 너비는 1.8자와 그 두 배인 3.6자의 중간인 2.7자 내외로 이루어진다. 물론 이러한 치수가 정확히 지켜졌던 것은 아니지만 18세기 무렵부터 지어진 상류주택에서는 이와 유사한 치수 관계를 지니고 있다.

● **창호를 통한 실내 환경의 조절**

창호는 계절에 따라 실내 환경을 조절하는 역할을 한다. 특히 외기에 면하는 거주용 공간에 설치되는 두 겹 이상의 창호는 기후에 따라 여러 겹의 창호를 열고 닫아 채광과 환기를 조절한다. 여러 겹으로 구성된 창호는 덧창과 영창, 갑창, 사창으로 창호의 형식을 달리하여 채광과 환기의 조절 능력을 배가시킨다.

덧창을 비롯하여 가장 바깥쪽에 설치되는 여닫이 창호는 문울거미를 두껍게 하고 살대를 촘촘히 배열함으로써 닫았을 때 빛이 적게 들어오도록 한다. 반면에 영창은 문울거미를 얇게 만들고 살대를 성기게 배열하여 채광에 유리한 구조를 지니고 있다.

계절과 기후에 따라 실내 환경을 조절하기 위한 두 겹의 창호 | 구미 쌍암고택

선적 구성의 특성을 보이는 외관(위) | 창덕궁 대조전

면적 구성의 특성을 보이는 내부(아래) | 창덕궁 선향재

● 선적인 외관 구성

한국 건축의 창호는 창호지를 살대 안쪽에 붙인다. 따라서 창호를 구성하는 살대가 외부로 노출된다. 이에 따라 건물의 외관은 심벽구조로 인해 노출되는 기둥과 창방을 비롯한 가구부재와 인방 등의 수장재, 그리고 창호의 살대로 인해 선적線的이고 율동적인 특성을 보이게 된다. 반면에 건물 내부, 특히 온돌방 내부는 창호지와 벽지, 장판, 천장지를 발라 면적面的이고 정적靜的인 모습이 된다.

04 생활 방식과 기후 조건에 맞춰 다채롭게 변화하다

바닥

바닥은 사람들이 딛고 생활을 하는 부분으로 벽, 지붕과 함께 건축, 그리고 공간을 구성하는 기본이 된다. 바닥은 특정 지역의 기후와 이에 적응해온 사람들의 생활상을 반영함과 동시에 그에 영향을 끼친다.

한국 건축의 바닥은 크게 흙바닥과 전바닥, 마루 및 온돌의 네 가지 유형으로 나누어진다.[2] 흙바닥과 전바닥, 판석바닥은 건물 내부의 바닥이 기단 바닥과 동일한 높이로 만들어지는 곳에 주로 사용되었다. 반면에 마루와 온돌로 만들어진 내부의 바닥은 기단 바닥보다 높게 위치한다.

흙바닥

흙바닥은 말 그대로 흙을 다져서 마감한 것으로 선사시대의 움집(수혈주거)에서 비롯되었다. 이렇듯 선사시대에서 비롯된 가장 오래되고 원초적인 흙바닥은 조선시대에 이르기까지 부엌이나 대문의 바닥, 살림집의 광이나 궁궐 또는 사찰의 회랑 등 주로 입식 생활이 이루어지

강회다짐 바닥 | 추사고택 안채 부엌

는 공간에 사용되었다. 특히 살림집의 부엌이나 광의 바닥은 근대에 이르기까지도 흙바닥이 주류를 점하고 있었다. 한편 흙바닥이라 하더라도 흙만 가지고 바닥을 마감한 경우는 드물었으며, 강회와 석비레 등을 섞어 다져서 마감하는 경우, 즉 강회다짐으로 마감하는 경우가 대부분이다.

전바닥과 판석바닥

전塼바닥은 방전方塼, 즉 방형의 전돌을 깔아 마감한 바닥이다. 전바닥은 이미 삼국시대부터 사용되었다. 이후 남북국시대를 거쳐 고려시대에 이르기까지 많은 건물의 바닥에 방전이 사용되었다. 그러나 방전은 고급의 재료로 비교적 격식이 높은 건물, 즉 궁궐과 관아, 사찰 등을 구성하는 주요 전각과 상류계층의 주거에 사용되었던 것으로 보인다. 한편 방전을 대신하여 방형 또는 장방형으로 다듬은 판석을 깔아 바닥을 마감한 경우도 있다.

삼국시대에서 고려시대에 걸쳐 격식이 높은 건축의 내부에 많이 사용되었던 방전과 판석은 좌식 생활이 보편화되면서 점차 사용이 줄어들었다. 이러한 변화는 특히 사찰의 전각에서 확연하게 드러난다.

전바닥 | 덕수궁 중화전

고려시대의 건축인 봉정사 극락전이나 부석사 무량수전 등에는 방전이 깔려 있다. 그러나 조선시대에 지어진 사찰 전각은 우물마루를 깐 바닥으로 대체되었다. 생활 방식의 변화에 따라 조선시대에는 궁궐의 정전과 대문, 종묘 정전과 영령전, 객사의 전청殿廳, 향교의 대성전과 같이 격식이 높으면서 입식 생활이 이루어지는 건물의 바닥에 제한적으로 방전과 판석이 사용되었다.

마루

마루抹樓는 지면地面에서 높게 떨어뜨려 설치한 고상高床식 바닥이다. 마루의 유형은 마루를 까는 방식에 따라 우물마루와 장마루로 구분할 수 있다.

우물마루는 기둥에 의지해 장귀틀을 걸고, 다시 장귀틀에 의지해

우물마루 | 병산서원 만대루(왼쪽)과 전주객사 서익헌의 대청(오른쪽)

직각방향으로 건 동귀틀에 마루널을 끼워 넣은 구조의 마루이다. 우물마루는 건축의 유형에 관계없이 대청과 누마루, 툇마루, 쪽마루 등 대부분의 마루에 가장 일반적으로 사용되었다.

장귀틀은 기둥에 의지해서 거는데, 보 방향으로 설치하는 것이 일반적이다. 장귀틀은 기둥 옆면에 홈을 파서 끼워 넣어 결구하며, 필요에 따라서는 아래에 동바리를 세우기도 한다. 동귀틀은 장귀틀에 옆면에 일정한 간격으로 파낸 홈에 반턱맞춤으로 결구한다. 마루널은 청판이라고도 하는데, 양쪽 측면에 반턱으로 쪽매를 만들어 동귀틀 옆면에 길게 판 홈에 끼워 넣는다.

바닥에 높낮이 차이를 두어 위계를 부여한 우물마루 | 안동 의성김씨대종택 안채 대청

장마루는 좁고 긴 마루널을 잇대어 깔아놓은 구조의 마루이다. 동바리 위에 멍에를 건 다음 그와 직각으로 장선을 걸어 마루널을 받도록 한 구조가 일반적이다. 마루널과 마루널은 맞댄이음으로 설치하기도 하지만 쪽매를 만들어 결구 부분을 보강하고 마루널 사이에 틈이 생기는 것을 방지하기도 한다. 장마루는 광이나 다락, 행각, 복각, 쪽마루 등의 바닥에 주로 사용한다.

장마루 | 추사고택 안채각

주택의 대청을 비롯하여 툇마루와 쪽마루 등과 같이 바닥에 마루를 깐 공간에서는 일상적인 생활이 이루어진다. 특히 마루를 깐 바닥은 여름철에 유용하게 사용된다. 한편 마루를 깐 공간, 특히 대청은 궁궐이나 객사, 관아에서의 조회와 연회, 강연, 사찰에서의 예불, 서원, 향교, 주택 등에서의 제사와 문중門中회의 같은 각종 의례와 의식

우물마루 까는 과정 중 장귀틀을 설치한 후 동귀틀을 설치하는 모습

우물마루 까는 과정 중 마루널을 설치하는 모습

이 이루어지는 장소로 격식이 높은 공간으로서의 상징성을 지닌다. 따라서 대청에는 거의 예외 없이 우물마루를 설치하며, 필요에 따라서는 바닥에 높이 차이를 두어 위계성을 부여하기도 한다.

누각이나 정자, 궁궐과 주택의 내루와 같이 그곳에 앉아 경치를 감상할 수 있는 곳에도 어김없이 마루를 깐다. 정자, 궁궐과 주택의 내루 등에서 특히 높게 설치한 마루를 '누마루'라 부른다. 누마루에도 일반적으로 우물마루를 설치한다.

퇴칸에 설치한 마루는 '툇마루'라 부른다. 툇마루는 마당 등의 외부공간과 대청이나 방과 같은 내부공간을 연결하는 매개 공간으로서 유용하게 사용되며, 주로 우물마루를 깐다. 한편 주택에는 기둥 바깥으로 짧게 돌출시켜 마루를 설치하기도 한다. 이 마루를 툇마루와 구분하여 '쪽마루'라 부른다. 쪽마루는 우물마루나 장마루로 설치하는데, 걸터앉거나 신을 벗고 올라설 때 유용하게 사용된다.

마루는 고상식 구조로 습기를 피하고 통풍을 하는 데 유리하다. 그

누마루 | 죽서루

쪽마루 | 경주 최식씨 댁

래서 마루는 여름철을 위한 공간이기도 하지만 곡물 등을 보관하는 데도 유용하게 사용된다. 다락과 벽장, 곡물창고 등의 바닥에는 마루를 깐 경우가 많은 것은 이러한 이유 때문이다.

한국 건축에서 마루의 역사는 선사시대로 거슬러 올라간다. 마루의 역사는 고상건축과 밀접한 관련이 있다. 전남 승주 대곡리유적을 비롯하여 비교적 남쪽 지역에서 발굴된 청동기시대의 유적 중에 고상식으로 볼 수 있는 건물터가 확인된 바 있다.[3] 기원을 전후한 시기에는 한강유역을 중심으로 한 남쪽 지역의 여러 유적에서 고상건축에 해당하는 건물터가 확인된 바 있는데, 이들 중 상당수는 주거 용도로 사용되었을 가능성이 있다. 또한 고대 가야 지역에서 출토된 가형토기 중에는 고상건축으로 되어 있는 것이 포함되어 있다.[4]

툇마루 | 운현궁 노안당

고상건축은 삼국시대와 남북국시대에도 지속적으로 건축되었다. 고구려의 부경은 고상식 창고로 마선구벽화 등의 고분벽화에서 그 모습을 볼 수 있다. 고구려의 부경이 고상식 창고인데 반하여 백제와 신라 지역에서는 누각으로서의 고상건축이 많이 지어졌다. 공주의 임류각이나 경주 안압지의 임해전은 건물은 현존하지 않지만 발굴된 건물터로 보아 모두 마루를 깐 고상건축이었던 것으로 추정된다. 또한 익산의 미륵사지 금당들은 특수한 형식으로 된 마루구조의 건축이었던 것으로 추정된다. 고려시대에도 누각과 정자에 대한 많은 기록이

마루구조 | 익산 미륵사지 서금당

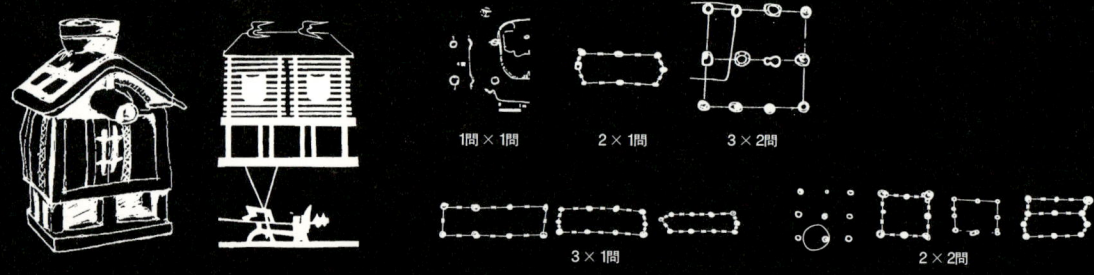

고대의 고상건축 관련 유물과 유적
| 가야 지역 출토 가형토기(왼쪽, 출처: 주남철), 마선구벽화의 부경(가운데)과 고상건축으로 추정되는 건물터(오른쪽)

있는 것으로 보아 고상건축이 지속적으로 지어졌음을 알 수 있으나 그 실체는 확인할 수 없다. 이와 같이 고상건축과 역사를 같이 하는 마루구조는 고려시대를 거쳐 조선시대로 들어오면서 실내에서의 생활 방식이 입식에서 좌식으로 변화함에 따라 보편적인 바닥구조로 정착되었다.

온돌

온돌溫堗은 '구들'이라고도 부르며, 조선시대 건축에서 가장 일반적으로 사용되었던 바닥구조이다. 온돌은 아궁이와 고래(방고래), 구들장, 개자리, 연도, 굴뚝 등으로 구성된다.

아궁이는 불을 때는 곳이며, 고래는 아궁이에서 땐 불기(열기)와 연기가 흐르는 곳이다. 고래는 여러 가지 형태로 고래둑을 만들고 이 위에 구들장을 올려놓는다. 아궁이에서 불을 지피면 고래를 타고 흐르는 열기가 구들장을 덥혀준다. 고래바닥은 아궁이가 있는 아랫목에서 윗목으로 가면서 높아지도록 경사를 준다. 불기와 연기가 안쪽으로 쉽게

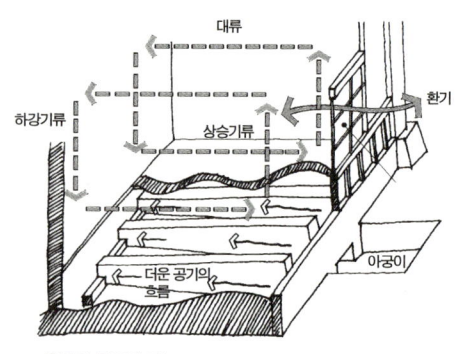

온돌의 구조와 기능

초기철기시대 움집의 화덕 | 홍천 성산리 유적

초기철기시대 움집의 ㄱ자형 구들 | 홍천 성산리 유적

들어갈 수 있도록 하기 위한 것이다. 아궁이와 구들 사이에는 불목이라고 하는 턱이 진 부분이 있다. 불목은 아궁이 바닥과 고래바닥을 연결시켜서 각 고래로 가는 불기와 연기를 분산시킨다. 또한 아궁이에서 타고 남은 재가 고래 속으로 들어가지 못하도록 막아준다. 윗목 쪽 구들바닥에도 턱을 만들어 막아놓는다. 이 턱은 바람에 의해 불기와 연기가 역류하는 것을 방지하는 기능을 한다. 이 턱 바로 뒤에 '개자리'라 부르는 깊이 파낸 부분이 있다. 개자리는 아궁이에서 불을 피워 발생하는 불기와 연기를 빨아들여 굴뚝으로 배출시켜주는 기능을 한다. 그리고 구들에서 빠져나온 불기와 연기를 잔류시켜서 윗목에 열기를 주는 기능도 지닌다. 개자리가 깊을수록 불기와 연기를 머금는 용량이 커진다. 온돌의 구들장 위는 흙을 채우고 강회다짐을 한 위에 한지 장판을 깔아 마감한다.

 조선시대의 건축에서는 방 전체에 온돌을 들이는 것이 일반적이었지만 처음부터 그러한 것은 아니었다. 온돌의 기원은 선사시대의 움집으로 거슬러 올라간다. 움집은 추위를 피하기 위해 땅을 파고 지은 집으로 내부에 화덕을 만들어 불을 지폈다. 그러나 비교적 따뜻한 남쪽 지역에서는 내부에 화덕을 갖추지 않은 움집도 있다. 이처럼 화덕이 없는 움집은 남방南方식이라 할 수 있는 반면에 화덕을 갖춘 움집은 추운 북쪽 지역에서 발달하였으므로 북방北方식이라 할 수 있다.

ㄱ자형 구들 | 부여 능사터

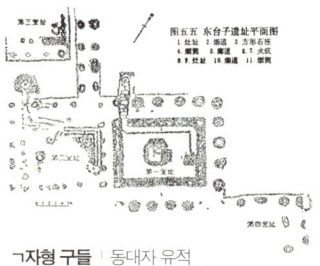

ㄱ자형 구들 | 동대자 유적

온돌은 움집 안에 설치된 화덕에서 기원하였다. 화덕 주변에 돌린 돌은 불을 끈 다음에도 온기를 오래 머금는다는 사실에서 원초형의 온돌이 시작되었다. 추운 북쪽 지방의 신석기시대 후기 움집에서 화덕에 연결하여 양쪽으로 돌을 쌓아 둑을 만든 위에 돌을 덮은 구조가 시작되었다. 이 원초형의 구들은 평면상 一자형을 이루므로 '一자형 구들'이라 부른다. 이후 一자형 구들은 더욱 발전하여 구들의 길이와 넓이가 넓어진 ㄱ자형으로 발전하였다. 기원을 전후한 시기에 만들어진 움집에서 많이 확인되는데, 이러한 구들을 평면 형태에 따라 'ㄱ자형 구들'이라 부른다. 또한 一자형이나 ㄱ자형 구들처럼 방의 일부에만 온돌을 설치한 것을 '쪽구들'이라 부른다. 한편 이러한 구들은 점차 남쪽으로 확산되어 기원을 전후한 시기에는 한강 이남지역까지 분포하기에 이른다.

'ㄱ자형 구들'은 삼국시대 고구려 지역에서 널리 사용되었던 것으로 보인다. 『구당서舊唐書』「동이전東夷傳」고려高麗조에 고구려의 풍속에 대해 "장갱長坑이라고 하는 시설을 하고 그 아래에 불을 피워 따뜻하게 하였다"고 설명한 기록이 있다.[5] 여기에서 말하는 '장갱'이 바로 구들이었다고 생각된다.

구들은 고래의 수에 따라 외줄고래, 두줄고래 등으로 나누는데, 고구려에서는 고래의 수가 늘어난 두줄고래도 사용되었다. 3세기에서 4세기의 유적으로 추정되는 중국 지린 성 지안의 동대자 유적의 건물터에서 외줄과 두줄의 ㄱ자형 구들이 확인되었다. 삼국시대에 북방의 고구려를 중심으로 발달하였던 구들이 어느 정도 남쪽 지방에 전파되었는지는 정확히 알 수 없다. 그러나 부여 부소산성의 백제 움집터나 부여 능산리 능사의 건물터 등에서 구들이 확인되고 있어 삼국시대에는 적어도 충청도 지역까지 구들이 확산되었음을 알 수 있다.

고려시대에 이르면 온돌이 남한 전역으로 전파되어 상당히 일반적으로 사용되었던 것으로 보인다. 또한 온돌의 구조도 고려시대를 거

장판지로 도배한 온돌방 | 부마도위 박영효가

치면서 현재 볼 수 있는 온돌 구조처럼 방바닥 전체에 구들을 설치하는 형태로까지 발전하였다. 고려 말에서 조선 초에 걸쳐 지어진 것으로 추정되는 회암사지의 승방터에서 문을 들어선 내부의 신발 벗는 곳을 제외한 방 전체에 온돌을 깐 구조가 확인되었다. 아궁이도 건물 바깥에 위치하고 있다.

조선시대에 들어와서는 지금 볼 수 있는 것과 같이 방 전체에 온돌을 들이는 것이 보급되기 시작하였다. 그러나 조선시대 초기에는 일반 백성까지 사용하지는 못하였고 상류층에서만 사용되었던 것으로 보인다. 한편 온돌은 병을 치료하거나 노인들을 위한 시설로 사용되기도 하였다.

온돌이 지금처럼 일반적으로 보급되어 사용된 것은 조선시대에 중기에 들어와서의 일이었던 것으로 보인다.

방 전체에 온돌을 깐 예 | 양주 회암사지 승방터(고려 말 조선 초)

> **온돌의 구성**
> 아궁이, 고래, 구들장, 개자리, 연도, 굴뚝

05

천장

여러 나라 문화의 교류를 엿볼 수 있는 천장

연등천장 | 안동 박명실 초가집(위)과 안동 민속촌 초가(아래)

천장天障은 반자盤子, 班子라고도 하며, 바닥, 벽체와 더불어 공간을 형성하는 기본적인 부분이다. 천장의 기원은 건축 역사와 맥을 같이 한다. 선사시대의 움집에서는 지붕의 아랫면이 그대로 천장을 형성하였다. 그러나 건축이 발달하면서 방풍과 방한 같은 기능적인 이유와 함께 구조적인 이유, 그리고 건물을 아름답게 꾸미고 다양한 상징성을 부여하기 위한 의장적인 이유, 그 밖에도 주변 민족과의 문화적 교류 등의 여러 가지 이유로 인해 다양한 유형의 천장이 만들어졌다.

천장 유형은 형태와 구조에 따라 연등천장을 비롯하여 우물천장, 종이반자, 고미반자, 귀접이천장 등으로 나뉜다. 이 밖에 필요에 따라 천장의 구성에 변화를 준 보개천장과 층단천장, 빗천장 등이 있으며, 위치에 따라 특별하게 사용하는 눈썹천장과 순각천장 등이 있다.

연등천장

별도의 천장을 만들지 않고 서까래를 그대로 노출시킨 천장을 연등

회벽 위에 가칠단청을 한 연등천장 | 통도사 천왕문

개판으로 마감한 연등천장(위) | 세병관
회벽으로 마감한 연등천장(아래) | 영천향교 명륜당 대청

천장이라 부른다. 연등천장은 지붕 가구와 서까래가 그대로 노출된다. 따라서 보와 도리, 대공, 동자기둥, 서까래가 노출되어 가구미가 연출된다. 노출된 서까래 사이의 마감 방법은 지붕의 구조에 따라 차이가 있다. 산자엮기를 한 경우에는 치받이흙을 바른 다음 벽체와 마찬가지로 사벽이나 회벽으로 마감한다. 회벽으로 마감한 경우에는 회벽 위에 가칠단청을 하기도 한다. 서까래 위에 개판을 깐 경우에는 개판이 그대로 노출된다.

연등천장은 선사시대의 움집에서 시작된 가장 원초적인 구조의 천장 방식이다. 그러나 연등천장은 건축술이 발달한 후에도 지속적으로 사용되었다. 궁궐이나 사찰의 전각 등 특별히 건물의 격식을 높여야 할 필요가 있는 곳을 제외하면 민가에서 궁궐에 이르기까지 많은 건물에 연등천장이 사용되었다. 특히 외기에 노출되는 대청 등의 마루가 설치되는 부분의 천장은 거의 대부분 연등천장으로 만들었다.

우물천장

돌란대와 반자틀, 소란, 청판을 이용하여 井자 모양의 격자형으로 만

소란을 사용한 우물천장 | 운문사 비로전

달집의 천장 | 봉정사 극락전

우물천장(위) | 마곡사 대광보전
우물천장(가운데) | 세병관
우물천장 세부(아래) | 세병관

든 천장을 우물천장, 우물반자, 또는 소란반자小欄盤子라고 부른다. 우물천장은 보나 도리 등에 의지하여 반자돌림대를 돌리고 그 안에 격자형으로 반자틀을 짠 다음 격자 틀 사이를 청판(반자판, 반자널)으로 막아 만든다. 청판은 반자틀 위에 바로 올려놓기도 하지만 반자틀 옆에 못을 박아 붙인 쫄대 위에 올려놓기도 한다. 이 쫄대를 소란小欄이라 부른다. 소란은 단순한 직선형으로 만들기도 하지만 여러 무늬를 조각하여 좀 더 화려하게 꾸미기도 한다.

우물천장은 연등천장과 함께 한국 건축에서 가장 보편적으로 사용되었다. 그러나 매우 고급스러운 천장 형식으로 궁궐의 주요한 전각과 사찰의 본전 등 격식을 갖추어야 할 필요가 있는 건물에 주로 사용되었으며, 대부분 단청을 하여 마감하였다. 사례가 많지 않지만 주택의 온돌방에도 우물천장을 설치한 경우가 있다. 이때 우물천장은 단청을 하지 않고 목재를 그대로 노출시키거나 종이를 발라 마감하기도 한다. 이렇게 종이를 발라 마감한 우물천장을 우물반자라고 구분하여 부르기도 한다.

우물천장이 언제부터 사용되었는지는 명확하지 않다. 하지만 고대 그리스 건축에서 대리석판을 사용하여 우물천장과 같은 모습으로 만든 천장이 사용되었다.[6] 인도의 아잔타 석굴과 중국의 윈강석굴 등에서도 우물천장이 표현되어 있다. 이로 미루어볼 때 우물천장은 건축술의 발달과 함께 가장 먼저 등장한 천장 형식 중 하나로 한국 건축에서도 상당히 일찍부터 사용되었을 것으로 생각된다.

한편 봉정사 극락전 닫집에는 청판을 설치하지 않고 격자형의 반자틀만 설치한 천청이 있다. 격자의 간격도 좁아 우물천장과 분명한 차이가 있는 천장이다. 우리나라에서 이러한 천장은 봉정사 극락전 닫집이 거의 유일하지만 중국이나 일본의 고대건축에서는 흔하게 볼 수 있다. 특히 중국 송나라 때의 『영조법식』에는 이러한 천장 형식을 '평암平闇'으로 구분하고 있다.

우물천장 | 동춘당 온돌방

종이반자와 고미반자

격자형으로 짠 반자틀 아랫면에 종이를 발라 붙인 천장을 종이반자라 부른다. 온돌방에는 대부분 종이반자를 설치한다. 종이반자를 설치한 방은 벽지와 도배지와 함께 내부를 면적이고 정적인 공간으로 만들어준다.

고미반자는 보나 도리 등의 가구부재에 의지하여 '고미받이'라 부르는 긴 각재를 건너지른 위에 '고미가래'라 부르는 좀 더 가는 각재를 건너지른 다음, 산자를 엮어 만든 천장이다. 산자 위에는 보토를 깔아 마감하며, 그 아래는 치받이흙(앙토)를 바르고 사벽이나 회벽으로 마감한다. 살림집의 방이나 부엌 천장에서 볼 수 있는데, 특히 상부를 다락 등으로 사용하고자 할 때 많이 사용한다.

종이반자(위) | 윤증고택 사랑방
고미반자(아래) | 회덕 유회당

귀접이천장

석조건축물에서 네모진 공간의 상부 모서리에 삼각형으로 판석을 돌

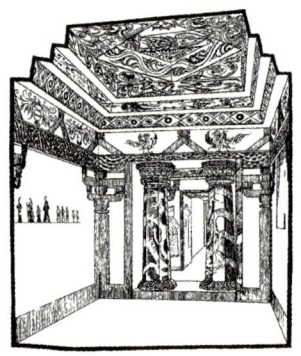

귀접이천장 | 쌍영총

출시켜 놓는 것을 반복해 천장을 덮어 나간 천장을 '귀접이천장(말각조정抹角藻井, 투팔천장鬪八天障)'이라 부른다. 귀접이천장은 고구려의 고분에서만 볼 수 있다.

귀접이천장은 인도 산치동산의 불교사원에서 석조로 된 실제 구조를 볼 수 있다. 중국의 윈강석굴을 비롯한 고대古代의 많은 석굴사원에서는 실제 구조는 아니지만 벽화로 귀접이천장이 묘사되어 있다. 따라서 귀접이천장은 인도와 서역, 중국 북부, 그리고 고구려로 이어지는 고대 문화의 교류상을 보여준다.

보개천장, 층단천장 및 빗천장

보개寶蓋천장은 우물천장으로 구성된 천장의 일부를 한 단 높게 만들어 공포를 짜고 용이나 봉황을 조각하거나 그려 넣는 등 특별한 장엄을 베푼 천장이다. 주변에 비해 위계를 높여 상징성을 부여하기 위해 사용하는 보개천장은 궁궐 정전의 어좌御座나 사찰 법당의 불단佛壇 상부에 설치된다.

층단層段천장은 천장을 설치하는 높이에 변화를 주어 천장이 한 단, 또는 여러 단의 층단을 이루도록 한 천장이다. 일반적으로 천장 주변부는 지붕의 경사와 공포와 가구부재 등으로 인해 건물 중앙 부분과 같은 높이로 천장을 설치할 수 없다. 따라서 주변부의 천장을 중앙부에 비해 낮게 설치함에 따라 층단천장이 만들어진다. 층단천장은 주로 우물천장을 사용한 사찰의 법당에서 많이 사용되었다. 한편 층단천장에서는 층단에 따라 우물천장의 격자 크기나 소란의 형태를 다르게 만들기도 한다. 이때 중앙부 천장을 주변부에 비해 좀 더 격식이 높게 장엄하는 것이 일반적이다.

층단천장에서 주변부의 낮게 설치되는 천장 부분을 지붕의 경사

보개천장 | 창덕궁 인정전(왼쪽)과 봉정사 대웅전(오른쪽)

층단천장 | 화엄사 대웅전(왼쪽)과 관룡사 대웅전(오른쪽)

에 맞추어 경사지게 설치한 경우가 있다. 이와 같이 경사진 천장을 빗천장이라 부른다. 빗천장은 우물천장 형식으로 만드는 경우도 있으나 판자를 이어붙인 단순한 형태로 만드는 것이 일반적이다.

빗천장 | 불회사 대웅전

눈썹천장과 순각천장

팔작지붕의 합각부 아래는 정면과 후면, 측면에 걸린 장연과 단연, 그리고 선자서까래가 모여 복잡한 구성을 이룬다. 특히 측면에 걸린 단연이 외기도리 바깥으로 노출되어 외관을 깔끔하게 정리하기 어렵다.

눈썹천장 | 예천권씨종택 사랑채 대청

순각천장 | 범어사 대웅전

따라서 전체를 연등천장으로 만든다고 하더라도 합각부 아래만큼은 우물천장을 설치하여 외관을 정리한다. 이렇듯 연등천장으로 된 건물에서 팔작지붕 합각부 아래에 설치한 우물천장을 '눈썹천장', 또는 '외기外機 천장'이라 부른다. 5량가의 경우 눈썹천장은 전후의 중도리와 측면의 외기도리, 그리고 종보에 의지해 설치하는 것이 일반적이다.

공포대의 출목과 출목 사이가 노출되면 그 위의 서까래 구조가 노출되는데, 그 노출되는 부분을 깔끔하게 마무리하기가 쉽지 않다. 이때 출목과 출목 사이를 긴 판자로 막아댄다. 이렇게 출목 사이를 막는 판자를 '순각판'이라 부르며, 그 천장을 '순각巡閣천장'이라 부른다.

기능 위주에서 장식적 요소로

06 난간

한국 건축에서 난간欄干은 건축의 역사와 마찬가지로 오랜 역사를 지니고 있는 것으로 생각된다. 그러나 현재 확인할 수 있는 가장 오래된 난간은 고구려 고분벽화에서 볼 수 있다. 안악3호분의 벽화에는 용두레 우물 주변으로 간단한 구조의 난간이 설치되어 있다. 또한 처음에 안전을 위해 발생한 기능 위주의 난간에 점차 의장적인 요소가 가미되었을 것으로 추정된다.

고구려 안악3호분 벽화의 난간

남북국시대 신라의 난간은 석조물에 새겨진 부조를 비롯한 간접 자료를 통해 확인할 수 있다. 이를 통해 확인되는 난간은 모두 평난간 형식으로 비슷한 형태를 지니고 있다. 난간은 2층 형식인데, 아래층에 일정한 간격으로 난간동자를 세운 위에 띠장을 돌렸으며, 그 위에 다시 짧은 기둥을 세운 위에 소로를 올려 원형 단면의 돌란대를 받도록 하였다. 난간동자와 띠장 사이의 빈 공간인 궁창부는 亞자형으로 살대를 돌려 꾸몄다. 안압지에서는 이와 동일한 형식의 난간 살대가 출토되기도 하였다. 이 밖에 신라의 돌난간을 대표하는 걸작으로 불국사의 돌난간을 꼽을 수 있다.

남북국시대 신라의 난간 | 남원 실상사 백장암 석등

고려시대의 난간 | 고려 〈관경서분변상도〉·
출처: 일본 대은사

고려시대의 난간 | 금동대탑·출처: 리움미술관

돌난간 | 경주 불국사

    고려시대의 난간도 현존하는 실물은 없지만 불화에 그려진 건축도를 비롯한 여러 간접 자료를 통해 밝혀진 난간의 모습은 다음과 같다. 모서리에 엄지동자를 세우고 그 중간 중간에 난간동자를 세운 후 여기에 의지하여 수평으로 띠장을 돌렸다. 이 위에 다시 여러 형식의 짧은 장식적인 기둥을 세워 돌란대를 받도록 하였다. 기본적으로는 신라의 난간과 동일한 구성을 하고 있으나 난간동자와 띠장으로 둘러싸인 빈 공간인 궁창부를 다양한 형식으로 화려하게 처리하고 있다는 차이가 있다. 돌란대를 받는 짧은 기둥 역시 단순한 기둥형보다는 복잡한 조각으로 화려하게 처리하였다. 엄지동자의 상부에도 보주寶珠 또는 법수法首라 부르는 화려한 조각을 베풀었다. 또한 그림의 표현으로 보아 난간에는 여러 가지 철물을 사용하고 단청을 입혔던 것으로 보인다. 고려시대의 난간이 신라의 난간을 계승하고 있으면서도 전체적으로 화려하고 장식적으로 처리하는 특징을 지녔음을 알 수 있다.

    조선시대 난간은 사용된 재료에 따라 목조와 석조 및 철조난간으로 나뉜다. 이 중 목조난간이 가장 일반적으로 사용되었다. 돌난간은 실외의 기단과 기단에 딸린 계단, 그리고 다리 등에 사용되었다.

돌난간

조선시대 돌난간의 대표적인 예로 경복궁 근정전과 경회루의 난간을 들 수 있다. 근정전에서는 계단과 기단의 난간을 동일한 형식으로 처리하였다. 엄지동자를 세우고 여기에 팔각형 단면의 돌란대를 끼웠으며, 돌란대 중간 중간에는 하엽동자를 세워 돌란대를 받치도록 하였다. 계단의 엄지동자에는 해태상을 조각하여 올려놓았고, 기단의 엄지동자에는 방위에 맞추어 십이지상十二支像을 조각하여 올려두었다. 궁궐의 격식에 맞추어 상징적인 동물로 장식한 것이다.

신라나 고려에서는 기단과 계단에 난간을 설치하는 것이 일반적이었던 것으로 보인다. 그에 반해 조선시대에는 기단과 계단에 난간을 설치하지 않는 경우가 많다. 다만 경우에 따라 계단의 소맷돌을 높직히 구성하여 난간으로 삼은 예를 자주 볼 수 있을 뿐이다.

돌난간(위) | 경복궁 근정전 월대
소맷돌(아래) | 창덕궁 주합루

목조난간

조선시대의 건축물은 단층이 주류를 이루고 있다. 따라서 목조난간은 정자나 누각 또는 주택 등의 높직한 누마루나 툇마루 등에 설치하는 것이 일반적이었다. 목조난간은 크게 평난간平欄干과 계자난간鷄子欄干으로 나눌 수 있다.[7]

평난간은 비교적 동일한 구성을 하고 있다. 중방 위의 중요한 부분, 특히 모서리에 높직한 엄지동자를 세우고 그 중간 중간에 난간동자를 세운다. 그 위에 긴 수평재인 띠장을 두른다. 띠장의 끝은 엄지동자에 홈을 파 통째로 끼우는 것이 일반적이다. 띠장 위에 다시 하엽이나 기둥형 또는 호로병형의 부재를 놓은 다음 돌란대, 즉 두껍대를 돌린다. 이러한 평난간의 구성은 남북국시대 신라의 난간구성과 거의

평난간 | 정여창고택 사랑채 내루
평난간 | 창덕궁 부용정
평난간 | 창덕궁 대조전
평난간(위) | 창덕궁 승화루
평난간(아래) | 서백당 사랑채

동일하다. 그러나 난간동자와 띠장, 그리고 중방으로 둘러싸인 빈 공간인 궁창부는 매우 다양한 형식으로 처리한다. 궁창부는 한 층으로 구성하는 경우가 많지만 두 층으로 구성하는 경우도 많다. 이때 상하층의 궁창부는 서로 다른 형식의 의장처리를 하는 것이 일반적이다.

이와 같이 다양한 방식으로 의장처리를 한 궁창부는 난간, 나아가서는 각 건축물의 개성을 가장 잘 드러내 보이도록 하는 부분 중 하나이다. 엄지동자 위에는 법수나 보주 등 다양한 조각으로 장식한다. 경우에 따라서는 건물의 격식에 맞는 상징적인 동물을 조각하여 올려놓기도 한다.

계자난간 역시 기본적인 구성은 평난간과 동일하다. 그러나 돌란대가 궁창부와 동일한 수직선상에 위치하지 않고 좀 더 바깥쪽으로 돌출된 난간이라는 점 때문에 평난간과는 구분된다. 돌출한 돌란대를 받치기 위해 이른바 '계자각鷄子脚'이라는 부재를 사용하기 때문에 계자난간이라는 이름이 붙었다. 모서리 부분에서 서로 직교하는 돌란대는 왕찌짜임으로 결구하고 여기에 국화쇠 등을 박아 보강과 장식을 한다. 경우에 따라서는 쇠고리 등으로 귓기둥에 묶어 고정시키기도 한다. 계자난간의 특성상 나타나는 구조적인 취약점을 보강하기 위한 것이다.

계자난간 | 관가정 사랑채(위)와 무첨당(아래)

계자난간에서 띠장의 높이는 사람이 앉아서 팔을 걸치고 기대기에 적합한 높이로 만든다. 정자나 누마루, 또는 툇마루에 앉아서 바깥 경치를 감상하거나 휴식을 취하는 조선시대 생활상을 반영한 것이다.

내용출처

1 장기인, 『한국 건축대계IV-한국 건축사전』, 보성문화사, 1991
2 주남철, 『한국 건축의장』, 112쪽, 일지사, 1985
3 김도경, 「한국 고대 목조건축의 형성과정에 관한 연구」, 90~91쪽, 고려대학교 대학원 박사학위논문, 2000
4 김도경, 위의 논문, 123~129쪽
5 주남철, 『한국주택건축』, 28쪽, 일지사, 1980
6 주남철, 『한국 건축의장』, 147쪽, 일지사, 1997
7 주남철, 위의 책, 158쪽

● 이 책에 실린 한국 건축물 찾아가기

● **서울, 인천, 경기 지역**

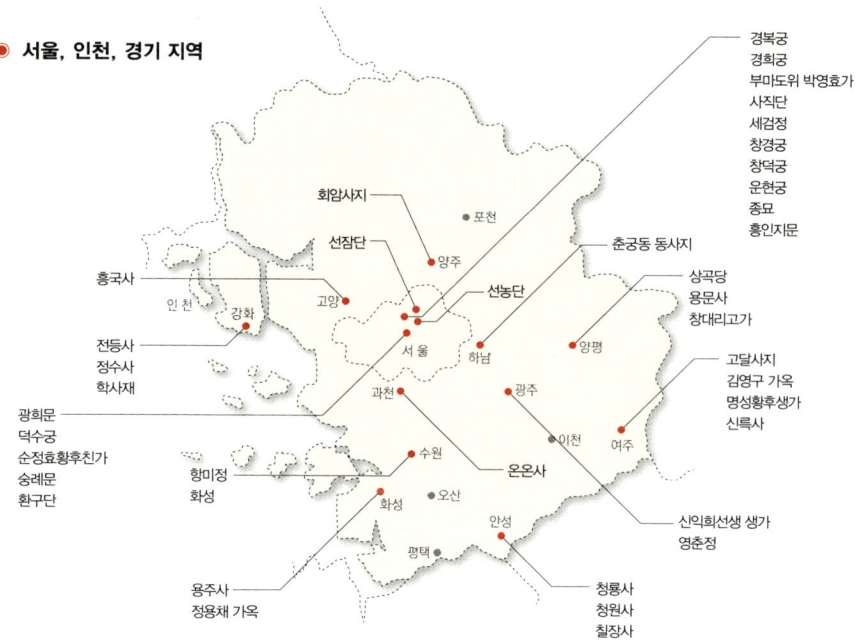

서울	동대문구	선농단	서울특별시 동대문구 제기2동 274-1
	성북구	선잠단	서울특별시 성북구 성북동 64-1
	종로구	경복궁	서울특별시 종로구 세종로 1
		경희궁	서울특별시 종로구 신문로 2가 1
		부마도위 박영효가	서울특별시 종로구 관훈동 30-1
		사직단	서울특별시 종로구 사직동 1-28
		세검정	서울특별시 종로구 신영동 168-6
		운현궁	서울특별시 종로구 운니동 114-10
		종묘	서울특별시 종로구 훈정동 1
		창경궁	서울특별시 종로구 와룡동 2-1
		창덕궁	서울특별시 종로구 와룡동 2-71
		흥인지문	서울특별시 종로구 종로6가 69
	중구	광희문	서울특별시 중구 광희동2가 105-30, 105-32, 106
		덕수궁	서울특별시 중구 정동 5-1
		순정효황후 친가	서울특별시 중구 필동2가 84-1
		숭례문	서울특별시 중구 남대문로4가 2
		환구단	서울특별시 중구 소공동 87-1
인천	강화	전등사	인천광역시 강화군 길상면 온수리 635
		정수사	인천광역시 강화군 화도면 사기리 467-3
		학사재	인천광역시 강화군 불은면 덕성리
경기	고양	흥국사	경기도 고양시 덕양구 지축동 203
	과천	온온사	경기도 과천시 관문동 107-5
	광주	신익희선생 생가	경기도 광주시 초월면 서하리 160-1
		영춘정	경기도 광주시 중부면 산성리
	수원	항미정	경기도 수원시 권선구 서둔동 251
		화성	경기도 수원시 장안구 연무동 190
	안성	청룡사	경기도 안성시 서운면 청룡리 28
		청원사	경기도 안성시 원곡면 성은리 397
		칠장사	경기도 안성시 죽산면 칠장리 764

	양주	회암사지	경기도 양주시 회천면 회암리 산 8-1
경기	양평	상곡당 용문사 창대리 고가	경기도 양평군 강하면 항금리 경기도 양평군 용문면 신점리 625 경기도 양평읍 창대리 203-7
	여주	고달사지 김영구 가옥 명성황후생가 신륵사	경기도 여주군 북내면 상교리 411-1 경기도 여주군 대신면 보통리 190-2 경기도 여주군 여주읍 능현리 250-2 경기도 여주군 여주읍 천송리 282
	하남	춘궁동 동사지	경기도 하남시 춘궁동 457-3
	화성	용주사 정용채 가옥	경기도 화성시 송산동 188 경기도 화성시 서신면 궁평리 109

● **강원 지역**

	강릉	강릉문묘 객사문 경포대 선교장 오죽헌 해운정	강원도 강릉시 교2동 233 강원도 강릉시 용광동 58-1 강원도 강릉시 저동 94 강원도 강릉시 운정동 431 강원도 강릉시 죽헌동 201 강원도 강릉시 운정동 256
강원	고성	건봉사지 어명기 가옥	강원도 고성군 거진읍 냉천리 36 강원도 고성군 죽왕면 삼포리 551-1
	삼척	죽서루	강원도 삼척시 성내동 9-3
	양양	선림원지 진전사지	강원도 양양군 서면 서림리 424 강원도 양양군 강현면 둔전리 124-5
	원주	거돈사지	강원도 원주시 부론면 정산리 189
	홍천	성산리 유적	강원도 홍천군 화촌면 성산리

● 대전, 충북 지역

대전	대덕구	동춘당	대전광역시 대덕구 송촌동 192
	중구	회덕 유회당	대전광역시 중구 무수동 94
충북	보은	법주사 선병국 가옥	충청북도 보은군 내속리면 사내리 209 충청남도 보은군 외속리면 하개리 154
	증평	이성산성	충청북도 증평군 증평읍 산 71-1, 74
	청원	안심사	충청북도 청원군 남이면 사동리 271
	충주	미륵대원	충청북도 충주시 수안보면 미륵리

● 충남 지역

충남	공주	공산성 마곡사 송산리 고분 중악단	충청남도 공주시 산성동 2 충청남도 공주시 사곡면 운암리 567 충청남도 공주시 금성동 산 5-1 충청남도 공주시 계룡면 양화리 산 8
	논산	개타사지 노강서원 돈암서원 쌍계사 윤증선생 고택	충청남도 논산시 연산면 천호리 108 충청남도 논산시 광석면 오강리 227 충청남도 논산시 연산면 임리 74 충청남도 논산시 양촌면 중산리 3 충청남도 논산시 노성면 교촌리 306

충남	보령	성주사지 신경섭 가옥	충청남도 보령시 성주면 성주리 73 충청남도 보령시 청라면 장현리 688
	부여	군수리사지 능산리사지 무량사 정림사지	충청남도 부여군 부여읍 군수리 19 충청남도 부여군 부여읍 능산리 산 15-1 충청남도 부여군 외산면 만수리 116 충청남도 부여군 부여읍 동남리 254
	서산	개심사	충청남도 서산시 운산면 신창리 1
	아산	맹씨행단 외암리 마을	충청남도 아산시 배방면 중리 300 충청남도 아산시 송악면 외암리
	연기	운주산성	충청남도 연기군 전동면 청송리 산 90
	예산	수덕사 이남규선생 고택 추사고택	충청남도 예산군 덕산면 사천리 20 충청남도 예산군 대술면 상항리 334-2 충청남도 예산군 신암면 용궁리 798
	청양	장곡사	충청남도 청양군 대치면 장곡리 15
	홍성	고산사 홍주성	충청남도 홍성군 결성면 무량리 492 충청남도 홍성군 홍성읍 오관리 200-2

● 대구, 경북 지역

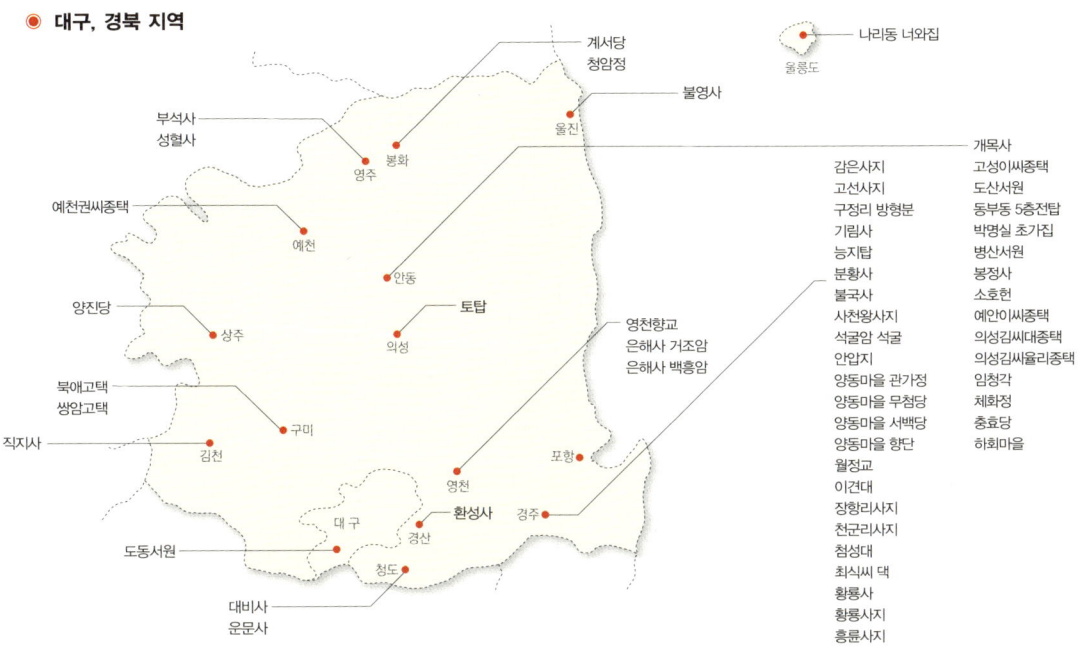

대구	달성군	도동서원	대구 달성군 구지면 도동리 35
경북	경산	환성사	경상북도 경산시 하양읍 사기리 150
	경주	감은사지 고선사지 구정리 방형분 기림사 능지탑 분황사 불국사 사천왕사지 석굴암 석굴 안압지	경상북도 경주시 양북면 용당리 55-1 경상북도 경주시 인왕동 76 경상북도 경주시 구정동 산 41 경상북도 경주시 양북면 호암리 419 경상북도 경주시 배반동 621-1 경상북도 경주시 구황동 313 경상북도 경주시 진현동 15 경상북도 경주시 배반동 935-2 경상북도 경주시 진현동 999 경상북도 경주시 인왕동 26

경북	경주	양동마을 관가정	경상북도 경주시 강동면 양동리 150
		양동마을 무첨당	경상북도 경주시 강동면 양동리 181
		양동마을 서백당	경상북도 경주시 강동명 양동리 223
		양동마을 향단	경상북도 경주시 강동면 양동리 135
		월정교	경상북도 경주시 교동 274
		이견대	경상북도 경주시 감포읍 대본리 661
		장항리사지	경상북도 경주시 양북면 장항리 1081
		천군리사지	경상북도 경주시 천군동 548-1
		첨성대	경상북도 경주시 인왕동 839-1
		최식씨 댁	경상북도 경주시 교동 69
		황룡사	경상북도 경주시 황룡동 327
		황룡사지	경상북도 경주시 구황동 320-1
		흥륜사지	경상북도 경주시 사정동 281-1
	구미	북애고택	경상북도 구미시 해평면 해평리 318
		쌍암고택	경상북도 구미시 해평면 해평리 239
	김천	직지사	경상북도 김천시 대항면 대성리 216
	봉화	계서당	경상북도 봉화군 물야면 가평리 301
		청암정	경상북도 봉화군 봉화읍 유곡리 산 131
	상주	양진당	경상북도 상주시 낙동면 승곡리 214-3
	안동	개목사	경상북도 안동시 서후면 태장리 888
		고성이씨종택	경상북도 안동시 법흥동 9-2
		도산서원	경상북도 안동시 도산면 토계리 680
		동부동 5층전탑	경상북도 안동시 운흥동 231
		박명실 초가집	경상북도 안동시 성곡동 산 225-1
		병산서원	경상북도 안동시 풍천면 병산리 30
		봉정사	경상북도 안동시 서후면 태장리 901
		소호헌	경상북도 안동시 일직면 망호리 562
		예안이씨종택	경상북도 안동시 풍산읍 상리1 486-1
		의성김씨대종택	경상북도 안동시 임하면 천전리 280-1
		의성김씨율리종택	경상북도 안동시 풍산읍 막곡리 33
		임청각	경상북도 안동시 법흥동 20
		체화정	경상북도 안동시 풍산읍 상리 447
		충효당	경상북도 안동시 풍천면 하회리 656
		하회마을	경상북도 안동시 풍천면 하회리
	영주	부석사	경상북도 영주시 부석면 북지리 148
		성혈사	경상북도 영주시 순흥면 덕현리 277
	영천	영천향교	경상북도 영천시 교촌동 46-1
		은해사 거조암	경상북도 영천시 청통면 신원리 622
		은해사 백흥암	경상북도 영천시 청통면 치일리 549
	예천	예천권씨종택	경상북도 예천군 용문면 죽림리 166-2
	울릉	나리동 너와집	경상북도 울릉군 북면 나리리 112
	울진	불영사	경상북도 울진군 서면 하원리 120
	의성	토탑	경상북도 의성군 탑리리 1383-1
	청도	대비사	경상북도 청도군 금천면 박곡리 794
		운문사	경상북도 청도군 운문면 신원리 1789

● 부산, 울산, 경남 지역

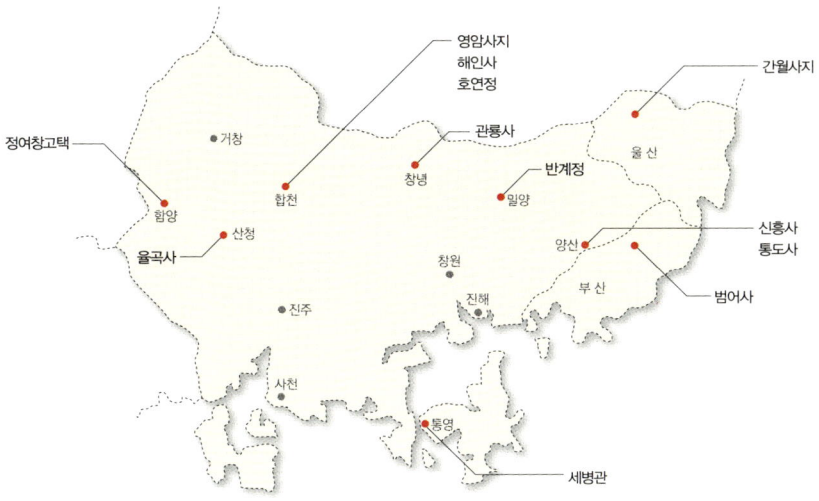

부산	금정구	범어사	부산광역시 금정구 청룡동 546
울산	울주군	간월사지	울산 울주군 상북면 등억리 512-1
경남	밀양	반계정	경상남도 밀양시 단장면 범도리 181
	산청	율곡사	경상남도 산청군 신등면 율현리 1034
	양산	신흥사	경상남도 양산시 원동면 영포리 268
		통도사	경상남도 양산시 하북면 지산리 583
	창녕	관룡사	경상남도 창녕군 창녕읍 옥천리 292
	통영	세병관	경상남도 통영시 문화동 62
	함양	정여창고택	경상남도 함양군 지곡면 개평리 262-1
	합천	영암사지	경상남도 합천군 가회면 둔내리 1659
		해인사	경상남도 합천군 가야면 치인리 10
		호연정	경상남도 합천군 율곡면 문림리 황강산

● 전북 지역

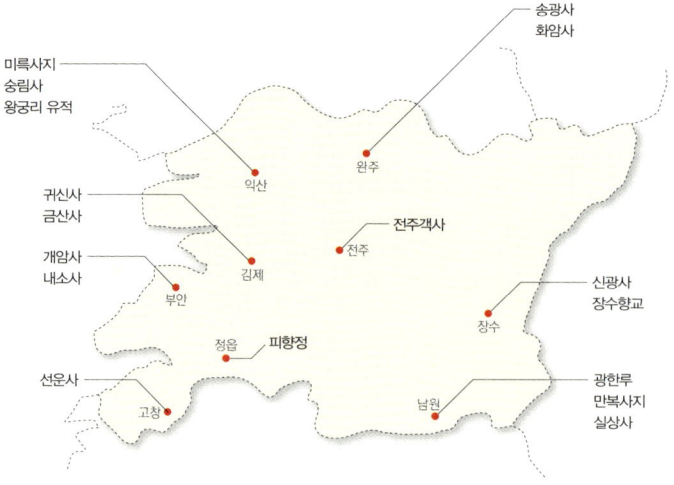

	고창	선운사	전라북도 고창군 아산면 삼인리 500
전북	김제	귀신사 금산사	전라북도 김제시 금산면 청도리 81 전라북도 김제시 금산면 금산리 39
	남원	광한루 만복사지 실상사	전라북도 남원시 천거동 78 전라북도 남원시 용담읍 왕정리 533 전라북도 남원시 산내면 입석리 50
	부안	개암사 내소사	전라북도 부안군 상서면 감교리 714 전라북도 부안군 진서면 석포리 268
	완주	송광사 화암사	전라북도 완주군 소양면 대흥리 569 전라북도 완주군 경천면 가천리 1078
	익산	미륵사지 숭림사 왕궁리 유적	전라북도 익산시 금마면 기양리 32-2 전라북도 익산시 웅포면 송천리 5 전라북도 익산시 왕궁면 왕궁리 산 80-1
	장수	신광사 장수향교	전라북도 장수군 천천면 남양리 47 전라북도 장수군 장수읍 장수리 254-1
	전주	전주객사	전라북도 전주시 완산구 중앙동 3가 1
	정읍	피향정	전라북도 정읍시 태인면 태창리 102-2

● 광주, 전남, 제주 지역

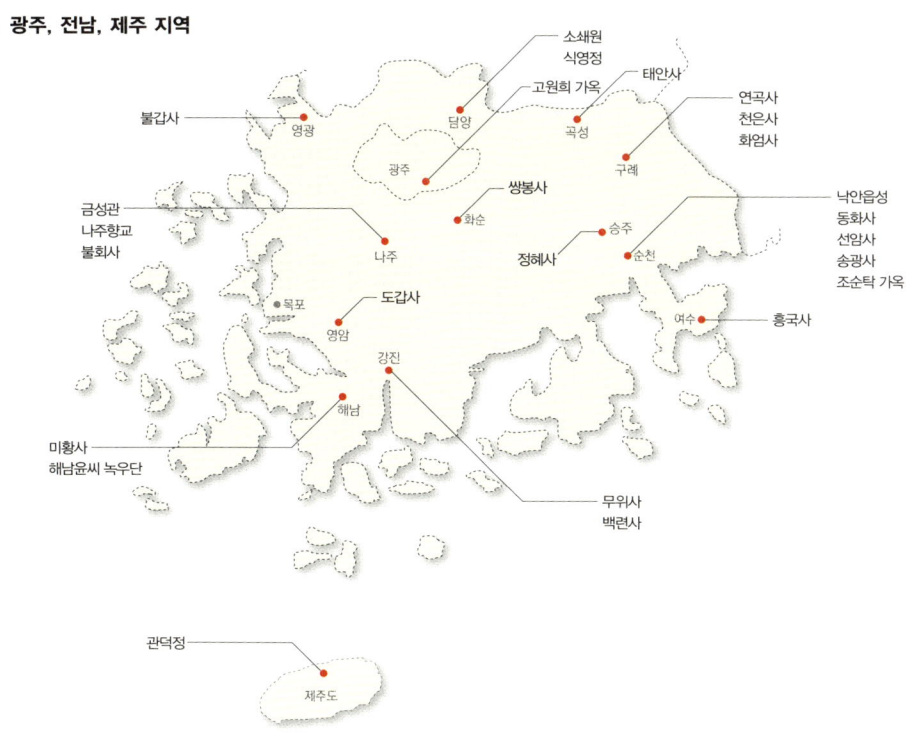

광주	남구	고원희 가옥	광주광역시 남구 압촌동 101-1
전남	강진	무위사 백련사	전라남도 강진군 성전면 월하리 1174 전라남도 강진군 도암면 만덕리 247
	곡성	태안사	전라남도 곡성군 죽곡면 원달리 20
	구례	연곡사 천은사 화엄사	전라남도 구례군 토지면 내동리 1017 전라남도 구례군 광의면 방광리 70 전라남도 구례군 마산면 황전리 12
	나주	금성관 나주향교 불회사	전라남도 나주시 과원동 109-5 전라남도 나주시 교동 32-3 전라남도 나주시 다도면 마산리 999
	담양	소쇄원 식영정	전라남도 담양군 남면 지곡리 123 전라남도 담양군 남면 지곡리 산 75-1
	순천	낙안읍성 동화사 선암사 송광사 조순탁 가옥	전라남도 순천시 낙안면 동내리 437-1 전라남도 순천시 별량면 대룡리 282 전라남도 순천시 승주읍 죽학리 산 802 전라남도 순천시 송광면 신평리 12 전라남도 순천시 주암면 주암리 821
	승주	정혜사	전라남도 승주군 서면 청소리 711
	여수	흥국사	전라남도 여수시 중흥동 17
	영광	불갑사	전라남도 영광군 불갑면 모악리 8
	영암	도갑사	전라남도 영암군 군서면 도갑리 8
	해남	미황사 해남윤씨 녹우단	전라남도 해남 송지면 서정리 산 247 전라남도 해남군 해남읍 연동리 82
	화순	쌍봉사	전라남도 화순군 이양면 증리 741
제주	제주시	관덕정	제주특별자치도 제주시 삼도2동 983-1

참고문헌

국립중앙박물관, 『서역미술』, 국립중앙박물관, 2003
김도경, 「봉정사 극락전의 평면과 가구 계획에 관한 연구」, 『대한건축학회논문집: 계획계』 제19권 5호(통권 175호), 대한건축학회, 2003
김도경, 「운강석굴에 표현된 북위건축에 관한 연구」, 『동악미술사학』 제3호, 동악미술사학회, 2002
김도경, 「일본 법륭사 건축의 고구려적 성격에 관한 초탐」, 『전통문화논총』 2호, 한국전통문화학교, 2004
김도경, 「조선후기 관찬 문서의 목조건축 표현 방법 연구」, 『건축역사연구』 제14권 2호, 한국건축역사학회, 2007
김도경, 「한국 고대 목조건축의 형성과정에 관한 연구」, 고려대학교 대학원 박사학위논문, 2000
김도경·주남철, 「쌍영총에 묘사된 목조건축의 구조에 관한 연구」, 『대한건축학회논문집: 계획계』 제19권 2호(통권 172호), 대한건축학회, 2003
김도경·주남철, 「영조의궤를 통한 공포부재 용어에 관한 연구」, 『대한건축학회논문집』 제10권 7호(통권 69호), 대한건축학회, 1994
김도경·주남철, 「지안 동대자유적의 건축적 특성에 관한 연구」, 『대한건축학회논문집: 계획계』 제19권 9호(통권 179호), 2003
김도경·주남철, 「화성성역의궤를 통한 공포부재의 용어에 관한 연구」, 『대한건축학회논문집』 제10권 1호(통권 63호), 대한건축학회, 1994
김동현, 『한국 목조건축의 기법』, 발언, 1995
김동현, 「한국 목조건축의 조각에 대한 고찰」, 『무애이광로교수정년퇴임기념 건축학논총』, 1993
김부식, 『삼국사기』 상, 이병도 역주, 을유문화사, 1993
김왕직, 『탑과 사방불』, 삼선포교원, 1995
김정기, 「삼국사기지의 신연구」, 『신라문화제학술발표논문집』 제2집, 1981
김종헌·김도경·양재영, 「조선후기 사찰 요사공간의 특성과 변화에 관한 연구」, 『대한건축학회논문집: 계획계』 제19권 1호(통권 171호), 대한건축학회, 2003
나관중, 「삼국지」, 『중국정사조선열국전』, 김성구 옮김, 동문선, 1996
류성룡, 「고려시대 대공의 결구방식에 관한 연구」, 『대한건축학회논문집: 계획계』 제19권 6호(통권 176호), 2003
류성룡, 「한국과 중국의 소슬대공 변화과정에 관한 연구」, 『대한건축학회논문집: 계획계』 제9권 11호(통권 181호), 대한건축학회, 2003
박기선, 「한국 목조건축의 화반에 관한 연구」, 고려대학교 대학원 석사학위논문, 1993
박대준·주남철, 「하앙에 관한 연구」, 『대한건축학회논문집』 제5권 4호(통권 24호), 1989
박언곤, 『한국의 정자』, 대원사, 1989
송민구, 『한국의 옛 조형의미』, 기문당, 1987
스기야마 노부조오, 『고려말조선초의 목조건축에 관한 연구』, 신영훈 옮김, 고고미술자료 제3집, 고고미술동인회, 1963
신영훈, 『석불사·불국사』, 조선일보사, 1998
신영훈, 『한국고건축단장』 상, 동산문화사, 1975
신영훈, 『한국의 살림집』 상, 일지사, 1983
신영훈, 『한옥의 향기』, 대원사, 2000

심대섭·주남철, 「인정전의궤에 기록된 공포용어에 관한 연구」, 『대한건축학회논문집』 제5권 6호(통권 26호), 1989
요네다 미요지, 『한국상대건축의 연구』, 신영훈 옮김, 동산문화사, 1976
윤장섭, 「한국의 영조척도」, 『건축학 연구』, 태림문화사, 1985
이규철·전봉희, 「개화기 근대적 도량형의 도입과 척도 단위의 변화」, 『대한건축학회논문집: 계획계』 제25권 11호(통권 253호), 대한건축학회, 2009
이연노·주남철, 「조선시대 영건의궤에 기재된 층량과 퇴량에 관한 연구」, 『대한건축학회논문집: 계획계』 제17권 12호(통권 158호), 대한건축학회, 2001
이전복, 『중국내의 고구려유적』, 차용걸·김인경 옮김, 학연문화사, 1994
일연, 『삼국유사』, 최호 역주, 홍신문화사, 1991
장경호, 『한국의 전통건축』, 문예출판사, 1992
장기인, 『한국 건축대계Ⅳ-한국 건축사전』, 보성문화사, 1991
장기인, 『한국 건축대계Ⅴ-목조』, 보성문화사, 1991
장기인, 『한국 건축대계Ⅵ-개와』, 보성각, 1993
정약용, 『국역 목민심서』, 노태준 옮김, 홍신문화사, 1999
정영호, 『신라 석조부도 연구』, 신흥사, 1974
정인국, 『한국 건축양식론』, 일지사, 1974
정주현, 『조선시대 문자형 평면 주택에 관한 연구』, 고려대학교 대학원 석사학위논문, 1996
주남철, 「삼국사기 옥사조의 신연구」, 『삼불김원룡교수 정년기념논총』, 일지사, 1987
주남철, 「조선시대 주택건축의 공간구성에 관한 연구」, 서울대학교 대학원 박사학위논문, 1976
주남철, 『한국 건축의장』, 제3판, 일지사, 1997
주남철, 『한국주택건축』, 일지사, 1980
중원군, 『중원군 미륵리 석굴 실측조사보고서』, 1979
한양대학교박물관·경기도, 『이성산성 3차 발굴조사보고서』, 1991
『구장산술 주비산경』, 차종천 옮김, 범양사출판부, 2000
『궁궐지』, 서울대학교 규장각 한국학연구원 소장
『인정전영건도감의궤』, 서울대학교 규장각 한국학연구원 소장
『화성성역의궤』, 국립중앙박물관 소장
吉林省博物館, 「吉林集安高句麗建築遺址的淸理」, 『考古』, 1961
中國科學院自然科學史硏究所 主編, 『中國古代建築技術史』, 北京 科學出版社, 1990
池內宏, 『通溝』 卷上, 東京: 日滿文化協會, 1938

● 찾아보기

건축물

ㄱ

각저총 223
간월사지 금당 39
감신총 223
감은사 서석탑 63
감은사지 39, 65, 73
갑사 부도 100
강릉 객사문 35, 99, 101, 131, 235
강릉 선교장 28, 29, 288, 291
강릉 선교장 활래정 298
강릉 해운정 64, 138, 151, 220
강릉문묘 204, 213, 218, 259
강릉문묘 대성전 35
강릉향교 192, 208, 213
강릉향교 대성전 38
강화 정수사 316
강화 정수사 법당 39
개목사 원통전 164
개성 남대문 151
개심사 171, 183, 191, 203, 208
개심사 대웅보전 19, 35, 39, 91, 154, 171, 225, 228
개암사 185, 198, 214

개암사 대웅보전 101, 150, 166, 246
개암사 대웅전 39
개타사지 금당 40
개타사지 삼존불 보호각 39
거돈사지 63, 80, 86
거돈사지 금당 39
건봉사지 대웅전 39
경복궁 24, 234
경복궁 강령전 53
경복궁 경회루 35, 134, 139, 233, 347
경복궁 근정전 35, 36, 40, 52~54, 56, 65, 84, 126, 128, 138, 154, 173, 216, 217, 247, 278, 347
경복궁 수정전 243
경복궁 아미산 293
경복궁 자경전 114, 293
경주 구정리 방형분 22
경주 낭산 능지탑 22
경천사지 십층석탑 28
경포대 220
경희궁 자정전 140
고구려 금강사지 23
고달사지 84, 306
고산동1호분 223

고산사 213
고산사 대광명전 158
고산사 대광보전 242
고산사 대웅전 19, 35, 39
고산사 대적광전 166
고선사지 금당 39
고성이씨종택 26
고양 흥국사 267
고창 참당암 265, 273, 314
공주 마곡사 213, 214, 276, 300, 340
공주 마곡사 대광명전 243
공주 마곡사 대광보전 20, 35, 36, 77
공주 마곡사 대웅보전 39
공주 마곡사 대웅전 39
관덕정 35, 40
관람정 26
관룡사 272, 314
관룡사 대웅전 35, 39
관룡사 약사전 153, 154
광주 고원희 가옥 29
광한루 83, 97
광화문 72
광희문 278
구례 화엄사 202, 289

360

구례 화엄사 각황전 116, 146
구례 화엄사 구층암 102
구례 화엄사 대웅전 35, 39
구례 화엄사 효대 52
구미 북애고택 278
구미 쌍암고택 309, 327
군수리사지 49, 58
귀갑총 223
귀신사 대적광전 35, 39
금산사 278
금산사 대적광전 242
금산사 미륵전 35, 145, 147, 153
금성관 303
기림사 300, 316
기림사 대웅전 39
기림사 대적광전 35

ㄴ

나주향교 53, 188, 303
나주향교 대성전 20, 35, 54
낙안읍성 55, 69, 237, 248
내소사 195, 249
내소사 대웅보전 39, 132, 138, 166, 167, 316
내소사 설선당 29
내앞종택 43
노강서원 300
녹우당 273
논산 쌍계사 192, 208, 214, 316, 317
논산 쌍계사 대웅전 35, 39, 147, 148, 228
능가사 대웅전 35
능산리 건물터 58

ㄷ

대곡리유적 333
대비사 대웅전 132
대안리1호분 223
대전 동춘당 278, 307, 309, 341
덕수궁 대한문 35, 41
덕수궁 중화전 35, 40, 330
덕수궁 함녕전 104, 274
덕화리2호분 223
덕흥리고분 169, 198, 223
도갑사 해탈문 35, 41, 101, 161
도동서원 297
도동서원 강당 61
도동서원 환주문 272
도산서원 강당 160
돈암서원 강당 169
돈암서원 응도당 208
동대자 유적 119, 120, 174, 175, 336
동부동 5층전탑 114

ㅁ

마선구1호분 118, 223
마선구벽화 333
만보정1368호분 223
만복사지 40
만복사지 동금당 39
만복사지 서금당 40
만월대 104
맹씨행단 301, 302, 314
명성황후생가 291, 301
무량사 극락전 36, 40, 145, 146
무용총 223
무위사 269, 315

무위사 극락전 19, 39, 91, 101
미륵대원 115
미륵대원 금당 116
미황사 173, 178, 190, 195, 204, 213, 216, 217
미황사 대웅보전 39, 64, 245, 316
미황사 대웅전 35
미황사 응진당 35
밀양 영남루 35

ㅂ

반계정 307
백련사 대웅보전 95
범어사 189, 259, 268, 344
범어사 대웅전 35, 39, 246
법주사 261
법주사 대웅보전 35
법주사 대웅전 40
법주사 원통전 22
법주사 팔상전 20, 21, 35, 67, 95, 145, 147, 148
법천사지 81
병산서원 17
병산서원 강당 140, 244
병산서원 만대루 127, 154, 331
보령 신경섭 가옥 293
보산리고분 223
보제존자 석종 25
보탑사 95
복금당 40
복사리벽화분 223
봉정사 170, 171, 177, 178, 188, 192, 197, 203, 207~211, 305, 330, 340, 341
봉정사 극락전 35, 39, 47, 49, 94, 99, 100,

131, 132, 154, 158, 160, 164, 169, 225~227
봉정사 대웅전 35, 39, 103, 138, 150, 165
봉정사 영선암 190
봉정사 화엄강당 138
봉화 계서당 303
부마도위 박영효가 337
부석사 53, 69, 188, 192, 202, 264, 290, 301, 317, 330
부석사 무량수전 19, 32, 35, 39, 85, 94, 100, 153, 159, 166, 225
부석사 조사당 19, 35, 39, 101, 164
부석사 종각 33
부여 금성산 건물터 58
부여 금성산 와적기단 건물터 39
부여 능사 336
부여 능사터 120, 336
부여 정림사지 100
부여 정림사지 금당 39
분황사 1차 중건금당 39
분황사지 80
불갑사 대웅전 35
불국사 49, 69, 73, 87, 345
불국사 관음전 22, 39
불국사 다보탑 46, 48, 116
불국사 범영루 223
불국사 비로전 39
불국사 석가탑 63
불영사 대웅보전 35, 39
불영사 응진전 35
불회사 343
불회사 대웅전 35, 39

◉ ㅅ

사직단 53, 52
사천왕사지 21, 39, 84
삼실총 223
삼척 죽서루 57, 58, 77, 333
상경용천부 120
상주 양진당 101, 244
석굴암 27, 47
석불사 삼층석탑 46, 48
석불사 석실 금당 47, 48, 101, 115, 116
석실 금당 27
석조 금당 27
선농단 52
선림원지 금당 39
선병국 가옥 30
선암사 대웅전 35, 39
선운사 대웅보전 122
선운사 대웅전 35, 39
선잠단 52
성불사 응진전 101, 160
성주사지 65, 86
성주사지 금당 39
성총 223
성혈사 316
성혈사 나한전 35, 39
세검정 26
소쇄원 광풍각 324
소호헌 120, 121, 161, 171
송산리고분 114
수덕사 171, 173, 177, 178, 192, 201, 204, 211, 212, 239, 301, 317
수덕사 대웅전 32, 35, 39, 56, 91, 93, 101, 153, 154, 160, 168, 225
수산리고분 198, 210

수원 항미정 157
순정효황후 친가 311
순천 동화사 205, 208, 230
순천 동화사 대웅전 95
순천 송광사 15, 205, 233, 240
순천 송광사 국사전 35
순천 송광사 영산전 138
순천 송광사 하사당 160
숭례문 35, 41, 133, 152, 195, 228, 241, 276
숭림사 198, 269
숭림사 보광전 35, 39
식영정 301
신광사 대웅전 192
신륵사 25, 195, 262, 313
신륵사 조사당 35, 39
신익희선생 생가 269
신흥사 대광전 35, 39
실상사 169
실상사 금당 40
실상사 백장암 169, 345
심원사 192, 194, 213
심원사 보광전 150, 226
쌍영총 97, 100, 131, 175, 176, 187, 198, 223, 342
쌍영총 석주 223

◉ ㅇ

안동 민속촌 초가 338
안동 박명실 초가집 338
안동 임청각 29, 173, 221, 289, 297
안성 청룡사 대웅전 102, 132
안성 청원사 239
안성 청원사 대웅전 169

안성 칠장사 239
안심사 대웅전 39
안악1호분 223
안악2호분 169, 223
안악3호분 55, 159, 223
안압지 199, 208, 209, 224, 333, 345
안학궁 남궁2호 전각 40
안학궁 남궁3호 40
안학궁 서궁1호 40
안학궁 서궁2호 39
약수리벽화분 223
양동마을 관가정 61, 127, 349
양동마을 무첨당 161, 305, 349
양동마을 서백당 312
양동마을 향단 77, 306
양양 진전사지 95
양평 상곡당 117, 237
양평 창대리 고가 255
어명기 가옥 313
여수 진남관 35
여수 흥국사 192, 208, 230, 315
여수 흥국사 대웅전 19, 35, 39, 192
여주 김영구 가옥 256, 286, 302
연곡사 169
연곡사 동부도 116
연곡사 부도 25
연화총 223
염거화상탑 25
영암사지 63, 73
영암사지 금당 39
영천향교 339
영춘정 24
예안이씨하리종택 293
예천권씨종택 344
오산리 선사유적 236

오죽헌 151
온온사 65, 313
완주 송광사 대웅전 19, 35
완주 송광사 종각 28
완주 화암사 206, 219
완주 화암사 극락전 35, 39
외암리 마을 237
용강대총 169, 223
용문사 대장전 91
용주사 대웅보전 35, 39
우산리1호분 202, 223
운문사 315, 340
운문사 대웅전 19, 35, 36, 39
운현궁 292, 307, 320
운현궁 노락당 220, 311
운현궁 노안당 157, 310
운현궁 이로당 221, 235, 285, 307, 312, 324, 333
울릉 나리동 너와집 237
움집 75
원각사지 십층석탑 28
월정교 72, 73
윤증고택 16, 68, 161, 179, 273, 284, 302, 307, 341
율곡사 대웅전 35, 39
은해사 거조암 171, 192, 201
은해사 거조암 영산전 19, 35, 101, 168, 171
은해사 백흥암 극락전 35, 39, 151
의성 탑리 토탑 23
의성김씨대종택 305, 309, 331
의성김씨소종택 309
의성김씨율리종택 269
의성김씨종택 18, 297
이견대 52

이남규선생 고택 96
이성산성 24, 47, 48
익산 미륵사지 21, 100, 333
익산 미륵사지 서금당 78
익산 미륵사지 중금당 67
임류각 333
임류각터 83
임해전 333

ㅈ

장곡사 213, 214
장곡사 상대웅전 35, 39
장곡사 하대웅전 35, 39
장군총 21~23, 71
장수향교 239
장수향교 명륜당 120, 121
장천1호분 223
장항리사지 87
전등사 271, 276
전등사 대웅전 242
전주객사 331
전주객사 전청 35
전주향교 대성전 53
정릉사지 121
정릉사지 동금당 39
정릉사지 서금당 39
정읍 피향정 35, 40, 83, 167
정혜사 대웅전 35, 36, 39
조순탁 가옥 320
종묘 망묘루 221
종묘 외삼문 78, 85, 227
종묘 정전 34, 37, 96, 133
중악단 278
직지사 271, 278

ㅊ

참당암 대웅전 35, 39, 67, 165, 245
창경궁 명정전 53
창경궁 홍화문 240
창덕궁 23, 24, 26, 46, 173, 190, 195, 197, 278, 305
창덕궁 낙선재 44, 85, 283, 293, 300, 307, 310
창덕궁 농수정 23, 242
창덕궁 대조전 53, 66, 197, 220, 274, 298, 300, 311, 312, 327
창덕궁 돈화문 96, 133, 241
창덕궁 부용정 26, 80, 238
창덕궁 석복헌 278, 303
창덕궁 선정전 132
창덕궁 승화루 293
창덕궁 신정전 188
창덕궁 애련정 22, 23, 244
창덕궁 연경당 221, 323
창덕궁 연경당 선향재 235, 327
창덕궁 인정전 19, 35, 40, 53, 67, 205, 213, 230, 250, 284, 316, 329
창덕궁 존덕정 24, 242, 244
창덕궁 주합루 197, 220, 347
창덕궁 청량정 272
창덕궁 청의정 46, 48, 251
창덕궁 태극정 22, 23
창덕궁 희정당 244, 275, 293
천군리사지 49
천왕지신총 159
천은사 41
천은사 극락보전 78
첨성대 52
청암정 26

ㅌ

체화정 312
최식씨 댁 333
추사고택 28, 29, 292, 303, 311, 329, 331
춘궁리 동사 금당 40
충효당 30, 220, 278

ㅌ

태성리2호분 100, 223
태왕릉 22, 23
통구12호분 223
통도사 189, 262, 316, 339
통도사 대웅전 35
통영 세병관 35, 117, 140, 151, 169, 244, 258, 261, 265, 274, 278, 339, 340

ㅍ

평양 금강사지 98

ㅎ

하회 유동진씨 댁 293
하회마을 105
학사재 197
한양 성곽 72
함양 정여창고택 16, 102, 278, 298
합천 호연정 102
해인사 수다라장 306
해평 북애고택 306
향원정 24, 96
홍주성 조양문 72
홍천 성산리 유적 335
화성 114, 115
화성 동장대 34, 35, 164, 216
화성 방화수류정 26, 59, 277
화성 정용채 가옥 84, 296, 310
화성 팔달문 41, 59, 133, 147
화성 화서문 138, 164, 192
화순 쌍봉사 대웅전 22
화순 쌍봉사 철감선사부도 100, 103
화순 쌍봉사 철감선사탑 303
환구단 23, 24, 52, 97, 244
환문총 100
환성사 189, 268
황룡사 1차동금당 40
황룡사 2차동금당 40
황룡사 3차동금당 40
황룡사 중건중금당 40
황룡사지 21, 57, 66, 76, 80, 82, 95, 148
회덕 유회당 343
회암사지 339
후원 23
흥륜사지 23, 58
흥인지문 41

건축용어

ㄱ

ㄱ자돌 65, 66
ㄱ자형 구들 336
가구 32, 122, 124, 126
가구식 60, 113, 117
가구식 기단 61
가사규제 97, 186
가사규제령 60
가시새 289, 290
가칠단청 339
각 251
각주 96
간 31~33, 37
간사이 32, 33
간살잡이 32
간포 190
갈 196
갈모산방 254, 258
감잡이쇠 321
감주법 150
갑석 62, 64, 65
갑창 306, 326
강다리 262
강회다짐 65, 66, 263
개눈각 268
개울돌 69, 77

개자리 334, 337
개판 263, 265, 268, 339
개판깔기 264, 265
거므쇠 318, 320
건식 68
건식 쌓기 68, 69
걸쇠 321
겨릅지붕 236
격자빗살 314
겹집 15
겹처마 233, 258, 259, 262
『경국대전』 186
경사지붕 15, 37, 126, 128, 133, 134
계단 52, 347
계심조 203
계자각 349
계자난간 44, 347, 349
고래 334~337
고려척 42
고름질 291
고막이 85
고막이돌 85, 86
고미가래 341
고미반자 338, 341
고미받이 341
고상건축 333, 334
고상식 330, 332

고상식 창고 333
고살 222
고주 92, 131, 145, 188
고창 302
골개판 265
골추녀 255
골추녀회첨 255
골판문 304, 305
공간포 190
공답 186
공답공포 186
공아 186
공안 207
공안따기 207
공포 131, 136, 154, 155, 178, 182~188,
  191, 194~196, 207, 209, 214, 215,
  217, 218, 221, 222, 224, 225, 227,
  229, 244~246
공포부 185
공포식 215
광두정 321
광창 302
교두형 209, 210, 212, 219, 224, 230
교살 314
교창 302, 313
구 46
구고현법 48, 49

구들 334~336
구들장 334, 337
9량가 135, 136, 139, 140
『구장산술』 45, 46, 48, 49
구형 부도 27
국화쇠 318, 321
굴도리 156, 157
굴도리식 157, 221
굴뚝 58, 292, 334, 337
굴피지붕 236, 237
굽 199
굽받침 197, 199, 224, 225
궁창 297, 300
궁창부 325, 346, 348, 349
귀 197
귀갑살 313
귀서까래 251, 254
귀솟음 103, 105, 106, 108
貴자살 313
귀접이천장 338, 341, 342
귀틀집 113, 117~119
귀포 189, 204
귓기둥 93, 165
귓보 152
규 46
규구 47
규구술 46, 47
그레먹 107, 108
그레발 108
그레자 107~109
그렝이질 70, 107, 109
그렝이칼 109
금강문 14
금당 49
기 52

기단 52, 54, 56, 57, 63, 90, 115
기둥 32, 74, 90, 103, 108, 123, 124, 126,
     129, 149, 178, 184, 232
기본 척도 단위 43
기와 232
기와지붕 236
기초 75
긴서까래 252
꺾쇠 269
꽃담 292
꽃살 313, 315

ㄴ

나무너와 236
나비은장 166
낙수받이돌 66, 67
난간 345, 346
난간 중방 44
난간동자 346, 348
남방식 335
남중고도 234
납도리 156, 157
납도리식 157, 221
내1외2출목 192
내1출목 191, 193
내2출목 191, 193
내3외2출목 193
내3출목 191, 193
내4외3출목 193
내5외4출목 192
내7외5포 193
내9외7포 193
내고주 92, 131, 139, 188
내력벽 322

내림마루 238, 240, 247, 272
내목 191
내목도리 137, 156, 185
내목첨차 201
내외1출목 193
내외2출목 192, 193
내외3출목 192
내외진평면 176
내외진형 38, 40, 41
내외진형 평면 92
내주 38, 92, 130, 133, 141, 188
내진 40
내진부 176
내진우주 152
내진주 92
내진평주 187
내출목 155, 191
내출목도리 155
내출목첨차 201
냇돌 69, 77
너와 236
너와지붕 236, 237
너와집 119
널문 304
네갈소로 198
네모기둥 96
누강당 14
누리개 263, 266, 267
누마루 17, 332
누상주 97, 101
누정 24
누하주 97, 101
눈썹천장 338, 344
눌외 289, 290

ㄷ

다각형 기둥 97
다듬돌 73
다듬돌기단 59, 60
다듬돌초석 76~78
다림보기 107, 108
다포식 101, 163, 165, 173, 188, 190, 193, 194, 214, 216~218, 226~229
단 52
단공계심조 203
단연 254
단일량 140
단일량 구조 140, 141
단일첨차형 222
단장혀 167
단장혀중첩형 224
단장혀형 224
단주형 78
단첨 258
단층기단 58
단혀 167, 168, 177, 222
달쇠 321
담장 292
당척 42
당판문 304
대 52
대공 123, 124, 126, 127, 129, 149, 158, 160, 161, 171, 177, 179
대두공 229
대들보 127, 129~131
대량 127, 150, 151
대목 42, 317
대보 127
대접받침형 163

대접받침형 동자기둥 163
대좌 115
대첨 204
대첨차 204
대청 17, 45
대청마루 18
덤길이 108
덧문 306
덧창 306, 310, 326
도듬문 311
도량형제 42
도리 32, 33, 123, 124, 126, 127, 134, 149, 167, 178, 227, 232, 244, 245
도리 방향 126, 200
도리간 15, 32
도리받침장혀 167
도리통 15, 32~34, 36
도매첨 204~206
도형학 45, 46
독립기초 119, 120
돌기단 58~60
돌난간 52
돌너와 236, 237
돌란대 44, 346, 349
돌쩌귀 320
동귀틀 331
동바리 331
동연 252
동자기둥 123, 124, 129, 130, 149, 163, 177, 179, 187
동자대공 159, 162
동자주 169
동자주형 179
동자주형 동자기둥 163
두공 187, 219, 229

두껍닫이 306
두리기둥 96
두벌대 61
두줄고래 336
뒤촛음 107
뒤채움 70
드림 271
들쇠 321
들어새연 252
들어열개 298, 301, 324
들연 144, 252
들창 298, 301, 313
등밀이 318
등자쇠 321
뜬장혀 167, 168, 196, 198
뜬창방 165
띠살 306, 313
띠쇠 262
띠장 346, 348, 349

ㄹ

량가 127
□량가 136
량수 136
□량집 136
리 42

ㅁ

마당 17
마루 82, 328, 330, 332, 334
마루널 331
마루도리 127
마루보 129, 131

마중대 318
마찰력 73
막돌 69
막돌기단 59, 60
막돌초석 76~78, 107, 108
막새기와 271, 277
卍자살 309, 310, 312, 313
말각조정 342
말구 128, 129, 256
말굽서까래 254
망사창 310
망와 277, 279
맞댄이음 166, 331
맞배지붕 32, 33, 124, 125, 189, 237, 238, 241, 245
맞벽 291
맞보 133, 145, 151
맞연귀회첨 255
맹장지 311, 312, 325
머름 45, 295~297, 325, 326
머름대 45
머름동자 297
머름중방 297
머름청판 297
먼산 322
멍에 331
멍에돌 72, 73
메두기장부 166
면석 62
면회법 294
명장지 311
모끼대패 104
모임지붕 33, 125, 189, 237, 242~246
모접기 104, 105, 317
목기연 268

『목민심서』 43
목탑 147
몰익공 219
몰익공식 220
무고주 139
무고주5량 139
무고주5량가 140
무량각 274
무주식 뿔형 75
문간채 15
문루 38, 41
문선 282, 285, 289
문설주 86, 285, 302
문울거미 304, 314
문자형 평면 30
문풍지 318
문하방 297
문형 38, 41
물매 249, 250, 252, 254
미닫이 298
미닫이창 306, 309
민도리식 157, 188, 215, 220
민흘림 98
민흘림기둥 98, 100, 101

ㅂ

바른층쌓기 60, 73
박공 238, 267, 268, 275
박공널 238, 241, 268
박공벽 292
반수혈식 112
반수혈식 움집 112
반수혈주거 54
반움집 54, 112

반자 338
반자널 340
반자돌란대 340
반자틀 339
반자판 340
반턱 316, 331
반턱맞춤 165, 200, 207, 331
받을장 200, 201, 207
발문 310
방고래 334
방구매기 248
방단 건축 22, 23
방전 66, 329, 330
방주 96
방풍홈 318
방형기둥 96
방화장 292, 296
배총 22, 23
배흘림 98, 100
배흘림기둥 98~101
뱃집 238
법수 346, 348
벼락닫이 298, 301
벽돌 292
벽선 282, 285, 289
변작법 143
병첨 204
보 32, 33, 37, 123, 124, 129, 149, 150, 178, 227, 244, 245
보 방향 126, 200
보간 32
보강기둥식 뿔형 75
보개천장 338, 342
보머리 154
보모가지 154

보병 277, 279
보식 구조 174, 176
보아지 131, 173
보아지형 209, 211, 212, 219, 227
보주 346, 348
보칸 15
보토 232, 263, 267, 341
복화반 169, 170
봉취 212
봉취형 209, 212
부경 119, 333
부고 272, 277
부도 115
부연 259, 262, 275, 276
부연착고 266
부연평고대 233, 264
북방식 335
분합 297, 299, 300, 302, 325
분합문 298, 324
불단 342
불목 335
불발기 311, 312
불전 14
붙박이 298
붙박이창 302
비내력벽 322
비례단위 177, 178
빈지닫이 298, 303, 304
빗꽃살 313, 315
빗살 312~315
빗천장 338

사고석 292
4고주 139
4고주11량 139
사패 홈 165
사패맞춤 219
4량가 136, 139
사랑채 15
사래 262, 275, 276
사리 21
사모정 23
사모지붕 243
사방불 94
사벽 287, 291, 341
사분변작 143, 144
사분합 299
사운공 212, 228
사익공 228
사주식 뿔형 75
사창 306, 310, 326
사천주 21, 94
사춤 68
산돌 69, 77
산자 263, 341
산자엮기 264, 265, 339
산학 46
살대 300, 315
살미 182, 190, 196, 198, 200, 207,
　　 209~212, 214, 218, 224, 225,
　　 227, 228, 245
살미 첨차 207
살밀이대패 105
살창 302, 305, 306
삼각소슬살 314
3고주 139
3고주9량 139

『삼국사기』 186
삼두식 222
3량 139
3량가 127~129, 136, 139, 140
3량구조 127
3량집 127
삼배목 320
삼분변작 143, 144
삼분턱 316
삼분합 299
삼익공 212, 228
삼익공식 197, 219
삼재 사상 46
삼제공 228
삼중기단 58
삼중량 140
삼중량 구조 140, 141
삼층 58
삼포 217
3포 192, 193
삼화토 287, 291
상륜부 94
상방 283, 284, 288
상연 252
상인방 283
상중도리 130
새발장식 320
새우흙 270
생석회 66, 291
서까래 46, 94, 128, 232, 244, 245, 251,
　　 255~257, 261, 275, 339
석굴암 27
석등 115
석불 115
석불사 27

ㅅ자형 168

석비레 291
석성 115
석장겹침 270
석종형 부도 27
석축 68
석탑 22, 115
선대 318
선자서까래 254, 260
선자연 254, 257, 258
설외 289, 290
세갈소로 198
세모소슬살 314
세벌대 61
세살 306, 313
소두공 229
소란 339, 341
소란반자 340
소로 182, 196, 198~200, 224
소로수장집 221
소맷돌 347
소목장 317
소슬대공 159
소슬빗꽃살 313, 315
소슬빗살 313~315
소슬합장 149, 162, 170, 171, 177, 179
소첨 203
소첨차 204
솟을대공 159
솟을매기 248, 261
솟을화반 168, 170
『송양휘산법』 46
쇠서 227
쇠서형 209, 210
쇠시리 65, 77~81, 86, 103~105, 316
쇠장석 318

수리학 45
수막새 271
수서형 209, 211, 212, 219, 228
수장 282
수장재 25, 90, 282, 285, 289
수장폭 154, 155, 165, 283
수키와 270, 272, 277
수톨쩌귀 320
수평줄눈 73
수혈식 움집 112
수혈주거 54, 328
순각천장 338, 344
순각판 196, 197, 344
숫대살 309, 313
숫마루장 273, 277
숭어턱 179
숭어턱 결구 158
숭어턱 맞춤 178
습식 68
습식 쌓기 68
신방목 87
신방석 85~87
실 분화 14, 28
심대 320
심먹 107, 108
심먹보기 107
심벽 288
심벽구조 287, 288
심주 21, 94
심초석 21, 94
십먹 107
십이지상 347
11량가 134, 136, 139
쌍사 104, 105, 317
쌍여닫이 299

쌍장부 284, 286
쌍탑 24
쌤개탕 318

ㅇ

아궁이 334, 335, 337
아귀토 271
亞자살 309, 311~313
안고지기 298, 302
안목거리 43
안쏠림 103, 105~107, 147
안채 15
안초공 173
안허리 249
알추녀 261
알통 197, 198, 207
암막새 271
암키와 257, 270, 272, 277
암톨쩌귀 320
압축강도 117
앙곡 248
앙련 160
앙련대공 159, 160, 162
앙서형 209, 211, 212, 227
앙토 341
양갈소로 198
양봉 173
양봉형 209
양성 274
양전척 42
양통 15, 32~34, 36, 40, 41, 128~130, 142, 143, 183
어간 33
어좌 342

언강 270
엇걸음회첨 255
엎을장 200, 201, 207
여닫이 298
여밈대 318
연 251
연귀맞춤 286, 316
연도 334, 337
연등천장 45, 338, 339, 344
연함 267
연화두형 209, 210, 211
영조척 42
영창 306, 309, 326
옆갈 197, 198
옆볼치기 275, 276
오금법 106
5량가 127, 129, 130, 136, 139, 140, 178
오운공 228
옥사조 186
온돌 54, 57, 82, 328, 334, 337
와적기단 58
왕찌짜임 156, 261
외 289, 290
외1출목 191~193
외2출목 191, 193
외3출목 191, 193
외기도리 150, 156
외기천장 344
외목 191
외목도리 94, 137, 183, 185, 257
외목첨차 201
외벌대 61
외사 105, 319
외여닫이 298
외엮기 289, 290

외줄고래 336
외진 40
외진부 176
외진우주 93, 152
외진주 92
외진평주 93, 187
외출목 191
외출목도리 155
요사 15
용두 277, 279
용마루 238~240, 247, 272
用자살 310, 313
우물마루 330, 332
우물반자 340
우물천장 338~340, 342, 344
우미량 153
우주 62, 105, 106
우진각 33
우진각지붕 125, 189, 237, 239~241, 244~246
운공 171, 177, 212, 229
운공형 209, 212
운궁형 209, 212, 227
움집 54, 55, 328
원기둥 96
원주 96, 97
월대 52, 53, 56
육각주 96, 97
육갈소로 198
육모소슬살 314
육모정 23, 24
육모지붕 243, 245
육분합 299
음양설 29
음양오행설 30

의궤 33, 186
2고주 139
2고주9량 139
2고주5량 139
2고주5량가 140
2고주7량 139
이두식 222
이매기 233, 264
이익공 229
이익공식 197, 219, 220
2장 254
이제공 228
이주법 149, 150
이중기단 58
이중량 140
이중량 구조 140, 141
이중첨차형 222
이층 58
익공 212, 219, 228
익공식 190, 215, 219, 229
인방 282, 283, 288, 289
인자대공 159, 160, 170
인장강도 117
인체척도 43
일각문 41
1고주 139
1고주5량(후퇴) 139
1고주5량 139
1고주5량(전퇴) 139
1고주5량가 140
1고주7량 139
1고주7량가 140
일두삼승식 224
일두삼승식-중공 224
일두이승식 224

一자형 구들 336
일주문 14, 41
입면도 186, 187
입식 82, 334

ㅈ

자 42, 43
자연석기단 59
자연석초석 77
자진머름 297
잡상 277, 279
「잡지」 186
장 42
장귀틀 330, 331
장대석 62, 66, 292
장부 맞춤 316
장석 318
장식철물 269
장연 142, 143 182, 185, 251, 254, 257, 258, 260
장주형 78
장지 310
장혀 149, 154, 157, 166~168
장화반 168
재벽치기 291
재주두 197, 219
적새 273, 277
적석식 60, 113
적석식 기단 60, 70
적석총 22, 115
적심 263, 266
전·후퇴 구조 141
전당형 187
전돌 114

전돌깔기 65
전바닥 328
전실 176
전축 113
전축기단 58, 59
전축분 114
전탑 22, 114
전퇴 141
전퇴형 38, 40
전후퇴형 38, 40
절병통 243, 272, 277
접시대공 159
정간 31, 33, 34, 36, 37, 106, 194
정벌바름 291
井자살 306, 312
정자살 313, 314
정전 52, 56
제1출목 191
제1협간 33, 34
제2출목 191
제2협간 33, 34
제3출목 191
제공 212, 228
제형판대공 162
조로 248, 258, 260, 261, 263
조참의 52
종도리 124, 127, 129, 130, 142, 144, 158, 170, 171, 257
종량 131, 158
종보 130, 131, 170
종이반자 338
좌식 82, 334
좌식 바닥 82
좌우대 204, 205
주각 77

주간 31, 33~36, 40, 43, 178, 190, 194
주간포 165, 166, 188, 190, 194, 209, 226
주두 103, 166, 173, 182, 196, 198~200, 222, 224
주두 굽 197
주두+단장혀형 224
주두형 224
주먹장 165
『주비산경』 45
주삼포 217
주상포 189
주선 282, 285, 286, 289
주심 137, 184, 185, 191, 192
주심도리 94, 129, 130, 142, 144, 156, 182, 183, 257
주심선상 193
주심소첨 204
주심장혀 167
주심첨차 201, 229
주심포 188, 190, 191
주심포식 101, 160, 193, 216~218, 226, 229
주좌 77, 78
주하질 103
줄기초 119, 120
중공계심조 203
중깃 289, 290
중도리 129, 142, 143, 150, 156, 170, 257
중량 131, 283, 284, 288, 348
중보 130, 131
중연 252
중인방 283
중중도리 130
중첨 204
지네철 269

지대석 62, 85
지복석 85
지붕 32, 90, 182, 232, 238
지붕골 275
지붕마루 272
지붕면 15, 238~240, 243, 245, 247
지붕부 185
직각서까래 255
질 104
짧은 서까래 252
쪽구들 336
쪽마루 332
쪽매 331

ㅊ

차양 235
착고 272, 277
착시현상 98, 106
찰주 94
창 295, 300
창방 25, 90, 149, 163, 165, 166, 168, 200, 219
창방뺄목 165
창호 16, 295
창호지 300
창호지창 306, 309, 310
채 분화 14
처마 52, 63, 90, 94, 142, 184, 233, 238~240, 243, 246, 247, 254, 257, 258
처마 깊이 233
처마각 234, 260
처마내밀기 142, 143
처마도리 183, 254, 257
처마서까래 252

처마선 249
처마연 252
척도 35, 42
천계 212
천왕문 14
천원지방 96
천장 112, 338
천장고 45
첨연 144
첨차 154, 182, 193, 195, 196, 198, 200, 201, 203, 209, 210, 212, 219, 222, 224, 227, 229, 245
청당형 187
청판 331, 339, 340
체감율 99, 101
초가 232
초가지붕 46, 236, 247
초가집 114
초각 78
초공 171, 172, 179
초매기 233, 264
초반 77, 78
초반석 77, 78, 83
초방 153, 171, 172, 177, 179, 225
초벽치기 291
초새김형 209, 210
초석 74~76, 80, 83, 86, 95, 108, 115, 232
초익공 219
초익공식 188, 219, 220
초장 254
초제공 212, 228
촉이음 166
추녀 94, 254, 260, 261, 275, 276
추녀마루 239, 240, 243, 247, 272
추녀못 261

축대 52, 63
축부 142, 182, 185
출목 184, 185, 191, 192, 196, 219
출목 수 207
출목도리 136, 155, 156
출목선상 192
출목수 191, 193, 216, 217, 228
출목장혀 167
출목첨차 201
출목초기형 224
충량 149~151, 156
측간 33
층고 45
층단천장 338, 342
치 42
치두 277
치문 277
치미 277
치받이흙 264, 339, 342
7량가 127, 130, 136, 139, 140, 178
7포 193

ㅋ

칸 31
칸수 34
키대공 159

ㅌ

탱주 62
토계 58
토담 114
토담집 113, 114
토수 277, 279

토압 69, 70
토탑 23
통간 141
통간형 38
통머름 297
통장혀 167
통평고대 266
통형 98
퇴량 131
퇴물림 70
퇴주4량 139
퇴주사량 141
툇간 31, 33, 34, 37, 40, 92, 133
툇기둥 92
툇마루 17, 332, 347
툇보 131, 133, 150
투밀이 318
투심조 203
투팔천장 342
틀식 구조 174~176

ㅍ

파련대공 159~162
판대공 159, 161~163, 178
판문 304
판벽 287
판석 66
판자문 304
판장문 305
팔각원당형 부도 24, 25
팔각정 23
팔각주 97
팔모정 23, 24
팔모지붕 243, 246

팔분합 299
팔작지붕 32, 33, 125, 151, 189, 237, 239, 244~246, 343
편수깎기 103
평4량 139
평고대 233, 260, 263
평난간 44, 347, 349
평방 25, 90, 103, 149, 163, 165, 166
평방뺄목 166
평벽 288
평사량 141
평서까래 251
평암 341
평연 251
평주 92, 93, 105, 127, 131, 145, 150, 151, 165, 188
평행서까래 255
포 186
포대공 159, 160, 187
포동자 187
포백척 42
포벽 194, 195
포수 193, 216
포식 215
포인방 173
포작 186, 187
포작수 193
포작식 215
포중방 173
포형 163
푼 42
품계석 52
풍소란 316, 318
풍수지리설 29, 30
풍판 238, 241, 268

ㅎ

하방 82, 283, 284, 288
하앙 206, 207, 216, 218, 222
하앙식 218
하연 252
하인방 83, 283
하중도리 130
한대 190, 201
합각 33, 240, 267, 268
합각널 240, 241, 268
합각면 241
합각벽 241, 292
합각부 343
합보 133
항아리보 154
행공 219, 229
행랑채 15
향토 113
향토건축 113, 114
허튼층쌓기 60
헛첨차 201, 211, 225
현수곡선 247
현실 176
현어 269~271
현화두형 210
협간 31, 33, 34, 194
형국론 30
호 295, 300
홍두깨흙 270, 272
홍예초방 153, 172
홑벽 291
홑집 15, 134
홑처마 233, 258
화공 186

화덕 336

화두아 186

화문장 292

화반 149, 168, 169, 176, 198

화반대공 159, 160

화반형 163

화방벽 287, 292

화초장 287, 292

활주 94, 95, 97

활주 초석 95

황종척 42

회벽 287, 288, 291, 339, 341

회진평주 176

회첨서까래 251, 255

횡력 69, 73

후림 249, 260, 261, 263

후퇴 구조 141

후퇴형 38, 40

훌치기 275, 276

흘림기둥 98, 103

흙기단 58

흙다짐 65, 66

흙바닥 328

힘살 289, 290